U0956054

航天科技图书出版基金资助出版

无人机技术
——未来趋势与实际应用

Drone Technology:
Future Trends and Practical Applications

萨奇·南丹·莫汉蒂（Sachi Nandan Mohanty）
J. V. R. 拉文德拉（J. V. R. Ravindra）
[印] G. 苏里亚·纳拉亚纳（G. Surya Narayana）主编
钦玛亚·兰詹·帕特奈克（Chinmaya Ranjan Pattnaik）
Y. 穆罕默德·西拉朱丁（Y. Mohamed Sirajudeen）
陈丽艳 译

中国宇航出版社
·北京·

Translated from the English language edition:
Drone Technology: Future Trends and Practical Applications
by Sachi Nandan Mohanty, et al., ISBN: 978-1-394-16653-4
Copyright © 2023 Scrivener Publishing LLC
All Rights Reserved. Authorised translation from the English language edition published by John Wiley & Sons Inc.. Responsibility for the accuracy of the translation rests solely with China Astronautic Publishing House Co., Ltd and is not the responsibility of John Wiley & Sons Inc.. No part of this book may be reproduced in any form without the written permission of the original copyright holder, John Wiley & Sons Inc..

本书中文简体字版由著作权人授权中国宇航出版社独家出版发行，未经出版者书面许可，不得以任何方式抄袭、复制或节录本书中的任何部分。

著作权合同登记号：图字：01－2024－3709 号

版权所有　侵权必究

图书在版编目（CIP）数据

无人机技术 : 未来趋势与实际应用 = Drone Technology: Future Trends and Practical Applications / (印) 萨奇·南丹·莫汉蒂 (Sachi Nandan Mohanty) 等主编 ; 陈丽艳译. -- 北京 : 中国宇航出版社, 2024. 8. -- ISBN 978-7-5159-2416-8
Ⅰ. V279
中国国家版本馆CIP数据核字第2024QN4796号

责任编辑　李鸿彬　　**封面设计**　王晓武

出版发行	中国宇航出版社	**版　次**	2024 年 8 月第 1 版 2024 年 8 月第 1 次印刷
社　址	北京市阜成路 8 号　**邮　编**　100830 (010)68768548	**规　格**	787×1092
网　址	www.caphbook.com	**开　本**	1/16
经　销	新华书店	**印　张**	21.5
发行部	(010)68767386　(010)68371900 (010)68767382　(010)88100613（传真）	**字　数**	523 千字
零售店	读者服务部　(010)68371105	**书　号**	ISBN 978-7-5159-2416-8
承　印	北京厚诚则铭印刷科技有限公司	**定　价**	168.00 元

本书如有印装质量问题，可与发行部联系调换

航天科技图书出版基金简介

航天科技图书出版基金是由中国航天科技集团公司于2007年设立的，旨在鼓励航天科技人员著书立说，不断积累和传承航天科技知识，为航天事业提供知识储备和技术支持，繁荣航天科技图书出版工作，促进航天事业又好又快地发展。基金资助项目由航天科技图书出版基金评审委员会审定，由中国宇航出版社出版。

申请出版基金资助的项目包括航天基础理论著作，航天工程技术著作，航天科技工具书，航天型号管理经验与管理思想集萃，世界航天各学科前沿技术发展译著以及有代表性的科研生产、经营管理译著，向社会公众普及航天知识、宣传航天文化的优秀读物等。出版基金每年评审2次，资助30～40项。

欢迎广大作者积极申请航天科技图书出版基金。可以登录中国航天科技国际交流中心网站，点击“通知公告”专栏查询详情并下载基金申请表；也可以通过电话、信函索取申报指南和基金申请表。

网址：http：//www. ccastic. spacechina. com

电话：（010）68767205，68767805

译者序

当前，随着全球无人机产业进入高速增长期，无人机产业发展也迎来了战略机遇期。经过几十年的发展，无人机已逐步得到世界各国的广泛关注和认可，社会各界也在不断探索无人机的创新应用。相比有人机，无人机具有成本低廉、部署灵活、使用便捷等独特的优势。无人机不受飞行员生理极限的影响，能够执行繁重和高危任务；无人机可自主飞行且重复可回收，具有较好的灵活性和有效性，无人机系统的飞控、载荷等系统智能化要求高，无须配置生命保障系统，系统成本和使用成本大幅下降。

该译著分享了无人机在应急搜救、安防监控、农场作业、矿产勘探、边境巡护等不同领域的实际应用场景，在总共十七章的篇幅中，向读者依次呈现了近年来全球无人机众多的应用领域和经典的运用场景，并对未来的创新应用和技术挑战进行了展望。同时，利用多个章节阐述在人工智能与无人机融合方面所开展的创新性研究工作，分析了无人机未来应用与发展趋势。这也反映出智能化是无人机发展的主流方向之一。

该译著信息丰富、案例新颖，有助于读者全面了解全球范围内当前及未来无人机的应用领域、运用场景、技术挑战和创新应用，以及数字化、智能化和物联网时代下的潜在应用方向；有助于从业者激发和点燃创新梦想，努力探索和培育未来无人机创新应用和商业运作模式。在当前低空经济背景下，该译著对于低空经济无人机行业整体布局的探索与发展，同样有很好的借鉴意义。

该译著的出版获得了航天科技图书出版基金的资助，中国宇航出版社为该译著的出版付出了辛勤的劳动。同时，在该译著的申报、翻译、校对和出版过程中，获得了中国航天空气动力技术研究院的大力支持，得到了中国航天空气动力技术研究院秦永明副院长、科技委黄育群主任、国防科技创新研究院无人机总体室曹璐研究员、彩虹无人机科技有限公司陈一平研究员等多位领导和专家在专业技术方面给予的指导和帮助，在此谨向各位领导和专家表示衷心的感谢！

由于译者水平有限，不妥或错误之处在所难免，敬请读者批评指正。

译　者

2024 年 8 月 15 日于北京

本书在翻译过程中将 mass 译为质量，weight 译为重量。——译者注

目　录

第1章　无人机技术：最新进展、挑战与未来展望

Arun Agarwal[1*]，Chandan Mohanta[1]，Saurabh Narendra Mehta[2]

1. Department of Electronics and Communication Engineering，ITER，Siksha ‘O’ Anusandhan Deemed to be University，Bhubaneswar，Odisha，India

2. Department of ECE，Vidyalankar Institute of Technology，Mumbai，India

*通讯作者：arunagrawal@soa. ac. in

摘　要：无人机，也称无人驾驶飞行器（UAV），近年来变得越来越重要。无人机已逐渐在军事、农业、物流以及巡检和安全等严格而敏感的领域，找到了适合自身的位置。这种复杂的设备，在诸如DIY工艺品制作、业余或专业摄影、赛道跟拍、无人机运动等领域，都有着超乎想象的用途。近期，无人机用户表演了蜂群秀，这也是最近出现的无人机最佳应用之一。无论是当地的节日还是全国性的活动，无人机蜂群表演都给观众带来了一种享受。当前，类似的表演正处于萌芽阶段，发展前景看好。此外，与燃放烟花相比，无人机蜂群秀符合环保要求。无人机的尺寸小、机动性强，在任何大面积区域都能够提供大范围的视野覆盖。这使得用户能够获得整个空间的详细全息视图。将无人机与元宇宙整合在一起的可能性是无限的，而且肯定会增加更多的使用维度。为了发挥这些能力，无人机的业余爱好者和行业人员都在寻找适合自身的多种方式来利用无人机；这促使许多行业发生了极大改变，并创造了新的应用途径。通过正确实施和采用无人机技术，民用和军事应用中的许多紧急情况都得到了有效缓解。在紧急医疗用品运输方面，可以发现无人机的能力，无论交通状况如何，利用无人机都是可以实现的。此外，对于军事部门和执法机构，运用无人机进行有效的行动监测将带来很大的优势。在绝望之际，无论是遭遇自然灾害还是恐怖袭击，无人侦察机都能够在不危及更多生命的情况下，准确地进行人员跟踪。为便于简要了解无人机的军事用途，这里仅给出一个例子。在历史上，日本“神风突击队”（Kamikaze）的飞行员个个英勇果敢，在危急时刻，飞行员把肉身与飞机融为一体，即刻化身成为一枚导弹。目前，现代战斗机的飞行员都拥有制导武器系统。然而，随着时间的推移，防空系统也有了很大发展。防空系统具有射程更远、机动性更强且接近高超声速的导弹系统，这对敌方的任何飞机/导弹系统都形成了一个拒止区域。在这种情况下，无人机能够真正发挥作用。地面系统的工作带宽，很可能会被廉价的和一次性的无人机蜂群所淹没。与此同时，另一种被称为游荡弹药的变体无人机，可以潜入该区域，清除威胁性较小的敌对目标。待无人机制造混乱以后，主突击队可能由地面和空中联合发起最后攻击。这一过程，不但能够让人员远离生命危险，而且也能够完全掌控局面。尽管这些系统

可能带来巨大的优势，但由于频繁发生安全相关事件，为此，大众对大规模应用无人机系统感到惶恐不安。无人机也有可能成为邪恶势力的工具，如果被利用，有可能会出现危及生命的紧迫局面。这最终导致越来越多的无人机应用规范相继出台。

关键词： 无人机，无人驾驶飞行器（UAV），监视，应用，安全，协议，制导系统

1.1　概述

无人机，也被称为无人驾驶飞行器（UAV），是一种飞行设备系统，在无须飞行员干预的情况下飞行和机动，甚至是完全自主的。多用途无人机的发展取得了很大进步。自动控制无人机飞行起来更加有趣，这使得它们深受用户欢迎，以至于在世界各地都很畅销，尤其受到青少年和儿童的青睐。无人机还有很多实际用途。根据公开和公认的历史资料，1849 年无人机首次应用于军事，当时奥地利使用无人气球袭击了威尼斯。人们对移动安全和自主无人机开发的许多问题进行了持续研究。在目前的研究工作中，人们主要关注不同类型无人机的控制问题和人工智能方面的研究与应用。近期，由于无人机越来越多地应用于军事和民用领域，如遥感、农业、边境安全、国家情报搜集和军事打击等，因此备受关注。此外，行业人员和业余爱好者不断推出无人机创新应用方法，正在促使众多行业创新，从而开辟新的发展机遇。

1.2　作用在无人机上的力

作用在无人机上的力如图 1－1 所示。

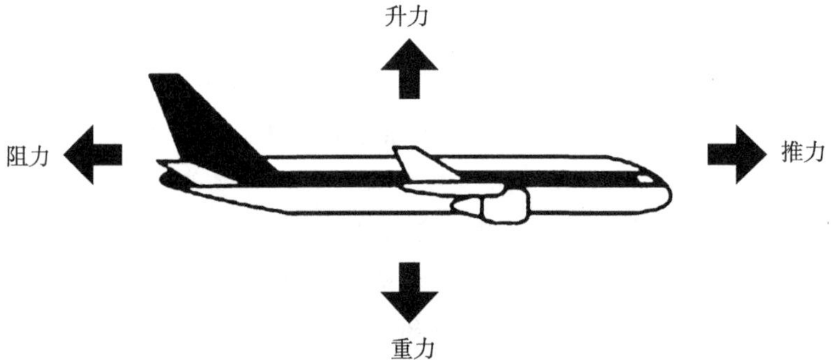

图 1－1　作用在无人机上的典型作用力[16]

升力：升力是作用在飞行器上并使飞行器保持向上的力，可通过推力、外形、内部材料等产生[16]。

重力：重力是地球施加在飞行器上的引力[16]。

阻力：阻力是与飞行器运动方向相反的力[16]。

推力：推力是由飞行器推进装置提供的合力[16]。

1.3　基本轴线

无人机的基本轴线如图 1－2 所示。

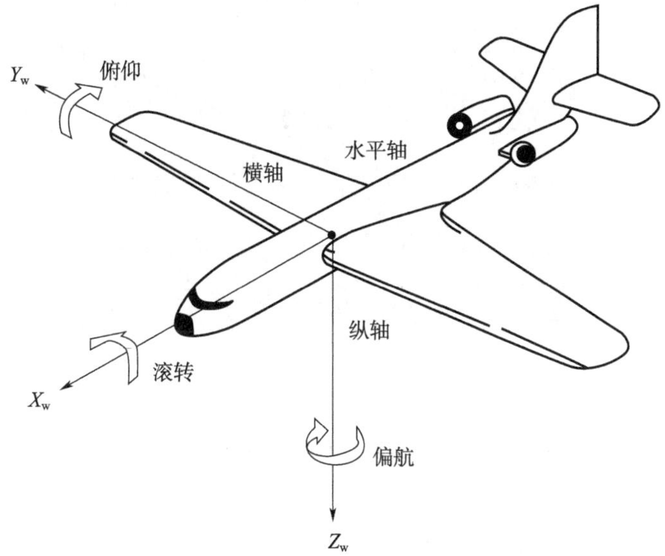

图 1－2　无人机的基本轴线[17]

1）滚转：在滚转运动中，飞机机翼围绕机身左右转动[17]。

2）俯仰：在俯仰运动中，飞机头部能够上下移动[17]。

3）偏航：在偏航运动中，在保证整体机身不倾斜的情况下，飞机头部能够左右转动[17]。

1.4　无人机的广义分类

1.4.1　固定翼无人机

固定翼无人机是最基本的无人机类型。固定翼无人机有一个固定的刚性机翼，能够产生升力。这里，升力主要来自机翼而不是来自螺旋桨[1]。固定翼无人机如图 1－3 所示。

1.4.1.1　优点

1）结构简单，既不需要太大的机身，也不需要太多的航空电子设备和其他机械设备插槽。

2）采用上单翼和中单翼构型，空气动力学稳定性更高，并具有很强的滑翔能力。

3）采用的零部件较少，机身也不复杂，易于维修。

4）空气动力学性能优越，机身稳定性好，电池/燃油寿命更长。

图 1-3 典型的固定翼无人机[16]

5）鉴于以上优点，可以认为，固定翼无人机能够保持长时间飞行。

1.4.1.2 缺点

1）固定翼无人机大多数由螺旋桨或喷气发动机驱动，因此需要专用的跑道或发射与回收装置来操作和回收。

2）由于机翼是升力的主要来源，为保持飞行高度，机翼需要持续运动而不能悬停。

1.4.2 轻于空气的系统

轻于空气的系统是指由空气浮力而保持飞行的平台。这是通过将升力气体（如氦气）封装在膜内并在膜上安装整体结构和部件来实现的[15]。轻于空气的系统如图 1-4 所示。

图 1-4 典型的轻于空气的系统[19]

1.4.2.1　优点

1）无论子系统的尺寸和重量如何，其总体重量都不大，因此整体系统操作简单。

2）整体系统的净重量较小，可在运动和静止状态下快速改变航向。

3）系统操作能耗低。

4）非常适合静止悬停（例如用于体育运动、监测、农业、矿区等）[19]。

1.4.2.2　缺点

1）净重较小，难以在恶劣的天气条件下操作，或者容易受到外力的影响。

2）尺寸过大，不利于用户低调隐蔽，因此该系统不适合军用或民用[19]。

1.4.3　多旋翼无人机

尺寸适当的多旋翼无人机是进行鸟瞰活动最廉价的手段。多旋翼无人机易于操作和运输，因此是私人用户和工业用户的理想选择。常见的平台包括三旋翼、四旋翼、六旋翼和八旋翼无人机[20]。多旋翼无人机如图 1－5 所示。

图 1－5　典型的多旋翼无人机平台[20]

1.4.3.1　优点

1）具有足够的升力和良好的操控性能，适合垂直起飞与降落。

2）机身构造紧凑，用户可在狭小的区域进行精确操控。

3）由于自身具有足够的推力，无需专用的跑道/直升机停机坪即可完成起飞与降落。

4）虽然自身设计不稳定，但如果配置良好的机载飞行控制器，就能够实现高度精确的机动性[20]。

1.4.3.2　缺点

1）与其他机型相比，其构造和结构较为复杂。

2）具有空气动力学不稳定性，需要机载飞行控制器来执行基本机动。

3）需要更多的推进装置和其他外围辅助设备，因此能耗较大[19]。

1.5 无人机的军事必要性

1.5.1 第六代战斗机的特点

第六代战斗机如图 1-6 所示。

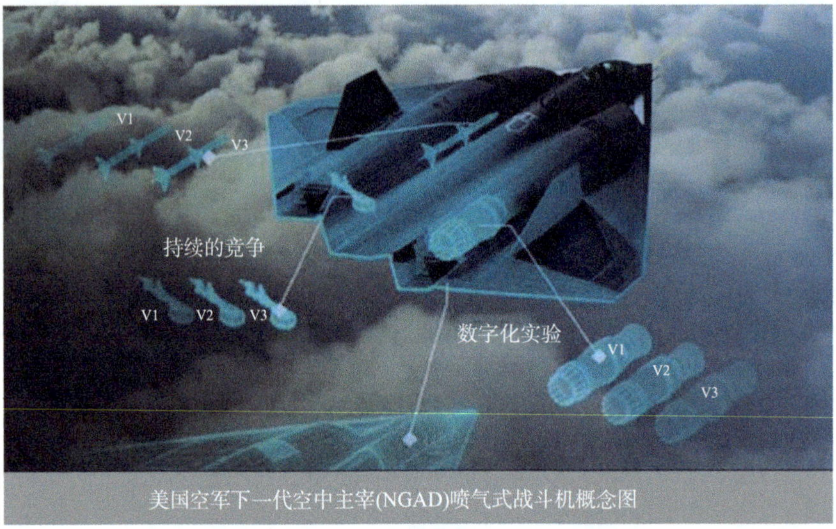

图 1-6 第六代战斗机方案示意图[19]

1.5.1.1 概述

随着第六代战斗机的出现，所有战斗机都将成为过去，未来将是隐身和超视距导弹的世界。第六代战斗机方案具有许多相同的特征。隐身飞机和远程导弹仍将沿袭第五代战斗机的主要特征[9]。

为了让隐身飞机更深入地渗透到反介入/区域拒止环境中，利用低成本的陆基空中优势系统（如 S-400 和“爱国者”导弹系统）从更安全的距离压制潜在的防空连或防务团，隐身飞机必须突破反介入/区域拒止环境。此外，隐身飞机在空战推演中的表现优于非隐身飞机。因此，第六代战斗机的发展将需要减小雷达截面并采用雷达吸波材料。随着先进传感技术的进步，隐形机身可能会过时，而且隐形机身不像航空电子设备和武器包那样容易升级。在这方面，干扰、电子战和红外遮蔽防御也将变得越来越重要。像 AIM 120 空空导弹、“阿斯特拉”（Astra）、“蟒蛇”（Python）等超视距（BVR）导弹仍将大量存在，未来这类导弹将能击中 100 km 以远的目标。但实际上，这些导弹需要从更近的距离发射才能实现更高的目标击中率，从而对抗类似战斗机那样的快速机敏目标[9,19]。

然而，未来空战人员与对手进行远距离作战，可能较多地使用新型冲压发动机驱动的高速空空导弹，如英国的“流星”（Meteor）。F-35 使用头盔式显示器，通过透视整个飞机来提供卓越的态势感知能力。驾驶舱与头盔式显示器相连，关键仪器数据和目标导弹都可以在驾驶舱中查看。尽管初期存在问题，但这些头盔有望成为未来战斗机的标配部件，在某些情况下可能会取代驾驶舱或仪表面板。因此，战斗机飞行员可能会通过声控指令界面更有效地操作。配备更先进发动机的大型战斗机，将能够执行长航时飞行任务并携带更重型的武器，因为基地和航母在面对敌方攻击时变得更加脆弱。如果隐身喷气式飞机单纯依靠内置燃料箱和武器，则很难做到这一点。根据空军预测，在视距范围以内发生空战是不大可能出现的。显然，一架体积更大的飞机对双方都可能是致命的。相比之下，人们更愿意在机动性方面做出让步，从而追求更高的速度和更大的有效载荷[9]。

随着先进自适应循环发动机的发展，G 变量发动机已经变得越来越先进，它能够在飞行过程中自动调整所需要的配置，以便在高速时如同涡喷发动机那样高效运行，或者在低速时如同大涵道比涡扇发动机那样节约燃油，这些设计要求可能会很好地协同。根据空军专家预测，有人驾驶模式经过几十年的存续之后，未来有人驾驶战斗机将向无人驾驶战斗机转变，无人战斗机将不必承担人类飞行员的额外责任和生命风险。因此，第六代战斗机设计正在将有人/无人双模驾驶飞机的想法变为现实，这种飞机可以在有人/无人两种模式下飞行。这样做的缺点是，制造一架飞机往往需要更多的设计工作，而这种飞机仍然存在有人驾驶飞机的缺点，且训练成本高昂[4,9]。

对于有人/无人双模驾驶飞机，向无人驾驶战斗机模式转换将变得更加可行，在模式转换过程中，还能够允许指挥官在不危及飞行员生命的情况下派遣飞机执行危险任务。在陆地、海洋和太空与盟友进行传感器融合。F－35 接收传感器数据，通过数据链将其传输给友军和盟军，生成综合图像就是其重要成就之一。当友军进入有利位置，甚至在没有开启雷达的情况下，可从更远的后方发动攻击，而隐身飞机能够飞向指定位置上空并驱赶敌人。

可以肯定的是，第六代战斗机将采用融合传感器并开展协同作战，因为这种战术有望发展成为一种力量倍增器。卫星、无人机与喷气式战斗机之间的协同，可能会进一步加深这种融合[7]。

1.5.1.2　网络战与网络安全

尽管 F－35 的设计承诺大幅度提高效率，但传感器融合和有人驾驶模式表明，第六代喷气式飞机将在很大程度上依赖数据链和网络，这些数据链和网络可能会受到干扰，甚至遭遇黑客攻击。然而，即便着陆的飞机也容易受到未来的网络攻击。第六代航空电子设备，除了用于防御电子战和网络战之外，还可能向对手发起这种攻击[3,6]。

1.5.1.3　人工智能（AI）

这里存在的一个问题是，所有这些严密封装的传感器通信系统和武器系统，其复杂性已经超出了人类大脑所能接受的程度，而部分第四代飞机在后座位置保留一名武器系统指挥官的位置以提供帮助。目前，所有可用的第五代隐身战斗机均为单座配置，强大的空军正在试图通过人工智能（AI）来控制更多的常规战斗机操作，并将相关信息组织起来提供给飞行员。无人机协同也可能利用人工智能和机器学习[4,6]。

1.5.1.4 无人机与无人机蜂群

2016 年 10 月，在中国湖上空进行了一次测试，两架 FA - 18“超级大黄蜂”投放了 103 架“山鹑”（Perdix）微型无人机。被人工智能蜂群思维激活的无人机像一群蝗虫一样，降落在指定的目标地点。“神风突击队”（Kamikaze）曾经在战斗中使用过无人机，也很容易理解如何将低成本的小型无人机发展成为一种特别致命的武器。未来战争专家认为，少数昂贵且防御能力强的武器系统和导弹，可能比廉价且可丢弃的无人机网络更加难以防御。可以想象，第六代战斗机将与更大更快的无人机协同，这些无人机可充当诱饵、武器平台和携带传感器的侦察兵[6,9]。

1.5.1.5 定向能武器

无人机蜂群、精确制导导弹，甚至是退役的诱饵战斗机，它们均对隐身战斗机的攻防能力构成威胁。定向能武器，如激光或微波武器，可即刻精准发射，并具有夜间储能功能，可为自身提供足够的电力，是一种经常使用的对抗手段。为了破坏或毁伤敌人的传感器和导引头，美国空军设想了三种不同类型的机载定向能武器。第一种是低功率激光器；第二种是中等功率激光器，用于防御来自天空的空空威胁；第三种是高功率激光器，用于摧毁飞机和地面目标。第六代战斗机计划仍然处于理论层面，需要特别考虑类似第五代战斗机中解决这些问题所花费的巨大经济成本和时间成本[9]。

有些组件技术尚处于发展之中，包括激光器技术、协同交互技术和无人驾驶技术。然而，将这些技术组装到同一个机身上将是一项需要解决的重要工作。第六代战斗机可能最早出现于 21 世纪 30 年代或 40 年代，到那时，空战战略和战术也将变得越来越复杂[6,7]。

1.5.2 HAL 伪卫星

战斗空中编队系统（CATS）无人作战飞机的首次飞行，原计划于 2022 年进行，预计 2024 年或 2025 年准备就绪，这是一种低可探测性、半隐身的无人驾驶僚机，由 LCA Tejas 等 CATS - max 飞机控制。CATS 无人作战飞机已经开始了风洞测试，并且进展顺利。其中，作为 CATS 计划的组成部分，高空伪卫星（HAPS）项目取得了新进展。根据最新消息，HAPS 工作已经启动。令人意想不到的是，这项创新工作选择与民营公司开展合作，通过开发未来高空伪卫星，提高国家的军事打击能力。这项创新是一项重大的技术进步[22]。HAL 伪卫星如图 1 - 7 所示。

HAPS 是一颗在极高海拔地区以太阳能为能源的人造卫星。该卫星的重量接近 500 kg，能够持续飞行 2～3 个月，并且能够在海拔 7 万英尺以上的平流层巡航。由于采用太阳能电池阵列，该卫星可以自己供电。为了给夜间飞行提供动力，辅助电池可在白天充电。由于飞行高度极高且自身推力有限，它依靠太阳能电池飞行，因此在飞越敌方空域时不用担心被发现。有人驾驶飞机只能在边界范围以内操作，而无人机则可以进入敌方区域，并向敌方领土深处发动攻击。这在世界范围内尚属首次。该技术将显著提高印度武装部队的智能监视和侦察（ISR）能力[10]。高空伪卫星（HAPS）的能力如图 1 - 8 所示。

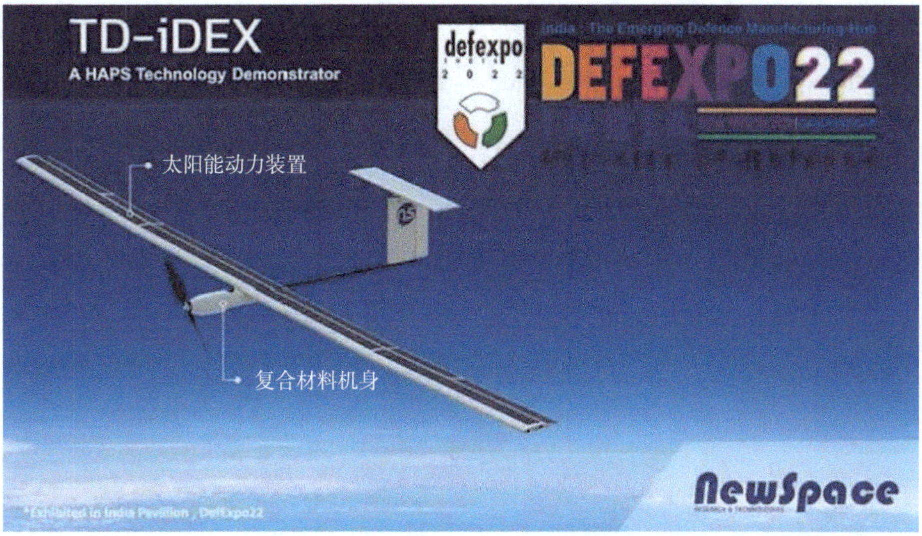

图1-7　HAL伪卫星示意图[21]

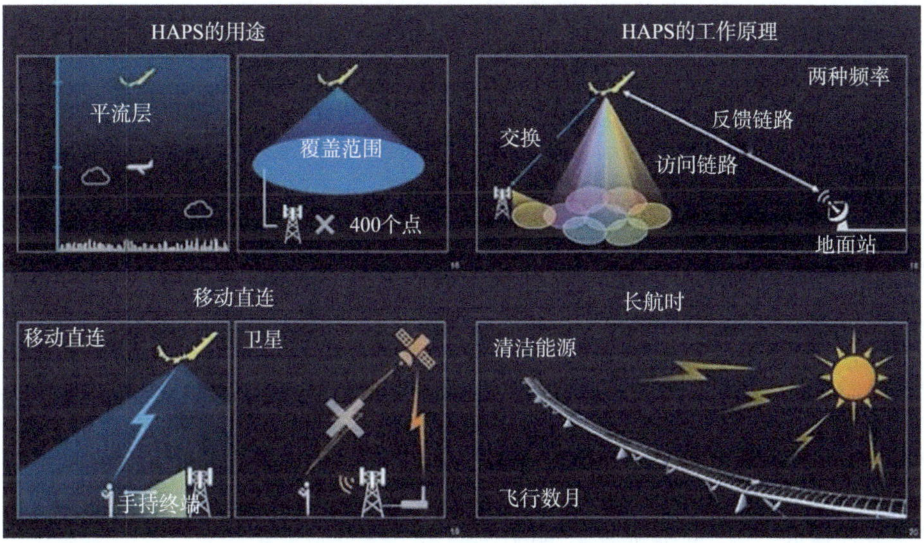

图1-8　高空伪卫星（HAPS）的能力[21]

战斗空中编队系统的概念如图1-9所示。这个概念属于采用燃料、太阳能和电力驱动的无人驾驶飞行系统。在运行期间，HAPS还可以向地面站传输照片和实时视频。新的无人机上将会加装合成孔径雷达，用于探测敌方领土深处的活动。该无人机还将与印度其他系统协同，如“猎人”（Hunter）导弹，“阿尔法S天鹅”（Alpha S Swan）无人机，以及使用先进传感器的忠诚僚机。HAPS除用于军事目的外，还可用于人道主义援助和救火工作。此外，它还可以部署在偏远地区，特别是地形复杂和高海拔地区，帮助实现4G和5G联网[22]。

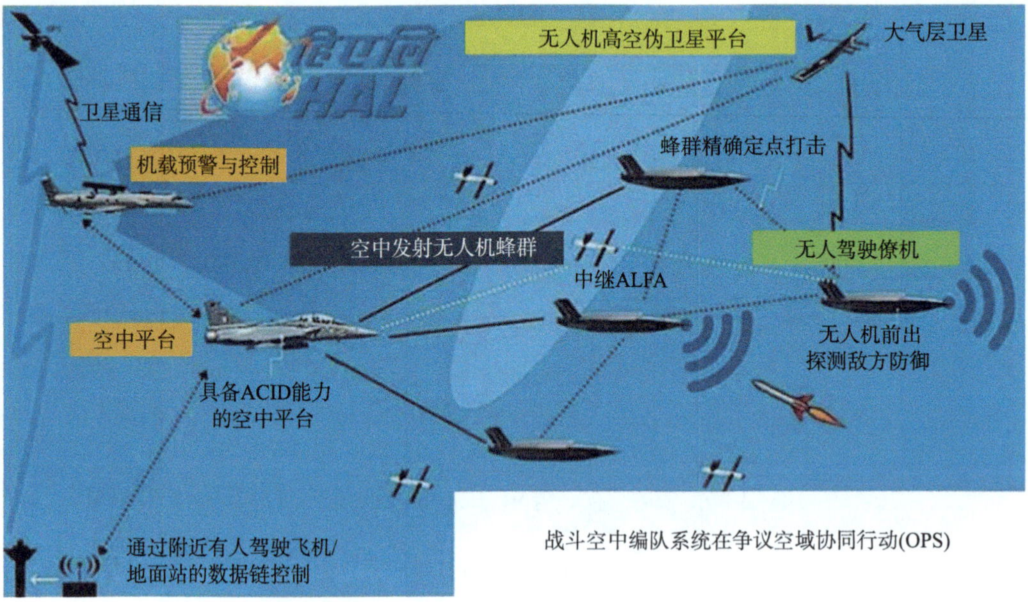

图 1-9　战斗空中编队系统的概念[21]

1.5.3　地空导弹与现代战斗机

达索“阵风”(Rafale)战斗机的频谱自我保护技术，可以防御来自燃料驱动飞机的威胁，这是现代战斗机的特点之一，正是这个特点，使其成为高效的战斗机。对于“阵风”战斗机，泰雷兹集团（Thales Group）和 MBDA 公司（欧洲最大的导弹研发和生产集团之一）联合开发了这项技术。这是一个极其复杂的系统，该技术结合了许多不同的传感器和雷达，包括相控阵雷达干扰器、导弹来袭预警系统、红外导弹发射探测器、雷达预警接收器、激光预警和诱饵分配器。基于传感器和数据库的大量信息，频谱系统就像一个中央处理器，从这些传感器中接收数据，并将数据反馈给该系统。频谱提供了卓越的态势感知能力，甚至为行动方案提供最佳建议。事实上，频谱技术与 F-35 喷气式战斗机采用的先进传感器融合技术一样，都是非常卓越的[9]。

类似 S-400 或“爱国者”等这样的防空系统，区别于其他防御系统的因素在于它们拥有强大的雷达装置。在 600 km 范围内，S-400 的雷达能够探测和跟踪大型飞机、旋翼机、巡航导弹、制导导弹、无人机和弹道导弹。据公开信息，91N6E 全景雷达的反隐身瞄准范围为 150 km。对于无线电截面（RCS）为 0.4 m^2、飞行马赫数 14 的弹道目标，其探测距离为 230 km。对于 4 m^2 的轴目标，其探测距离为 390 km。“阵风”战斗机的 RCS 为 0.5 m^2。因此，S-400 系统可以很容易地从几百公里以外对飞机进行跟踪[11]。

那么，“阵风”战斗机如何执行 SEAD（压制敌人防空）任务呢？第一，需要使用信号情报平台，如“费尔康”预警机（Phalcon AWACS）、侦察与巡逻无人机以及卫星网络，对敌人领土内的地对空（SAM）威胁进行定位和识别，并正确计算和规划战斗机的飞行路径，避开活跃 SAM 站点的雷达覆盖。第二，战斗机必须低空飞行，其地形功能与飞行控制系统融合在一起，实际上操控飞机更加接近地面或其他任何地形低空飞行，这对于以手动模式飞行的机组人员来说是可以接受的。对于S-400雷达来说，很难从如此远的距离和如此低的飞行高度探测到“阵风”战斗机。第三，战斗机的威胁数据库系统需要更新S-400雷达系统的波长频率。S-400系统由三种不同类型的雷达组成，因此，在执行SEAD任务时，必须有三架飞机，每架飞机都要携带干扰设备，以便干扰S-400系统三个不同频率的雷达。一旦S-400攻击受阻，它们可能完全“失明”而被摧毁。借助频谱主动抵消技术，攻击机可以通过反回波来欺骗雷达。在主动抵消技术中，从敌方雷达接收到的入射波产生镜像，然后两者相互抵消。如果机载计算机运行足够快，发射器的功率足够大，那么战斗机直接在雷达前方盘旋而不被发现。这一策略在斯洛伐克的一次演习中进行了演示。第四，需要完善“阵风”战斗机的自我保护系统。应安装“亮云”(Bright Cloud）这样的下一代干扰器。现在，通过使用“亮云”干扰器，平台可免受现代跟踪技术的影响。“亮云”干扰器通过一个标准的55 mm曳光弹发射，在编程设置中将其线程从主机平台上引开，从而实现更大的规避距离。第五，飞机也可发射“风暴阴影”(Storm Shadow）或“头皮”(Scalp）导弹，从远距离攻击S-400系统。启用S-400套件中的文件程序并不容易，这需要精确规划和执行。现实作战场景可能会有所不同，即使采用各种反制措施，仍有可能检测到平台的外形轮廓[11]。

1.5.4 无人机作为大规模杀伤性武器

在武器管制的背景下，“大规模杀伤性武器”作为一种能够造成广泛破坏的装置，将受到国际协定的约束。最近，分析师Zach Kallenborn为美国空军战略威慑研究中心开展了一项研究，他指出，一些无人机蜂群结构被视为大规模杀伤性武器。现代无人机，如MQ-9“死神”(Reaper）无人机，由飞行员远程操控，同时有效载荷操作员可操控其发射携带弹头的导弹。在他们身后还有一群专家，如军事律师和图像分析师，他们就“什么是合法的目标”展开了辩论。未来的无人机，可能在没有过多人类监督的情况下自主运行和战斗，特别是以蜂群形式执行作战。Kallenborn是一位无人系统和大规模杀伤性武器领域的专家，他描述了一种蜂群结构，称之为武装全自主无人机蜂群（AFADS)[13]。

一旦投放，在无须人类帮助的情况下，AFADS将定位、识别和攻击所有目标。根据Kallenborn的说法，AFADS蜂群确实符合大规模杀伤性武器的特征，因为它能够造成巨大破坏，且无法区分军事目标和民用目标。蜂群项目正在努力开发一种导弹携带的弹头，这种弹头能够释放一群微型无人机，这些无人机分散行动，采用爆炸成形弹丸（EFP）寻找并摧毁目标。EFP是一种通过爆炸形成的高速金属弹丸，具有极强的穿甲能力。CBU 105炸弹是一型1 000磅级的弹药，在目标区域投掷40枚双向飞翼子弹药，这在概念上与此类似。每一枚子弹药借助降落伞下落，并使用导引头进行地形扫描，直到发现坦克并发射爆炸式穿甲弹。毫无疑问，蜂群的威力是非常巨大的[20]。

陆军操控的GMLRS火箭弹，有效载荷为180磅，射程超过70 km，另外还有导轨式导弹，有效载荷为350磅，射程超过270 km，可用于打击蜂群。第一个计划是利用导弹携带四轴无人机作为有效载荷，通过空气动力外壳投放在整个目标区域。然而，四轴无人机在空中展开可能会遇到巨大挑战。Avid 公司曾因与霍尼韦尔公司就 T-hawk 无人机系统开展合作而闻名，这是一种战术垂直起降无人机，于 2007 年部署在伊拉克，用于帮助检测简易爆炸装置（IEDs）。T-hawk 由置于机身内部的涵道风扇驱动，无外部旋翼。后来，Avid 研制了 EDF 8，这是一款更小型的涵道风扇电动无人机，有效载荷为 1 磅[14,20]。

出于两个原因，无人机蜂群将比目前使用的 CBU 105 型"水罐"（water canister）集束炸弹更有效。CBU 105 只能在几百米的区域范围内击中目标，蜂群则可以搜索分散在大面积区域内的汽车。另一个优势就是效率。有些弹头并不能锁定目标，在可能重叠的地方，两个或更多的弹头可能击中同一个目标，因而忽略了其他目标。在每个弹头的搜索区域，CBU 105 只存在少量的重叠。蜂群参与冲突才会真正地协同起来，因此 40 架无人机通常会发动 40 次独立的攻击。如果每个多管火箭发射系统（MLRS）的导弹单元，配备与当前武器相同的爆炸成形弹丸（EFP），将投放大约 10 架无人机组成的蜂群。每 1 辆 M-270 MLRS 发射车发射 12 枚导弹，总计齐射 120 架无人机。因此，一个由 9 辆火箭发射车组成的炮兵连，理论上可在目标区域上空投放数千架小尺寸的杀手无人机来对抗整个装甲纵队[18]。

这样的蜂群是否算作大规模杀伤性武器呢？可以想象，这种武器有可能发展成为大规模杀伤性武器（WMD）。然而，这样的蜂群能否定性为 WMD，这一点取决于蜂群中武装无人机的数量和有效载荷。如果一个蜂群携带的弹药量等同于一千枚 M-67 手榴弹携带的弹药量，则很可能属于大规模杀伤性武器。如果蜂群达到这一标准，就必须遵守国际军备控制法。如果不受控制的无人机将民用车辆误判成军用车辆，那么无疑将会造成严重伤亡。这就很容易理解，为什么打击装甲车队最终导致对邻近难民的大篷车造成灾难性的后果。这是不可接受的，国防部指令（DoDD）3000.09 旨在防止自主或半自主武器系统故障引发的意外交战。然而，战争中的确会出现误判。判断一个系统是不是大规模杀伤性武器，可能具有一定的难度。如何确定某一系统是否为大规模杀伤性武器？如果蜂群表现出大规模杀伤性武器的特征，那么可能有必要确定无人机蜂群是由单个蜂群还是多个蜂群构成的。同样，蜂群是否具备完全自主能力也很难确定。具有这种潜力的任何蜂群都会引发一个共性问题——即使不属于大规模杀伤性武器，但多大程度的自主性是可接受的。有必要以这种武器为例，仔细评估美国准备承担的风险。第二阶段的开发工作于 2022 年 3 月完成，包括 EFP 不同弹头的功效演示及部署、带动力飞行、目标压制、自主导航系统，以及在目标上空滑翔等[15]。

一旦完成第三阶段，就将无人机集成到导弹的弹头中，那么武装部队就可以迅速部署无人机了。与其他的大规模杀伤性武器不同，无人机蜂群研制成本低，如果编配到部队，所需要的技术技能也相对较少。如果其他各方也使用这种武器系统，并造成大量伤亡，那么情况可能会发生变化[4]。

1.6　结论与未来展望

本章讨论了无人机的各个方面，如组件、架构、分类、网络层等，未来无人机将应用于民用、农业、监视等不同的领域。谈到民用无人机的使用，在公民的权利和隐私方面存在着重大风险。但电池问题仍是未来研究的重点。需要在包括 GPS 模块在内的自动驾驶系统方面继续开展工作，以获得更好的位置信息以及数据传输速度，这仍然是一个潜在的研究领域。

传统上，无人机用于监视和获取指定区域的实时图像和传感器数据。在随后几年的发展和进一步迭代中，无人机被赋予了有效载荷搭载能力，然后便具备了攻击和打击能力。目前，空中对抗变得非常棘手和危险。很多国家已经划拨和投入了巨额预算来保护自身免受空中威胁。防空系统与机载电子战套件之间正在进行着一场持续的较量。这场较量对地面操控人员和飞行员的生命构成了威胁。无人机在传统上起着辅助作用，如今正在扮演越来越多的打击角色。此外，能够控制多架诱饵无人机的全自动智能无人机将改变游戏规则。无论冲突时期还是和平时期，在任何情况下无人机都能够发挥作用。无论近距离协助物流运输，还是日常提供 20 小时以上的空中监视能力，无人机技术都取得了长足进步。无人机未来发展前景广阔，将能够提供目前尚不具备的能力。

参考文献

[1] Masum, M. A. et al., Simulation of intelligent unmanned aerial vehicle (UAV) for military surveillance. 2013 International Conference on Advanced Computer Science and Information Systems (ICACSIS), pp. 161-166, 2013.

[2] Sehrawat, A., Choudhury, T. A., Raj, G., Surveillance drone for disaster management and military security. 2017 International Conference on Computing, Communication and Automation (ICCCA), pp. 470-475, 2017.

[3] Dufrene, W. R., Mobile military security with concentration on unmanned aerial vehicles. 24th Digital Avionics Systems Conference, vol. 2, p. 8, 2005.

[4] Tahir, M., Shah, S., II, Zaheer, Q., Aircraft system design for an anti-terrorist unmanned aerial vehicle. 2019 International Conference on Engineering and Emerging Technologies (ICEET), pp. 1-8, 2019.

[5] Hartmann, K. and Giles, K., UAV exploitation: A new domain for cyber power. 2016 8th International Conference on Cyber Conflict (CyCon), pp. 205-221, 2016.

[6] Pauner, C., Kamara, I., Viguri, J., Drones. Current challenges and standardization solutions in the field of privacy and data protection. 2015 ITU Kaleidoscope: Trust in the Information Society (K-2015), pp. 1-7, 2015.

[7] Muneem, I. A., Fahim, S. M., Khan, F. R., Emon, T. A., Islam, M. S., Khan, M. M., Research and development of multipurpose unmanned aerial vehicle (flying drone). 2021 IEEE 12th Annual Ubiquitous Computing, Electronics & Mobile Communication Conference (UEMCON), pp. 0402-0406, 2021.

[8] Iqbal, S., A study on UAV operating system security and future research challenges. 2021 IEEE 11th Annual Computing and Communication Workshop and Conference (CCWC), pp. 0759-0765, 2021.

[9] US Military News, 6th generation fighters are coming, Apr. 25, 2021. [Online]. Available: https://www.youtube.com/watch?v=8YkQs3lm85k&list=PLNGzO_h3wEbNzjJmmQ7q3m7aOQVJBTOJ1&index=16. [Accessed: 29-Jun-2022].

[10] Indian Defense Analysis, Development started on HAPS-infinity Pseudo satellite of HAL CATS (combined air teaming system), Feb. 11, 2022. [Online]. Available: ttps://www.youtube.com/watch?v=2d1fYEBIUkI&list=PLNGzO_h3wEbNzjJmmQ7q3m7a OQVJBTOJ1&index=14. [Accessed: 29-Jun-2022].

[11] Indian Defense Analysis, S-400 vs rafale | can rafale take down s-400 SAM?, Apr. 04, 2022. [Online]. Available: https://www.youtube.com/watch?v=Wbr5aTDX6Xg&list=PLNGzO_h3wEbNzjJmmQ7q3m7aOQVJBTOJ1&index=14. [Accessed: 29-Jun-2022].

[12] Military Update, U.S. army announced new drone swarm would be a weapon of mass destruction,

Mar. 07, 2021. [Online]. Available: https: //www. you tube. com/watch? v=KLmmPnMvwNY&list =PLNGzO _ h3wEbNzjJmmQ7q3m7aOQVJBTOJ1&index=13. [Accessed: 29 - Jun - 2022].

[13] User, 179. A new age of terror: New mass casualty terrorism threats. Mad Scientist Lab. , Sep. 26, 2019. [Online]. Available: https: //madsciblog. tradoc. army. mil/179 - a - new - age - of - terror - new - mass - casualty - terrorism - threats. [Accessed: 29 - Jun - 2022].

[14] Defense. gov. [Online]. Available: https: //media. defense. gov/2020/Jun/29/ 2002331131/- 1/- 1/0/60DRONESWARMS - MONOGRAPH. PDF. [Accessed: 29 - Jun - 2022].

[15] Researchgate. net. [Online]. Available: https: //www. researchgate. net/publication/ 331227634 _ LIGHTER - THAN - AIR _ LTA _ UNMANNED _ AERIAL _ SYSTEM _ UAS _ CARRIER _ CONCEPT _ FOR _ SURVAILLANCE _ AND _ DISASTER _ MANAGEMENT/fulltext/5c6d5660 92851c1c9defd80f/ LIGHTER - THAN - AIR - LTA - UNMANNED - AERIAL - SYSTEM - UAS - CARRIER - CONCEPT - FOR - SURVAILLANCE - AND - DISASTERMANAGEMENT. pdf. [Accessed: 29 - Jun - 2022].

[16] 911 Security, Types of drones - fixed wing. 911Security. com. [Online]. Available: https: // www. 911security. com/learn/airspace - security/drone - fundamentals/types - of - drones - fixed - wing. [Accessed: 29 - Jun - 2022].

[17] Axis - the basics of aviation. Google. com. [Online]. Available: https: //sites. google. com/site/ thebasicsofaviation/axis. [Accessed: 29 - Jun - 2022].

[18] Plane flight controller - veronte autopilot - products. Embention, Sep. 05, 2019. [Online]. Available: https: //www. embention. com/product/plane - flightcontroller/. [Accessed: 29 - Jun - 2022].

[19] Researchgate. net. [Online]. Available: https: //www. researchgate. publication/net/331227634 _ Lighter - Than - Air _ LTA _ Unmanned _ Aerial _ System _ UAS _ Carrier _ Concept _ for _ Survaillance _ and _ Disaster _ Management/Fulltext/5c6d566092851c1c9defd80f/Lighter - Than - Air - LTA - Unmanned - Aerial - System - UAS - Carrier - Concept - for - Survaillance - and - Disaster - Management. pdf. [Accessed: 29 - Jun - 2022].

[20] Tyrrell, M. , Has lockheed Martin unveiled a sixth generation fighter factory? Aero - mag. com, Aug. 13, 2021. [Online]. Available: https: //www. aero - mag. com/next - generation - air - dominance - ngad - 13082021. [Accessed: 29 - Jun - 2022].

[21] Raksha Anirveda, HAPS: India's stratospheric foray. Self Reliance Defence, Mar. 22, 2022.

[22] HAL's HAPS program gets Government approval. Idrw. org. [Online]. Available: https: //idrw. org/hals - haps - program - gets - government - approval/. [Accessed: 29 - Jun - 2022].

第 2 章　无人机飞行概论——飞向新目的地的见证

S. Venkata Achuta Rao[1], P. Srilatha[2], G. V. R. K. Acharyulu[3], G. Suryanarayana[4*]

1. Department of Computer Science & Engineering, Sree Datta Institute of Engineering and Science, Hyderabad, India

2. Department of Computer Science & Engineering, Sreyas Institute of Engineering and Technology, Hyderabad, India

3. Master of Business Administration, SCM Studies, University of Hyderabad, Hyderabad, India

4. Department of Computer Science & Engineering, Vardhaman College of Engineering, Hyderabad, India

[*] 通讯作者：sreedatthaachyuth@gmail.com

摘　要：无人机也称为无人驾驶飞行器（UAV）。众所周知，无人机或无人驾驶飞行系统（UAS）没有飞行员，也称为飞行机器人（FR），可以远程控制或者自主飞行，使用嵌入式软件操控，并与机载传感器、信号以及全球定位系统（GPS）相结合，包括物联网以及不同类型和功能的大量电子元件。英国开发的第一架无人机于 1917 年 3 月进行了测试，美国开发的空中鱼雷于 1918 年 10 月进行了首飞。时至今日，这项技术获得了快速推进和发展，特别是 1990—2010 年这二十年是军用和民用无人机发展的关键期，2010 年至今更是无人机发展的黄金期。在概述部分，作者讲述了不同类型的无人机技术日新月异的发展，讨论了无人机的工作原理，无人机给社会带来的利弊和不同的职业选择，以及无人机安全与安保等问题。在收集全世界海底和地球上的废物这方面，无人机发挥的重要作用是令人惊讶的，全世界每年产生的城市固体废物大约是 20.1 亿吨，预计到 2050 年这一数字将增长 70%，达到 34 亿吨。在这一章中，作者讲述了无人机的重要应用、用途和未来展望，如同使用手机一样，人们把无人机变成了手持设备。这里，研究人员和工程师们责任重大，他们应确保无人机及其颠覆性技术不对人类造成伤害，更不能让无人机成为恐怖分子伤及无辜的工具。

关键词：无人驾驶飞行系统，全球定位系统，自主性，可持续性，无人机识别系统

2.1　概述

从技术意义上讲，由于采用嵌入式技术，将软件控制的飞行规划与带有传感器和 GPS

的机载 PCB 结合起来进行飞行，因此，飞机可以远程操控或自主飞行。过去，无人机通常在国防部（DoD）中使用，当时这些无人机作为硬式实时嵌入系统，主要用于射击防空目标、广泛收集情报，更有争议的是，将无人机用作武器操作设计系统。目前，无人机广泛用于民用领域，如地理信息系统（GIS）。全球定位系统（GPS）应用包括搜索和救援、监视行动、沙尘暴等突发灾难、高速海浪对陆地的灾难性冲击、交通监控、天气预报、监控和消防，以及基于商业用途的私人无人机、无人机拍摄、农用甚至货物运送。

应用特殊程序可以追踪无人机的来源，并向国防部提供相关信息。20 世纪 30 年代发明了第一架由无线电控制的可重复使用的基准飞机，为后续技术改进奠定了基础[1,2]。后来，基于军用无人机，设计和配置了可满足特定需要的传感器和必要像素的摄像头，目前，这种传感器和摄像头大多安装在导弹中。随着科技的发展和进步，可供选择的无人机类型也越来越多。少量的无人机用于军事目的，而更多的无人机则试图在大型企业中找到一席之地。

颠覆性技术对商业、环境、社会和政府（ESG）的影响可能是毁灭性的。例如，恐怖分子使用无人机，这种应用正在引发很多后果，公众呼吁世界各国高层应当出台相关法律，并组织不同的司法部门共同组成执法机构，持续监管许可权限或测试，最终才能允许无人机飞行。此外，还将规划无人机可持续识别系统（DISS）。为了全社会的整体利益，这个 DISS 必须足够安全和保护隐私，更应该严格管控，杜绝滥用，同时控制和调整无人机的密度。

2.1.1　简史

亚伯拉罕·卡雷姆（Abraham Karem）是创新型固定翼和旋翼无人机的先驱，是无人机技术的创始人。早在 20 世纪 70 年代，他为以色列空军建造了无人机。1916 年，洛斯（A. M. Lows）的“空中目标”（Aerial Target）是最早尝试带动力飞行的无人机。第一次世界大战后，电影明星和航模爱好者雷金纳德·丹尼（Reginald Denny）于 1935 年建造了第一架小尺寸的遥控飞机。美国无人机的诞生始于 1959 年，当时美国空军官员担心在敌方领土损失飞行员。2002 年 2 月 4 日，美国中央情报局（CIA）首次使用“捕食者”（Predator）无人机进行定点清除。2013 年，约翰·霍根（John Horgan）在《国家地理》杂志上称，世界上至少有 50 个国家使用了无人机，伊朗、以色列和其他国家都建造和部署了自己的无人机。2015 年 9 月 7 日，无人作战飞机（UCAV）首次用于实际军事行动。

2.1.2　无人机技术的重要意义

几个世纪以来，地图在人类的生存活动中发挥着关键作用。从梵蒂冈的地图壁画到人工测量，再到卫星甚至无人机测绘，可见，自人类文明诞生以来，地图、位置和定位服务的重要性是无与伦比的[3,4]。在过去的五年中，印度的无人机需求出现了出乎意料的增长。印度民航部公布的各种统计数据证实，预计印度将投资 500 亿卢比用于无人机制造，到

2024 财年，无人机的年营业额将达到 90 亿卢比。那么，印度发展无人机的牵引条件或背后驱动因素是什么呢？[14]

根据《2020 年无人机行业观察报告》，预计到 2025 年，全球无人机行业将以 13.8%的复合年增长率（CAGR）增长至 428 亿美元。随着民航部《无人机规则 2021》的更新，印度努力在 2030 年前成为全球的无人机中心。根据观察结果，到 2025 年，印度预计将成为世界第三大无人机市场。预计在 2020—2026 年，印度无人机市场将以 20.9%的复合年增长率增长，这是对工业集团、芯片公司和信息技术（IT）咨询公司的未来投资估计。预计 2022—2030 年，全球无人机的市场规模将达到约 1 023.8 亿美元，并以 18.2%的复合年增长率增长。

在新冠肺炎（COVID-19）疫情期间，无人机获得了多种应用。这些应用案例来自媒体报道和其他信息渠道，具体而言，这里列举三个重要的无人机用途[7]。

1）实验室样本提取与运送、医疗用品运输，缩短了运输时间并最大限度降低了大面积感染的风险。

2）对公共区域进行空中喷洒，对可能受到污染的区域进行消毒。

3）在封闭和隔离期间，对公共场所进行监测和指导。

2.1.3 发展趋势

无人机主要由执法机构使用，如今公共事务部门和政府也更多地使用无人机；非政府部门使用无人机进行土地测量、测绘和监测。例如，印度国家公路局（NHAI）在当前的运行中，已经使用无人机进行 3D 打印绘制详细的项目报告。无人机收集的数据用于计算公路沿线相关公民的财产补偿。再如，印度铁路局正在使用无人机监控铁路沿线建设，通过 3D 绘制出一个 3 360 km 项目的专用货运走廊网络。整个项目使用无人机进行测绘[9]。与此同时，印度国有电网公司已经开始在无人机的帮助下，监控 15 000～20 000 km 长的输电网，这种无人机配置了高清像素摄像头。印度矿业部门真正实现了任务高效自动化。在位于马尼萨尔（Manesar）的中央数据监控中心，已完成无人机组装，当前正在运行之中。也就是说，印度最大的国有矿业公司——印度煤炭公司（Coal India）已经开始对矿区进行空中勘测，以便对煤矿开采后的植被恢复工作进行评估[14]。

当前的 SVAMITVA 计划是印度村务委员会体制（Panchayati Raj）下的一项中心计划，依靠无人机技术绘制乡村居住区域地图，为乡村规划创建了准确的土地数据，这项工作推动了整个生态系统的发展，让更多的企业和邦政府更容易接受和使用无人机。在 SVAMITVA 计划下，印度调查局（SOI）专注于高分辨率和高精度测绘，使用无人机绘制了大约 660 万个印度村庄地图。尽管疫情肆虐，印度 idea Forge 无人机公司依然组建了一支庞大的研发工程师团队，开发一流的地图产品，以便帮助 SOI 实现这一大胆的想法。目前，idea Forge 公司开发的 RYNO 是一款微型无人机，由于该无人机在测绘应用中展现出很高的精度，现已被 SOI 批准用于 SVAMITVA Yojana 计划[14]。

2.2　无人机的工作原理及结构

典型的无人机采用轻型复合材料制造，以便更容易飞行并增强机动性。无人机集成了最先进的技术，如红外摄像头、GPS 和激光器，适用于消费者、私人、商业和国防部等，如陆军、海军和空军使用的无人机。无人机通过远程地面控制系统（也称为地面驾驶舱）进行操控。无人机系统由两部分组成，即无人机本身及其控制系统。由于无人机内部无须考虑飞行员的位置，因此所有的传感器和导航系统可集中布置在头部，其余部位布置了无人机的各种子系统。嵌入式电路设计采用了必要的核心处理器，需要一些工程材料用于构建高度复杂的复合材料，用于减缓振动和降低噪声[9]。

2.2.1　无人机的结构

2.2.1.1　螺旋桨

四轴飞行器的螺旋桨通常布置在前面。从尺寸和材料来看，螺旋桨有多种尺寸，可由不同的材料加工而成。多数螺旋桨，尤其是小型螺旋桨，通常由塑料制成，而比较昂贵的螺旋桨通常由碳纤维制成。随着各型螺旋桨的不断涌现，目前正在进行小型和大型无人机高效螺旋桨技术研究[7]。无人机的飞行方向和运动由螺旋桨来控制。总之，在无人机起飞前，一定要确保每个螺旋桨都处于良好的工作状态。

2.2.1.2　无刷电机

与有刷电机不同，无刷电机可用于所有的新型无人机。电机设计与无人机设计同样重要。高效的电机将减少购买和操作维护方面的开支。此外，还可以让电池延长寿命，让无人机延长飞行时间。现在，由于企业之间的竞争，无人机电机制造行业相当活跃，制造出的电机更高效、更精良。

2.2.1.3　起落架

无人机配备了类似于直升机的起落架。着陆时，无人机需要较大的离地间隙，因而需要改装起落架，以便安全着陆。此外，运送货物或其他物品的货运无人机，当无人机着陆接触地面时，需要一个稳固货物的区域，因而可能需要一个更大型的起落架。但是，并非所有的无人机都需要起落架。一些小型无人机也可在无起落架的情况下飞行，一旦接触地面就可以安全着陆。大多数飞行时间更长、航程更远的无人机，都安装了固定起落架。

2.2.1.4　电子调速器

电子调速器（ESC）是一个电子电路，其主要功能是在飞行过程中监控和调整无人机的速度。该控制器负责无人机的飞行方向和制动变化，负责将电池的直流电源转换为交流电源，以便为无刷电机供电。为满足所有飞行需求和性能，现代无人机将完全依赖电子调速器。大疆“悟”1（DJI Inspire 1）是采用高性能电子调速器的最新机型，在提高性能的同时降低了功耗。电子调速器大多位于无人机的主机内部。

2.2.1.5 飞行控制器

飞行控制器相当于无人机的主板，它对操控人员向无人机发出的所有命令做出响应。飞行控制器对来自接收器、GPS 模块、电池监控器和机载传感器的数据进行解密。飞行控制器还负责通过电子调速器调节电机速度，并控制无人机的方向。飞行控制器负责所有指令，包括相机触发、自动驾驶模式控制和其他自主操作。

2.2.1.6 接收器

接收器是负责收集通过控制器传递给无人机的无线电信号的组件。通常，无人机操控最少需要四个通道，建议最多提供五个通道。市场上有许多类型的接收器，其中任何一款均可供无人机制造商选择和使用。

2.2.1.7 发射器

发射器负责从控制器向无人机发送无线电信号，以便给出飞行和导航指令。发射器和接收器一样，无人机至少需要四个通道，但通常建议提供五个通道。市场上有各种型号的发射器，均可供无人机制造商选择。为了在飞行中与无人机通信，接收器和发射器必须使用单一无线电信号。

2.2.1.8 全球定位系统模块

全球定位系统（GPS）负责确定无人机的经度、纬度和高度，是构成无人机非常重要的组件。如果没有 GPS 装置，无人机就不会像现在这样发挥重要作用。这些组件可帮助无人机导航到更远的距离，并捕捉陆地区域的数据。

2.2.1.9 电池

无人机的电池是实现所有运动和反应的组件。如果没有电池提供动力，无人机将无法飞行。不同的无人机对电池的需求也各不相同。小型无人机由于功率要求较低，可能需要小型电池。而大型无人机可能需要容量更大的电池，以便为无人机操作提供动力。

2.2.1.10 摄像头

多数无人机都安装了摄像头，有些无人机的摄像头是可拆卸的。摄像头有助于从空中拍摄照片和制作图像，这是无人机的常见功能。市场上有不同类型和品质的摄像头可供选择和使用。

2.2.2 无人机的类型

无人机通常分为两类，如图 2-1 所示[12]。

第一类，如 MQ-9“死神”，它是一种猎人杀手监视无人机，也被称为杀人机器，是专门为军事和特种作战应用而设计和部署的。

第二类，如大疆“精灵”（DJI Phantom），它是为商业和娱乐航空拍摄而设计和部署的，通常被称为教育和研究用途的无人机。

其他类型的无人机如下：

• 微型无人机，也称为小型飞行器、微型飞行器（MAV）。

• 仿生无人机，是指借鉴自然界生物结构、行为和功能，将生物智慧融入机械装置而创造出来的具有特殊应用价值的无人机。

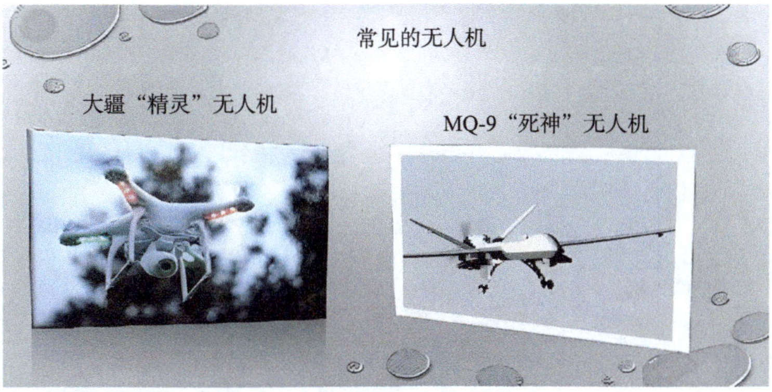

图 2-1　两种常见的无人机类型[11]

2.2.2.1　无人机的子系统

2.2.2.1.1　通信

1）基于超高频的可操控性；

2）使用 Ku 波段通信系统；

3）在所有操控中，上行频率为 15.15～15.35 GHz，下行频率为 14.40～14.83 GHz。

2.2.2.1.2　导航

1）GPS 和 WAA 是基于卫星的航空电子系统；

2）自动计算位置。

2.2.2.1.3　监测

1）GPS 系统；

2）高分辨率摄像机；

3）超高分辨率静态摄像头。

2.2.2.1.4　避撞系统

1）交通与避撞系统；

2）小型飞机使用的简易交通警告系统；

3）飞机使用的地面近距离警告系统。

2.2.2.1.5　天气预报系统

气象雷达使用光探测器系统。

2.2.2.2　其他特定类型的无人机

2.2.2.2.1　多旋翼无人机

多旋翼无人机除了外形小巧外，其设计还有许多其他特点。多螺旋桨为操控员提供了强大的升力和精确的控制能力。多旋翼无人机是航空摄影者的绝佳选择，因为它们体形小巧，易于操控。它们还可以垂直起飞和悬停，这赋予它们更多的机动性能。另外，四轴、六轴和八轴飞行器各有缺点。增加无人机的旋翼数量会增大学习和操作难度。所有部件的运动都将消耗更多的能量，导致电池快速消耗。多旋翼无人机如图 2 - 2 所示[12]。

图 2 - 2　多旋翼无人机[11]

2.2.2.2.2　固定翼无人机

顾名思义，固定翼无人机类似于传统飞机，必须从跑道起飞或由发射器发射。这类无人机不具备四轴飞行器和单旋翼无人机那样的垂直起飞能力，也不具备悬停功能[12]。基于机翼设计，具有许多显著的优点。静态机翼（机翼固定不变）依靠流过机翼的空气提供升力而使无人机保持在空中，并改善了无人机的空气动力学性能，使其更加高效。因此，这类无人机在无须充电或更换电池的情况下，可飞行更长的时间（图 2 - 3）。由于飞机的飞行速度优于直升机，因此，相比旋翼无人机，固定翼无人机的飞行速度更快。

固定翼无人机的这些优势使其非常适合远距离飞行，甚至不需要电池；许多固定翼无人机采用了燃气发动机。

2.2.2.2.3　单旋翼无人直升机

单旋翼无人直升机结合了小型多旋翼飞机和大型单翼飞机的最佳特征。由于依赖旋翼，这类无人机可以悬停，也可以垂直起降。这类无人机通常比微型无人机体型更大，这使得它们能够运输更重的货物。由于电机个数少减轻了总重量，这类无人机要比多旋翼无人机更高效。由于效率的提高，单旋翼无人直升机通常使用燃气发动机，而不使用电池[12]。如果选择气体燃料，其飞行里程将显著增加。这些无人机，尤其是多旋翼无人机，通常比其他类型的无人机尺寸更大，结构也更复杂。这些因素提高了单旋翼无人机的价格，学习操控难度也更大。由于大型叶片可能会使飞机操控更加危险，因此，在操作之前进行一些必要培训是一个很不错的想法（图 2 - 4）。

图 2-3　固定翼无人机[11]

图 2-4　单旋翼无人直升机[11]

2.2.2.2.4　固定翼复合垂直起降无人机

最近，市场上兴起了固定翼复合无人机技术。这类无人机集成了固定翼无人机的增程能力、续航能力和旋翼无人机的垂直起飞与降落（VTOL）能力。这种复合硬件的灵活性使其成为商用无人机操控的绝佳选择。目前，一些企业正在采用这种技术进行无人机生产和交付（图 2-5）。

配备垂直升力旋翼的固定翼无人机，也称为复合无人机，可进一步划分成几种类型。有些无人机在起飞后首先垂直飞行，然后在空中转换为水平飞行。还有一些无人机配备可以旋转的机翼和旋翼，起飞时朝着一个方向旋转，飞行时朝着另一个方向旋转。固定翼复合垂直起降（VTOL）无人机具有极高的适应性，是长距离飞行的绝佳选择[12]。

图 2-5 固定翼复合垂直起降无人机[11]

2.2.3 无人机的构成部件

中央集线器（控制单元）包括：

1）致动器；

2）接收器；

3）各种电子传感器；

4）电池封装与电子套件；

5）全球定位系统（GPS）；

6）陀螺仪；

7）单台或多台电机；

8）处理单元。

2.2.3.1 硬件

1）部件；

2）反无人机系统；

3）平台制造商；

4）系统制造商。

2.2.3.2 软件

1）数据分析软件；

2）工作流程；

3）计算机视觉与人工智能；

4）飞行规划；

5）机队运行管理；

6）导航；

7）开源基础设施；

8）软件开发工具包（SDK）；

9）无人驾驶交通管理（UTM）。

2.2.3.3　其他专用部件

特种用途的无人机设计包括很多高度复杂的技术组件，一般而言，无人机主要包括以下部件。

2.2.3.3.1　机体

无人机的机体集成了机身、机翼、尾桨和舱盖、多旋翼框架以及其他支架。

2.2.3.3.2　动力系统

小型无人机大多配置了飞行电池，而较大型的无人机则使用燃料甚至太阳能提供动力。

2.2.3.3.3　计算机操控系统

为支持操控系统无故障运行，无人机的硬件系统正在稳步实现专业化，运行次数正在不断增加，运行速度正在不断提高。

2.2.3.3.4　传感器

无人机广泛使用的传感器主要有三种类型，分别是机体运动感受器、外部环境感受器和综合感受器（Proprioceptive，Exteroceptive and Exproprioceptive）。

2.2.3.3.5　致动器

无人机上安装的致动器主要由无人机的类型决定，具体取决于电子控制器、发动机、螺旋桨的数量以及其他组件。

2.2.3.3.6　软件

无人机安装的软件可以保障无人机安全不间断飞行，并引导无人机前进，为无人机提供飞向何地和何时做出反应等信息。

2.2.3.3.7　环路设计原则

关于复杂系统的设计原则，其中基本类型采用开环设计，较大类型采用闭环设计。

2.2.3.3.8　飞行控制

自动飞行控制系统的要求非常高，类似于飞行员驾驶的普通飞机。

2.2.3.3.9　通信

通信系统是无人机的主要组成部分之一，通信系统连接非常规则，采用模拟-数字转换天线，可传输飞行所需要的数据。地面控制站、远程系统以及其他有人驾驶飞机之间的通信，采用的是无线电信号传输。

2.2.3.3.10　无人机软件

无人机软件是无人机的大脑。通过软件告知无人机，从源点 A 到目标点 B，该飞向哪里，该做什么。将所有必要信息映射成地图，因此，无人机的软件部分是一个非常复杂的系统。无人机上安装的嵌入式软件，采用了必要的映射结构，是作为一个整体系统而运行的[18]。进一步来说，所有这些层级以框架的形式相互连接，并经过精心设计后合理组合成不同的层级结构。这些层级结构负责执行各种时间序列的任务，以控制无人机的飞行轨迹、飞行高度以及其他重要信息，从而确保无人机能够更高效、更精准地运行。

我们可以将分层框架称为飞行堆栈或自动驾驶仪。通过多方调查和询问，我们得出了一个明确的结论：无论无人机的效率或任务复杂性如何，它们都需要有效的操作组件。在飞行过程中对接收到的信息进行分析。为了实现统一的组件通信，必须设计和推广一种通用架构。研究认为，除了要有足够的机载系统，还需要中间件和操作系统，新型驱动程序也是必需的[19]。

2.2.3.3.11　无人机的软件层

无人机技术使用了以下软件层：

1）操作系统；

2）固件；

3）中间件。

软件的体系结构及其在固件和中间件中对时间的要求非常严格，属于硬实时系统。这些都是密集型的，如果准确度和精度不高，将可能产生巨大的灾难性影响，并且可能无法恢复。固定件操作是用机器代码传送到处理器，然后转发到存储器访问。中间件充当组织飞行控制、导航和通信的公共接口。操作系统充当监控光流的管理员或资源提供者，在SLAM搜索解决方案时避免干扰，并根据接收到的信息决定将采取哪些行动。从全球范围来看，开源堆栈将考虑并协助寻找无人机行业的解决方案。为满足无人机行业消费者、私人和商业需求，许多创新型应用软件必须可靠、快速、灵活。

一些民用开源堆栈如下：

1）ArduCopter；

2）Base Flight；

3）Beta Flight；

4）Clean Flight；

5）CrazyFile；

6）Drone Code；

7）Race Flight；

8）Paparazzi。

以下提供几款通用无人机软件，严谨的飞行员和无人机服务商应予以考虑和使用：

1）Pix4D；

2）3DR；

3）Microdrones；

4）mdCockpit；

5）mdFlightSim。

2.3　公众安全和必要预防措施的显著特点及重要守则

2.3.1　安全与法规

FAQ 网页：https：//www. faa. gov/uas/faq/＃qn24

详细信息参见网址：https：//www. faa. gov/uas/civil _ operations

关于授权问题的详细信息参见网址[5,6]：https：//www. faa. gov/uas/publicl _ operations/

2.3.2　公众认知

对于一些人而言，他们对天空中出现无人机感到非常不安，这是很常见的。

2.3.3　机组人员

无人机机组人员应至少由两人组成：

1）机长（PIC）；

2）观察员。

2.3.4　飞前须知

美国联邦航空管理局（FAA）与多家行业协会合作，推广“飞前须知”活动，目的是教育公众如何安全、负责任地使用无人机。

2.3.5　模拟训练

虽然 3DR Iris＋ 是一个非常强大的半自主平台，但还是建议未来的飞行员应该花费一些业余时间来使用飞行模拟器。

2.3.6　测绘配置

测绘时只需要测绘相机，测绘相机支架和遥控相机触发器如图 2－6 和图 2－7 所示[5]。测绘相机连同支架安装在前端，面朝下，因此它的摄影平面或多或少与地平面平行。测绘相机通过遥控相机触发器执行远程触发，遥控相机触发器连接到无人机的电源输出端口和接收器输出通道[7]。

2.3.7　测绘 BFS 相机和测绘相机托架

1）可选设备：第一视角拍摄设备（图 2－8），需要实时视频下行链路，但会大大增加飞行时间；

2）GoPro Hero4 Silver；

3）GoPro 简单装置；

4）视频发射机。

图 2-6　测绘相机及其支架[11]

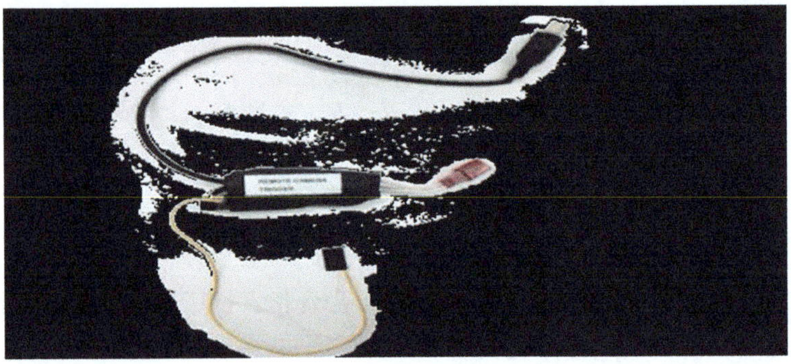

图 2-7　遥控相机及其触发器[11]

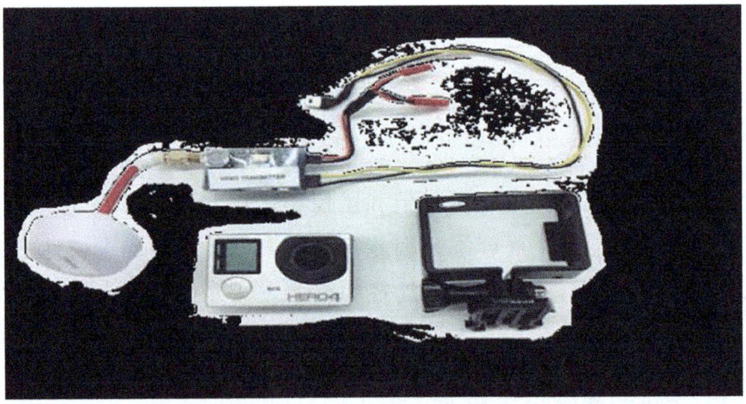

图 2-8　第一视角拍摄设备[11]

2.3.8　可拆除的设备

1）测绘模块（假设无 FPV 装置）；

2）视频模块。

2.3.9　飞行规划

在无人机执行任何相关任务之前，必须尽可能多地获得勘察地点的信息（图 2－9）[6]。

图 2－9　库珀斯敦韦斯特菲尔德机场（Cooperstown Westfield airport）分区航图[10]

最初，无人机操作员应访问“飞前须知”网站（http：//knowbeforeyoufly.org/），获取有关安全、隐私和道德约束等相关提示。此外，还可在网站 https：//skyvector.com/获取一份交互式地图。

2.3.10　后数据处理

当一次任务结束以后，操作员将会获得很多关于搜索区域的照片，但任何一张照片都无法覆盖搜索区域的全貌。因此，有必要采用后处理技术将这些数据集转化成有价值的信息。如需了解后处理相关信息，请浏览 YouTube 网站 http：//youtube.com/watch? v=Vth6LXCifOs。

2.4　无人机技术应用的 10 个领域

当今的无人机技术，既便宜又容易获得，并且处于不断发展之中，在世界各地涌现出了多种创新应用。无人机技术应用的 10 个领域如图 2－10 所示[18,19]。

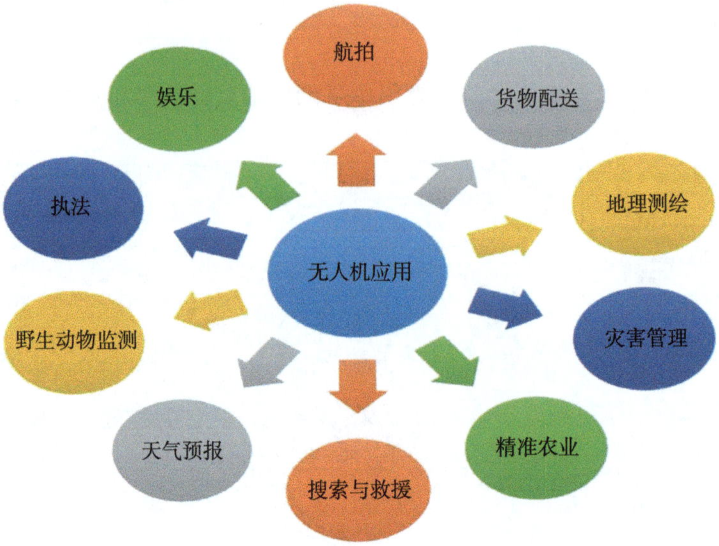

图 2-10　无人机技术应用的 10 个领域[14]

2.4.1　航拍

如今，电影公司、房地产商、体育摄影公司使用无人机捕捉镜头、快节奏动作和科幻小说场景，此外，记者也在创新地使用无人机来识别直播中的镜头和信息是否准确。

2.4.2　货物配送

像亚马逊、DHL 和 UPS 这样的重要服务型和导向型公司，都支持无人机配送，从而节省了大量人力，避免了地面交通拥堵，还能够向医院紧急配送医疗用品、食物和饮用水，以及其他多种物品运输。

2.4.3　地理测绘

无人机可供业余爱好者使用，专业人士使用无人机获取高分辨率的数据，无人机还可以到达人类无法到达的地方，如海岸线、山脉和岛屿等；还可以创建 3D 地图，并为众包测绘应用作出贡献。

2.4.4　灾害管理

在自然灾害或人为灾难发生以后，无人机是提供服务、收集信息以及在瓦砾中搜寻遇难者的最佳手段。无人机配置的高分辨率摄像头、传感器和雷达，可帮助救援人员获得更宽的视野，避免了在有人驾驶直升机上花费资源。

2.4.5 精准农业

使用无人机是监测农田、作物和水稻景观的最便宜和最有效的方法之一。无人机上配置了红外传感器，通过调整可用于监测作物健康状况，让农民了解作物生长状况，并及时施肥和杀虫。利用无人机还能够改善杀虫剂的管理和有效利用，从而提高作物产量。在未来几年，无人机技术的使用可能占据 70%～80%的农业市场。

2.4.6 搜索与救援

特别指出的是，热传感器的出现为无人机提供了夜视功能，使其成为信息监测的有力辅助工具。例如，在救援人员将被困人员转移到其他安全地方之前，可使用无人机投送对讲机、GPS 定位器、药品、食物、衣物和水。特别是在危急或者复杂地形情况下，无人机能够对失踪人员和不幸受害者进行定位。除了定位受害者之外，无人机还能够向饱受战争蹂躏或遭遇灾难的地区空投物资。

2.4.7 天气预报

无人机最适合用于监测危险和不可预测的天气状况。由于廉价且无人驾驶，将无人机投送到飓风和龙卷风中，用于帮助研究人员、工程师、科学家和天气预报员对其行为和轨迹获得新的认识。无人机的专用传感器将用于详细记录天气参数，收集数据和地图，还可以预报天气和预防事故。

2.4.8 野生动物监测

无人机对偷猎者形成一种威慑。大象、犀牛和大型猫科动物是偷猎者热衷的目标，无人机为这些动物提供了最大限度的保护。无人机配置的热像仪能够高效工作，传感器能够昼夜不间断工作。这使无人机能够在不造成任何干扰的情况下对野生动物进行监测和研究，保护它们的野外庇护所，并对它们的栖息地、生活习性和行为模式进行深入了解。

2.4.9 执法

无人机也用于辅助安全执法，通过捕捉镜头场景和监控大量人群，以确保公共安全。使用无人机，不仅能够优先关注可能发生事故的地点，监控交通状况，还能协助监控犯罪和非法活动。简单地说，就像空中巡逻一样，使用无人机进行火灾隐患巡查，监控沿海和边境线上的人口走私以及非法毒品贩运等活动。

2.4.10 娱乐

供玩家娱乐的无人机正在开发之中，可以在搏击俱乐部中使用。例如，在众所周知的笼斗中，两个竞争者和他们的无人机互相对抗。摧毁任何一个玩家的无人机都会导致另一方获胜。此外，在多种场景下人工智能无人机被用于捕捉视频和摄影，例如“无人机自拍”（dronie）可用于拍摄自拍照。

随着技术的进步，无人机将变得更加坚固和先进，具备更长的飞行时间和更大的载荷。无人机行业将迎来巨大的发展机遇，并逐渐成为行业发展的必然。因此，对于不同的组织机构来说，研究无人机技术在企业领域的应用，构建基础设施，并在整个业务领域内开展无人机测试，这些都是非常重要的。

2.5 工业级无人机：增加了什么价值？（工作场所安全及行业基准）

如今，无人机无处不在，但是应该如何应用呢？这不是一首未来主义诗歌，而是现实。工业级无人机，无论是测绘还是资产巡检，都已成为生产力快速增长的助推器[4]。

以下列举并回答了几个重要问题：

1）是什么因素推动了人们对无人机兴趣的急剧增长？

无人机一向与热衷人士和业余爱好者联系在一起。在过去的十年里，这种情况发生了变化。各企业已经认识到发展无人机的重要性。能源和公共事业、石油和天然气、矿业、铁路、建筑和房地产以及农业等行业，已经开始使用无人机来提高整体运营效率。

2）无人机如何提高企业运营效率？

无人机正在精简和优化核心支柱行业的流程。例如矿业或能源行业，这种成本密集型的行业在很大程度上取决于行业做出的每一个决策。这类行业的投入、生产和运营总额通常会达到几百甚至上千万美元。

场地勘察和规划：高质量的勘察和测绘从一开始就需要对即将建造或开发工厂的地块有一个清楚和全面的了解。这里有许多不确定因素，如地块如何准备，地表土壤、植被覆盖、邻水远近等情况，用于运输原料的物流网等。这些都是关键决策，哪怕一点点失误都不能有。计算错误会导致工厂持续低效。精确的勘察和测绘极其重要。除了运营之外，由于种种原因，实时细致的工业资产巡检非常重要。这些资产会随着时间推移而贬值，其价值需要通过持续高效的使用来实现[15]。

2.5.1 无人机工作场所的整体安全

这意味着无人机可以在多种场景中使用，这些场景对人类来说可能是危险的。在测绘或资产检查过程中，为了更清楚地查看情况，通常要求测量员进入难以到达的区域。测量员通常会使用栏杆、脚手架、升降台、绳索等工具进行人工检查。这些方法都存在安全隐患，应该避免。同时，这些活动也使测量员接触浓重的工业烟雾以及危险设备。无人机的有效应用，可以让测量员和操作员远离危险[5]。

无人机可以平稳地悬停或在空中移动，能够到达难以抵近的区域，并能够飞临危险（有毒或高温）的设备或仓库。它们能够即时监控大片土地，定期或按需进行。在多种企业生产活动中，特别是在采矿爆破作业这样的高危任务中，无人机已帮助企业保护和挽救了许多生命。在任何紧急情况下，无人机都能充当第一响应者，帮助相关部门更好地调配资源和补给，进一步保障潜在受害者的利益[16]。

2.5.2　Idea Forge行业基准无人机的未来

无人机将成为上游、中游和下游业务全面增效的关键“交钥匙工程”。一些不断改进其产品的无人机开发商将占据主导地位，而另一些坚持低续航能力的无人机开发商将被推向小众市场[5,6]。

Idea Forge企业为高续航能力无人机定下了基调，相比同类产品，这些无人机飞行时间更长、速度更快、飞行体验更好。

这意味着：

1）能够覆盖更多的勘察或巡检区域。

2）相比同类产品，飞行更加稳定，可提供精细、准确的读数，甚至精确到厘米。

3）持续飞越恶劣的天气和不同的海拔高度并保持平稳性。

4）具有用户非常友好和易于部署的机制。

5）可跨行业、跨场景使用，具有高可靠性、耐用性和一致性。

6）未来，无人机将会越来越多，无人机企业的未来也将是最光明的。在未来五年，无人机将几乎成为所有勘察、测绘和资产巡检流程的必要组成部分。

2.6　无人机的优点和缺点

由于安全性提高，无人机被用于各种场合。无人机利用其远程控制能力来监控现场，传达可能的风险，并提醒人们注意潜在的危险情况，例如炼油厂、输油管道和火炬塔。不仅如此，在高风险情况下，军方通常也会运用无人机技术。无人机所具备的特点，使它们能够收集实时数据，开发和维护一个安全的环境[8]。

安全性是平衡无人机优缺点的另一个重要因素。无人机运营商可以使用无人机系统（UAS）为私人组织、可能的场所和其他获得正规批准及许可的场所提供安全保障和监视功能。无人机还可以从自然灾害中收集可靠的数据，帮助安全恢复运营[17]。

对于行业专家来说，使用无人机从难以到达的区域获取准确的信息并不是什么难事。在克服传统方法缺陷和保障人员安全方面，特别是在辐射监测和高压线路巡检等高危险应用场景中，无人机是最佳的选择。无人机还为这些巡检提供了一种更具成本效益的方法。

机组人员以前遇到过许多问题，例如高度、风力、天气和辐射等诸多顾虑，有了无人机的帮助，这些顾虑已经被更实用、更安全的方案所取代。由于无人机的使用，让那些高大复杂结构（例如，石油和天然气炼制厂、火炬塔和输油管道等）的检查变得既简单又安全。

无人机成本低、空间分辨率高、可靠性强，使其成为一种可行的军事武器。

2.6.1　突出的优点

1）成本低，性价比高。

2）空间分辨率高。

3）精度高。

4）易于部署。

5）不受云层的阻碍。

6）是有力的监视工具。

2.6.2　无人机的缺点

虽然无人机有一些优点，但也有一些缺点。无人机很容易受到影响，可能会侵犯某个群体或个人的权利。尽管很多人希望使用无人机来保护自己的安全，但可能会以公共安全的名义侵犯个人自由。

许多无人机曾向市民发射武器，造成大量人员伤亡和财产损失。由于无人机故障或软件错误，造成大量人员伤亡和财产损失。其他军事人员的安全也受到无人机事故的威胁。无人机正在不断改进，以减少可能危及人类健康和安全的事故或危险。许多犯罪分子利用无人机来识别和监视受害者。轰鸣的旋翼噪声问题得到解决，无人机不容易被察觉，这方便了犯罪分子侵犯他人隐私。许多配备热传感器和夜视传感器的无人机能够检测到重要数据，并有效锁定间谍感兴趣的目标人物。在无须获得许可的情况下，无人机能够收集可靠的数据，跟踪并识别日常习惯和异常行为[12,13]。

无人机技术的脆弱性是其发展的一大弊端。黑客可以迅速进入无人机的中央控制系统，并完全控制无人机。在操控员一无所知的情况下，无人机主控系统中的重要信息就被黑客利用了。黑客可以获取个人数据，破坏或毁坏文件，并将数据泄露给不可信的第三方。

如前所述，如果需要可靠、高质量的数据，就必须掌握所需技能。这一规范表明，采集、处理和分析农业数据需要专门培训或使用第三方无人机服务。随着该行业操作人员数量的增加，无人机成本和相关资源支出将逐渐减少[14]。

2.6.3　突出的缺点

1）能力和覆盖范围有限。

2）在人口稠密区使用时需要谨慎。

3）操作简单，容易误用。

4）由于目标识别效率低，可能导致无辜平民伤亡。

5）无人机系统可能被黑客攻击。

6）一旦地面站通信失败，无人机可能永远无法返回。

7）飞行过程中可能出现燃料补给问题。

8）如果无人机技术暴露给不法分子，那么恐怖活动将会急剧增多。

2.6.4　无人机技术及其应用

(1) 无人机技术[13]

1) 垂直起飞与降落（VTOL）；

2) 无人机雷达定位技术；

3) 无人机障碍探测技术；

4) 无人机陀螺仪稳定技术；

5) 无人机推进技术；

6) 无人机 GPS 技术；

7) 无人机传输技术；

8) 无人机视频直播技术。

(2) 无人机技术应用[13]

1) 货物运送；

2) 空中出租车/无人救护车；

3) 灾害管理；

4) 搜索与救援；

5) 航空摄影；

6) 执法；

7) 天气预报；

8) 娱乐；

9) 野生动物监测。

2.7　无人机技术职业和当前行业提供的就业岗位

有了无人机技术证书，如文凭、毕业证书等，毕业后就能获得大量的工作机会。根据国际无人机协会预测，到 2025 年将有超过 10 万个新的工作岗位。到 2025 年，预计商用无人机技术将创造超过 5.277 亿美元的就业岗位。新的无人机工作机会将在全球范围内广泛传播，可以为未来无人机职业生涯做好准备[10]。下面给出一些无人机行业不同类型的岗位，其中许多岗位令人兴奋。根据自身的兴趣和特长，选择一个适合的岗位。

1) 精准农业测量员；

2) 无人机 3D 建模师；

3) 无人机农场主；

4) 无人机飞行教练；

5) 野生动物保护员；

6) 无人机摄影师和电影制作人；

7) 送货/发货操作员；

8）搜救员；

9）能源检查员；

10）无人机记者；

11）地理信息系统测绘技术员；

12）警用无人机操作员；

13）无人机辅助物业管理员。

2.8　商用无人机的社会影响

基于对周围无人机可用性的调查，归纳了以下几类问题，需要进一步关注[8,11]。

- 安全与安保
- 所有权与隐私
- 个人和商业责任
- 监管尝试与挑战

随着民用无人机及消费者数量的普遍增长，发生数字和物理事故的风险注定也会成倍增长。如何才能更好地利用这一新兴技术服务于广泛的社会利益，这将取决于各利益相关者重新考虑未来获得成功的能力。然而，在互联网革命浪潮的推动下，私人计算中的人工智能越来越多地与技术、社会、监管和文化等因素相互融合。表 2－1 概括了问题、主要挑战及解决方案[12]。

表 2－1　问题、主要挑战及解决方案[12]

问题	主要挑战	可能的解决方案
隐私	拘留/诉诸法律	开发用于设备检测和数据保留的硬件和软件/持有者及其装置注册登记
所有权	问责制	持有者及其装置注册登记/明确无人机持有者的责任
安保	控制/执行	构建新的基础设施和开发适当的资产：无人机跟踪装置/自动安全着陆装置/创建保险实体等
监管	缺乏综合法规，辖区之间不一致	重新界定“对隐私的合理预期”/界定空中物理边界/权力集中
商业模式	缺乏明确合规的指导原则	出台无人机相关技术法规

2.9　无人机研究面临的挑战及解决方案

目前，整个无人机行业在政策、市场和运营三条主线上全面铺开。然而，当前运营方面更具有挑战性，需要了解法规、收集需求、分析产出和项目执行[20]。

首先，对于无人机技术机构，必须了解目前颁布的法规，这一点很重要。法规将影响不同行业无人机的实施应用。这是任何大规模无人机系统技术实施应用的基础[8]。

其次，大规模无人机技术的实施应用，需要收集整个行业价值链的准确需求。各机构应该结合3D建模、AR等其他新兴技术领域来看待无人机技术的潜能。无人驾驶飞行系统（UAS）规范与新兴技术的正确结合，可为每个应用案例提供最佳的效益范式。

再次，企业应评估并制定运营计划，将无人机融入其运营中。企业应该评估以下四个关键方面——获取数据的平台、监控数据的方法、数据收集的频率及准确性以及这些方案的可行性[21]。

印度无人机市场潜力巨大。从上述例子可见，印度无人机在勘察和测绘方面具有广阔的应用和提升空间。当前，印度市场上能够提供此类服务并满足如此庞大市场需求的企业少之又少。Idea Forge是其中的一家公司，该公司能够提供超强续航能力且功能强大的无人机和系列产品[22]。

2.10　结论

从以上讨论可见，无人机技术非常重要。无人机的实时应用，无不体现着无人机技术的广泛性。随着载重量更大、技术更先进、机动性更强、航时更长的无人机的出现，其发挥的作用将比现在大得多。不同无人机技术的集成，以及不同尺寸和不同功能的无人机，将成为企业不可或缺的资产。无人机在农业、垃圾管理和卫生、交通监管等许多领域都有巨大的应用空间。政府和企业应该构建所需要的基础设施，并为无人机的实时应用制定相关政策。未来，随着社会对下一代互联网和移动技术的普遍认可和接受，无人机的互联性和融合性将会不断增强。虽然无人机技术已经得到普及，但对于多学科研究人员来说，还存在一些问题和挑战。因此，有必要进一步扩大合作，以便研究出多任务和并行处理无人机。

参考文献

[1] Shahzadi, R., Ali, M., Khan, H. Z., Naeem, M., UAV assisted 5G and beyond wireless networks: A survey. J. Netw. Comput. Appl., 189, 20-31, 2021.

[2] Bhoi, S. K., Jena, K. K., Panda, S. K., Long, H. V. et al., An internet of things assisted unmanned aerial vehicle based artificial intelligence model for rice pest detection. Microprocess. Microsyst., 80, 37-49, 103607, February 2021.

[3] Kumar, R. and Agrawal, A. K., Drone GPS data analysis for flight path reconstruction: A study on DJI, parrot & yuneec make drones. Forensic Sci. Int., 38, 301182, September 2021, https://doi.org/10.1016/j.fsidi.2021.301182.

[4] OLA Mobility (OMI) White Paper, Giving wings to a drone-powered India: Mapping enablers and opportunities, in: Urban Mobility, UM WP, pp. 1-27, November 2021, www.ola.institute.

[5] IdeaForge, How drones boost disaster response, search and rescue, 2020. https://ideaforgetech.com/blogs/how-drones-boost-disaster-response-andrescue.

[6] Invest India, The growing market for drone technologies in India, 2020, https://www.investindia.gov.in/team-india-blogs/growing-market-dronetechnologies-india.

[7] Legins, K., Whorter, R., Sullivan, A., Unmanned Vehicle Systems: Product Profiles and Guidance, pp. 1-24, Unicef Supply Division, USA, Springers, July, 25-29, 2021.

[8] Al-Omary, A. Y., Chapter 11 Integrating odor sensing in robotics, Electronic Nose Technologies and Advances in Machine Olfaction 2018, IGI Global, Pages: 20, Alauddin Yousif Al-Omary (University of Bahrain, Bahrain), 2018.

[9] Norzailawati Mohd Noor, Intan Zulaikha Mastor, Alias Abdullah. Chapter 84; UAV/Drone Zoning in Urban Planning: Review on Legals and Privacy, Springer Science and Business Media LLC, 2018.

[10] FICCI & EY, Make in India for Unmanned Aircraft Systems, 2018. https://ficci.in/spdocument/23003/make-in-india-for-uas.pdf.

[11] Greaves, M., Introduction to drone technology, in: Drones on Demand, pp. 1-15, ARPAS-UK, The UK Drone Association, UK, https://www.gov.uk/government/organisations/air-accidents-investigation-branch.

[12] Gopi, A. G., Rao, B., Maione, R., The societal impact of commercial drones. Technol. Soc., May 2016. https://www.researchsquare.com/article/rs-7738/v1.

[13] Vergouw, B., Nagel, H., Bondt, G., Custers, B., Drone technology: Types, payloads, applications, frequency spectrum issues and future developments, T. M. C. Asser press and the authors Division eLaw, Center for Law and Digital Technologies, Organization Leiden University, Leiden, The Netherlands, 2016.

[14] Vergouw, B., Nagel, H., Bondt, G., Custers, B., Chapter-2: Drone technology: Types,

payloads, applications, frequency spectrum issues and future developments, in: The Future of Drone Use, Information Technology and Law Series, B. Custers (Ed.), vol. 27, pp. 21 - 47, T. M. C. Asser Press, Organization Leiden University, Leiden, The Netherlands, 2016, http://springers.com/978 - 94 - 6265 - 131 - 9.

[15] Alley - Young, G., Drone (unmanned aerial vehicle), in: Salem Press Encyclopedia, pp. 1 - 3, 2015.

[16] Vincenzi, D. A., Terwilliger, B. A., Ison, D. C., Unmanned aerial system (UAS) human - machine interfaces: New paradigms in command and control. Proc. Manuf., 2015. https://nsuworks.nova.edu/gscis _ etd/1018 https://nsuworks.nova.edu/gscis _ etd/1018.

[17] Mallapur, C., India tops list of drone - importing nations. Business Standard, 2015. https://www.business - standard.com/article/specials/india - tops - list - of - drone - importing - nations - 115050400136 _ 1.html.

[18] Patrik, A., Utama, G., Gunawan, A. A. S., Chowanda, A., Suroso, J. S., Shofiyanti, R., Budiharto, W., GNSS - based navigation systems of autonomous drone for delivering items, 2019. https://journalofbigdata.springeropen.com/articles/10.1186/s40537 - 019 - 0214 - 3.

[19] Verboven, J., Chapter 1: Introduction, No Fly Drone - Drones versus the right to privacy, Thesis Master Law & Technology, June 2016.

[20] Kakaes, K., What drones can do and how they can do it, in: Drones and Aerial Observation, pp. 9 - 17, http://drones.newamerica.org/primer/Chapter%201.pdf.

[21] Booth, P. T., Introduction to drones as tools for research and monitoring, pp. 1 - 13, Otsego County Conservation Association intern, 2015. Department of Geography, SUNY Oneonta, Funding provided by the Otsego County Conservation Association, 2015.

[22] Clarke, R. and Moses, L. B., The regulation of civilian drones' impacts on public safety. Comput. Law Secur. Rev., 30, 3, 263 - 285, June 2014.

第 3 章　无人机在众多应用领域中的重要性：重要综述

M. V. Kamal[1*], P. Dileep[1], G. Sharada[2], V. Suneetha[1] and M. Gayatri[1]

1. Department of Computer Science & Engineering, Malla Reddy College of Engineering & Technology, Hyderabad, India

2. Department of Information Technology, Malla Reddy College of Engineering & Technology, Hyderabad, India

* 通讯作者：kamalmv@gmail.com

摘　要： 近年来，无人机在矿业、交通运输、民用和军用领域发挥着越来越重要的作用。此外，在过去几十年里，研究人员重点针对不同用途的无人机进行了开发设计。在这种大流行的趋势下，无人机也将在运送药品和食品方面发挥着重要作用。无人机有可能成为实验室微生物样本、紧急医疗设备、疫苗和药品等可靠的医疗运送平台。无人机的使用已被政府机构列为优先事项。接下来的工作将包括积极开展安全研究，提高公众意识，行业扩展和参与。为了解目前无人机的技术水平，作者进行了文献调研，确定了先进无人机的研究方向。人们对于在不同地点和不同环境中能够自主飞行并执行各种任务的新型无人机的开发，也非常感兴趣。本章讨论了无人机的分类和无人机在各个领域的应用。除了微型无人机设计和制造面临的挑战外，作者还详细讨论了新兴无人机概念和无人机控制方案，揭示了现有系统的局限性和控制因素。此外，还讨论了无人机目前的应用及其在未来行业中的应用潜力。

关键词： 无人机，无人驾驶飞行器（UAV），分类，应用，文献综述

3.1　概述

老式军用无人靶机发出的声音响亮而有节奏，像是雄蜂发出的嗡嗡鸣叫声，因此“无人机”（drone）一词应运而生。尽管该词已被广泛接受，但却遭到了监管机构和航空专家的强烈反对。20 世纪 80 年代，无人驾驶飞行器（UAV）一词被用来指代遥控或自主飞行、可携带有效载荷的多用途飞行器[1]。这一定义将无人机与滑翔机、气球、巡航导弹和弹道式飞行器等其他飞行系统区分开来。无人驾驶飞行系统（UAS）是一个在专业领域使用更普遍的术语，是指一个或多个配备传感器阵列、数据终端和电子数据链的无人驾驶飞行器（UAV）[2]。遥控飞机系统（RPAS）或遥控飞行器（RPV）是无人机的另一个名称。虽然 RPAS 是更正式、更被普遍认可的名称，但 RPV 主要用于军事领域[3]。为清楚起见，

本章通篇使用“无人机”（drone）一词。

无人机的定义很宽泛。鉴于现有的各种构型配置，这是可以理解的。实际上，无论遥控飞行，还是自主飞行[4]，无人驾驶飞行器（UAV）是指任何不依赖机载操作员进行飞行的航空飞行器。无人机有各种尺寸，从翼展大约 200 英尺的大型军用无人机，到市场上随处可见的翼展大约 1 英寸的微型无人机。无人机的航程也各不相同，商用无人机的航程仅能达到操作员周围几英尺的距离，而先进军用无人机的不着陆飞行距离则达到 16 000 英里以上。同样，无人机的最大飞行高度也有很大差异，从几英尺到 60 000 英尺不等[5]。目前，大多数商用无人机都采用了类似设计，其基本设计包括一个飞行微控制器、螺旋桨和 4～8 个电机、电子调速器、电池和无线电接收器。所有这些部件都安装在一个轻型的塑料或金属材料制作的机身上[6]。导航方面，可以使用 GPS 设备，还可以添加陀螺仪和其他传感器，以提高无人机在空中的稳定性。大多数业余爱好者使用的无人机，都配备了航拍摄像头和用于增强图像稳定性的云台。也可以添加其他传感器，但功能和重量的增加是有代价的[7]。一些知名的硬件制造商，例如 3D Robotics、DJI 和 Parrot，它们既销售组装好的无人机，也销售无人机部件[8]。

随着新需求的出现，无人机技术得以迅速发展，无人机解决方案的构建速度也更加快速。无人机的具体用途以及商业市场竞争力，都将影响无人机的特征[9-11,26]。近期，发表了一份关于无人机在低温层最新使用情况的调查报告。这种无人机在飞行高度、传感器类型、数据采集窗口、重叠尺寸、观察角度和重访频率等方面，都优于传统的天基或空基遥感设备[12-15]。小型四旋翼无人机，因飞行简单、成本低廉、安全可靠、用途广泛，受到了公众的广泛关注。采用两架四旋翼无人机，配备传输设备和视频采集器以及地面站，对四旋翼无人机在交通监控和事故监测方面的实用性进行了试点测量。使用智能手机作为飞行控制器的典型四旋翼无人机，如图 3-1 所示[16]。

图 3-1　使用智能手机作为飞行控制器的四旋翼无人机[16]

这篇综述为无人机的分类提出了新方法，其中包括更广义的分类和更全面的分类。其余章节的内容安排如下：在 3.2 节中，以一种非常规的方式对无人机进行了分类；在 3.3 节中，研究和探讨了无人机的不同用途；在 3.4 节中，给出了结论和未来无人机的重要性。

3.2 无人机的分类

近几十年来，被称为微型飞行器[17] 的小型无人机的发展，推动了对情报任务的需求。因此，目前正在大力推动设计和制造小型无人机，用于执行特殊任务。在这些努力的推动下，各种外形独特和不同飞行模式的小型无人机应运而生。图 3－2 给出了各类无人机的分类。其中，VTOL 代表垂直起飞与降落，HTOL 代表水平起飞与降落。生产成本、机翼载荷、重量、速度、航程、续航时间、最大飞行高度和翼展，这些都是区分不同无人机的关键设计要素，这些要素可用于区分不同类型的无人机，提高分类系统的有效性。此外，还可以根据发动机的类型，对无人机进行分类[18]。例如，无人机通常由汽油发动机驱动，而微型无人机则由电动机驱动。无人机的推进系统因型号不同而各有差别。如图 3－2 所示，基于构型对无人机进行了不同的分类。各种无人机平台见表 3－1。

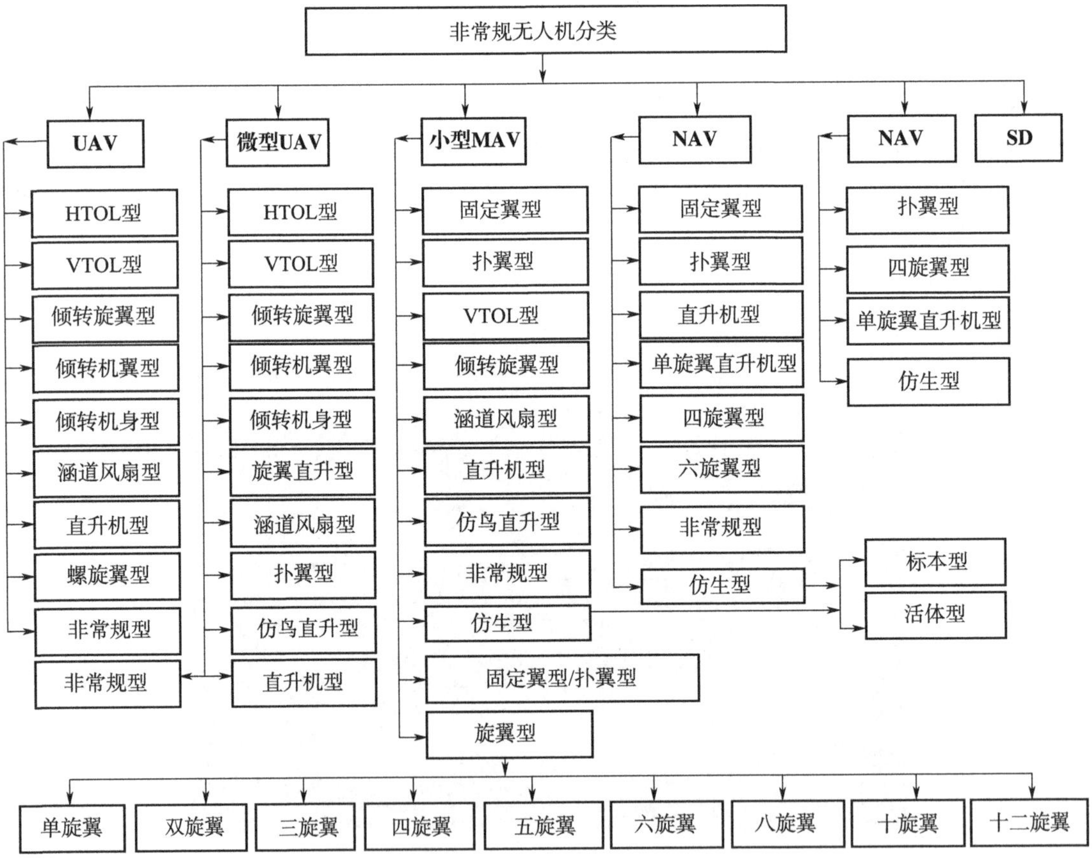

图 3－2 无人机的分类方法

表 3-1　各种无人机平台

无人机	机翼类型	重量/kg	飞行高度/m	动力	续航时间/min
大疆“御”(DJI Mavic)	旋翼	0.72	5 000	电池	27
大疆“御”Air 2(DJI Mavic Air 2)	旋翼	0.57	5 000	电池	34
“天宝”UX5(Trimble UX5)	固定翼	1.13	5 000	电池	50
大疆“精灵”4(DJI Phantom 4)	旋翼	1.36	6 000	电池	28

3.2.1　垂直起飞与降落无人机和水平起飞与降落无人机

经过多年的研究和开发，垂直起飞与降落（VTOL）无人机目前有四种不同的构型，每一种构型都是根据升力/质量平衡、稳定性和控制来定义的。尾翼后置、无尾翼或飞翼、尾翼前置、吊杆尾翼后置等布局，都是一些常见的无人机构型方案[19]。以上构型的推进系统，可以安装在无人机机身的前方或后方。这种无人机可以垂直发射和着陆，因此不需要跑道。

3.2.2　倾转机身、倾转旋翼、倾转机翼和涵道风扇无人机

在悬停时，VTOL 无人机比水平起飞与降落（HTOL）无人机的性能更好。由于后退叶片发生失速，因而它们的巡航速度较低，而远程任务通常需要巡航速度更高的无人机[21]。另一方面，以垂直姿态起飞和降落确实有很多优点。由于存在限制因素，促使人们提出一种新的无人机设想，将 VTOL 和 HTOL 两种无人机的功能结合起来[22]。因此，涵道风扇、倾转旋翼、倾斜机翼和倾转机身等复合式无人机，正在逐渐变成现实[23-25]。倾转旋翼无人机的旋翼，在垂直飞行时是直立的，但在巡航飞行时会向前倾斜 90°。倾斜机翼无人机的发动机通常与机翼相连，并随机翼一起倾斜。

自由机翼倾转机身无人机是一种新型无人机，它既不同于固定翼无人机，也不同于旋翼无人机，更不是两者的混合体。中央升力体和左/右翼均可绕轴自由旋转，不仅相互之间无干扰，同时也不受风力干扰[26-28]。为响应外部指令，将吊杆与机身以非常规方式连接，让机身发生倾斜。在这种连接中，吊杆相对于机身的倾角会发生变化。这种无人机具有一些独特的优点，例如对重心（CG）变化的敏感性较小，可低速巡航和短距起飞与降落（STOL）[29]。使用涵道风扇推进的无人机，将推进器包裹在涵道中。无人机的推进器被称为“风扇”。这种风扇由两个反向旋转的部件组成，它们共同作用，以便减小扭矩，避免机身旋转。无人机有两个反转器和四个控制面，除了垂直起飞与降落外，还使用涵道风扇。尽管巡航飞行很方便，但是从涵道中分离气流仍是一项挑战[30,31]。

3.2.3　无人直升机

目前，研究人员正在设计和制造用于着陆、垂直悬停飞行和起飞的无人直升机。四旋翼、单旋翼、串联旋翼和同轴旋翼无人直升机是无人直升机的四种类型[30,32]。其他类型的无人直升机使用旋翼作为桨叶，被称为无人驾驶飞行器或无人机。它们既能像直升机一样

垂直飞行，也能像固定翼无人机一样水平飞行[33,34]。

3.3 各行各业的无人机

3.3.1 军用无人机

降低成本、降低人员损失风险和减少军费开支是军方倾向于使用无人机的驱动因素[35]。无人机操控员不存在被击落、拷打或逮捕的情况，从这方面来讲具有重要意义[36]。政府高度重视国家安全，这可能需要数百万美元的投入来确保国家安全[36]。当前，无人机已被用于协助侦察犯罪活动以及陆地边境安全的其他方面[37,38]。在军事需求的推动下，无人机技术已进入民用领域，特别是农业、医疗和运输行业[39]，已获得无人机的大力支持。军方使用无人机投送精确制导弹药的应用方案，已被改进或扩展应用于人道主义救援工作之中，用以应对地震和洪水等自然灾害[40,41]。

3.3.2 医疗无人机

在 Covid－19 爆发期间，各国使用无人机将自动体外除颤仪（AED）、个人防护设备（PPE）以及其他物资，运送到急需场所和医疗机构[42]。这种方式非常有助于减少病毒感染和传播。为了完成医疗诊断，医生有时需要血液样本。在这种情况下，相比常规陆路运送方式，使用无人机运送更可取，因为它能够更快地完成任务[43]。在非洲，无人机可以帮助拯救生命。例如，在卢旺达部署的 Zipline 无人机，可为医疗设施运送血液[44]。无人机帮助非洲跨越了交通鸿沟，解决了疟疾引起的贫血和怀孕困难等医疗问题[45]。尽管道路基础设施落后，但无人机和移动技术能够为贫穷国家的农村地区提供医疗服务，在这方面超越了富裕国家[46]。图 3－3 展示了无人机运送药品的情况，图 3－4 列举了无人机在不同领域的应用。在一项研究中，概述了无人机在医疗行业中的应用情况，见表 3－2。

表 3－2 无人机在医疗行业中的应用情况

在医疗行业领域中的应用	目标	来源
军事环境任务和医疗卫生	帮助民众传输水上和空中请求的正确技术和程序	[47]
经济和能源	概述了混合无人机能源管理技术现状	[48]
消费级无人机送货	从客户角度出发，探讨了消费者对无人机送货的偏好	[49]
心脏骤停	开发出一种利用地理策略定位医疗无人机网络的方法	[50]
网络格栅	使用复杂网络理论来评估无人机的阻力	[51]
心脏骤停	无人机网格优化	[52]
救援	研究在丘陵环境中动用机动搜救人员的情况，以及使用无人机来识别和探测伤亡人员的前景	[53]
血液运送	应用无人机优化血液制品的运送	[54]
血液样本运送	概述血液样本室管理研究进展，并评估空中血液运送的经验	[55]
远程手术	使用无人机作为网格拓扑结构，远程构建一个潜在的临床机器人	[56]

续表

在医疗行业领域中的应用	目标	来源
不同的行业领域	研究无人机目前在医疗卫生领域的应用情况	[57]
发生自然灾害时提供人道主义援助	在发生地震、海啸、洪水或其他自然灾害时，确定无人机如何协助救灾人员	[58]
血液运送	阐述使用小型无人机向医院运送血液和药品的必要性、风险和潜力	[59]
应急医疗	使用无人机提供院外除颤仪运送服务	[60]
传染性疾病微生物学	无人机在医疗卫生中的应用——综述	[61]
心脏骤停	使用无人机系统处理院外心脏骤停的可行性研究	[62]

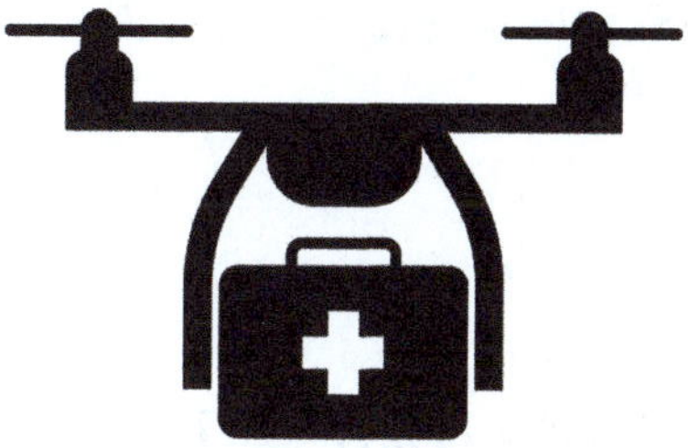

图 3-3　使用无人机运送医疗药品[13]

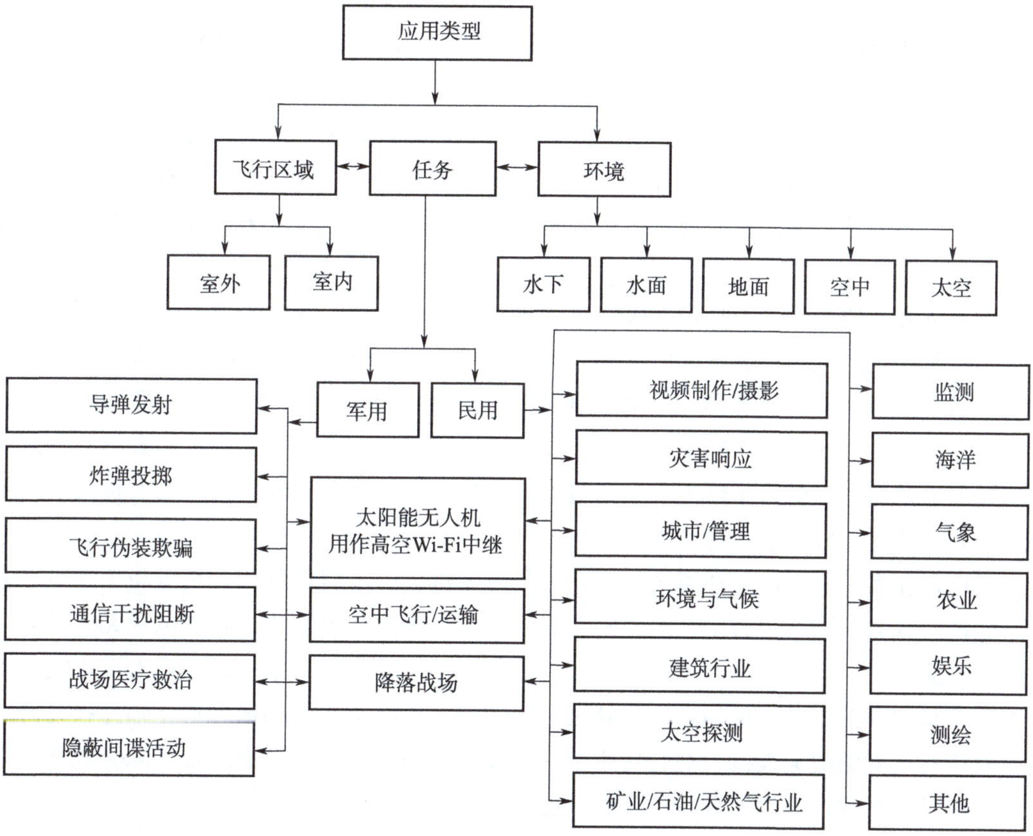

图 3-4　无人机在不同领域中的应用[17]

3.3.3 农业无人机

利用无人机成像技术可对农作物损失进行精确估算。引入无人机作为一种可行的工具，可以更精确地评估作物损失、赔偿成本和野生动物对农作物造成的损害[63]。农业无人机可提供实时数据，帮助种植人员做出知情决策[64]。Anthony 等人[65] 认为，微型无人机可贴近农作物飞行，能够改善和丰富所收集的数据，从而更好地收集时空数据。随着无人机在牲畜管理、作物观察、农药喷洒、灌溉监测、种植规划以及农务管理等方面提供越来越多的帮助，无人机技术目前正在帮助农业公司满足未来不断发展和扩大的需求。无人机特别适合应用于农业领域，其原因有很多，其中包括无人机能够帮助种植人员在问题恶化之前及时发现和预防，从而最大限度提高产量，并借助专业相机发现病虫害和缺水问题，从而实现更好的作物管理[66]。

3.4 结论与未来展望

针对上述不同领域进行的无人机应用分析，证实了无人机在医疗、农业、民用和军事领域具有巨大的应用潜力。通常，使用无人机收集农田的实时图像和传感数据，可帮助种植人员做出更好的投入决策。无人机是一种技术工具，可帮助医务人员更高效、更成功地完成任务，从而挽救更多的生命。军方可以使用无人机，但要考虑平民的生命安全。无人机先进技术研究和开发至关重要，这有助于降低或减少特定领域使用无人机带来的风险和弱点。为了充分开发和利用新兴的无人机技术，世界各国都需要制定相关立法。应向当前用户和潜在用户宣传当前的法规限制，这有助于防止无人机未经授权泛滥使用。今后，还需开展更多的研究工作，包括延长续航时间和增大有效载荷等，将无人机融入当前的运输系统和供应链中。

无人机及其他自动驾驶平台在医疗卫生业务中极具潜力，各国应继续开发和利用。使用无人机可针对冠状病毒进行空中消毒、喷洒和监控，及时解决消费级无人机送货等方面出现的问题，在对抗病毒和使用热像仪测温方面获得了很好的经验。无人机飞行更加灵活，并且能够以最优的方式减少污染。当前，正在使用无人机向世界各地的农村和偏远地区运送急需药品。当公路运输方式受到阻断或因疾病流行而受到威胁时，无人机便成为最佳选择，可快速将物品送达指定地点。

近期，作者广泛调研了扑翼飞行器、飞翼无人机，以及固定翼无人机等相关主题，获得一些研究成果并进行了讨论。对这些无人机提出了新的分类方法，其中包括无人驾驶飞行器、智能尘埃纳米飞行器、皮克（pico）飞行器和微型飞行器等。这些无人机可用于执行各种民事和军事任务，例如搜索与救援、太空探索样品运送、环境保护、邮件投递等任务。对于所有类型的无人机，对它们所采用的设计方法及面临的挑战进行了综合权衡。此外，针对设计挑战，提出和评审了几种可能的解决方案。

参考文献

[1] Sreenath, S., Malik, H., Husnu, N., Kalaichelavan, K., Assessment and use of unmanned aerial vehicle for civil structural health monitoring. Proc. Comput. Sci., 170, 656-663, 2020.

[2] Mozaffari, M., Saad, W., Bennis, M., Debbah, M., Mobile unmanned aerial vehicles (UAVs) for energy-efficient Internet of Things communications. IEEE Trans. Wirel. Commun., 16, 11, 7574-7589, 2017.

[3] Kreps, S. E. and Wallace, G. P., International law, military effectiveness, and public support for drone strikes. J. Peace Res., 53, 6, 830-844, 2016.

[4] Tzelepi, M. and Tefas, A., Graph embedded convolutional neural networks in human crowd detection for drone flight safety. IEEE Trans. Emerg. Top. Comput. Intell., 5, 2, 191-204, 2019.

[5] Bergen, P. and Tiedemann, K., The Year of the Drone, p. 24, New America Foundation, New America Foundation-2010 (vcnv. org), 2010.

[6] Hanford, S., Long, L., Horn, J., A small semi-autonomous rotary-wing unmanned air vehicle (UAV), in: Infotech@ Aerospace, p. 7077, 2005.

[7] Syifa, M., Park, S. J., Lee, C. W., Detection of the pine wilt disease tree candidates for drone remote sensing using artificial intelligence techniques. Engineering, 6, 8, 919-926, 2020.

[8] McNeil, B. and Snow, C., The truth about drones in mapping and surveying. Skylogic Res., 200, 1-6, 2016.

[9] Kanellakis, C. and Nikolakopoulos, G., Survey on computer vision for UAVs: Current developments and trends. J. Intell. Robot. Syst., 87, 1, 141-168, 2017.

[10] Otto, A., Agatz, N., Campbell, J., Golden, B., Pesch, E., Optimization approaches for civil applications of unmanned aerial vehicles (UAVs) or aerial drones: A survey. Networks, 72, 4, 411-458, 2018.

[11] Dupont, Q. F., Chua, D. K., Tashrif, A., Abbott, E. L., Potential applications of UAV along the construction's value chain. Proc. Eng., 182, 165-173, 2017.

[12] Gaffey, C. and Bhardwaj, A., Applications of unmanned aerial vehicles in cryosphere: Latest advances and prospects. Remote Sens., 12, 6, 948, 2020.

[13] Kangunde, V., Jamisola, R. S., Theophilus, E. K., A review on drones controlled in real-time. Int. J. Dyn. Control, 9, 4, 1832-1846, 2021.

[14] Näsi, R., Honkavaara, E., Blomqvist, M., Lyytikäinen-Saarenmaa, P., Hakala, T., Viljanen, N., Kantola, T., Holopainen, M., Remote sensing of bark beetle damage in urban forests at individual tree level using a novel hyperspectral camera from UAV and aircraft. Urban For. Urban Green., 30, 72-83, 2018.

[15] Zhang, J., Yang, C., Song, H., Hoffmann, W. C., Zhang, D., Zhang, G., Evaluation of an airborne remote sensing platform consisting of two consumer-grade cameras for crop

identification. Remote Sens. , 8, 3, 257, 2016.

[16] Astudillo, A. , Muñoz, P. , Álvarez, F. , Rosero, E. , Altitude and attitude cascade controller for a smartphone - based quadcopter, in: 2017 International Conference on Unmanned Aircraft Systems (ICUAS), Miami, FL, USA, IEEE, pp. 1447 - 1454, 2017.

[17] Hassanalian, M. and Abdelkefi, A. , Design, manufacturing, and flight testing of a fixed wing micro air vehicle with Zimmerman planform. Meccanica, 52, 6, 1265 - 1282, 2017.

[18] Arjomandi, M. , Agostino, S. , Mammone, M. , Nelson, M. , Zhou, T. , Classification of Unmanned Aerial Vehicles, pp. 1 - 48, Report for Mechanical Engineering class, University of Adelaide, Adelaide, Australia, 2006.

[19] Sanchez, G. , Escamilla, L. , Hassanalian, M. , Throneberry, G. , Abdelkefi, A. , Performance analysis and actuation mechanism selection of Albatross - inspired wing shape for tilt - wing drones, in: AIAA Scitech 2019 Forum, p. 2094, 2019.

[20] Euchi, J. , Do drones have a realistic place in a pandemic fight for delivering medical supplies in healthcare systems problems? Chin. J. Aeronaut. , 34, 2, 182 - 190, 2021.

[21] Vijayanandh, R. , Ramesh, M. , Venkatesan, K. , Kumar, G. R. , Kumar, M. S. , Rajkumar, R. , Comparative acoustic analysis of modified unmanned aerial vehicle's propeller, in: National Conference on IC Engines and Combustion, Springer, Singapore, pp. 573 - 587, November 2019.

[22] Darvishpoor, S. , Roshanian, J. , Raissi, A. , Hassanalian, M. , Configurations, flight mechanisms, and applications of unmanned aerial systems: A review. Prog. Aerosp. Sci. , 121, 100694, 2020.

[23] Salazar, R. D. , Hassanalian, M. , Abdelkefi, A. , Defining a conceptual design for a tilt - rotor micro air vehicle for a well - defined mission, in: 55th AIAA Aerospace Sciences Meeting, p. 0239, 2017.

[24] Sanchez, G. , Salazar, R. D. , Hassanalian, M. , Abdelkefi, A. , Sizing and performance analysis of albatross - inspired tilt - wing unmanned air vehicle, in: 2018 AIAA/ASCE/AHS/ASC Structures, Structural Dynamics, and Materials Conference, p. 1445, 2018.

[25] Elmeseiry, N. , Alshaer, N. , Ismail, T. , A detailed survey and future directions of unmanned aerial vehicles (UAVs) with potential applications. Aerospace, 8, 12, 363, 2021.

[26] Ucgun, H. , Yuzgec, U. , Bayilmis, C. , A review on applications of rotary - wing unmanned aerial vehicle charging stations. Int. J. Adv. Robot. Syst. , 18, 3, 2021.

[27] Yamaguchi, K. and Hara, S. , On structural parameter optimization method for quad tilt - wing UAV based on indirect size estimation of domain of attraction. IEEE Access, 1678 - 1687, 2021.

[28] Hill, A. C. and Rowan, Y. M. , The black desert drone survey: New perspectives on an ancient landscape. Remote Sens. , 14, 3, 702, 2022.

[29] Ro, K. , Park, W. , Kuk, T. , Kamman, J. , Flight testing of a free - wing tilt - body Aircraft. In, AIAA Infotech@ Aerospace 2010, p, 3449, 2010.

[30] Austin, R. , Unmanned Aircraft Systems: UAVS Design, Development and Deployment, John Wiley & Sons, 2011. https://www.wiley.com/en - in/Unmanned+Aircraft+Systems%3A+UAVS+Design%2C+Development+and+Deployment - p - 9780470058190.

[31] Ko, A. , Ohanian, O. , Gelhausen, P. , Ducted fan UAV modeling and simulation in preliminary design, in: AIAA Modeling and Simulation Technologies Conference and Exhibit, p. 6375, August

2007.

[32] Hoffmann, G., Huang, H., Waslander, S., Tomlin, C., Quadrotor helicopter flight dynamics and control: Theory and experiment, in: AIAA Guidance, Navigation and Control Conference and Exhibit, p. 6461, August 2007.

[33] Singh, V., Skiles, S. M., Krager, J., Seepersad, C. C., Wood, K. L., Jensen, D., Concept generation and computational techniques applied to design for transformation, in: IDETC/CIE in: Proceedings of the 32nd Design Automation Conference, Philadelphia, PA, pp. 10 - 13, September 2006.

[34] Ghazali, S. N. A. M., Anuar, H. A., Zakaria, S. N. A. S., Yusoff, Z., Determining position of target subjects in maritime search and rescue (MSAR) operations using rotary wing Unmanned Aerial Vehicles (UAVs), in: 2016 International Conference on Information and Communication Technology (ICICTM), IEEE, pp. 1 - 4, May 2016.

[35] McLean, W., Drones Are Cheap, Soldiers Are Not: A Cost - Benefit Analysis of War, p. 25, The Conversation, The Conversation US Inc, 2014. https://theconversation.com/drones - are - cheap - soldiers - are - not - a - cost - benefitanalysis - of - war - 27924.

[36] Warrior, L. C., Drones and targeted killing: Costs, accountability, and US civil - military relations. Orbis, 59, 1, 95 - 110, 2015.

[37] Shishkov, B., Hristozov, S., Janssen, M., Van den Hoven, J., Drones in land border missions: Benefits and accountability concerns, in: Proceedings of the 6th International Conference on Telecommunications and Remote Sensing, pp. 77 - 86, November 2017.

[38] Yaacoub, J. P., Noura, H., Salman, O., Chehab, A., Security analysis of drones systems: Attacks, limitations, and recommendations. Internet Things, 11, 100218, 2020.

[39] Vacca, A. and Onishi, H., Drones: military weapons, surveillance or mapping tools for environmental monitoring? The need for legal framework is required. Transp. Res. Proc., 25, 51 - 62, 2017.

[40] Mendoza, M. A., Alfonso, M. R., Lhuillery, S., A battle of drones: Utilizing legitimacy strategies for the transfer and diffusion of dual - use technologies. Technol. Forecast. Soc. Change, 166, 120539, 2021.

[41] Yaacoub, J. P., Noura, H., Salman, O., Chehab, A., Security analysis of drones systems: Attacks, limitations, and recommendations. Internet Things, 11, 100218, 2020.

[42] Van Veelen, M. J., Kaufmann, M., Brugger, H., Strapazzon, G., Drone delivery of AED's and personal protective equipment in the era of SARS - CoV - 2. Resuscitation, 152, 1 - 2, 2020.

[43] Sachan, D., The age of drones: What might it mean for health? Lancet, 387, 10030, 1803 - 1804, 2016.

[44] Ackerman, E. and Strickland, E., Medical delivery drones take flight in East Africa. IEEE Spectr., 55, 1, 34 - 35, 2018.

[45] Ling, G. and Draghic, N., Aerial drones for blood delivery. Transfusion, 59, S2, 1608 - 1611, 2019.

[46] Scott, J. and Scott, C., Drone delivery models for healthcare, in: Proceedings of the 50th Hawaii International Conference on System Sciences, January 2017.

[47] Sánchez - García, J., García - Campos, J. M., Arzamendia, M., Reina, D. G., Toral, S. L., Gregor, D., A survey on unmanned aerial and aquatic vehicle multi - hop networks: Wireless communications, evaluation tools and applications. Comput. Commun., 119, 43 - 65, 2018.

[48] Lei, T., Yang, Z., Lin, Z., Zhang, X., State of art on energy management strategy for hybrid - powered unmanned aerial vehicle. Chin. J. Aeronaut., 32, 6, 1488 - 1503, 2019.

[49] Kim, S. H., Choice model based analysis of consumer preference for drone delivery service. J. Air Transp. Manage., 84, 101785, 2020.

[50] Pulver, A., Wei, R., Mann, C., Locating AED enabled medical drones to enhance cardiac arrest response times. Prehosp. Emerg. Care, 20, 3, 378 - 389, 2016.

[51] Xiaohong, W., Zhang, Y., Lizhi, W., Dawei, L., Guoqi, Z., Robustness evaluation method for unmanned aerial vehicle swarms based on complex network theory. Chin. J. Aeronaut., 33, 1, 352 - 364, 2020.

[52] Boutilier, J. J., Brooks, S. C., Janmohamed, A., Byers, A., Buick, J. E., Zhan, C., Schoellig, A. P., Cheskes, S., Morrison, L. J., Chan, T. C., Optimizing a drone network to deliver automated external defibrillators. Circulation, 135, 25, 2454 - 2465, 2017.

[53] Karaca, Y., Cicek, M., Tatli, O., Sahin, A., Pasli, S., Beser, M. F., Turedi, S., The potential use of unmanned aircraft systems (drones) in mountain search and rescue operations. Am. J. Emerg. Med., 36, 4, 583 - 588, 2018.

[54] Amukele, T., Ness, P. M., Tobian, A. A., Boyd, J., Street, J., Drone transportation of blood products. Transfusion, 57, 3, 582 - 588, 2017.

[55] Berns, K. S. and Zietlow, S. P., Blood usage in rotor - wing transport. Air Med. J., 17, 3, 105 - 108, 1998.

[56] Harnett, B. M., Doarn, C. R., Rosen, J., Hannaford, B., Broderick, T. J., Evaluation of unmanned airborne vehicles and mobile robotic telesurgery in an extreme environment. Telemed. e - Health, 14, 6, 539 - 544, 2008.

[57] Amukele, T., Current state of drones in healthcare: Challenges and opportunities. J. Appl. Lab. Med., 4, 2, 296 - 298, 2019.

[58] Estrada, M. A. R. and Ndoma, A., The uses of unmanned aerial vehicles - UAV's - (or drones) in social logistic: Natural disasters response and humanitarian relief aid. Proc. Comput. Sci., 149, 375 - 383, 2019.

[59] Thiels, C. A., Aho, J. M., Zietlow, S. P., Jenkins, D. H., Use of unmanned aerial vehicles for medical product transport. Air Med. J., 34, 2, 104 - 108, 2015.

[60] Claesson, A., Bakman, A., Ringh, M., Svensson, L., Nordberg, P., Djarv, T., Hollenberg, J., Time to delivery of an automated external defibrillator using a drone for simulated out - of - hospital cardiac arrests vs emergency medical services. Jama, 317, 22, 2332 - 2334, 2017.

[61] Poljak, M. and Šerbenc, A., Use of drones in clinical microbiology and infectious diseases: Current status, challenges and barriers. Clin. Microbiol. Infect., 26, 4, 425 - 430, 2020.

[62] Claesson, A., Fredman, D., Svensson, L., Ringh, M., Hollenberg, J., Nordberg, P., Rosenqvist, M., Djarv, T., Österberg, S., Lennartsson, J., Ban, Y., Unmanned aerial vehicles (drones) in out - of - hospital - cardiac - arrest. Scand. J. Trauma Resusc. Emerg. Med.,

24, 1, 1-9, 2016.

[63] Michez, A., Morelle, K., Lehaire, F., Widar, J., Authelet, M., Vermeulen, C., Lejeune, P., Use of unmanned aerial system to assess wildlife (sus scrofa) damage to crops (zea mays). J. Unmanned Veh. Syst., 4, 4, 266-275, 2016.

[64] Stehr, N. J., Drones: The newest technology for precision agriculture. Nat. Sci. Educ., 44, 1, 89-91, 2015.

[65] Anthony, D., Elbaum, S., Lorenz, A., Detweiler, C., On crop height estimation with UAVs, in: 2014 IEEE/RSJ International Conference on Intelligent Robots and Systems, IEEE, pp. 4805-4812, September 2014.

[66] Reinecke, M. and Prinsloo, T., The influence of drone monitoring on crop health and harvest size, in: 2017 1st International Conference on Next Generation Computing Applications (NextComp), IEEE, pp. 5-10, July 2017.

第4章　无人机设计与控制综合研究

P. Venkateshwar Reddy[1], P. Srinivasa Rao[1*], M. Hrishikesh[1] and C. Satya Kumar[2]

1. Department of Mechanical Engineering, Vardhaman College of Engineering, Hyderabad, India

2. Department of Computer Science & Engineering, Vardhaman College of Engineering, Hyderabad, India

*通讯作者：professorpsrao@gmail.com

摘　要：无人机制造和操控仍然是一个热门的研究课题，本章讨论该课题取得的一些新进展。讨论的内容涉及能源利用、机动性和速度、生存性和鲁棒性，以及基本的物理缩放原则。这类飞行器的控制分为底层稳定性和高层建模，如航路规划，作者认为，将传感与协调控制相结合是一个关键的问题。在本章中，介绍了一些飞行器的拓扑结构及其隐含的交换信息，还研究了多飞行器编队和采用飞行构型的多旋翼飞行器带来的影响。当然，对于无人机的使用，全自主运行是非常理想的。当前，无人机市场是航空工业中拓展速度最快的领域之一。无人机已经发展和存续了相当一段时期，而且自主操控的功能和优势也越来越受到信任。因此，在未来几年中，无人机在作战任务中的部署和应用必定会越来越多。

关键词：无人机，无人驾驶飞行器（UAV），控制，设计

4.1　概述

无人机之所以越来越受欢迎，是因为它具有显著的成本优势，并且在传感器、执行器、能量存储以及处理能力等方面获得了显著的技术突破。遥感、物理接触、物理评估和包裹投递只是其中少数的几种用途。今后，大型无人机还将用于运送乘客，无论是出于娱乐目的，还是作为一种空中出租车和城市交通工具，这种运输方式将被称为高机动型或智慧型城市交通。无人机的功能将面临以下挑战：(a) 当飞机出现运行不稳定的情况时，缺乏简单有效的“保护”响应措施；(b) 受到诸多因素的限制，这就要求飞机采用更经济的传感设备；(c) 飞机的供电能力极端受限，例如进行多项自动化检测将消耗大量电能。

Brooke - Holland[1] 在对英国军方使用的无人机进行评估时，将武装无人机分为三类。在第Ⅰ类中，又细分为四个子类（a、b、c、d）。最小起落架重量（这里指无人机停放在地面时起落架支撑的重量）应与无人机的设计使用方式及预期的控制方式相匹配，于

是就有了不同的分类。Brooke - Holland 对武装无人机的分类见表 4 - 1。

根据 Arjomandi 等人的研究[2]，按照重量、航程和续航时间、机翼载荷、巡航高度和发动机设计对无人机进行了分类。其中，重量超过 2 000 kg 的为超重型，重量在 200～2 000 kg 的为重型，重量在 50～200 kg 的为中型，重量在 5～50 kg 的为轻型，重量不足 5 kg 的为微型[2]。根据重量对无人机进行的分类见表 4 - 2。

表 4 - 1　Brooke - Holland 基于重量对无人机的分类[1]

编号	分类	类型	重量范围
1	第Ⅰ类(a)	纳米型	$W \leqslant 200$ g
2	第Ⅰ类(b)	微型	200 g $< W \leqslant$ 2 kg
3	第Ⅰ类(c)	迷你型	2 kg $< W \leqslant$ 20 kg
4	第Ⅰ类(d)	小型	20 kg $< W \leqslant$ 150 kg
5	第Ⅱ类	战术型	150 kg $< W \leqslant$ 600 kg
6	第Ⅲ类	MALE/HALE/攻击型	$W >$ 600 kg

Gupta 等人[4] 将无人机分为 HALE、MALE、TUAV（中程或战术无人机）、MUAV 或迷你 UAV、MAV 和 NAV。Cavoukian[5] 将无人机分为三类，分别是微型和小型、战术四旋翼和大型无人机。Cavoukian[5] 将战术无人机分为六类，分别为短距离、有限航程、中等航程、广覆盖、长航时和中等高度长航时（MALE）无人机。Weibel 和 Hansman[3] 将无人机分为五类，分别是微型、小型、战术型、中高空型和重型无人机。Weibel 和 Hansman 提出的分类方法见表 4 - 3。

表 4 - 2　Arjomandi 等人基于重量对无人机的分类[2]

编号	类型	重量范围
1	超重型	$W >$ 2 000 kg
2	重型	200 kg $< W \leqslant$ 2 000 kg
3	中型	50 kg $< W \leqslant$ 200 kg
4	轻型	5 kg $< W \leqslant$ 50 kg
5	微型	$W \leqslant$ 5kg

表 4 - 3　Weibel 和 Hansman 基于重量对无人机的分类[3]

编号	类型	重量范围
1	微型	$W <$ 2 lb
2	小型	2 lb $< W \leqslant$ 30 lb
3	战术型	30 lb $< W \leqslant$ 1 000 lb
4	中高空型	1 000 lb $< W \leqslant$ 30 000 lb
5	重型	$W >$ 30 000 lb

4.2 无人机的分类

在过去几十年里，一种被称为微型航母的相对小型无人机问世，推动了秘密行动对这种无人机的需求[6]。目前，研发人员正在积极设计和制造用于执行特殊任务的微型无人机。于是，各种不同设计和飞行模式的微型无人机纷纷涌现。图 4－1 给出了现有无人机的详细分类，其中 HTOL 代表水平起飞与降落。当然，也可根据无人机的功能特性进行分类，重量、机翼长度、机翼载荷、航程、最大飞行高度、加速度、续航能力和制造成本等，这些都是识别无人机类型的基本设计元素，更有助于进行详细分类。例如，可根据发动机类型对无人机进行分类[5]。无人机通常使用汽油发动机，而现代无人机则使用电动机。无人机采用的各种推进技术，因其设计不同而各有差异。使用功能、制造材料以及控制系统的难度和成本等，这些都是将 UAV 与 MAV、NAV 等其他类型的微型无人机区分开来的主要特征[7]。

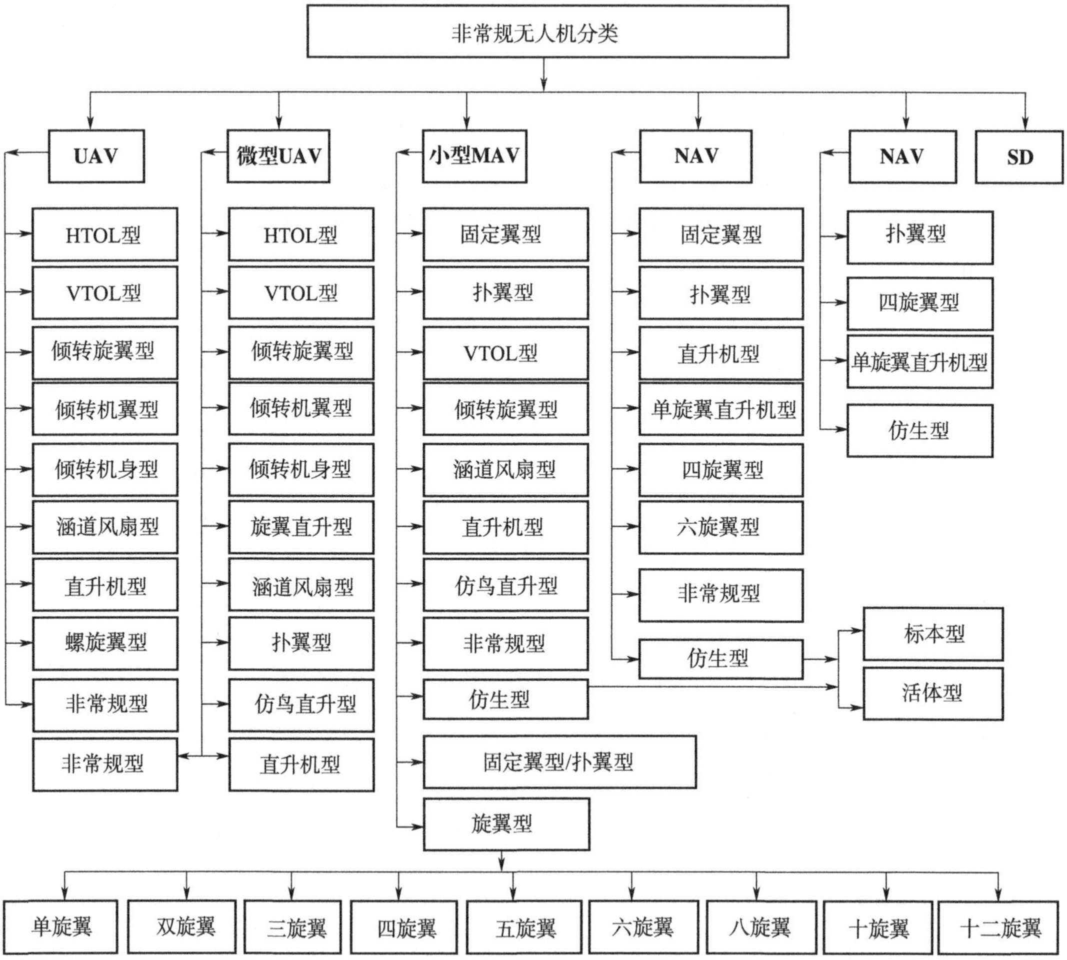

图 4－1　无人机分类方法[2]

无人机的尺寸和构型也多种多样。例如，有些无人机的最大航程可能与波音737飞机不相上下，而有些无人机的尺寸可能与无线电遥控飞机大小相当[5]。为满足不同需求，开发出了各种类型的无人机。因此，通常会根据无人机的运行特征对其进行分类[2]。图4-1概述了不同的无人机分类方法。

无人机可作为无线空中交换机，有望改变物联网的发展，并改善与地下网络之间的连接，提供各种无线传输应用。自由空间系统（如空对地系统ATG）[8-12] 和现实传播系统（如Okumura-Hata和COST-231）[15,16]，是两种已被研究证实的网络拓扑结构。现有分布式聚焦解决方案，融合了视距（LoS）和非视距（NLoS）技术以及无人机的飞行高度。这些表明，用户更倾向于实施覆盖范围更宽的跟踪行动。

针对不同区域预先确定一组变量和限制条件，这是实际传输中应强调的重点。尽管由于天线位置低和传输范围窄而受到很大限制，但这些设计可以提供很高的精度。对于模型有效性的影响因素（如无人机的高度、倾角、天线规格和能耗），这两种传输方案各有利弊。为了扩大覆盖范围、降低能耗和改善LoS连接，必须持续进行优化改进[8]。

在文献［17，18］中，研究人员重点介绍了利用无人机实现5G连接的最新改进和发展。许多蜂窝服务，如无线传感器网络，都可以通过与5G相关的尖端技术来实现。在28 GHz和60 GHz频段上，无人机可利用5G无线网络的频率范围，为增加无线通信系统提供了巨大潜力。

研究表明，物联网（IoT）与无人机之间的交互可能是一个尚未触及的领域，这鼓励学者们继续开展研究。研究人员[19] 提供了一种神经网络（NN）自愈方法，用于优化5G网络中无人机（UAV）的位置概率，以实现带宽、覆盖范围和用户设备（UE）数量的最大化。研究发现，认知模型的有效性是一种卓越的方法，它依赖于无人机放置确定性的最小值和最大值，并且能够实现整体节能。

无人机的功能之一是利用各种技术、成像设备和扫描仪进行空中侦察和探测，以便收集情报信息，并采取下一步行动[20]。向地面控制站发送高质量的图像和数据具有很大的挑战，再加上开发与制造方面的难度，这使得有必要重新思考先前提议的天线和信道设计。在文献［21］中，研究人员强调了利用无人机实现感知、同步和传输的动态连接。他们还指出，图像质量和载荷之间的交换仍然是一个未解决的问题。在文献［22］中，研究人员提出了一个新的解决方案，其中无人机网络可为自然灾害云计算控制系统提供支持。为便于在智慧城市中启用物联网（IoE）技术，他们提出的这种解决方案还具有适应性、可移植性和快速实施性的特点。

在文献［30］中，研究人员强调，用于空中监视和灾难救援的无人机技术是重要的研究领域之一。无人机与陆地众多互联网用户之间建立起稳固的通信联系，也是面临的巨大挑战之一。当无人机同步进行俯仰和水平机动时，以及当恶劣天气对机载传感设备产生影响时，这些情况都将对质量和带宽产生巨大的影响。研究人员认为，优化在线决策过程可能会提高无人机的性能。在文献［23］中，研究表明，无人机用于面部表情监控也经常会遇到一些挑战，例如运动、个体差异、照明条件、无人机高度和摄像头灵敏度等都将带来很大的影响。如果无人机和受访者之间的距离太近，也会对这些结果产生负面影响。由于照明条件不够好，在夜间进行图像识别并不理想，但通过 DroneSURF 无人机数据库获得了主动和被动监控研究结果，这些结果是值得肯定的。

在这项工作中，作者调研了无人机设计和控制方面的最新进展。作者对多旋翼无人机特别感兴趣，这种飞行器采用多个刚性变速螺旋桨驱动，从而实现了脉冲变化和扭矩倍增，迫使飞行器改变方向。与传统的航模相比，如直升机或固定翼飞行器，这种飞行器因技术复杂程度小而获得成功。此外，这种飞行器还可以滑翔，具有良好的飞行控制特性，而且飞行也相当敏捷。

4.3 飞行性能分析

无人机的预定任务是用于监视。在发射并切换到自动飞行模式以后，无人机将飞离发射点，飞向需要监视的目标区域。为了不被发现，无人机在进入目标区域之前关闭电机。于是，无人机就可以一边安静地滑翔，一边从容地绕圈拍摄。完成监视任务以后，无人机将离开目标区域，重新打开电机，并返回发射点进行数据采集。因此，有必要对无人机的飞行性能特征进行理论计算，以确定其能否完成任务。在飞行任务的不同阶段，由于电机有时打开，有时关闭，因此也有必要对滑翔飞行和动力飞行进行计算。

为进行无人机的理论性能分析，必须估算飞机的升力和阻力系数。这里，采用上一节给出的 AVL 和 Tornado 涡流网格程序，计算出了机翼和尾翼上的升力和阻力。但是，这些网格程序无法计算机身的寄生阻力。飞机部件上的寄生阻力由下式得出[13]

$$C_{D_0}=\frac{KC_fS_{\mathrm{wet}}}{S} \tag{4-1}$$

式中，K 为形状因子；S_{wet} 为部件表面积；C_f 为摩擦系数；S 为机翼平面面积。形状因子是通过实验获得的，但也有学者提出了符合实验数据的方程。这里，使用在线计算器输出飞机机身和机翼部件的形状因子。对于表面摩擦系数，根据层流或湍流的预期，通过找到与部件尺寸相匹配的平板流动摩擦系数来估算[13]。

$$(C_f)_{\mathrm{turb}}=\frac{0.455}{[\log_{10}(Re_L)]^{2.58}} \tag{4-2a}$$

$$(C_f)_{\mathrm{lam}}=\frac{1.328}{\sqrt{Re_L}} \tag{4-2b}$$

由于 Bixler 的表面比较粗糙，因此，可以估计流经机身的气流为湍流。机翼和尾翼的弦长均较小，估计流经其上面的气流为层流。

失速速度是飞机飞行时确保不会从空中坠落的最低速度。当升力系数达到最大值，在此时的攻角状态下，失速速度最小。失速速度的计算公式为

$$U_{\mathrm{stall}}=\sqrt{\frac{2W}{\rho SC_{l_{\max}}}} \tag{4-3}$$

式中，U 为速度；W 为重量；ρ 为空气密度；S 为机翼平面面积；C_l 为升力系数。

由于在执行飞行任务的过程中有时需要关闭电机并滑翔到目标区域，因此，必须计算出飞机滑翔时的最大航程和最大续航时间。如图 4-2 所示，绘制了飞机在飞行过程中的自由体示意图，显示了飞机上的作用力。

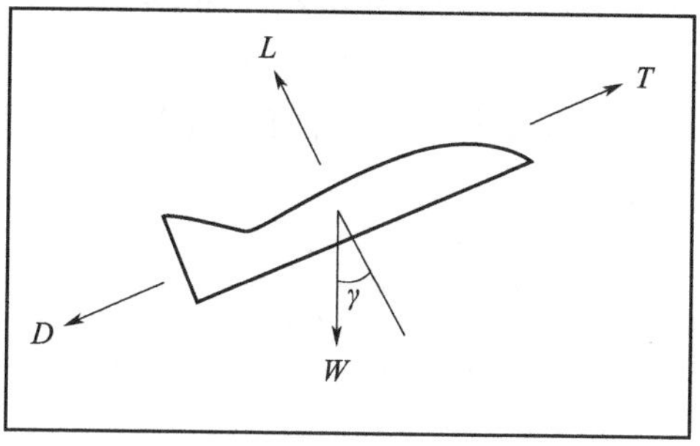

T—推力；L—升力；D—阻力；W—重量；γ—飞行路径角

图 4-2　飞机飞行自由体示意图

假定飞机稳定飞行，一般的受力公式如下

$$T - D - W\sin\gamma = 0 \tag{4-4}$$

$$L - W\cos\gamma = 0 \tag{4-5}$$

$$\dot{Z} = U\sin\gamma \tag{4-6}$$

当滑翔时推力等于零，通过重组并除以式（4-4）和式（4-5），获得式（4-7），由此求出飞行路径角的正切值。

$$\tan(-\gamma) = \frac{C_D}{C_L} \tag{4-7}$$

飞机的航程（R）是飞行高度（H）和飞行路径角正切值的函数，即

$$R = \frac{H}{\tan(-\gamma)} \tag{4-8}$$

当在既定高度下滑翔时，当 C_L/C_D 达到最大值时获得了最大航程。航时（E）是衡量飞行时间长短的指标。对于滑翔飞行，航时由式（4-9）计算。

$$E = \frac{H}{\dot{Z}} = \frac{H}{\left[\frac{2W}{\rho S} \cdot \frac{C_D^2}{(C_L^2 + C_D^2)^{3/2}}\right]^{1/2}} \tag{4-9}$$

对于动力飞行，由于引入了动力系统，方程式变得更加复杂。在本项工作中，无人机由锂聚合物电池提供电力。以电池驱动的无人机，其最大航程和最大续航时间可由 Traub 等式计算得出，见式（4-10）和式（4-11）。

$$R_{\max} = (R_t)^{1-n} \cdot \left[\frac{n_{\text{tot}} \cdot V \cdot C}{\left(\frac{1}{\sqrt{\rho S}}\right) C_{D_0}^{1/4} (2W\sqrt{k/3})^{3/2}}\right]^n \cdot \sqrt{\frac{2W}{\rho S} \cdot \sqrt{\frac{k}{C_{D_0}}}} \cdot 3.6 \tag{4-10}$$

$$E_{\max} = (R_t)^{1-n} \cdot \left[\frac{n_{\text{tot}} \cdot V \cdot C}{\left(\frac{2}{\sqrt{\rho S}}\right) C_{D_0}^{1/4} (2W\sqrt{k/3})^{3/2}}\right]^n \tag{4-11}$$

式中，$k=\frac{1}{\neq\cdot \mathrm{AR}\cdot e}$，航程以 km 为单位，航时以 h 为单位。$R_t$ 为电池的额定值，以 h 表示；V 为电压；C 为电池容量，以 A/h 为单位；AR 为机翼展弦比；η_{tot} 为总推进效率；e 为奥斯瓦尔德（Oswald）效率系数；变量 n 被称为 Peukert 系数，对于锂聚合物电池，其典型值为 1.3[14]。

如果飞机前方存在障碍物必须避让，则应计算其最大爬升率，以确定能否避开。飞机可用电池的功率由式（4－12）来确定。

$$P_b=\eta_{\mathrm{tot}}\cdot V\cdot \frac{C}{R_t}\left(\frac{R_t}{t}\right)^{1/n} \tag{4-12}$$

当飞机达到最大爬升率时，其速度可由式（4－13）来计算。飞机的最大爬升率由式（4－14）给出。

$$U_{\max R/C}=\left[\frac{4}{3}\cdot\frac{kW}{\rho^2 S^2 C_{D_0}}\right]^{1/4} \tag{4-13}$$

$$\text{最大爬升率}=\eta_{\mathrm{tot}}\frac{V}{W}\frac{C}{R_t}\left(\frac{R_t}{t}\right)^{1/n}-\frac{1}{2}\rho U^3\frac{S}{W}C_{D_0}-\frac{2Wk}{\rho US} \tag{4-14}$$

4.4 无人机动力学特性与设计目标

本章简要回顾了无人机飞行控制的物理学原理，然后分析了一些设计目标的影响因素，以及设计目标是如何折中权衡的。

4.4.1 动力学特性

在本章中，作者重点关注了多旋翼无人机的漂移特性，对其进行了详细阐述。标准的多旋翼无人机，通常采用异步电机来驱动刚性叶片。旋翼叶片通常有两个边缘，螺旋桨可能至少有三个尖角。在几乎相同的旋翼速度下，旋转叶片数量越多推力越大，但如何控制好利用率、干扰程度、共振和其他因素之间的相关性，可能会令人困惑[24]。旋转的螺旋桨在喷射气流的同时，提供了推力和扭矩。螺旋桨的中心对应于旋转中心，这个位置的气流速度较高，因此该区域的压力明显低于周围的环境压力。由于螺旋桨叶片具有明显的旋转稳定性，因此在这种铰链结构中的力与扭矩通常比旋转中心受到的力与力矩要小很多，而这些通常只有在电机通过气流旋转时才能观察到。

飞机上任何部位的压力估算，始终与螺旋桨旋转加速度的二次方有关，在成比例的基础上保持兼容性，由此可推算出叶片特征（例如比例关系）和环境特征。平行于旋转平面的推力与叶片的移动方向相反，这种推力是由气动阻力在转子叶片上产生的，而这种阻力阻碍了叶片的移动。虽然通常被描述为与旋翼产生的推力成正比，但这种反扭矩也可被估计为与旋转角速度的平方成正比。

在螺旋桨旋转的几何形状中，对于这种平移叶片，确实存在扭矩元素，但与推力在相距重心如此远的距离处产生的扭矩相比，这些扭矩元素通常是微不足道的。确实还存在更为复杂的螺旋桨推力和扭矩理论，例如文献［25］中提到的理论，它具有在灵活运动中实现显著控制的能力。而文献［26］中提出的理论，则通常用于控制具有前向平面的叶片。

在常规运动中，具有偶数个螺旋桨的设备通常会有平行的运动轴，这些轴上的螺旋桨在顺时针和逆时针运动中达到平衡。飞行器的平飞速度则是通过调整总推力相对于飞行器质心位置而产生的，使得飞行器的推力、质量和空气动力学扭矩的总矢量共同产生所需要的平飞速度。实际上，飞行器的平飞速度主要是由电机扭矩总和决定的，而不是由独立变量来决定，因为螺旋桨的推力似乎完全是水平方向的。多旋翼飞行器在无风情况下的平飞速度，可以通过总推力矢量与飞行器质量两者的乘积来简化描述，这种简化有助于简化飞行器的设计和操作过程。

扭矩是由电机扭矩变化产生的，从而使物体发生转动。由于推力作用点距离飞行器质心较远，推力产生的扭矩导致推力矢量发生旋转，于是导致飞行器发生滚转运动和俯仰运动。桨叶内部的响应扭矩变化导致围绕气流方向发生旋转；需注意的是，即使在悬停状态下，桨叶对称分布也能提供净零响应扭矩。由于桨叶数量的比例关系，在正常情况下，螺旋桨桨叶的总角速度为零。

值得注意的是，改变螺旋桨的速度也会改变无人机主体的加速度。然而，与动态特性相比，这种影响往往忽略不计。实际的推进强度以及扭矩的三个自变量，可用于以这种方式操控多旋翼飞行器。因此，能够漂移的多旋翼飞行器至少应该有四个螺旋桨[27,28]。大多数无人机（以及至少有六个旋翼的飞行器）都采用这种操控方式，然而，最终在六种可能性中只有四种情况（特殊情况讨论见下文）采用了这种操控方式。关于四旋翼飞行器的详细描述，见文献［29］。

固定翼和动力飞行器上配备了非旋转提升元件，以及可能相关的飞行控制装置，如机翼、升降舵和推进器。在某些情况下，一些部件所产生的力与力矩通常与运动的二次方成正比；在某些极端条件下，这些部件的特性将变得更加复杂，例如减速或滑行较远的距离时，其特征就会变得更加复杂。详细的气动系统建模和运动学特征见文献［30］。

4.4.2 设计目标与扩展原则

设计师们对于驱动无人机发展的一些重要问题表示关注，他们讨论了影响其发展的一些关键扩展原则。研究人员详细研究了功耗（进而影响飞机的航程和续航能力）、灵活性和速度、生存能力以及成本/复杂性。这其中也包含无人机方案，这是典型的飞机应用，并经常用于处理不同竞争目标之间存在的差异。总质量几乎是任何飞行器设计重点关注的问题之一，这通常是进行飞行器设计时在同一设计点上考虑和实现多重设计目标综合权衡的结果。

4.4.3 能源利用

对于侦察行动来说，航时是最重要的设计指标；而对于运输任务来说，航程则非常重要。在恒定热力学效率下，飞行器将不会受到气动力是否得以有效利用的影响。当无人机以巡航速度飞行时，升力仅由螺旋桨叶片直接产生，气动力的利用效率确实可采用电液经典理论来估计——一个快速旋转的螺旋桨在不可压缩的黏性流中工作时，它将抵消诱导阻力，而实际上诱导阻力与螺旋桨的桨距成反比，并且螺旋桨产生的推力与发动机的输出功率成一定的比例关系，二者之比为1.5[30]。从这个意义上说，如果所有其他因素相同，那么飞行器配备较大的旋翼，预计将会获得更好的续航能力。同样，推力较小的飞机（例如推力较小，质量较大）也将获得更好的续航能力。由于额外增加电池的容量，虽然看似能够提供更多的能量，但实际上随着重量的增加，将会消耗更多的能量，从而可能缩短航时[31]。

4.4.4 敏捷性与速度

无人机紧急行动的关键设计目标是速度和机动性[32-34]。在稳定的飞行状态下，飞行器相对于地面的速度、扭矩和其他动态因素在理论上是恒定的，这意味着飞行器的推力与阻力相等，升力与重力相等，飞行器不进行任何加速或减速运动，因此动态变化量为零。在所有其他因素均相同的情况下，通过减小飞行器质量、增大有效推力或减小气动阻力等可行的办法来提高飞行器的最大平飞速度。

由于推力矢量主导着多旋翼飞行器的运动，因此，能否轻松改变飞行方向对机动性而言至关重要。实践表明，尽可能让桨叶靠近飞行器的质心，将有利于获得最大的机动性，这对于当前像多旋翼飞行器这样既定的飞机设计和配置而言至关重要。然而，即使桨叶远离飞行器的质心，半径与质量惯性矩之间的二次关系也会抵消轨迹跟踪所需要的持续推力。强劲的旋翼通常位于远离飞行器质心的地方，由于它对整个飞行器的质量转动惯量有着主导性的影响，因此飞行器的姿态机动性与其总尺寸之间具有反比例关系。因此，多旋翼飞行器的旋翼通常应尽可能地靠近飞行器的质心。效率和机动性之间显然需要权衡考虑，因为叶片越少飞行器的设计就会越紧凑。图4-3展示了飞行器敏捷性和续航性能之间的折中关系。

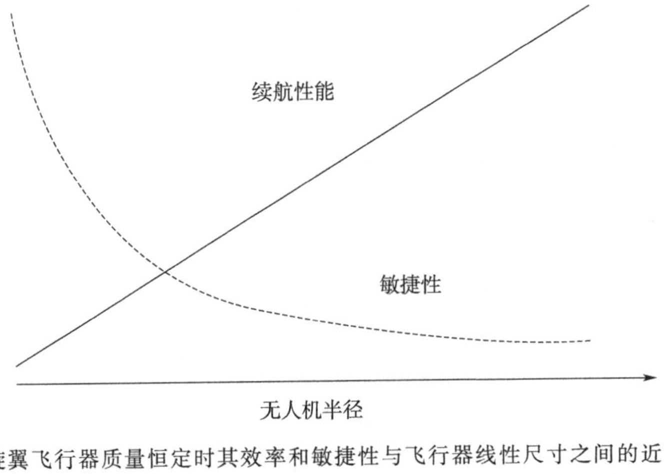

图4-3 多旋翼飞行器质量恒定时其效率和敏捷性与飞行器线性尺寸之间的近似折中关系[33]

图 4-3 简要阐述了可扩展性的论点，将飞行器的机动性与其他特征进行了比较[35]。如果要进行这项分析，则必须假设其推力发展将随旋翼尺寸的增大而增大；这是一项复杂的工作，因为发动机和电池的可扩展性极其难以确定。在本项研究中，对螺旋桨气流的可扩展性提出了两种不同的估计方法。在第一种估计方法中假设 Froude 数为常数，在第二种估计方法中假设螺旋桨叶片的连续方程是恒定的[35]。通过这两方面的预期，可以得出结论：多旋翼飞行器的线性速度增大，要么不受缩比的影响，要么与飞行器的线性缩比成反比。无论如何，加速度的增大与线性缩比成反比，或者与线性缩比的平方成反比，这取决于选用的是 Froude 缩比还是马赫缩比。因此，对于执行灵活性要求较高的任务，用户倾向于选择结构更简单、体型更小巧的多旋翼飞行器。

4.4.5　生存性与稳健性

当无人机在复杂的环境中工作时，尤其在抵近障碍物的情况下，需要精确的控制能力或承受撞击的能力。在后一种工作环境中，无人机要能够以最少的干扰完成任务，容许更简单的控制过程和不太精确的传感器。摒弃繁琐的附加功能，往往会增加额外质量，其中当然也有自身的一系列问题。飞行器设计将面临这种情况，增加的质量通常是相当大的，由于飞行器质心导致的转动惯量大幅增加，因而预期的确切速度增益将随之减小。

4.4.6　低空控制与稳定性

设计无人机控制方案的一种典型方法如图 4-4（左上）所示。在这种方案中，路径生成器首先设置基准水平，随后降阶调节器生成执行指令。独立的状态预测则基于传感器数据进行近似估计。在通常情况下，组织器的运行强度较低，仅需相对少量的估算。这种技术将每个设计元素相对独立地进行评估，降低了复杂性和计算成本，同时在一定程度上避免了优化方案之间的冲突。

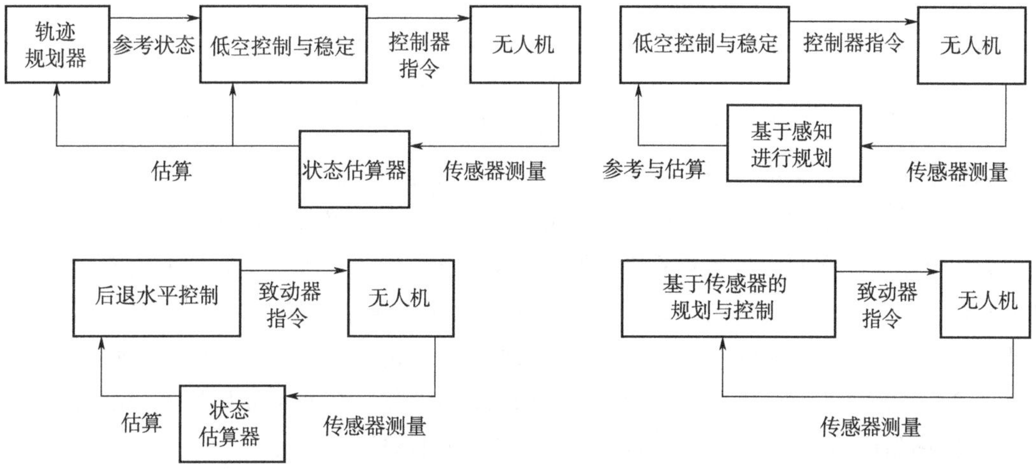

图 4-4　控制系统架构[36]

使用后退视角控制方法，其中路径预测以特定的强度进行重复，并且不需要遵循新方法，这将是沿着这条路径迈出的第一步。如果在复杂的环境下工作，就需要采用这种方法。在通常情况下，状态评估和路径规划是分开进行的，且上层指令不会直接控制底层检测（如传感器数据采集、状态监测等）。然而，路径规划器和状态估计器可以合并使用，由组织器来综合考虑预测的可靠性和传感器方案。组织器能够在最小干预下以较低的频率运行。

在集中化平台创建的最后阶段，路径设计者需要考虑感官限制和不可预测性。尽管更精细的分辨率可能会提高效率，但它在本质上更依赖于特定的技术和程序。通常情况下，确实有大量研究关注传统多旋翼飞行器的控制程序。与传统飞行器通常进行的复杂（且有待深度观察）空气动力学假设不同，这些研究使得多旋翼飞行器的运动可以通过相对简单的控制要求来实现，尽管这些要求仍然具有一定的不可预测性。从以上讨论可以清楚地看出，多平移旋翼飞行器的机动性主要取决于飞行姿态控制，特别是推进气流场决定飞行器的推进方向和速度。如果能够快速调整飞行方向和合力，那么增加的速度可以被视为对更高层次时间控制器的贡献，这可能意味着飞行器可以通过双重积分（即对速度和加速度进行积分）方案来实现更精确的飞行控制。

在设计姿态调节器时，首先需要确定姿态的表示方法，常见的选择包括欧拉参数/四元数[27]、旋转矩阵[28] 或旋转向量[28]。在首次请求分析中，不同的方法或策略往往会产生类似的结果，然而当系统面临的压力发生显著变化或方向上出现急剧变化时，不同方法获得的结果之间就会出现明显的差异。

随着这些技术投入到日益复杂的环境并要求完成更困难的任务时，关于理想状态估计和精确成熟技术（是指在特定领域已经非常精确和成熟的技术）的共同假设将变得非常受限。以这种方式进行了一项研究，其中一个研究方向关注动态性能不足的过程，而另一个方向则侧重在状态评估中描绘重大故障。在精确建模存在问题的情况下，自适应控制方案（无论预先调整还是进行过程中调整）将更具吸引力。

在维持不可预测载荷的场景中，训练和变异性可能发挥着关键作用。因此，用于分析动力学的过程因素是不确定的，并且可能随时间变化。这种场景的复杂性要求系统具备动态适应能力，以便应对载荷的不确定性和环境的动态变化[40]。在另一项研究中，提出了一种基于李雅普诺夫分析（Lyapunov analysis）的适应性控制策略，用于补偿不确定的载荷，为了适应特定系统，该适应性控制策略提供了另外一种仪器配置方案[41]。

为了克服不稳定问题，通常采用强控制概念。该方法通过组织参数的不确定性并在各种自然情况下保持控制实施的一致性，从而在定义的不确定性范围内维持系统的稳定性。因此，当多旋翼控制器被赋予强大的调节能力时，它就能够克服无限大的质量转动惯量导致的不稳定，或者不可预测的外部扰动，比如微风或冲击。当平台总质量确定以后，鲁棒的控制方法就能够在任何情况下保持系统的稳定性和性能[42]。

无人机低级控制与状态评估之间的交互作用是一个重要的研究领域。例如，当需要更大的角速度来进行转向控制时，这更有可能产生不确定的运动，导致视觉传感器的跟踪变得更加不利。在这种情况下，无人机的低级控制系统需要与状态评估系统紧密协作，即使面对微风或冲击等不可预测的外部扰动时，无人机仍然能够保持稳定飞行和准确执行任务。因此，设置低级控制程序并能够整合识别方法要求，这是非常关键的。例如，在其中的一项研究中，为便于多旋翼无人机使用 VIO（视觉惯性里程计）进行状态评估而为其构建了一个鲁棒控制器，而另一个控制器则被证明能够在恶劣的照明条件下提供更高级的控制性能，但代价是当照明条件恢复正常后将采取较为温和的行动方式[43]。

无人机对环境空气条件非常敏感，因此，很多研究工作都很关注无人机周围风场影响的识别和补偿。类似地，四旋翼无人机通过搭载额外的传感器来评估风速、风向、飞行器的阻力以及碰撞等外在作用力[45]。与使用模型相比，深度学习的应用则为处理这些复杂问题提供了新方案，它依赖广泛的数据提供支持，比如处理网络物理攻击的方法，新方案摒弃了传统的故障位置发现和表达方式[46]。

4.5　设计方法与挑战

无人机设计分为三个阶段，具体取决于无人机的性能、类型、尺寸和用途[47-50]。在开发论证、初始设计和最终设计三个阶段，每一步都需要进行复杂细致的测量，并进行空气动力学、气动弹性、基本运动、动态机动、稳定性、控制、电子设备和制造等方面的分析工作[51-53]。值得注意的是，尽管无人机技术取得了进步，但其设计仍然存在一些缺陷。

评估无人机的特性及其在不同工作负载下的最佳潜在性能，是不同类型无人机设计工作中最重要的任务之一[51,53]。无人机的选型过程通常分为五个阶段：1）任务界定；2）基于类型选择飞行模式；3）确定机翼平面形状和展弦比；4）约束条件分析；5）重量评估[51-53]。基于任务背景进行设计路线评估，从而保证飞行时间、行程速度和配速速度。接下来，根据任务类型确定飞行模式、机翼形状和预期比例。为了确定合适的无人机翼层配置和推进系统，需要对飞行的平移和旋转情况进行基本分析。除了预先提到的改进之外，还可以采用各种重量估计策略。经过多轮折中与迭代，无人机的最终功能得以保证，气动特性计算得以保证[53]。

在无人机的选型过程中应严格遵循选型程序[54]。图 4 - 5 给出了几类无人机设计与制造成本示意图[55]。当根据缩比定律对无人机进行性能缩放时，可从以下几方面进行可行性尝试，例如增减推力、增减桨叶厚度、技术规格和制造方法等，通过这些方法生成的无人机类型如图 4 - 5 所示。各种尺寸的无人机（UAV、MAV、NAV 和 PAV）绝不是将大型无人机设计进行简单的缩小[56]。由于大型无人机的所有设计特征要在一个小型无人机上全面展现出来，因此其设计制造的难度和复杂度也急剧增大。尽管工程师一直在努力制造昆虫大小的无人机，但由于其尺寸更小，带来了物理和制造方面的挑战，这种无人机的开发工作最近已经放缓[57,58]。由于速度较慢，体积较小，因而雷诺数较低，对于这类无人机的设计和制造确实是一个严峻的挑战[53,59]。在多数情况下，微型无人机将很难穿过这样的流场。带着这个思路，研究人员开始观察昆虫飞行[60-62]。

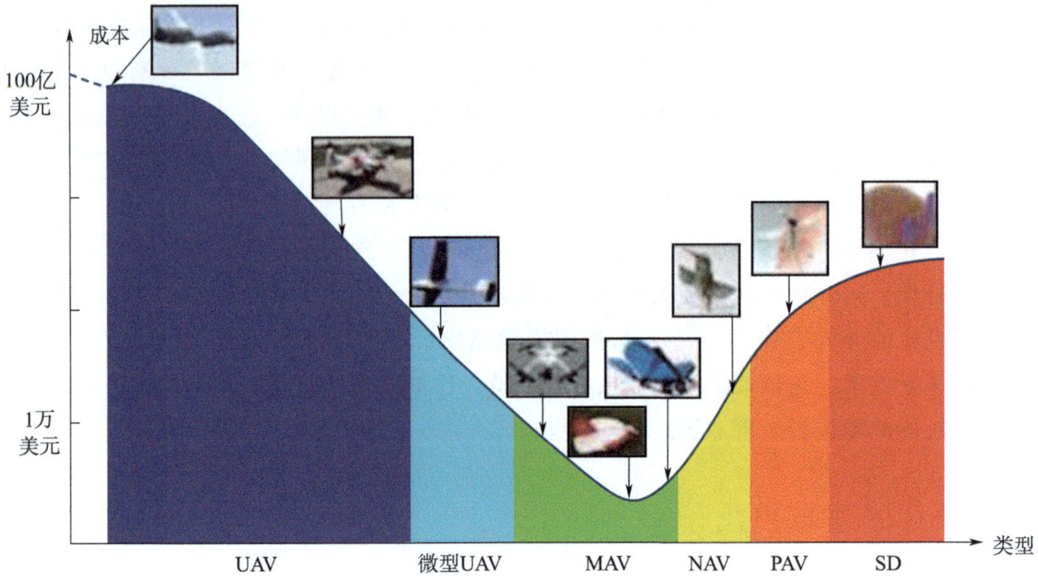

图 4-5 不同类型无人机的设计与制造成本示意图[55]

4.5.1 针对设计挑战提出解决方案

为了克服微型无人机面临的挑战，工程师和设计师应在设计迭代中考虑不同的边界，从而创造出气动性能更优越的无人机。正如过去讨论的那样，每一种无人机及其设计策略都有各自的优势和缺陷。因此，可通过假设、实践、异构和仿生灵感等策略，提出一个完整的程序，对过去的技术缺陷进行追踪解决。

从大自然中汲取灵感，可能会开发出多种类型的无人机[63]。在潮起潮落的无人机设计理论中，构型的适应与调整能力被视作一个重要的研究主题。目前正在探索的几种方法，包括换能器无人机的开发，可为自主和小型飞行器设计出轻型、快速部署、简易操作和小巧机翼之类的功能[64]。值得注意的是，来自大自然的灵感可帮助设计人员激发出新颖的创新设计思路[64]。

总之，在无人机的设计迭代中，应注意两个方面的问题，一是无人机设置，二是无人机设计策略。近年来，一些设计师试图设计出新颖的无人机，这些活跃的设计灵感源于大自然中的一些生物，如鸟类、昆虫和海洋生物等[65]。

4.6 无人机的制导、导航与控制

过去 20 年，有一些研究项目重点关注无人机的制导、导航与控制（GNC）问题，从而产生了不同的方法和系统。一些学者，如 Ollero 和 Merino 关注导航系统[66]，Chao 等人关注自动驾驶仪[67]，Goerzenet 等人关注路径优化算法[68]，Valavanis 关注无人机整体[69]，他们试图研究不同的 GNC 方法和分类[70]。Kendoul 刚刚完成了一项详细的调查研究[70]，梳理了广泛使用的 GNC 方法。他概述了 GNC 技术，这些技术有助于无人机变得更加自主。这些方法主要分为三类，即控制、导航和制导。根据这些方法的自主程度，再根据所使用的计算技术，对每个类别在尽可能高的级别上进行分类，一般情况下这与所使用的传感器类型密切相关[70]。图 4-6 显示了不同种类的 GNC 技术，具体取决于 Kendoul 的研究[70]。

无人机制导、导航与控制（GNC）通常由无线电遥控、基于视觉的导航和自主飞行三种方法来实现[71]。通信系统是操纵和移动无人机最常用的方法之一。使用这种方式控制无人机时，需要使用一个无线程序，该程序集成了发射器和接收器。这种制导系统利用电磁辐射向无人机的电子系统发送指令[71]。遥控（RC）设备主要由拥有多个无线电信道的传输介质组成。操作员可通过其中任何一种方法向无人机发送指令[72]。遥控系统的发射距离各不相同，通常可覆盖大约 5 km 的区域。

为操作视频设备还需要进行额外的连接。接收器通常用于向步进电机和频率调节器传达指令[71]。无人机上的 GPS 视频设备配备了一个传感器，用于收集飞行地点和记录图像，并将其转发给无人机[72]。该传感器在无人机飞经不同地点时收集图像，并通过视频发射器将其传送到地面控制站。摄像系统的主要特点是体积小、重量轻、可感知性强、亮度高[71]。摄像系统从视频发射器传输的照片以及通过接收天线接收的图像，显示在地面控制站的显示屏上。产生的电波可用于评估无线电缆，还可与接收天线结合使用，从而减少获取图像所需要的时间[73]。不同类型的传感器、遮光镜头、热成像相机，均可用于收集气象数据。小型无人机经常使用遮光镜头，这种镜头仅在白天可用，无法为收集气象数据提供大纵深视场。PC 视觉在基于视觉的视频监控计算机系统中起重要作用。在这些设备中使用 PC 视觉方法来提取所需要的数据。捕获的这些图像可用于制导、校正和数据收集[74]。在实践中，视频发射器可以在一定距离内发送信息，但无法在多次飞行中长距离发送信息。商用发射器只能在特定范围内发挥作用。当无人机飞出视线范围就会形成一个观察盲区，于是迫使无人机缩小飞行范围[71]。导航系统是迄今为止导引、观察和控制无人机的最有效的技术。自动驾驶仪是一套软件和硬件，能够驱动无人机以可预测的方式执行各种飞行任务。例如航向和速度，无人机可在不同的航程阶段进行自动匹配，并寻求以微小的误差实现其主要目标，体现出了无人机的设计思想[71]。

关于微型自动驾驶仪，如 Micro pilot[75]、Piccolo 和 Paparazzi[76]，是当前在用的有代表性的自动驾驶仪。微型自动驾驶系统的质量为 28 g，尺寸为 4 cm×10 cm，可操控 24 个伺服器，飞行高度可达 12 km，飞行距离可达 50 km[75]。在自动驾驶系统中，在起飞过程中飞机需要从人工控制转换到自动驾驶系统控制，无人机也应始终与地面控制站保持联系，实时发送高度、加速度等数据。在无人机的自动驾驶系统中，从一开始就可以通过 RF（射频）调制解调器向无人机发送各种指令。接收到指令后，自动驾驶系统会将其传递给伺服机构，从而使得无人机能够做出准确的响应[71]。

尽管有了这些策略，专家们还是提出了未来可能用于小型无人机探测的应对策略。Bublitz[77] 使用智能眼镜通过头部动作来操控四旋翼无人机。智能眼镜可捕捉头部动作，

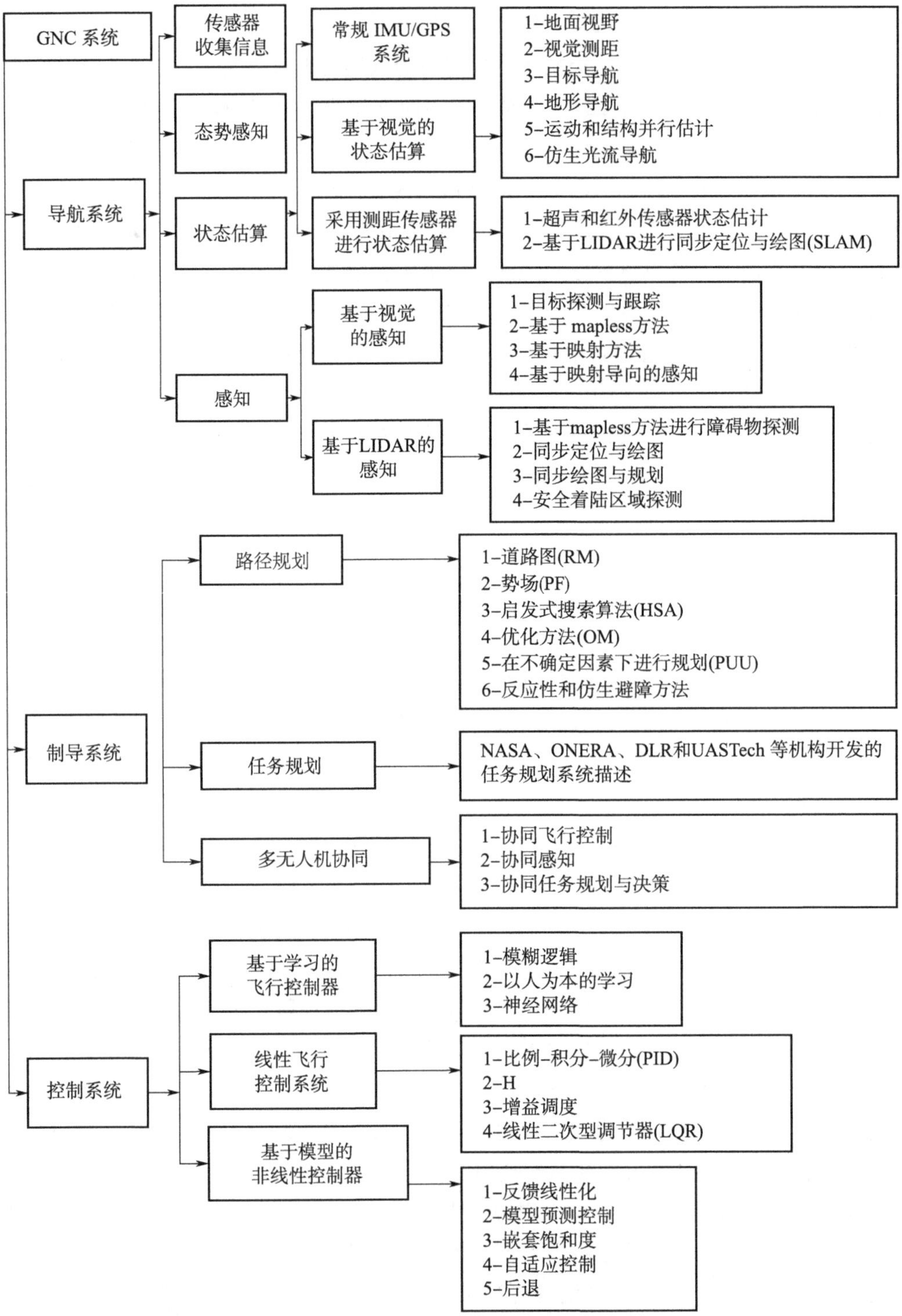

图 4-6　基于 Kendoul 的研究，对无人机的制导、导航与控制（GNC）系统进行的分类[70]

然后将其转换为飞行指令并发送给无人机。因此，在使用这项技术时，四旋翼无人机只需听从头戴式设备识别的指令，而飞行员则负责指挥和导航。这种方法可能更适用于飞行能力有限、可进行漂移飞行的小型无人机，如旋翼无人机等。

建立机制是无人机定位跟踪最重要的组成部分之一。可使用多种方法对无人机定位，包括全球定位系统（GPS）和惯性导航系统（INS）[78]。GPS 通常用于确定位置、速度和高度。如果要为无人机提供准确的位置，GPS 必须至少与四颗卫星始终保持通信联系[71]。可以说，外部干扰或阻塞对 GPS 信号的影响微乎其微[56]。因此，对于只配备 GPS 的无人机来说，有些无人机可能会在短时间内丢失 GPS 连接[79]。在这些情况下，惯性制导程序成为主要选择。惯性导航系统（INS）包括微型和中型运动传感器，使用这些传感器来计算无人机的位置和方向。如今，GPS 经常与 INS 结合使用，以避免出现定位误差[80,81]。这两种指示器结合使用，可提供精确的导航数据。卡尔曼（Kalman）滤波器被认为是估计融合的标准算法[82]。总体而言，扩展卡尔曼滤波器（EKF）可用于估算暂时丢失 GPS 连接的无人机位置[79]。

还有一种可用于观察和引导小型无人机的技术，当前已经提出并进行了评估，这种技术可通过电信服务和互联网来传输无人机指令，这种方法能够克服原有策略在覆盖范围上的限制，这种技术可能是引导无人机飞行（如微型飞行器）的一种良好策略，如今全球电信服务的日益普及以及微型无人机低空飞行都很好地证明了这一点。这项技术投入成本低，如果能够与其他管理措施结合使用，将会产生重大影响。此外，无人机与该技术相结合，还可能对知识训练提供很大帮助[71]。

无人机作为包括军用、民用、不同行业领域应用的一种工具，正在日益普及。大多数无人机价格昂贵，且每次操作都需要投入大量的人员和设备。无人机虽然有重要的用途，但同时也会带来危险，特别是在进场着陆过程中，可能对飞行器造成损坏，也可能对控制系统和运送的货物造成损毁，这些都是非常危险的。

显然，任何飞行设备的损害都应极力避免。然而，当无人机被部署到偏远地区时，如果在抵达时受损，导致其在首次飞行后无法继续执行后续任务，那么发射无人机的所有潜在优势都将化为乌有，这种情况下无人机将变成一种负担。为降低着陆风险，可由熟悉专业知识和有着陆经验的人员来操作无人机。尽管如此，也可能在需要时无法找到专业飞手。另外，在偏远和危险地区维持无人机的运行，成本也是极其昂贵的。据悉，航空公司的飞行员在每次飞行的前 3 分钟和最后 3 分钟，都有一种死里逃生的感觉。在这两个时间段，他们与地球的亲密度急剧增强，这可能也是拥有这种感觉的一个明显原因。即使是自主飞行的无人机，通常也不被认为是一种消耗品，特别是家庭用无人机。通过对几种无人机结构评估发现，虽然在无人机及其有效载荷的建造和设计上花费了大量时间、金钱和精力，但是只需几分钟就可以将其全部拆除。即使是专业的飞手，也会遇到糟糕的一天，无论是因为天气不给力，还是因为有太多事情需要同步处理。这项研究考虑了在关键时刻提供支持的必要性，重要的是，进一步降低无人机组装的复杂性，改善设计外观，特别是在无人机回收过程中降低主要部件的受损风险。

4.7 结论

目前，针对无人机的研究现状，包括固定翼和扑翼无人机，进行了综述和详细讨论，建议以不同方式对这些无人机进行分类，包括自主飞行器、微型飞行器、纳米飞行器、皮克飞行器和智能尘埃等类型的无人机。这些无人机可用于各种民事和军事活动，如救援行动、环境监测、水陆运输以及科学研究等。随着无人机的广泛普及，设计人员需要综合考虑无人机设计技术及其面临的挑战。针对设计问题，提出并讨论了潜在的解决方案。此外，还研究了无人机现有的组装程序和挑战、运动控制和传感器、供电和续航能力、控制和导航等问题，为克服目前的局限性，提出了突破性的解决方案。研究工作还强调了蜂群飞行和无人机分散的重要性。无人机运营商遵循当前经过验证的操作程序，他们也面临着一系列问题，包括无人机编队与有人驾驶飞机的整合，为此牺牲了无人机的灵活性。自动着陆设置尤其困难，这一挑战对无人机的能力提出了两个基本问题：第一个问题是在起飞和降落阶段寻求引导无人机的最有效的操纵方法，同时兼顾现有系统、飞行实践和可能的军事导航系统目标，以及将无人机队与遥控机队有效混合，同时让操作员最大化实现操控自由；第二个问题是寻求无人机起飞和着陆阶段回收操作的最佳策略。

参考文献

[1] Brooke－Holland, L., Unmanned Aerial Vehicles (Drones): An Introduction, House of Commons Library, London, UK, 2012.

[2] Arjomandi, M., Agostino, S., Mammone, M., Nelson, M., Zhou, T., Classification of Unmanned Aerial Vehicles, pp. 1－48, Report for Mechanical Engineering Class, University of Adelaide, Adelaide, Australia, 2006.

[3] Weibel, R. and Hansman, R. J., Safety considerations for operation of different classes of UAVs in the NAS, in: AIAA 3rd Unmanned Unlimited Technical Conference, Workshop and Exhibit, p. 6421, September 2004.

[4] Gupta, S. G., Ghonge, D., Jawandhiya, P. M., Review of unmanned aircraft system (UAS). IJARCET, 2, 1646－1658, 2013.

[5] Cavoukian, A., Privacy and Drones: Unmanned Aerial Vehicles, pp. 1－30, Information and Privacy Commissioner of Ontario, Canada, Ontario, 2012.

[6] Hassanalian, M. and Abdelkefi, A., Design, manufacturing, and flight testing of a fixed wing micro air vehicle with Zimmerman planform. Meccanica, 52, 6, 1265－1282, 2017.

[7] Cai, G., Dias, J., Seneviratne, L., A survey of small－scale unmanned aerial vehicles: Recent advances and future development trends. Unmanned Syst., 2, 02, 175－199, 2014.

[8] Almalki, F. A. and Angelides, M. C., Evolution of an optimal propagation model for the last mile with low altitude platforms using machine learning. Elsevier Comput. Commun. J., 142, 9－33, 2019.

[9] Almalki, F. A. and Angelides, M. C., Deployment of an aerial platform system for rapid restoration of communications links after a disaster: A machine learning approach. Computing, 102, 4, 829－864, 2020.

[10] Khawaja, W., Guvenc, I., Matolak, D. W., Fiebig, U. C., Schneckenburger, N., A survey of air－to－ground propagation channel modeling for unmanned aerial vehicles. IEEE Commun. Surv. Tutor., 21, 3, 2361－2391, 2019.

[11] Almalki, F. A. and Angelides, M. C., Propagation modelling and performance assessment of aerial platforms deployed during emergencies, in: 2017 12 th International Conference for Internet Technology and Secured Transactions (ICITST), IEEE, pp. 238－243, December 2017.

[12] Almalki, F. A. E., Optimisation of a Propagation Model for Last Mile Connectivity with Low Altitude Platforms Using Machine Learning, Doctoral Dissertation, Brunel University London, 2017.

[13] Bertin, J. J. and Cummins, R. M., Characteristic parameters for airfoil and wing aerodynamics, in: Aerodynamics for Engineers, pp. 236－304, Prentice－Hall, Englewood Cliffs, NJ, 1979.

[14] Traub, L. W., Range and endurance estimates for battery－powered aircraft. J. Aircr., 48, 2, 703－707, 2011.

[15] Alsamhi, S. H. , Ansari, M. S. , Ma, O. , Almalki, F. , Gupta, S. K. , Tethered balloon technology in design solutions for rescue and relief team emergency communication services. Disaster Med. Public Health Prep. , 13, 2, 203 - 210, 2019.

[16] Alsamhi, S. , Almalki, F. A. , Gapta, S. , Ma, M. A. O. , Angelides, M. , Tethered balloon technology for emergency communication and disaster relief deployment. Springer Telecommun. Syst. , 13, 1 - 10, 2019.

[17] Li, B. , Fei, Z. , Zhang, Y. , UAV communications for 5G and beyond: Recent advances and future trends. IEEE Internet Things J. , 6, 2, 2241 - 2263, 2018.

[18] Almalki, F. A. , Soufiene, B. O. , Alsamhi, S. H. , Sakli, H. , A low - cost platform for environmental smart farming monitoring system based on IoT and UAVs. Sustainability, 13, 11, 5908, 2021.

[19] Sharma, V. , Jayakody, D. N. K. , Srinivasan, K. , On the positioning likelihood of UAVs in 5G networks. Phys. Commun. , 31, 1 - 9, 2018.

[20] Alsamhi, S. H. , Almalki, F. , Ma, O. , Ansari, M. S. , Lee, B. , Predictive estimation of optimal signal strength from drones over IoT frameworks in smart cities. IEEE Trans. Mob. Comput. , 22, 1, 402 - 416, 1 Jan. 2023.

[21] Yanmaz, E. , Yahyanejad, S. , Rinner, B. , Hellwagner, H. , Bettstetter, C. , Drone networks: Communications, coordination, and sensing. Ad Hoc Netw. , 68, 1 - 15, 2018.

[22] Al - Khafajiy, M. , Baker, T. , Hussien, A. , Cotgrave, A. , UAV and fog computing for IoE - based systems: A case study on environment disasters prediction and recovery plans, in: Unmanned Aerial Vehicles in Smart Cities, pp. 133 - 152, Springer, Cham, 2020.

[23] Kalra, I. , Singh, M. , Nagpal, S. , Singh, R. , Vatsa, M. , Sujit, P. B. , Dronesurf: Benchmark dataset for drone - based face recognition, in: 2019 14th IEEE International Conference on Automatic Face & Gesture Recognition (FG 2019), IEEE, pp. 1 - 7, May 2019.

[24] Traub, L. W. , Propeller characterization for distributed propulsion. J. Aerosp. Eng. , 34, 3, 04021020, 2021.

[25] Faessler, M. , Falanga, D. , Scaramuzza, D. , Thrust mixing, saturation, and body - rate control for accurate aggressive quadrotor flight. IEEE Robot. Autom. Lett. , 2, 2, 476 - 482, 2016.

[26] Gill, R. and D' Andrea, R. , Computationally efficient force and moment models for propellers in UAV forward flight applications. Drones, 3, 4, 77, 2019.

[27] Mueller, M. W. and D' Andrea, R. , Relaxed hover solutions for multicopters: Application to algorithmic redundancy and novel vehicles. Int. J. Robot. Res. , 35, 8, 873 - 889, 2016.

[28] Zhang, W. , Mueller, M. W. , D' Andrea, R. , Design, modeling and control of a flying vehicle with a single moving part that can be positioned anywhere in space. Mechatronics, 61, 117 - 130, 2019.

[29] Mahony, R. , Kumar, V. , Corke, P. , Multirotor aerial vehicles: Modeling, estimation, and control of quadrotor. IEEE Robot. Autom. Mag. , 19, 3, 20 - 32, 2012.

[30] Nangia, R. K. , Aerodynamics, Aeronautics and Flight Mechanics, Second Edition, B. W. McCormick (Ed.), p. 652pp. Illustrated.. £22. 50, John Wiley &Sons, Baffins Lane,

Chichester, West Sussex P019 1UD, 1995, Baffins Lane, Chichester, West Sussex P019 1UD, Aeronaut. J., 100, 991, 36 - 36, 1996.

[31] Jain, K. P., Tang, J., Sreenath, K., Mueller, M. W., Staging energy sources to extend flight time of a multirotor UAV, in: 2020 IEEE/RSJ International Conference on Intelligent Robots and Systems (IROS), IEEE, pp. 1132 - 1139, November 2020.

[32] Delmerico, J., Cieslewski, T., Rebecq, H., Faessler, M., Scaramuzza, D., Are we ready for autonomous drone racing? The UZH - FPV drone racing dataset, in: 2019 International Conference on Robotics and Automation (ICRA), IEEE, pp. 6713 - 6719, May 2019.

[33] Kaufmann, E., Loquercio, A., Ranftl, R., Dosovitskiy, A., Koltun, V., Scaramuzza, D., Deep drone racing: Learning agile flight in dynamic environments, in: Conference on Robot Learning, PMLR, pp. 133 - 145, October 2018.

[34] Pfeiffer, C. and Scaramuzza, D., Human - piloted drone racing: Visual processing and control. IEEE Robot. Autom. Lett., 6, 2, 3467 - 3474, 2021.

[35] Kushleyev, A., Mellinger, D., Powers, C., Kumar, V., Towards a swarm of agile micro quadrotors. Auton. Robots, 35, 4, 287 - 300, 2013.

[36] Mueller, M. W., Lee, S. J., D' Andrea, R., Design and control of drones. Annu. Rev. Control Robot. Auton. Syst., 5, 161 - 177, 2022.

[37] Brescianini, D. and D' Andrea, R., Tilt - prioritized quadrocopter attitude control. IEEE Trans. Control Syst. Technol., 28, 2, 376 - 387, 2018.

[38] Lee, T., Leok, M., McClamroch, N. H., Geometric tracking control of a quadrotor UAV on SE (3), in: 49th IEEE Conference on Decision and Control (CDC), IEEE, pp. 5420 - 5425, December 2010.

[39] Yu, Y., Yang, S., Wang, M., Li, C., Li, Z., High performance full attitude control of a quadrotor on SO (3), in: 2015 IEEE International Conference on Robotics and Automation (ICRA), IEEE, pp. 1698 - 1703, May 2015.

[40] Yel, E. and Bezzo, N., Gp - based runtime planning, learning, and recovery for safe UAV operations under unforeseen disturbances, in: 2020 IEEE/RSJ International Conference on Intelligent Robots and Systems (IROS), IEEE, pp. 2173 - 2180, 2020.

[41] Sankaranarayanan, V. N., Roy, S., Baldi, S., Aerial transportation of unknown payloads: Adaptive path tracking for quadrotors, in: 2020 IEEE/RSJ International Conference on Intelligent Robots and Systems (IROS), IEEE, pp. 7710 - 7715, October 2020.

[42] Dhadekar, D. D., Sanghani, P. D., Mangrulkar, K. K., Talole, S. E., Robust control of quadrotor using uncertainty and. Intell. Robot. Syst., 101, 3, 1 - 21, 2021.

[43] Jarin - Lipschitz, L., Li, R., Nguyen, T., Kumar, V., Matni, N., Robust, perception based control with quadrotors, in: 2020 IEEE/RSJ International Conference on Intelligent Robots and Systems (IROS), IEEE, pp. 7737 - 7743, October 2020.

[44] Patrikar, J., Moon, B. G., Scherer, S., Wind and the city: Utilizing UAV - based in - situ measurements for estimating urban wind fields, in: 2020 IEEE/RSJ International Conference on Intelligent Robots and Systems (IROS), IEEE, pp. 1254 - 1260, October 2020.

[45] Tagliabue, A., Paris, A., Kim, S., Kubicek, R., Bergbreiter, S., How, J. P., Touch the

wind: Simultaneous airflow, drag and interaction sensing on a multirotor, in: 2020 IEEE/RSJ International Conference on Intelligent Robots and Systems (IROS), IEEE, pp. 1645 - 1652, 2020.

[46] Fei, F., Tu, Z., Xu, D., Deng, X., Learn - to - recover: Retrofitting UAVs with reinforcement learning - assisted flight control under cyber - physical attacks, in: 2020 IEEE International Conference on Robotics and Automation (ICRA), IEEE, pp. 7358 - 7364, May 2020.

[47] Sadraey, M., A systems engineering approach to unmanned aerial vehicle design, in: 10th AIAA Aviation Technology, Integration, and Operations (ATIO) Conference, p. 9302, September 2010.

[48] Verstraete, D., Coatanea, M., Hendrick, P., Preliminary design of a joined wing hale uav, in: International Congress of the Aeronautical Sciences, Anchorage, Alaska, USA, pp. 14 - 19, September 2008.

[49] Periaux, J., Gonzalez, F., Lee, D. S. C., Evolutionary Optimization and Game Strategies for Advanced Multi - Disciplinary Design: Applications to Aeronautics and UAV Design, vol. 75, Springer, Colorado, USA, 2015.

[50] Amirreze, K., Marzieh, D., Foad, S., Fatemeh, A., A new systematic approach in UAV design analysis based on SDSM method. J. Aeronaut. Aero. Eng., S1, 001, 2013.

[51] Hassanalian, M., Khaki, H., Khosravi, M., A new method for design of fixed wing micro air vehicle. Proc. Inst. Mech. Eng. G J. Aerosp. Eng., 229, 5, 837 - 850, 2015.

[52] Hassanalian, M., Abdelkefi, A., Wei, M., Ziaei - Rad, S., A novel methodology for wing sizing of bio - inspired flapping wing micro air vehicles: Theory and prototype. Acta Mech., 228, 3, 1097 - 1113, 2017.

[53] Hassanalian, M. and Abdelkefi, A., Design, manufacturing, and flight testing of a fixed wing micro air vehicle with Zimmerman planform. Meccanica, 52, 6, 1265 - 1282, 2017.

[54] Amirreze, K., Marzieh, D., Foad, S., Fatemeh, A., A new systematic approach in UAV design analysis based on SDSM method. J. Aeronaut. Aero. Eng., S1, 001, 2013.

[55] Gertler, J., US Unmanned Aerial Systems, Library of Congress Washington DC Congressional Research Service, US, January 2012.

[56] Austin, R., Unmanned Aircraft Systems: UAVS Design, Development and Deployment, John Wiley & Sons, US, 2011.

[57] Petricca, L., Ohlckers, P., Grinde, C., Micro - and nano - air vehicles: State of the art. Int. J. Aerosp. Eng., 2011, 2011.

[58] Serokhvostov, S. V., Ways and technologies required for MAV miniaturization, in: Proceedings of the European Micro Air Vehicle Conference (EMAV' 08), July 2008.

[59] Shyy, W., Lian, Y., Tang, J., Liu, H., Trizila, P., Stanford, B., Ifju, P., Computational aerodynamics of low Reynolds number plunging, pitching and flexible wings for MAV applications. Acta Mech. Sin., 24, 4, 351 - 373, 2008.

[60] Harbig, R. R., Sheridan, J., Thompson, M. C., Reynolds number and aspect ratio effects on the leading - edge vortex for rotating insect wing plan forms. J. Fluid Mech., 717, 166 - 192, 2013.

[61] Nguyen, T. T., Sundar, D. S., Yeo, K. S., Lim, T. T., Modeling and analysis of insect - like

flexible wings at low Reynolds number. J. Fluids Struct., 62, 294 - 317, 2016.

[62] Taira, K. and Colonius, T., II, Three - dimensional flows around low - aspect - ratio flat - plate wings at low Reynolds numbers. J. Fluid Mech., 623, 187 - 207, 2009.

[63] Hassanalian, M., Abdelmoula, H., Ayed, S. B., Abdelkefi, A., Thermal impact of migrating birds' wing color on their flight performance: Possibility of new generation of biologically inspired drones. J. Therm. Biol., 66, 27 - 32, 2017.

[64] Quintana, A., Hassanalian, M., Abdelkefi, A., Conceptual design and performance improvement of growing micro unmanned air vehicle, in: AIAA Science and Technology Forum and Exposition, Grapevine, Texas, pp. 9 - 13, January 2017.

[65] Ibrahim, M. M. S., Shanmugaraja, P., Vini, M. M. T., The roles, benefits and design challenges of multi versatile unmanned drones in flying ad - hoc network, in: Contemporary Research in Electronics, Computing and Mechanical Sciences, vol. 1, 2018.

[66] Ollero, A. and Merino, L., Control and perception techniques for aerial robotics. Ann. Rev. Control, 28, 2, 167 - 178, 2004.

[67] Chao, H., Cao, Y., Chen, Y., Autopilots for small unmanned aerial vehicles: A survey. Int. J. Control Autom. Syst., 8, 1, 36 - 44, 2010.

[68] Goerzen, C., Kong, Z., Mettler, B., A survey of motion planning algorithms from the perspective of autonomous UAV guidance. J. Intell. Robot. Syst., 57, 1, 65 - 100, 2010.

[69] Valavanis, K. P., Advances in Unmanned Aerial Vehicles: State of the Art and the Road to Autonomy. Intelligent Systems, Control and Automation: Science and Engineering, p. 33, Springer, U. S. A. 2007.

[70] Kendoul, F., Survey of advances in guidance, navigation, and control of unmanned rotorcraft systems. J. Field Robot., 29, 2, 315 - 378, 2012.

[71] Hassanalian, M., Radmanesh, M., Ziaei - Rad, S., Sending instructions and receiving the data from MAVs using telecommunication networks, in: Proceeding of International Micro Air Vehicle Conference (IMAV2012), Braunschweig, Germany, pp. 3 - 6, July 2012.

[72] Gerdes, J. W., Design, Analysis, and Testing of a Flapping Wing Miniature Air Vehicle, University of Maryland, College Park, 2010.

[73] Kurdila, A., Nechyba, M., Prazenica, R., Dahmen, W., Binev, P., DeVore, R., Sharpley, R., Vision - based control of micro - air - vehicles: Progress and problems in estimation, in: 2004 43rd IEEE Conference on Decision and Control (CDC) (IEEE Cat. No. 04CH37601), vol. 2, IEEE, pp. 1635 - 1642, December 2004.

[74] Máthé, K. and Buşoniu, L., Vision and control for UAVs: A survey of general methods and of inexpensive platforms for infrastructure inspection. Sensors, 15, 7, 14887 - 14916, 2015.

[75] Trites, S., Miniature autopilots for unmanned aerial vehicles. Micro Pilot. URL: http: //www. micropilot. com.

[76] Coleman, C., Funk, J., Salvati, J., Whipple, C., Padir, T., Wyglinski, A., Design of an Autonomous Platform for Search and Rescue UAV Networks, Worcester Polytechnic Institute, Project Number: WND1, Massachusetts, U. S., April 26th, 2012.

[77] Oljača, M. V., Pajić, M., Gligorević, K., Dražić, M., Zlatanović, I., Dimitrijević, A.,

Balać, N., Design, classification, perspectives and possible applications drones in agriculture of Serbia. Poljoprivrednatehnika, 43, 4, 29 - 56, 2018.

[78] Pacholski, N., Szabo, C., Falkner, K., Extending the Sensor Edge Smart Drone Positioning System, The University of Adelaide, South Australia, 2013.

[79] Mao, G., Drake, S., Anderson, B. D., Design of an extended kalman filter foruav localization, in: 2007 Information, Decision and Control, IEEE, pp. 224 - 229, February 2007.

[80] Brown, R. G. and Hwang, P. Y., Introduction to Random Signals and Applied Kalman Filtering: With MATLAB Exercises and Solutions, Wiley, U. S., 1997.

[81] Theilmann, C. A., Integrating Autonomous Drones into the National Aerospace System, Master of Science, University of Pennsylvania, 2015.

[82] Nemra, A. and Aouf, N., Robust INS/GPS sensor fusion for UAV localization using SDRE nonlinear filtering. IEEE Sens. J., 10, 4, 789 - 798, 2010.

第 5 章　人工智能辅助无人机应用的最新进展

G. Vaitheeswaran[1]，B. Sundaravadivazhagan[2*]，Karthikeyan[3]

1. Stack Innovations，Trichy，India

2. Department of Information and Technology，University of Technology and Applied Science - AI - Mussanah，Oman

3. Department of Artificial Intelligence & Machine Learning (CSE)，Varadhaman College of Engineering，Hyderabad，India

*通讯作者：bsundaravadivazhagan@gmail.com

摘　要：无人机通常被称为无人驾驶飞行器（UAV）。人类或机器人可以远程操控无人机。无人机技术于 20 世纪被引入军事领域，直到 21 世纪进入民用领域，用户群扩展到寻常百姓。人工智能（AI）可帮助机器人具备类似于人类的思考方式，使其行为更接近人类。在这个数字化时代，多数电子设备在人工智能技术的帮助下变成了智能设备。无人机技术主要应用于军事、工业和物流等领域。在本章中，通过详细的应用案例，探讨了人工智能在无人机中的应用。人工智能技术帮助无人机收集数据并即时预测结果。智能无人机非常适合帮助人类去完成枯燥乏味的工作，并获得更好的效果。本章概述了人工智能无人机遇到的问题和挑战，供研究人员和行业人士参考。

关键词：无人驾驶飞行器（UAV），人工智能（AI），无人机技术

5.1　概述

无人机通常被称为飞行机器人或无人驾驶飞行器（UAV），但目前多数无人机均由人工操控。从农业到房地产企业，从国防系统到电子物流系统，无人机在各行各业都有广泛的用途。企业家和研究人员正在开发智能无人机，将其用于读取、计算、分析和预测数据，以便减少人为干扰并提供有用信息。无人机将依靠内置的机器学习机制来运行，因此不需要人为操作。自 2016 年以来，无人机技术在消费者中迅速普及，市场规模从 2016 年的 20 亿美元增长到 2020 年的 220 亿美元。Technavio 是全球领先的技术研究与咨询公司之一，该公司在 2021 年度的报告中称，2021—2025 年无人机的市场规模将增长到 210 亿美元。全球无人机市场如图 5 - 1 所示。由图可见，无人机的使用明显增加，这是市场增长的一个关键因素。在预测期内，无人机商业运营的合法化对于刺激市场增长也非常重要。

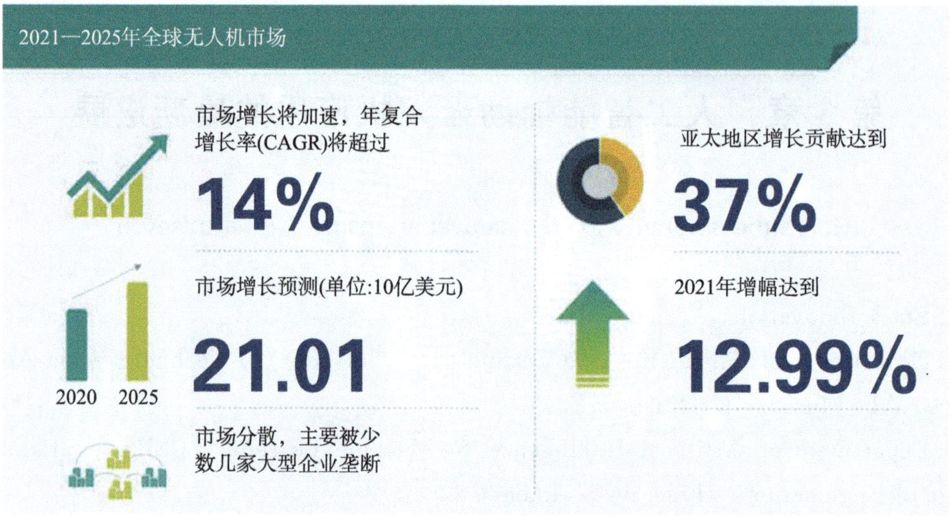

图 5-1　全球无人机市场

随着电子和应用技术的进步，深度学习（DL）在硬件和软件技术的最新进展中也变得更加适应。深度学习也越来越多地应用于无人机自主导航系统中。尽管如此，自主导航领域知识系统解决方案仍旧使用精确的全球定位系统、激光雷达和计算机视觉来开发自主导航系统。以上探讨尚未形成定论，且使用成本高昂。联网无人机系统需要正确的网络接入，以便能够持续运行。

本章重点讨论应用深度学习（DL）模型来执行导航任务，以实现无人机的自主性。正如深度学习在自动驾驶汽车中的应用一样，深度学习模型在无人机导航中能够对视觉数据和其他传感器数据进行深入理解，这对于无人机实现完全自主导航能力至关重要。本章讨论的核心内容如下：

1）无人机的一般特征；

2）人工智能在无人机技术中的作用；

3）各领域无人机应用案例分析。

近期，一些研究项目专注于开发新的导航方法，这些研究项目无论是否与行业伙伴开展合作，都对最新技术状态进行了界定。目前，正在积极探索这些解决方案，尚未在行业中实施，这些努力将促进未来导航能力的发展。

5.2　无人机的演变

无人机最初在 19 世纪初是为军事用途而开发的。后来，随着计算机和互联网技术的飞速发展，无人机也被用于商业领域。如今，无人机已成为人们不可或缺的工具。本节讨论无人机从军事应用到商业应用的演变过程。图 5-2 清晰展示了无人机的演变与发展过程。

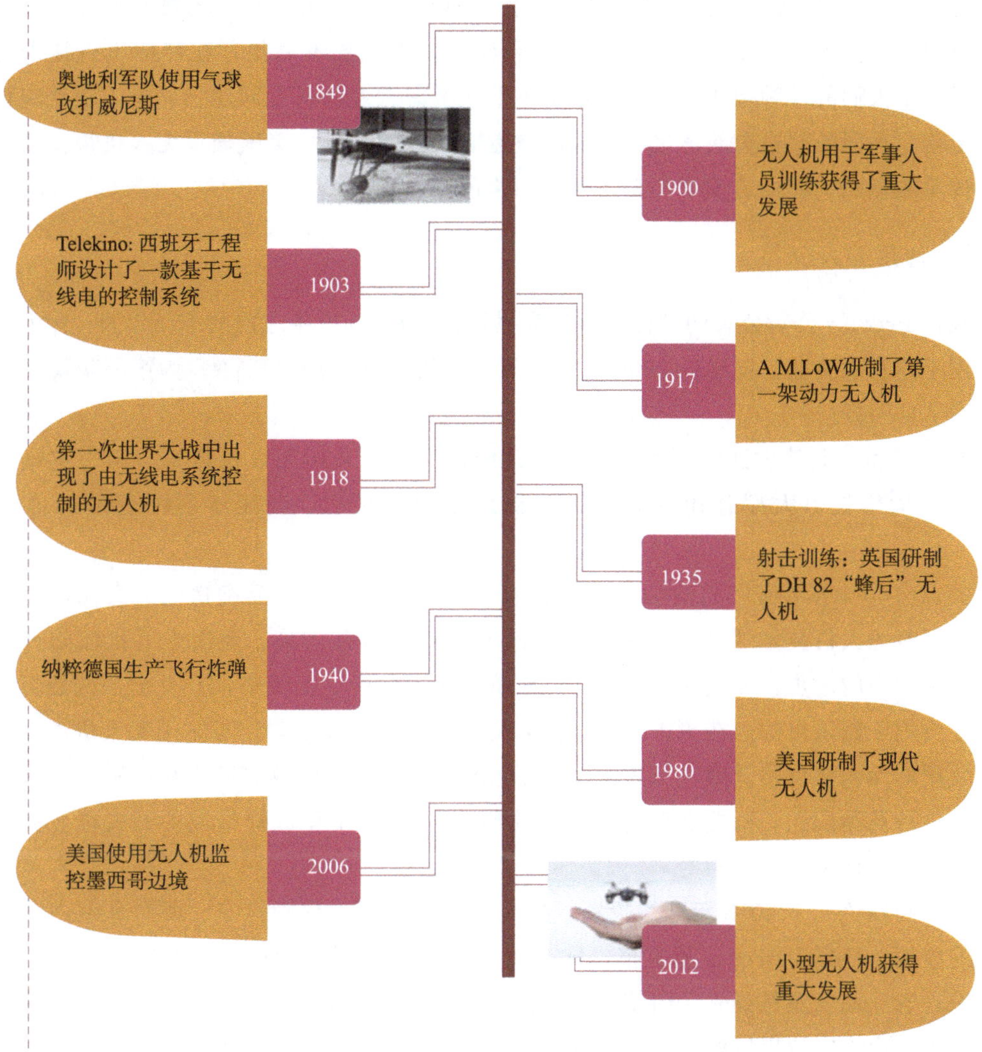

图 5－2　无人机的演变与发展过程

5.2.1　军用无人机

在 1849 年，当时的威尼斯反对从奥地利独立出来，此时派遣无人机飞往意大利。而奥地利的士兵，使用充满热空气和氢气的气球袭击了威尼斯。在第二次世界大战中，使用了无人驾驶的无线电飞机。在 1918 年，美国军方制造了一种被称为凯特林 · 巴克（Kettering buck）的无人“飞行炸弹”，其实是一架测试无人机，但从未在战场上使用过。

最常用的无人机出现于 1935 年，例如当时复制了一架全尺寸“德哈维兰”DH 82B“蜂后”（Haviland DH 82B “Queen Bee”）双翼无人机。操控无人机的无线电装置和伺服程序全部后置，这种无人机可用于前线作战，通常由进行武器射击训练的炮手来操控。

“无人机”一词源于一部名为“蜂后”的游戏，当时应用得并不成熟。无人机技术的应用引起了军方关注。虽然这经常是不可预测的，而且成本高昂。在特使飞机被击落以后，引发了人们的种种担忧，军方也不得不重新考虑无人机研发问题。此外，随着间谍飞机被击落，美国陆军也重新考虑了无人航空运输问题。于是，美国陆军无人机很快放弃了发放传单的做法，转而扮演了间谍飞行器的角色。

5.2.2 商用无人机

根据 Precept 公司公布的一份军事研究报告称，在 2006 年之前的 150 年间，无人机一直被用于非军事企业。同样在 2006 年，美国联邦航空管理局（FAA）为第一架民用无人机颁发了许可证。

在美国和欧盟等发达的国家和地区，政府正在迅速采用无人机技术，用于灾难救援和国家边境管控。大型公司开始将无人机用于商业目的，如用于石油管道的监控和管理。

2013 年下半年，亚马逊成为第一家宣布使用无人机进行产品配送的大公司，这让公众提高了对无人机技术的认知。由于缺乏政府法规和管理措施，商用无人机面临许多困难。由于技术的进步，私人无人机行业也获得了快速发展。近年来，开发出了四旋翼无人机，主要用于娱乐目的。在摄影领域，无人机业务已经遍及全球。与军用无人机不同，供娱乐使用的无人机价格低廉，只需 1 000 美元即可购买。美国政府已经允许医疗公司使用无人机进行药品配送。根据全球研究团队的预测，到 2027 年医疗领域的无人机业务规模将达到 90.47 亿美元。

中国和以色列于 2018 年开始投资，研究无人机在无人驾驶汽车、摄影和室内等不同场景的应用。根据 Percepto 研究报告称，到 2023 年商用无人机将达到约 1.22 亿架。在民用领域，农业和工业是最先开始使用无人机的两大领域。在农业领域，无人机用于作物研究和管理。由于农业市场的成本利润率较低，其他行业如可再生能源、采矿、物流、港口和码头等，在采用新技术方面表现得更好。在 2019 年，使用无人机对有限空间的勘测价值（如石油和天然气、发电、采矿、化工和海上舰船）达到 7.951 2 亿美元，预计到 2027 年将达到 19.363 2 亿美元。

无人机的市场规模之所以显著增长，部分原因应归功于美国空中交通管制机构，从 2021 年起批准使用全自动商用无人机。也就是说，任何未经授权的企业，在没有管控或监视的情况下，均不允许现场操作无人机。

5.3 无人机的特征

通常，无人机被官方称为无人驾驶飞行器（UAV）。从本质上讲，无人机是一种飞行机器人，利用嵌入式软件控制技术，进行远程或自主飞行。这项技术集成了内置传感器和全球定位系统（GPS）。根据无人机的类型，其用途可分为以下四类：

1）观察；

2）感知；

3）运动；

4）转换。

无人机的用途大多与军事有关。其中，无人机防御目标训练最初用于信息收集，特别是针对有争议的军事基地进行信息收集。近年来，无人机在民事领域的应用主要有以下几种：

1）探索与投放；

2）偷盗监控；

3）交通巡检；

4）气候观测；

5）灭火；

6）私人使用；

7）拍摄；

8）摄像；

9）农业；

10）物流配送。

5.4　人工智能（AI）融入无人机

由于技术发展和创新应用，人工智能（AI）正在快速发展。从虚拟助手到自动驾驶汽车，人工智能已应用于所有领域。然而，创造先进的人工智能仍然面临着巨大的计算挑战。

在人工智能中，通过计算机视觉训练，让计算机识别、检查和监控从视觉数据（即图像和视频）中捕获的对象。一般来说，计算机视觉是由系统授权驱动的。计算机视觉是通过数百万条带有标签的输入数据训练出来的。近年来，机器学习（ML）和深度学习（DL）取得了长足进步。未来，它还将帮助人类攻克其他目标遇到的难题。

有一些很好的图像处理方案，如同机器学习和深度学习技术一样，用于完成某些任务。但需要牢记的是，任何机器学习方法都需要大量的数据集和教学训练。如果图像数据量不够丰富，那么可借助图像处理软件来更好地清晰化图像。如果已有大量数据集，在需要执行各种任务时，在图像处理软件中使用 ML 或 DL 技术就会获得更好的效果。换句话说，图像处理软件中的任务越多、复杂度越高，使用 ML/DL 方法就会把这些问题处理得越好。

目前，已在科研和维修领域，确认了机器学习和深度学习技术的几种应用。如 Sky - Futures（https：//www. sky - futures. com/drone - inspections - surveys/）、Scopito（http：//scopito. com/）和 DRONEVOLT（https：//www. dronevolt. com/en/），这些

公司利用各种 ML 和/或 DL 技术，完成了多项研究任务。例如，机器人可在图片中找到用于电气连接的绝缘体，并确保利用排斥方法或技术手段发现金属平面上的衰变。根据 Sky-Futures 公司的报告，机器学习的识别率达到了 80%～90%。另一个例子是 Ardenna，这是一家美国软件业公司，目前正在改进计算机可视化软件，能够同时检测来自 BNSF（铁路公司）的 30 个受损点，并基于 ML 进行列车检查。此外，一些人工智能技术已应用于能源、农业、房地产、制造和林业等领域的数据分析。如今，基于人工智能进行数据分析的应用案例举不胜举，已遍布各行各业。上述案例仅仅是目前市场上的一小部分应用。

基于人工智能的无人机市场规模是巨大的，许多现有公司和新兴的初创公司都有机会把想法变为现实。企业家和研究人员分别提出了基于无人机人工智能的用户-用户的解决方案。此外，还可以根据计算机可视化和 DL 方面的知识，提出满足用户要求的最佳解决方案。构建基于人工智能的无人机方案，有几个重要选项可供选择，包括嵌入式、基站式以及云解决方案。无人机与人工智能（AI）相融合，如图 5-3 所示。

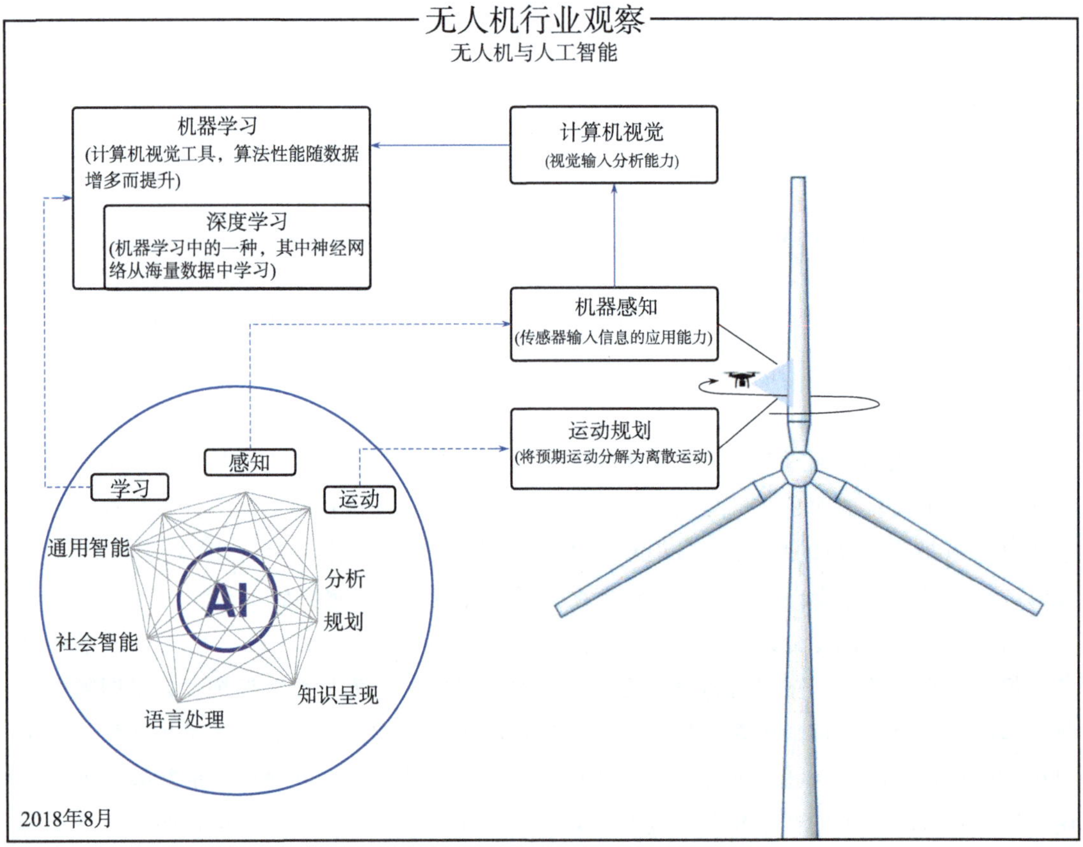

图 5-3 无人机与人工智能（AI）相融合

当前的研究工作为人工智能机器进行智能交流提供了能力。此外，无人机与人工智能相结合，也是对航拍图像若干要求的回应。同时，也为航空航天技术在能源、建筑、国防等各个领域的应用潜力提供了一种新的视角。图 5-4 展示了人工智能辅助无人机的应用示例。这主要归功于人工智能领域的专业知识，提供了基于无人机、计算机视觉和 DNN 的解决方案。

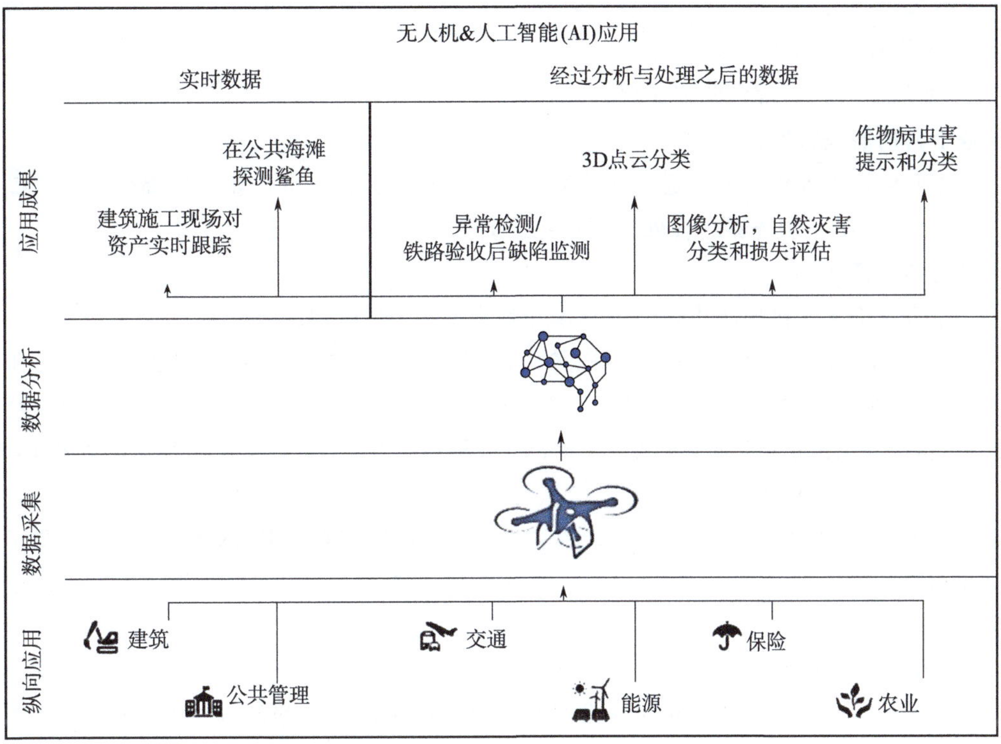

图 5-4　人工智能（AI）辅助无人机的应用示例

人工智能辅助无人机可应用于以下领域：

1）物体识别、计数、分离和追踪；

2）人或动物识别与监控；

3）人群计数；

4）热检测；

5）社区和特定场所面罩佩戴情况识别；

6）安全工具（如头盔、眼镜等）使用情况检测；

7）人脸识别；

8）火灾和烟雾识别；

9）授权防护罩数据读取；

10）表面划痕检测；

11）面罩识别。

嵌入式解决方案

目前，无人机可利用带有 NVIDIA 显卡的智能摄像头进行高度自主操作。这有助于在

Edge 上实现卓越的 AI 应用程序。对于需要实时解决方案的一些应用，要求达到最佳分辨率。

基站式解决方案

根据最终目的和工作环境，一些公司基于飞行中或飞行后的位置，提供了两种人工智能解决方案：

1）如果在线：实时处理视频。

2）如果离线：飞行后处理视频。

基于云的解决方案

总体而言，无人机服务商通过高性能 GPU 为依赖云的人工智能应用提供了一个新途径。这将产生 GPU 服务器远程处理用户数据的能力。

深度学习模型

下面将讨论无人机导航决策研究领域几种常见的 DL 模式。

首先，“VGG - 16”[1] 是一个卷积神经网络（CNN）模型，它用包含 1 400 万张图像的“ImageNet”数据库进行过训练，为其匹配了 1 000 个标签。VGG - 16 支持广泛的图像分类，或可作为一个使用特定目标图像进行微调的学习平台，以适应无人机环境。大多数研究集中在接受它或寻找有价值模型。“YoloV3”[3] 模型也可作为一个平台，用于避免研究池中发生冲突或对研究对象进行诊断/差异分析。ResNet 架构[4] 来源于卷积神经网络论文，通过优化“AlexNet”框架应用，剩余层可以“快捷”地近似整个神经层的功能。

与 VGG - 16 类似，ResNet 也经历了 ImageNet 数据库训练。Resnet 具有快捷配置的优点，可显著减少负载处理，从而使模型响应时间更短，但仍能保持与 VGG - 16 相当的精度。这对于需要较低 CPU 负载的无人机操作来说，是非常有利的。DroNet 多数是指定导航区域的自主无人机，它们使用人工标注的汽车、自行车显示屏作为城市环境导航的训练数据。为此，无人机将从图像中获取特定的无人机导航信息，并通过转向角引导无人机避开障碍。研究团队经常引用为某种目的而构建的自主无人机网络[6]，经常将其作为许多方案的基础网络。

5.5 应用案例

5.5.1 军事应用

无人机可携带各种监控设备，可全天候收集高清视频和静态图像。无人机可用于监听电话、跟踪 GPS 移动并收集车牌数据。无人机监控是指拍摄静态图像和视频，并瞄准特定目标、人员、企业或地点。无人机跟踪可从一定范围或高度收集目标数据，并确保不被发现。利用无人机进行监控和跟踪只能进行隐蔽操作。所有这些限制根本无法克服，但可以利用人工智能（AI）辅助无人机进行有效改进。无人机可将多个高度视图与高分辨率的视频和热成像结合起来。多重变焦功能和天气敏感稳定性的增强，意味着无人机的 ISR 功能有了增强。

Idea Forge（https：//www.ideaforge.co.in/）、Big Bang Boom（https：//bigbangboom.com/）是印度为数不多的几家无人机制造商，应用人工智能提供了无与伦比的监控能力。无人机可在任何时间、任何地点从集装箱上轻松定位部队。这增加了一种出色的战术能力，部队可以探测到无人机的前进路径或目标位置。直接监控有助于保护他们的行动和/或提高行动成功的可能性。

无人机自主导航

无人机玩家可以随时随地搭建无人机。无人机封装在一个包裹里，带有一个完整的地面控制站（GCS）。无人机可以从任何公开或隐蔽地点起飞和使用，甚至可以从极端高度投放和使用。一旦投入使用，无人机便在内置人工智能的帮助下自动飞行。它将自动从一条航线调整到另一条航线。如果接收到指令，无人机可对该区域进行自动巡逻，并向主站点提供直接且安全、可靠的高分辨率视觉/热成像反馈。

自动调整飞行路径——自动检测和避障

但是，无人机在飞行路径上如果遇到岩石、树林或建筑等障碍物，它该如何处理？人工智能自动驾驶仪会实时检测到这些障碍物，并根据高度、路径和速度计算出潜在的避障概率。无人机会自动调整飞行路径，以便避开障碍物。无人机具备的自动驾驶和自动避障功能，使其成为一种多功能监控"安全单元"。这种自引导能力，有助于减轻地面士兵的工作量。无人机玩家可以专注于重要战略并做出决策。

运动目标指示

伪装运动探测是 ISR 的关键组成部分之一。例如，"控制线"（LoC）或"实际控制线"（LAC）的周围区域，经常面临着被敌军非法渗透的风险。敌军企图利用"地面间歇期"（lay－off－the－land）移动部队和装备。在这一高度飞行的无人机，可凭借其纵深视野和热成像技术，利用人工智能自动检测异常情况。这意味着，自动驾驶的无人机无论其隐蔽性是否有效，都能立即察觉异常行动或运动。这种先进的国产无人机技术，使 ISR 和反情报能力获得了实时提升。

运动目标跟踪

如上所述，这些无人机是专门针对恶劣天气和恶劣条件而设计的。它们可以自主飞行，自主调整飞行路径以免碰撞，并自主探测隐蔽行动或运动。如今，当无人机从跟踪模式切换到行动模式时，它几乎可以标记和跟踪任何运动目标。这些目标可能是逃离部队的人员，也可能是装载武器的敌人车辆。这种由人工智能辅助、由无人机主导的运动目标监视能力，对于积极获取作战情报任务来说，的确是一个巨大的福音。这种能力提高了军事行动的总体成功率和影响力。

人工智能辅助决策的无人机运行环境

将无人机变成现役军事单元需要人工智能。这些无人机单元不仅作为资源放大器，还能保护地面士兵的生命安全。除了无人机单元，人工智能支持的 ISR 计划，还能够为区域和国家决策构建远期战略愿景。陆军迫切希望每个营都能配备无人机，以便提高态势感知能力并做出快速响应。无人机收集每个营的情报，在与中央指挥中心保持联络的同时，还将拦截所有的信息，用于创建完整详细的前线直接作战地图。有无这些信息，对于能否赢得边境冲突和能否阻止敌人渗透，意味着两种截然不同的结果。

融入无人机的人工智能技术，将确保无人机实时数据（以及其他捆绑组件，如闭路电视和运动传感器信息流）安全、即时传送到地球上任何经过认证的接收站。这意味着，区域高级指挥官或位于德里的国防部长，可以随时查看实时监控信息流。

这种无人机技术，通过人工智能操作，为国家当前及未来安全决策提供了优势。目前，正在快速对这些应用实施监管，以实现全军的快速现代化。人工智能辅助的无人机技术产生了如此大的影响，一旦实现 100％的本地化生产，其收效将成倍增长。十几年来，该技术一直作为无人机初创企业的愿景和核心使命，必将成为未来的发展方向。

5.5.2 天气预报

由于环境的不断变化，经常引发自然灾害。在恶劣天气预测方面，相比卫星而言，无人机获得的气象云图的准确性较差。然而，在灾害发生时，无人机可提供重要帮助。政府机构和保险行业已经越来越意识到，使用无人机进行灾后损失评估具有非常可观的潜力，特别是对于尚未确认是否适合救援人员进入的地点。相比传统的风样本数据收集方法，这是一项重大改进，能够提高气候预测模型的可靠性。

气象无人机是专门为收集气象数据而设计的，它们在地球大气层的最低层——边界层中飞行。无人机上装有传感器，用于收集关于大气的温度、湿度和气压等数据，这些数据最终用于帮助改进天气预报模型。

5.5.3 行业应用

无人机在制造业中发挥着重要作用，由于无人机技术的进步，让支柱和墙体安装变得更加容易。这降低了人工风险和成本。在无人机的帮助下，能够将起重机和车辆运送到偏远地区。制造业应用的无人机，大致可分为室内和室外两种。室内无人机是出于安全目的，可在有限空间内安装电缆、门窗等；室外无人机可用于完成更复杂的工作，如激光测距、超宽带无线信号传输等。

根据普华永道（PwC）的数据显示，将无人机应用于建筑业和矿业，最终实现了 283 亿美元的全球市场份额。将无人机应用于这些行业，还应该全面遵守劳动保护法律和法规。

在建筑业，为确保工人的人身安全，需要遵照美国政府发布的相关法规进行工地巡检。以前，这个过程可能需要 10 个小时，甚至几天，有了无人机技术的帮助，如今可在 15 分钟内完成巡检工作。

在制造业，应用无人机将具有以下优势：

1）提供安全保障，降低人工风险；

2）节约成本；

3）工作速度比工人更快；

4）提高数据采集效率；

5）提高生产效率。

根据 Omid Maghazei 和 Torbjorn H. Netland 的研究工作[7]，到 2025 年，无人机在制造业中的应用将达到很高的水平。无人机在制造业中的用途主要分为四类，即观察、感知、运动和转换。

5.5.4　农业

无人机应用于农业领域将带来很多好处，并在精准农业中发挥重要作用[8-10]。精准农业是采用最新技术提高农业生产力、作物产量和农业生产利润的一门科学。据分析家称（https：//yourdronereviews. com/benefits - of - drones - in - agriculture，访问时间：2022 年 4 月 4 日），到 2025 年底，无人机在农业领域创造的价值将达到 50 亿美元。

在农业领域，应用无人机将具有以下优势：

1）对农场进行准确分析；

2）节约时间和成本；

3）提高作物产量；

4）在不便于人工施肥的地块帮助喷洒肥料；

5）减少机械污染，帮助对抗气候变化。

根据联合国研究人员的预测，到 2050 年，世界人口将达到 97 亿，农业消费将增长 69％。无人机技术的发展将推动农业的发展。通常，无人机在农业领域执行以下任务：

1）作物监测；

2）灌溉管理；

3）肥料管理；

4）气候管理。

例如，通过无人机携带的摄像头，放大西红柿幼苗的黄色花朵，并将这些图像用于人工智能算法，从而准确预测西红柿从开花到成熟的周期，以及西红柿烘焙和储存需要场所的大小。图 5 - 5 给出了无人机在农业领域中的应用示例。

5.5.5　物流配送

医疗卫生

使用无人机可以运送医疗用品，包括血液、疫苗和药物，以及医学样本等。新冠肺炎（COVID - 19）大爆发期间，美国和以色列使用无人机运送个人防护用品，并进行新冠肺炎测试。截至 2020 年 10 月，Zipline 已完成医疗配送任务 70 000 余次。

食品

建议使用无人机作为成品快速配送（如披萨、玉米煎饼和冷冻饮料）的一种方式。明星 Simpson 提出的 Tacopter Demo（https：//www. wired. com/2012/03/qa - with - tacocopter/. March 23，2012. ，访问时间：2022 年 3 月 8 日），是一个配送玉米煎饼的创

图 5-5　无人机在农业领域中的应用示例

意想法，打算应用无人机配送预订的食品（旧金山地区的 UAV Tacos），这是早期的送餐无人机原型。

邮件投递

为了解无人机投递服务是否可行，以及是否有利可图，在澳大利亚、瑞士、德国、新加坡、英国和乌克兰等国家，有多家邮政企业进行了无人机测试。美国邮政管理局（USPS）使用“飞马”（horse-flying）无人机测试投递服务系统。根据马丁路德·哈勒-维腾贝格大学（Martin Luther University of Haley-Wittenberg）的一项新研究，无人机运载包裹时的能量消耗低于传统的配送车辆。

运输分配

Mark 和 Rotterdam 等一些航运公司，尝试使用无人机重新安排和管理外国船只，而不再派遣小船。无人机可为战场上的部队运输物资，并迅速配送紧急食品和弹药。自主无人机可携带载荷 60 磅，最远飞行 6 千米。在战术补给无人机系统（TRUAS）项目的支持下，正在举办一项投入 22.5 万美元的无人机配送竞赛。

5.6　结论

在工业界，无论是发达国家还是发展中国家，许多行业都需要使用无人机。在本章中，结合几个主要应用案例，探讨了无人机在发展中国家不同行业中的应用机遇。由于无人机成本方面的优势，发展无人机技术将为不同行业带来诸多益处。无人机在工业领域中的实践应用，可从多方面予以展示，例如制定决策，改善业务活动，降低运营成本，加快任务分析，以及改善监管等。

深层次人工智能的开发与应用，对于帮助本地产业具有重要意义。在实践中，人工智能辅助下的无人机应用，还需要防止不法分子滥用。研究人员和行业专家需要开发具有人工智能的无人机，以便克服复杂的挑战，为人类的生产生活解决难题。将人工智能无人机引入不同的行业领域，并将其转化成为一种功能更强、效率更高的工具，它们将代替人类更加出色地完成工作任务。

参考文献

[1] Simonyan, K. and Zisserman, A., Very deep convolutional networks for largescale image recognition, in: Proceedings of the 3rd International Conference on Learning Representations, ICLR 2015—Conference Track Proceedings, San Diego, CA, USA, pp. 1-14, May 7-9, 2015.

[2] Deng, J., Dong, W., Socher, R., Li, L.J., Li, K., Li, F.-F., ImageNet: A large-scale hierarchical image database, in: Proceedings of the 2009 IEEE Conference on Computer Vision and Pattern Recognition, Miami, FL, USA, pp. 248-255, June 20-25, 2009.

[3] Redmon, J. and Farhadi, A., YOLOv3: An Incremental Improvement, Computer Vision and Pattern Recognition, 2018, arXiv, arXiv: 1804.02767.

[4] He, K., Zhang, X., Ren, S., Sun, J., Deep residual learning for image recognition, in: Proceedings of the 2016 IEEE Conference on Computer Vision and Pattern Recognition (CVPR), Las Vegas, NV, USA, pp. 770-778, June 27-30, 2016.

[5] Krizhevsky, A., Sutskever, I., Hinton, G. E., ImageNet classification with deep convolutional neural networks. Commun. ACM, 60, 84-90, 2017.

[6] Loquercio, A., Maqueda, A. I., Del-Blanco, C. R., Scaramuzza, D., DroNet: Learning to fly by driving. IEEE Robot. Autom. Lett., 3, 1088-1095, 2018.

[7] Maghazei, O. and Netland, T. H., Drones in manufacturing: Exploring opportunities for research and practice. J. Manuf. Technol. Manage., 31, 6, 2019.

[8] Content-based mammogram retrieval using mixed kernel PCA and curvelet transform. Towards Automated Drone Surveillance in Railways: State-of-the-Art and Future Direction Conference Paper, pp. 336-348, October 2016.

[9] Metha, P. A., Siddhant, M. U. I., Implementation of voice activated autonomous quadcopter. Int. J. Eng. Sci. Res. Technol. 6, 9, 82-85. September 5, 2017.

[10] Ganeshwar, R., Ramprabhu, J., Manochitra, P., Kaliappan, S., Surveillance and security management system using drone. International Journal of Advanced Research Trends in Engineering and Technology (IJARTET), 5, 5, May 2018.

第6章　无人机技术：航空战略、挑战与应用

Devshri Satyarthi[1*]，K. V. Arya[2]，Manish Dixit[3]

1. Department of Computer Science and Engineering ，Atal Bihari Vajpayee－Indian Institute of Information Technology and Management，Gwalior，India

2. Department of Computer Science and Engineering，Atal Bihari Vajpayee－Indian Institute of Information Technology and Management，Gwalior，India

3. Department of Computer Science & Engineering，Madhav Institute of Technology and Science，Gwalior，India

[*] 通讯作者：devshri@iiitm. ac. in，devshri03@gmail. com

摘　要： 无人机也称为无人驾驶飞行器（UAV），被广泛应用于军事、农业、监测和摄影等不同的领域。如今，由于数字技术的进步，人们拥有了潜力巨大的下一代智能无人机，用于遥感、无线联网、搜索与救援、商品运送、监视、安保，以及作物监测等。特别是在民用基础设施领域，从降低风险和节约成本的角度来看，无人机有很多用途，如实时监控、灾害控制、交通检测、物流配送和安全检查等。无人机还能够获得鸟瞰图。在本章中，作者重点分析了无人机技术发展的最新趋势，指出了存在的问题和挑战。作者结合文献综述和研究工作，就潜在的无人机其他用途和应用挑战提出了未来见解，从而对存在的问题和制约因素进行分析。此外，作者还讨论了相关研究工作，以及不同无人机模型和模拟器的规范。作者还界定了无人机的应用，包括分类、要求和设备。最后，作者针对未来人工智能在无人机上的应用前景进行了展望。

关键词： 无人机，无人驾驶飞行器（UAV），航空，挑战，无线联网

6.1　概述

无人机也称为无人驾驶飞行器（UAV），是一种不需要搭载飞行员或操作员、机组人员和乘客的飞行器。这意味着，飞机可以自主或通过遥控飞行，或两者兼而有之。因此，无人机在往复式发动机、喷气式发动机或者电机的驱动下，能够在规定的高度持续飞行。无人机是无人驾驶飞行系统（UAS）的一个组成部分，还需要一个地面控制站和一个通信基础设施。遥控飞机（RPA）也是一种无人机，可由训练有素的飞行员使用遥控器操控飞行，或使用自动驾驶仪辅助飞行，也可完全自主飞行，无须人工干预。在20世纪，无人机的发展特别适合执行“枯燥、肮脏或危险”的军事任务。如今，无人机技术获得了长足

进步，不仅成本低，而且机动性好、飞行能力强，因此被广泛应用于非军事领域，如农业、监测、安保、航拍、民用基础设施，以及无人机游戏等。由于无人机应用的有效性，提高了军事任务的安全性，降低了作战成本，由此也推动了无人机和无人驾驶飞行系统在不同场景中的广泛应用。

无人系统主要分为以下三类：

1）无人/自主无人机（UAV/AAV）；

2）无人/自主地面车辆（UGV/AGV）；

3）无人/自主潜航器（UUV/AUV）。

飞行是无人机的主要功能。根据飞行原理和飞行高度，无人机可分为单旋翼（直升机）、固定翼（飞机）和多旋翼（飞行器）三种类型。单旋翼直升机是传统类型的直升机，由于它有两个或两个以上的桨叶构成单一的升力系统，因此飞行困难，但是这种直升机坚固、快速、高效。固定翼飞机的机翼，不能为产生升力而轻易移动，但是这种飞机的重量轻、能耗低、航时长。这类飞行器可用于执行 4D 测绘、农业监测等任务。多旋翼飞行器使用方便，一般有 4～8 个旋翼，精度高是其最重要的特点。多旋翼飞行器有三种类型，包括四旋翼（Quadcopter）飞行器、六旋翼（Hexacopter）飞行器和八旋翼（Octocopter）飞行器。图 6 - 1 详细描述了无人机研究阶段的划分与研究内容。本章分析了无人机的应用、挑战和问题，明确了发展阻碍因素。具体包含以下内容：

1）基于无人机的构型、寿命、质量、有效载荷、部件、传感器和操作，界定了无人机的类别和规范；

2）无人机技术分析；

3）讨论 2021 年 7 月 15 日政府发布的无人机准则；

4）总结不同应用领域无人机的研究进展、重要问题和未来展望。

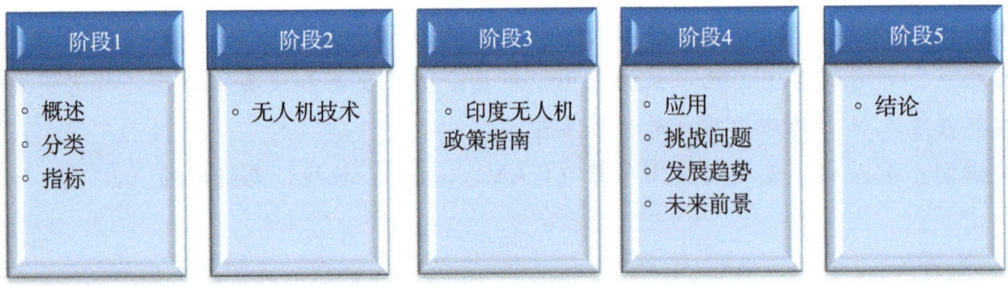

图 6 - 1　无人机研究阶段的划分与研究内容

6.1.1　无人机的分类

近年来，为特定用途而尝试改进和发展了无人机技术。在图 6 - 2 中，根据不同的参数，例如尺寸、重量、航程、航时、飞行高度、发动机类型以及构型等，对无人机的分类进行了探讨。

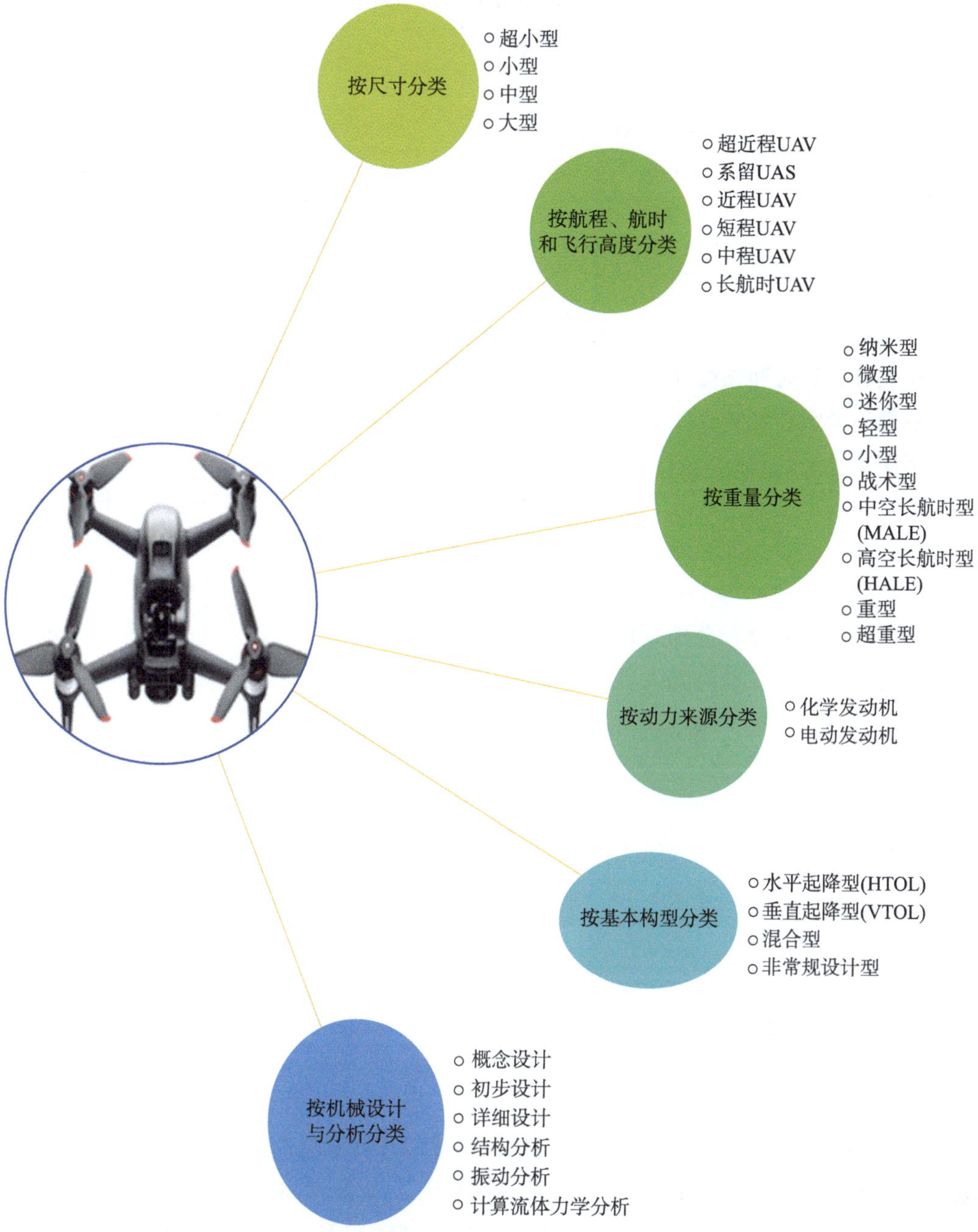

图 6 - 2　无人机的分类

6.1.1.1　基于尺寸的分类

尺寸是识别无人机最关键的特征之一。今天的无人机大小不等，可用于执行各种任务。这些无人机的尺寸，要么小如昆虫，要么大如巨型飞机。无人机通常都很小，一个人就能完成操控。有的无人机像体型较大的飞鸟或昆虫[1,2]，如超小型无人机、小型无人机、中型无人机、大型无人机等。基于尺寸的分类见表 6 - 1。

表 6－1　基于尺寸的分类

编号	类别	最大尺寸/cm
1	超小型(NAV)	<7.5
2	极小型(MAV)	7.5～15
3	小型	15～200
4	中型	200～1 000
5	大型	>1 000

6.1.1.2　基于航程、航时和飞行高度的分类

根据航程、航时和飞行高度对无人机进行分类。其中，航程是最重要的特征之一，它取决于不同的参数，尤其依赖有效载荷的重量，它衡量的是无人机飞离地面控制站所能达到的最远距离。

航时是另一个关键参数，它衡量的是无人机在不加油情况下能够飞行的最长时间。根据不同的任务需求，无人机在不加油或不充电情况下的飞行时间，从 1 小时到 46 小时。无人机的燃料或电池的容量和质量，将会影响航时和飞行效率。美国军方基于航程和航时，将无人机分为六类，分别是超近程无人机、系留无人飞行系统、近程无人机、短程无人机、中程无人机和长航时无人机。基于航程、航时和飞行高度的分类见表 6－2。

表 6－2　基于航程、航时和飞行高度的分类

编号	类别	最大航程/km	最大航时/h
1	超近程	5	<6
2	系留	10	24
3	近程	50	6
4	短程	150	12
5	中程	600	12～46
6	长航时	400	46

6.1.1.3　基于重量的分类

基于重量开发的无人机，主要目的是确保飞行任务的安全性；这类飞行器的重量需要与撞击时产生的预期动能相匹配。根据重量，将无人机分为 10 种类型，分别是纳米型、微型、迷你型、轻型、小型、战术型、中空长航时（MALE)、高空长航时（HALE)、重型和超重型。Ravn X 被认为是世界上最重的无人机之一，重量达 24 950 kg。基于无人机重量的分类见表 6－3。

表 6－3　基于重量的分类

编号	类别	最大重量/kg	最大航程/km
1	纳米型	0.2	5
2	微型	2	25

续表

编号	类别	最大重量/kg	最大航程/km
3	迷你型	20	40
4	轻型	50	70
5	小型	150	150
6	战术型	600	150
7	MALE	1 000	200
8	HALE	1 000	250
9	重型	2 000	1 000
10	超重型	24 950	1 500

6.1.1.4　基于发动机类型的分类

根据这种分类，无人机有多种不同的构型、尺寸和性能。随着无人飞行器载荷的增大，发动机的推力也随之增大。无人机的航程和航时可能会受到发动机配置的影响。发动机可分为化学发动机和电动发动机两种基本类型。最常用的发动机是电动发动机和活塞发动机。活塞发动机通常作为大型无人机（有效载荷质量大）的驱动装置，而电动发动机通常作为轻型和小型无人机的驱动装置[3,4]。

6.1.1.5　基于构型的分类

构型是无人机最重要的组成部分，取决于任务性质。基于构型，可将无人机分为水平起飞与降落型（HTOL）、垂直起飞与降落型（VTOL）、混合型和非常规设计型。

6.1.1.6　基于力学设计与分析的分类

无人机设计是一个反复迭代的过程，需要精心准备。无人机的设计和分析多种多样，可分为概念设计、初步设计、详细设计、结构分析、振动分析和计算流体力学分析等。

6.1.2　无人机的技术规范

无人机的技术规范描述了无人机的具体功能、用途和性能水平等信息，它代表了一系列关键性能指标（KPIs）。制造商提供的无人机技术规范和运行条件见表 6－4[5]。Intel Aero Ready to Fly Drone 是一组供开发人员使用的套件。开发人员可根据专业判断对套件进行修改，但 Intel 公司尚未确定该套件运行的极限条件，尚未与其他基本构型进行对比测试。在套件的使用过程中，开发人员负责测试，确保这些配置的安全性和运行极限[6]，见表 6－5。根据 Intel © Aero Ready to Fly Drone 的技术规范，参照一些关键指标可更好地对无人机进行分析，这些关键指标如下：

1）飞行自主性：在单电池组供电情况下的最长飞行时间，单位 s 或 min。
2）最大升限：无人机在海平面以上可达到的最大高度，单位 m。
3）最大水平距离：相对于飞手的位置，无人机可达到的最大水平距离，单位 km。
4）最大视频传输距离：显示无人机拍摄清晰视频和接收流畅数据流的距离，单位 km

或 m。

5）最大风阻：无人机在飞行过程中受到的持续干扰或阵风干扰，单位 m/s。

6）最大可运输载荷（重量）：最大运输重量，单位 g 或 kg。

7）机载有效传感器。

表 6-4 md4-1000 无人机的技术规范和运行条件[5]

编号	技术规范	单位
1	爬升率	7.5 m/s
2	巡航速度	15.0 m/s
3	最大推力	118 N
4	飞行器质量	约 2.65 kg(取决于构型)
5	建议有效载荷质量	0.80 kg
6	最大载荷质量	1.25 kg
7	最大起飞重量	5.55 kg
8	尺寸	两个相对的旋翼轴之间相距 1.04 m
9	飞行时间	可达到 45 min(取决于载荷和风力)
运行条件		
1	温度	−10 ℃～50 ℃
2	湿度	最大可达到 90%
3	抗风能力	在最大风速 6 m/s 条件下能够获取稳定图像
4	飞行半径	使用无线电遥控，至少可达到 500 m； 使用航点，最大可达到 40 km
5	爬升高度	最高可达到 1 km
6	起飞高度	最高可达到海拔 4 km

表 6-5 Intel® Aero ready-to-fly drone 套件的技术规范[6]

名称	测量指标
无人机尺寸[轮毂-轮毂(对角线)]	460 mm
无人机高度(从底座到 GPS 天线顶部)	222 mm
螺旋桨(长度)	240 mm
无人机重量(基本配置不带电池)	865 g
毛重(最大)(起飞重量)	1900 g[4]
飞行时间(最长)——使用 4S、4 000 mAh 电池，悬停，未附加有效载荷	20 min[4]
持续风力(最大值)	15 节[4]
控制距离(最大)——使用厂商附带的遥控器控制	400 m[4]
空速(最大)	15 m/s[4]
飞行高度——海平面以上的高度	5 000 m[4]
室外空气温度(最低/最高)	−0 ℃/+45 ℃

续表

名称	测量指标
ESC 与电机——Yuneec 设计和制造 输入控制界面 ESC 输入电压	Intel © Aero 改型，Aero UART11.1 - 14.8 V

6.2　无人机技术

在前面的章节中，多位学者已经讨论了很多关于无人机的最新信息，市场上也出现了最新的无人机技术、设备和组件。因此，本节重点介绍反无人机技术和产品，并分别给出每一种技术的优点和缺点。反无人机技术和产品分为监测装置和反制装置两大类。

6.2.1　无人机监测装置

无人机监测装置分为主动式和被动式两种，主动式监测装置指的是发送信号并在分析后返回信号，被动式监测装置指的是简单地观察和监听。这些装置采用了以下技术，并实现了多种功能。

（1）探测

探测是用来检测物体的技术，意味着使用该技术可以探测到无人机。例如，雷达可以探测到无人机，也可以探测到鸟类。

（2）分类或识别

分类是对公共汽车、飞机、火车和汽车等物体进行区分和检测的最重要的技术。分类后的下一步是识别，确定物体属于哪种模型或类别。

（3）定位、跟踪和警报

这项技术可以借助对无人机和飞行控制器的认识和理解能力，找到无人机的准确位置，然后进行跟踪并发出警报。采用一些组件或设备，可以跟踪无人机的实时位置。无人机监测装置主要有以下四种，每一种装置各有优缺点。

1）射频（RF）分析仪。该装置利用处理器和一个或多个可捕捉无线电波的天线来检测无线电频谱，用于监控无人机与控制器之间的无线电通信，可以探测无人机和控制器的 MAC 地址（如果无人机使用 Wi - Fi）。

优点：成本低，可探测和识别多架无人机和控制器，被动式监测不需要许可证。

缺点：有时无法定位、跟踪无人机和自主无人机。由于监测范围有限，在人群密集区域无法成功使用。

2）声学传感器（麦克风）。用声学传感器或声学传感器阵列探测无人机发出的声音并计算其方位。该装置用于粗略的三角定位，属于完全被动式监测。

优点：使用麦克风可监测到近场范围内所有的无人机和地面杂波。

缺点：在嘈杂的环境中效果不够理想，监测距离较短，最远距离仅达到 400～500 m。

3）光学传感器（摄像头）。白天可当作标准摄像头使用，光学传感器可用于红外或热成像。

优点：可存储和保存图像，为法医取证提供帮助，并最终在听证会中使用。

缺点：难以使用，在黑暗或雾中误报率较高，性能较差。

4）雷达。雷达是一种利用无线电能量探测物体的装置。雷达发送和接收信号并反射，从而计算出物体的方向和距离（位置）。有些雷达以脉冲形式发送无线电信号，然后监听“回波”。几乎所有的雷达设计都不用于捕捉小目标，它跟踪的目标是大型物体，如客运飞机等。

优点：可对目标进行远距离持续跟踪和定位，精度高，且不受昼夜、浓雾等视觉条件的影响。

缺点：取决于探测范围内无人机的大小，无法区分鸟类和小型无人机。为避免干扰，有必要进行发射器许可和频率检查。

6.2.2 无人机反制装置

即使有些技术很重要，但是被禁止使用，授权使用必须遵守相关规则和条例的约束。因此，在多数国家中，除军事和执法人员以外，有些技术是禁止使用的。基于技术特点，将无人机反制装置分为以下三类：

1）直接物理摧毁；

2）致使无人机失效；

3）控制无人机。

无人机反制装置主要有以下 6 种类型：

1）无线电频率干扰器。无线电频率干扰器是一种静态装置，如手机或手持设备，可向无人机目标发射大量的射频能量，以便覆盖控制信号。

优点：成本适中，采用非动能中和方式。

缺点：作用距离短，容易影响（干扰）其他无线电通信，无人机的行为可能产生不可预测的后果。

2）GPS 欺骗器。GPS 是向无人机发送信号的硬件装置。GPS 卫星导航取代了通信。换句话说，就是欺骗无人机，让其认为自身处于另一个位置。例如，通过 GPS 坐标实时改变和欺骗受控无人机的位置，一旦获得了控制权，无人机就可以飞往安全区域。

优点：成本适中，采用非动能中和方式。

缺点：作用距离短，容易影响（干扰）其他无线电通信。

3）高功率微波（HPM）装置。电磁脉冲（EMP）通常会损坏电子设备。由于极端的电压和电流，电磁脉冲将会损坏甚至完全摧毁无人机的电路。电磁脉冲还会破坏无线电通信。在 HPM 装置中加入天线，将电磁脉冲引导到有利的方向，从而减小潜在的附带伤害。

优点：在各种作用距离内均可实现良好的效果，可有效阻止无人机，且无需移动。

缺点：对话有可能突然中断或破坏附近的电子设备。事实上，可导致无人机突然关闭，且不受控制地坠向地面。

4）发射抓捕网。对准无人机发射抓捕网或以某种方式让网缠住无人机，从而阻止旋翼叶片转动，最终致使无人机停止。这类装置主要有三种：

加农炮从地面发射抓捕网：可手持或肩扛加农炮，或将其安装在炮塔上，射程从 20～400 m 不等，控制被捕获的无人机进行可控降落，可带或者不带降落伞。

加农炮从另一架无人机上发射抓捕网：这种方法超出了最大射程，采用这种方法捕获高速飞行中的无人机，将具有很大的挑战性；该方法通常与降落伞配合使用，以便控制无人机降落。

从无人机上放网：通常，放网无人机将受控无人机运送到安全地点。如果受控无人机太大，需要在带或不带降落伞的情况下控制其进行可控降落。

优点：加农炮是高度精确的半自动武器，对平民造成伤亡的可能性很小。无论从地面发射抓捕网，还是从无人机上放网，其作用范围都很大，这有助于捕获目标无人机，可对调查和起诉提供帮助。

缺点：从地面发射抓捕网的作用距离较小，使用时需要重新装载且花费时间较长。

5）高能激光器。这是一种高功率的光学装置，可产生光束或激光束，通过破坏目标无人机的结构和电子装置，最终达到破坏目标无人机的目的。

优点：从物理上摧毁无人机。

缺点：该装置是一种强功率的光学设备，可产生光束或激光束，通过激光摧毁目标无人机的电子设备和结构框架。可手工操作让目标无人机停止运行。

6）猛禽抓捕。在这种方法中，训练老鹰抓捕小型无人驾驶飞行系统（SUAS）和商用货架（COTS）无人机。这是一种传统的技术，饲养和训练猛禽需要更多的人力。

优点：如果猛禽处于合适的位置，那么它就能够快速、准确地抓捕目标无人机，而不会有任何风险。军犬（MWD）团队和 K9 训练团队与猛禽方法类似，但该方法更有潜力，是一种可行的解决方案。

缺点：饲养和训练猛禽需要更多的人力。

6.2.3　避撞和障碍物探测技术

目前，新型高科技无人机采用了防撞技术，通过障碍物感应装置对飞行区域进行清理。利用 SLAM 技术将照片转换成 4D 地图，使无人机能够感知和避开障碍物。无人机使用一种或多种传感器，以便探测和避开物体，如视觉传感器、超声波、红外传感器、雷达、飞行时间（ToF）和单目视觉传感器等。

6.2.4　飞行控制器、陀螺稳定仪与惯性测量单元（IMU）

陀螺稳定技术可使无人机平稳飞行。通过作用在无人机上的作用力，使无人机极其高效地保持飞行或悬停。主飞行控制器从陀螺仪接收重要的方向数据。陀螺仪是惯性测量单元（IMU）的重要组成部分。无人机的大脑或飞行控制器，使用一个或多个加速度计来反映实际加速度。IMU 使用一个或多个陀螺仪来监测旋转特性的变化，包括俯仰、滚转和偏航。一些 IMU 还集成了磁力计，以帮助位置漂移校准。

6.2.5 无人机推进技术

无人机推进技术涉及螺旋桨、电子调速器和电机，它们有助于无人机向任何方向飞行或悬停。四旋翼无人机的配置包含电机和螺旋桨，它有两个顺时针旋转的螺旋桨和两个逆时针旋转的螺旋桨。无人机的推进系统和电机组件包括螺旋桨、绕组、轴承、电子调速器、电机喇叭口（转子）、电机定子、电调更新器和冷却系统。

6.2.6 实时遥测飞行参数

通过地面站控制器（GSC）或智能手机应用程序，可让用户控制无人机并查看实时飞行数据。远程控制器显示遥测数据，包括剩余电量及警告、飞行高度、速度和 GNSS 强度。一些无人机采用了地面操控人员的 FPV（第一人称视角）技术，通过无人机将视频传输到移动设备或地面控制站。

6.2.7 无人机禁飞区技术

大疆和其他类型的无人机都采用了禁飞区技术，以确保飞行安全，避免在禁飞区或限制区域发生事故。美国联邦航空管理局（FAA）和制造商使用无人机固件，对禁飞区无人机技术进行了同步更新和分类。

6.2.8 LED 飞行指示灯

LED 飞行指示灯位于无人机的前部和后部。无人机的指示灯由红、绿、黄三种颜色组成。前指示灯亮提示无人机头部信号，后指示灯亮提示飞行、开机和固件升级等信号。

6.2.9 无人机配置高性能摄像头

大疆创新（DJI）的全称是大疆前沿创新（Great Frontier Innovations），是中国的一家科技企业，总部位于广东省深圳市，同时大疆创新（DJI）也是该企业生产的最新品牌的无人机。汪滔先生（Frank Wang）是大疆创新的创始人，他于 2006 年创办了大疆创新企业。该企业主要生产商用无人机，用于摄像、航拍和摄影等，可拍摄 4k 视频和 1 200 万像素的照片。

6.2.10 无人机遥控系统与接收器

大疆“精灵”4（DJI Phantom 4）无人机无线通信设备的频率是 5.8 GHz。地面控制指的是遥控系统。无人机遥控接收器的定位频率是 5.8 GHz，几乎所有最新型的无人机均可使用 2.4 GHz 或 5.8 GHz 操作频率。

6.2.11　无人机增程技术

无人机增程技术是一种工作频率通常为 2.4 GHz 的无线通信设备，其功能是提高无人机与智能手机或平板电脑在开放、无限制空间的通信能力，最大通信距离为 700 m。每一个增程设备都有不同的系统名称和 MAC 地址（SSID）[7]。

6.2.12　视频编辑软件

无人机使用的 Adobe DN 原始胶片，是一款出色的用于后期视频质量处理的软件，这意味着原始图像可以保存所有的信息，有待进一步处理使用。

6.2.13　无人机操控系统

大多数无人机（UAV）使用的是 Linux 运行系统。无人机代码项目是 Linux 基金会于 2014 年启动的一个项目。根据与 Linux 基金会签订的非营利协议，无人机代码项目采用了开源汇聚方法，旨在汇聚当前和未来的开源无人机（UAV）项目。

6.2.14　无人机安全与黑客攻击

无人机（UAV）类似于一架飞行的计算机，它拥有可定制的操作系统、机载系统和核心标识。无人机被设计成在特定区域飞行，以便寻找其他无人机，并且能够侵入其他无人机的无线网络，以切断操作员的控制并夺取该无人机的控制权。

6.2.15　现代尖端技术（带摄像头的无人机）

大疆创新（DJI）采用最新技术，在市场上为广大客户提供更优质和更专业的无人机。以下各型无人机都采用了新兴技术。

1）大疆“御”Air 2（DJI Mavic Air 2）：它是一款最小最新型的专业无人机，用于拍摄超级 HDR 视频和照片，具有智能飞行模式和 APAS 障碍物探测与规避功能。

2）道通 Evo 2（Autel Evo 2）：该型无人机采用了最新技术，有四种摄像头可供选择，如 6k、8k 和带有 FLIR 热像仪的双 8k 摄像头。

3）Skydio 2：它是一款最好的跟踪无人机。

4）大疆“御”迷你（DJI Mavic Mini）：它是一款微型无人机，市场的需求量更大，重量为 249 克（8.78 盎司），2.7k 视频拍摄（2720×1540 at /25/40p）。

5）大疆“御”2 工业级无人机（DJI Mavic 2 Enterprise，M2E）：该型无人机采用了变焦和热像仪技术，配有不同的附件，如聚光灯、信标和扬声器，用于搜索、救援和类似任务[7]。

6）大疆“精灵”4 专业版 V2.0（DJI Phantom 4 Pro V2.0）：它是一款多用途无人机，采用了视觉防撞技术，可用于摄影、4k 视频拍摄和摄影测量。

7）大疆“悟”2（DJI Inspire 2）：它是一款多用途专业无人机，采用电机和专利设计，用于摄影测量、多光谱、5k 视频拍摄、摄影和热成像。

8）昊翔“台风”H 专业版（Yuneec Typhoon H Pro）：该型无人机采用了 Intel Real sense 专利防撞技术，用于专业航拍和摄影。

9）“华科尔”Voyager 5（Walkera Voyager 5）：该型无人机采用了最新无人机技术，有多种摄像头可供选择，如微光夜视摄像头、40 倍光学变焦和热红外摄像头等。

10）“华科尔”Vitus 夜视版（Walkera Vitus Starlight）：它是一款体积很小的无人机，配有防撞传感器和微光夜视摄像头。

11）大疆“经纬”600（DJI Matrice 600）：它是一款商用多旋翼飞行器，使用真正的航拍平台，可安装七个不同的 Zenmuse 摄像头。

12）大疆“经纬”200（DJI Matrice 200）：它是一款商用四旋翼飞行器，具有双电池冗余、IMU 和卫星导航系统，可在四旋翼飞行器上安装两个摄像头（如热像仪和变焦摄像头），在六个方向上都具有防撞功能。该型无人机采用视觉传感器、ToF 激光技术和超声波技术，用于勘测桥梁。

6.2.16　智能飞行系统

最近，一些新型的无人机配置了智能飞行控制器和通道或模式，如绘制航点、主动跟踪、返航、自我跟随等。大疆“精灵”4 专业版无人机（DJI Phantom 4 Pro）的智能系统，采用了最新的智能设备，包括绘制航点、新手模式、S 模式（运动）、原点锁定、主动追踪（侧拍、聚光灯、环绕三种模式）、P 模式（定位）、手势模式、指点飞行、避障、地形跟踪模式、三脚架模式、A 模式（姿态）以及航线锁定等。

6.2.17　无人机跟踪

跟踪技术是最令人兴奋的无人机技术，具有对物体进行跟踪的能力，如公共汽车、汽车、人员或船只等。无人机还能对区域、地点或场所进行跟踪，如道路、交通、骑行区域等。大疆“杀手”2（Skydio 2）和 大疆“御”2（Mavic 2）是两款最新型的跟踪无人机，它们使用了视觉跟踪系统、GNSS 系统、特定软件、飞行控制器、探测传感器和中央处理器，跟踪的精准度可达到 100%。

6.3　印度无人机政策与法规（2021）

6.3.1　无人机政策指南

2021 年 7 月 15 日，印度政府向公众发布了新版《无人机政策指南》，新政策于 2021 年 8 月 25 日生效，要求政府恢复对无人机的严格管理。在过去两版无人机政策迭代的基础上，新政策有所松动，目的是放缓商业化的进程。新政策突出强化对无人机运营商和制造商的管理。按照条款编号和条款主题，对印度新版无人机政策指南进行了讨论，见表 6－6。

表 6-6　印度无人机政策指南（2021）[7,8]

编号	条款编号	条款主题	条款内容
1	2	法规适用范围	根据规定，最大重量达到 500 kg 且在印度注册和在印度境内运行的无人机[7,8]
2	5	无人飞行系统（UAS）分类	仅限于按重量划分的自主或遥控无人机，如纳米型、微型、小型、中型和大型无人机系统
3		许可要求	型号证书上提供了厂商的唯一识别码，这个识别码非常重要；无人机操控员必须持有资格证
4	14,15,16	注册	无人机运营者必须在数字天空平台上注册并缴费[7,8]
5	44	保险	要求机主在使用纳米无人机前必须在第三方投保。根据第十一章规定，1988 年公布的机动车辆管理法规将适用于第三方保险[7,8]
6	50	处罚	最高处罚 10 万卢比[7,8]
7	19,20,21,22,24	空域地图	2021 年 9 月 25 日，印度政府在数字天空平台上发布了空域地图，地图分为红、黄、绿三个区域。红色和黄色区域需要飞行许可，绿色区域不需要飞行许可或飞行路径注册
8	29	事故强制报告	发生灾难时，遥控操作员必须在 48 小时以内在数字天空平台上进行事故通报[7,8]
9	40,41,47,48,49	遥控培训组织	申请遥控培训组织许可，需要在数字天空平台上注册，许可有效期为 10 年
10	42	研究与发展	在尚未取得远程飞行员执照、型号合格证或唯一组织识别码的情况下，一些组织会向印度联邦政府或州政府申请许可。印度工业和内贸促进部（DPIIT）已经认可了 Startup 等创业公司。任何拥有商品及服务税识别码（GST Identification Number）的授权测试组织或无人机制造商均符合相关要求[7,8]

6.3.2　无人机法规（2021）

1）在《无人飞行系统规则》中保留了《无人机规则》，侧重于按重量对无人机进行分类，如纳米型、微型、小型、中型和大型无人机（在旧版法规中限定其最大重量为 400 kg），无人机重量和有效载荷可达到 500 kg[7,8]。

2）取消了旧版法规中纳米无人机最佳飞行速度和最大高度的标准。

3）数字天空平台用于控制无人机的注册和使用，是所有无人机在互联网上注册的平台。只有一个注册程序，无须更多的部门审批[7,8]。

4）所有无人机开发商必须在数字天空平台上公布每种新机型的型号证书。在公布型号证书之前，必须将无人机实际交付给印度质量委员会或其他认证测试机构进行测试。不同类型无人机获得型号证书的条件必须符合 QCI 制定的规则[7,8]。

5）用户将会从制造商那里收到一个型号证书 ID。使用这个 ID，用户可通过数字天空平台为每一架特定的无人机申请唯一的识别码。

6）型号证书是根据监管机构的要求公布的，在数字天空平台上提供交互式地图。在流程开始后公布型号证书，在规则宣布后上传交互式地图。

7）遥控飞机模型系统或纳米无人飞行系统无需型号证书[7,8]。

8）无人机进口完全由外贸总局管理。外国公司现在可以在印度拥有和运营无人机。未来，新版法规可能会要求无人机具备安全功能。旧版法规中的“不允许起飞”机制短时间内将不会实施[7,8]。

9）政府计划创建一张互动地图，上面有绿、黄、红三个区域，只有红色和黄色区域需要事先获得飞行许可。政府必须在 2021 年 9 月 24 日前发布该地图[7,8]。

10）除了非商业用途的纳米型或微型无人机操控员以外，其他所有无人机的操控员必须获得无人机操控飞行资格证书。希望获得资格证书的人员，必须首先完成遥控飞行机构的培训[7,8]。

11）公认的研究或创新组织、学术机构、初创企业和其他获批的实验测试实体，在可控的绿色区域进行测试，无须获得 UIN、型号证书、遥控飞行许可或其他批准[7,8]。

12）1988 年发布的《机动车辆管理法规》中有关第三方保险的规定，同样适用于无人机管理[7,8]。

13）尽管旧版法规（《无人飞行系统法规》）中对一些主题有所限制，但新版法规中并未提及超视距活动、无人机蜂群、无人机航拍、无人机货运或无人机港口[7,8]。

6.4 无人机的应用

6.4.1 精准农业

无人机在精准农业（PA）中发挥着重要作用，用于作物评估和跟踪[9,10]、杂草监测[11]、灌溉管理[12]、病虫害监测[13]、农药喷洒[9] 以及地面传感器（湿度、土壤质地等）数据收集[14]。在智慧农业中，使用无人机是一项省时省钱的技术，有助于提高作物的产量、分析农业生产和农业种植系统的可行性。无人机还能帮助作物管理、杂草管理和消灭病虫害，有助于快速解决这些困难[15]。图 6－3 显示了无人机技术在农业领域中的应用，包括作物评估、灌溉管理、杂草和病虫害监测，以及杀虫剂喷洒等。

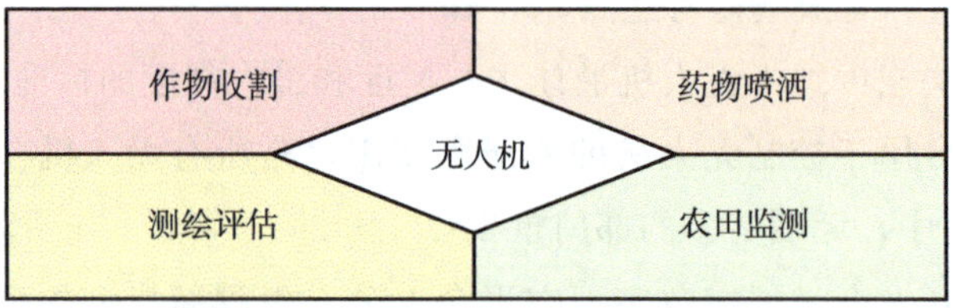

图 6－3 无人机在农业领域中的应用

6.4.1.1 相关工作

与传统的无人机相比，新型无人机可用于农田低空操作，其精度更高、成本更低。此外，无人机可拍摄高分辨率的作物图像，这有助于农作物管理，如监测、检测作物对灌溉的不可预测性反应，杂草管理，病虫害监测，以及减少除草剂的使用等[9,10,15,16]。传统的有人驾驶飞机、基于卫星的系统以及无人机之间的比较见表 6-7。

表 6-7　以精准农业应用为例，传统有人驾驶飞机与基于卫星的系统以及无人机之间的比较

编号	内容	无人机	有人驾驶飞机	基于卫星的系统
1	成本	低	高	非常高
2	航时	短	长	全时段
3	有效性	必要时	有时	任何时候
4	覆盖范围	小	大	非常大
5	操作	简单	需要跑道	复杂
6	载荷	小	大	大
7	用途	携带热成像摄像头、传感器和小型数字装置	喷洒杀虫剂	针对特定区域高分辨率成像
8	气象和工作条件	敏感	低敏感	需要晴空成像
9	操作复杂性	简单	简单	非常复杂
10	示例	[10,15]	[16]	[17]

6.4.1.2　无人机在精准农业中的应用

图 6-4 概括了无人机在精准农业中的应用，下面分别进行简要讨论。

1）灌溉调度。灌溉调度分为以下四个要素：a）土壤水分的有效性；b）作物水分；c）降雨量；d）灌溉系统效率[18]。这些要素均由无人机测量，如土壤水分、植物温度和蒸散量[19,20]。

图 6-4　无人机在精准农业中的应用

2）作物病虫害防治。美国专注于攻克病虫害相关的作物损失问题，每年可减少损失约 440 亿美元[21]。无人机利用热红外遥感技术监测作物病虫害，保护和减少作物损失[22]。

3）土壤质地测绘。土壤质地表征土壤的质量，它影响作物的生长效率，无人机利用热成像技术来计算和评估土壤的质地，并在不同的天气条件下测量田间的温度[22,23]。

4）作物残留物覆盖和耕作测绘。土壤管理需要秸秆的残留物覆盖土壤，用于保护农田土壤免受水和风的破坏，因此，使用减耕技术需要准确掌握农作物的残留情况[24]。

5）田间排水渠测绘。如果使用排水渠从田间排出多余的水，将会获得良好的环境和经济效益[25]，使用无人机热成像技术不仅能够测量田间的温度，还能够测绘田间排水渠的使用情况[26]。

6）作物成熟度测绘。使用无人机监测作物的成熟情况和收割时间，以便随时准备收割作物[27]。

7）作物产量测绘。种植人员希望作物产量与需要的存储场所能够准确匹配，包括作物保险、早期作物产量预估，这对于种植管理和现金流核算是非常重要的[28,29]。

6.4.1.3 挑战

1）热成像摄像头的分辨率较低，而且非常昂贵[30]。

2）无人机获得的热红外图像非常珍贵，取决于拍摄距离、大气湿度、发射源和热辐射反射等多种因素[30]。

3）航空传感器可以读取温度数据，了解作物在各阶段的生长情况[30]。

4）天气是最具挑战性的因素，如风暴、狂风和暴雨等。

5）轻型无人机技术是最具挑战性的技术之一，它需要携带大重量的有效载荷、具有高分辨率的摄像头、多个传感器和热像仪[31,65]。

6）电池使用时间受限，大约只有 1 小时，在大面积作业的情况下，需要随时返回充电[9,13,15,65]。

6.4.1.4 发展趋势

1）机器学习。下一代无人机技术，如机器学习等新兴技术，即将应用于农业领域。例如，蜂鸟公司从事智慧农业，利用无人机分析公司的数据和图像[31,65]，利用机器学习识别田间作物的健康状况。此外，在机器学习技术的帮助下，无人机捕获的图像可以上传到云端，还可以利用网络和移动应用程序平台，向种植人员提供作物健康生长信息。在精准农业中，无人机应用机器学习技术，可对作物病虫害、植株生长、田间杂草长势等情况进行监测，以及进行精确的产量预测、肥料优化和种植管理[31]。

2）图像处理。通过对无人机获取图像的处理，能够获取高分辨率的作物和农场图像，从而替代卫星和有人驾驶飞机的成像系统。植被指数（VI）通过图像处理技术应用于农业领域，可用于农业分析、杂草管理、病害检测以及作物产量预测[16,32-34]。常用的植被指数包括归一化植被指数（NDVI）[35]、绿光归一化植被指数（GNDVI）[36] 和土壤调整植被指数（SAVI）[37]。通过这些指数分析影像中的光谱信息，帮助监测植被生长和健康状况。

6.4.1.5　未来展望

1）通过改进无压力飞行规则和法规政策，优化图像处理中的地理参考方法和分类方法，这为作物和土壤监测提供了巨大的可能性[30,38,65]。

2）无人机的下一代传感器，如 4p 传感器[39]，可提供深度作物图像和田间监测能力，无需任何互联网连接，就能够为种植人员提供田间监测信息[33,65]。

3）此外，精准农业研究需要设计和应用特殊类型的传感器摄像头，期望能够进行远程作物监测、土壤检测，以及在实时场景中发现其他相关问题[40,65]。

6.4.2　监控

6.4.2.1　文献综述

在文献［41，42，65］中，研究人员概述了在美国边境使用无人机进行边境监控的优点和缺点。

优点：1）无人机用于边境监控，能够改善并报告美国偏远边境的安全状况；2）无人机可提供大量的报告，并告知当前边境监控（如固定监控设备、边境巡逻人员等）的位置。

缺点：1）增大无人机的事故率（例如由于恶劣天气条件导致的事故）；2）增加无人机主要运营成本。在文献［43］中，作者重点分析了无人机在美国边境的战区、冲突地区和城市地区的使用情况，在这些场景应用无人机的好处在于它的安全性（意味着操控人员远离这些区域）和稳健性（意味着无人机可减少人为失误）。

6.4.2.2　研究现状

根据研究工作，当前的无人机监控研究现状主要体现在以下四个方面：

1）多无人机合作：基于越来越多的新型无人机管理设计或系统[65]。

2）军事和国土安全问题：基于对国土/军事安全当局的研究和建议[65]。

3）算法改进：基于数据后处理的新算法。

4）新应用：将无人机系统集成到新的应用中。

6.4.2.3　系列产品

系列产品是指无人机即时监控工具所采用的成熟技术。

6.4.2.4　发展趋势与未来展望

发展趋势：确定未来发展趋势及其用途，如机器学习、纳米传感器和短程通信技术等研究趋势，确定这些新兴技术在安全性、高效性和准确性等方面的用途。

未来展望：根据调研和分析，建议开发或部署有效的无人机监控应用，如方案设计（根据法规和预算）和高效的定制算法，并进行各种实地测试，对新系统进行验证。

6.4.3　搜索与救援（SAR）

无人机在搜索、公共安全、应急响应和灾害控制等救援行动中帮助非常大。一些重要的基础设施，如供水、防洪、反恐、电力、交通和电信系统及设施等，都可能因为海啸等自然灾害或人为破坏而部分或完全损坏。

6.4.3.1 如何应用无人机

执行搜索与救援任务是无人机的主要用途之一。无人机利用机载相机为灾区拍摄高质量的照片和视频，并对特定目标区域进行勘测[44]。使用无人机执行搜救任务可以自主、准确地进行，且不会带来任何风险[45,46]。使用无人机还可为灾民运送食物、水和药品[47]。发生灾害时，无人机还可作为空中运行基站，帮助灾区受损的基础设施恢复连接。

6.4.3.2 挑战

1）立法：美国联邦航空管理局（FAA）不允许将无人机蜂群用于商业目的，只允许对搜救小组的行动进行协调[48]。

2）天气：天气是无人机面临的最大挑战。在某些情况下，无人机可能因为恶劣天气条件而无法完成任务[49]。

3）电量受限：无人机最重要的问题是节能，包括悬停、无线技术、图片分析和数据分析等，都需要消耗电池能量[50]。

6.4.3.3 发展趋势

图像处理：使用无人机进行合成孔径雷达操作是图像处理技术的重要领域，如跟踪、识别、保护、监测、快速准确地瞄准物体[51,52]。

机器学习（ML）：基于 ML 方法，如卷积神经网络（CNN）和支持向量机（SVM）等，可用于提取图像/视频帧，用于检测无人机捕获的物体图像[51,52]。

6.4.3.4 未来展望

1）前视红外传感器和热传感器进行数据融合，从而产生更精确的技术。例如，融合全球定位系统（GPS）等各种传感器的输出[51]。

2）高能效分散方法，可用于实时评估无人机蜂群收集的视频、图片和传感器数据[54]。

3）精确的定位和测绘系统，搜索与救援（SAR）任务在很大程度上依赖于该系统。

4）无人机自主性和蜂群协调算法，可用于决定和规划飞行路径，避免碰撞和蜂群协调[55,56]。

6.4.4 建筑和基础设施巡检

6.4.4.1 文献综述

利用无人机巡查大型电力同步线路，实时监控施工项目场地，定期检查天然气管道和全球移动通信系统（GSM）发射塔架等基础设施的完好状况[57-59]。

6.4.4.2 无人机用于建筑和基础设施巡检

1）天然气/石油管线和风力涡轮机检查；

2）关键地面建筑检查；

3）基础设施内部检查；

4）极端条件检查。

6.4.4.3 挑战

1）处理能力有限，电量有限，飞行时间短。

2）有效载荷能力有限。

3）如何进一步扩大检查范围、增强容错能力和更快速地完成工作，这几个方面更具挑战性。

4）如何让无人机在室内环境下获取 GPS 信号，这方面最具挑战性。

6.4.4.4 发展趋势

1）机器学习（ML）：人工智能对无人机的运行日益重要，如改进数据处理模型和深度学习算法，这些方法有助于从现有数据中发现新数据。

2）图像处理：无人机携带的机载摄像头和传感器组件，具有先进的图像处理技术，能够对建筑和基础设施进行检测。运用该技术可对建筑工程进行监测和评估，如勘测场地、检查工程进度、监测桥梁和灌溉系统、检测建筑物损坏和表面退化程度等[60,61]。

6.4.4.5 未来展望

1）进一步提高电池的使用寿命，让无人机飞得更远，飞得更久。

2）未来研究的重点是开发和提出让无人机准确、自主和实时进行电力评估的方法，其中包括超声波传感器、TIR 或彩色相机、图像处理和数据分析工具，以及开发自动监测、检测和诊断供电线路故障的新技术。

3）改进多无人机数据收集、共享和处理算法，实现更快速、更高效的目标。

4）在拥挤狭小的室内环境中，在没有 GPS 信号或信号较弱的情况下，进一步提高无人机的自主性和安全性。

6.4.5 货物配送

6.4.5.1 基于无人机的货物配送系统

基于无人机的货物运输系统，能够在 GPS 模块、蓝牙和 Wi-Fi 的帮助下，在取货和交货地点之间运送食品和包裹。如果包裹对接设备将货物 GPS 坐标更新到新的地址，则使用无人机通信，将发送包含新地址的信号。因此，无人机很容易重新路由到新地址，然后更新 GPS 定位信息。

6.4.5.2 挑战

1）立法：根据美国联邦航空管理局（FAA）的规定，禁止将无人机用于任何商业尝试，如 Taco copter 公司的食品配送服务[62]。截至 2015 年，美国禁止使用无人机运送包裹[63]。根据这些规定，美国允许企业使用商用无人机，但也有一些限制，例如操控员的视距范围、操控员必须获得执照、白天时间限制、无人机大小限制、飞行高度和速度限制，最重要的是不允许普通民众在视距范围以内飞行无人机。

2）责任险：有些无人机的重量达到 25 kg，速度约为 45 m/s。有报道称，由于无人机事故，造成了眼睛失明、神经中枢系统严重撕裂以及软组织损伤等问题。

3）防盗：使用无人机还需要防止黑客攻击，保障网络安全，这样才能完成无线传输和数据收集。

4）天气：无人机面临的最重要的挑战是飞行操控，如气象数据、飞行方向、持续时间、气象敏感性、安全性、数据分析等，均对飞行操控有重要的影响。

5）空中交通管制：无人机飞行应遵守空中交通管制相关规定。空中交通管制有三种模式，分别是低速限制交通、高速过境交通和禁飞区。

6.4.5.3　发展趋势

1）机器学习（ML）：在收集未标记的数据和解决实际问题的过程中，无监督学习方法具有很大的难度。

2）导航系统：GPS 信号是联网方面最具挑战性的任务。

6.4.5.4　未来展望

1）锂离子电池的能量密度每年提高 5%～8%，预计到 2025 年有望翻一番，同时借助无人机的避障系统，实现避障检测[64]。

2）研究人员应重点关注和解决定位和导航问题，以及无人机的协同问题。

6.5　结论

目前，无人机作为一种新兴技术持续得到开发和利用，并提供新的服务。本章探讨了无人机的分类、技术规范、新政策、应用领域，以及面临的挑战和发展趋势，并以图表形式进行了概述。无人机已应用于一些领域，包括精准农业、监控、搜索与救援（SAR）、行星探测、实时监控、无线通信、货物运输、网络中继、民用基础设施巡检、遥感、露天采矿和工业采矿等。人工智能（AI）是精准农业领域研究最多的技术。此外，应用图像处理技术（如收集高分辨率图像，分类算法）从事精准农业是无人机的一项重要任务。无人机广泛应用于杂草监测、病虫害防治、作物跟踪与管理、农药喷洒、灌溉调度和田间传感器数据收集等任务，其中一些重点研究工作在精准农业中极具挑战性，这些研究工作将为未来发展提供机遇。未来，研究人员将继续开发和探索无人机的新用途。无人机可在医疗救援和治疗行动中提供有效的帮助。此外，本章还介绍了无人机图像处理、机器学习和云计算等新兴技术。研究人员针对无人机在民用或公共应用中遇到的一些问题进行了归类，主要涉及蜂群、电池、避撞、联网以及安全等不同类别的问题。因此，研究工作的最终意义在于引入一个包容性的授权机构，让全球范围内越来越多的国家和机构认可和接受无人机在民用领域的应用和服务。最后，希望这些研究工作对于了解关键问题和挑战能够有所帮助，以便未来抓住民用无人机开发和利用的新机遇。

参考文献

[1] Fahlstrom, P. and Gleason, T., John Wiley & Sons, Hoboken, NJ, USA, 2012.

[2] Hassanalian, M. and Abdelkefi, A., Classifications, applications, and design challenges of drones: A review. Prog. Aerosp. Sci., 91, 99-131, 2017.

[3] Wikman, D. and Andersson, O., Propulsion System for a Small Unmanned Aerial Vehicle, Stockholm, Sweden, 2020 [Online]. http://www.divaportal.org/smash/get/diva2:1438252/FULLTEXT01.pdf (Accessed October 21, 2021).

[4] Coban, S. and Oktay, T., Unmanned aerial vehicles (UAVs) according to engine type. J. Aviat., 2, 177-184, 2018.

[5] Torres-Sánchez, J., López-Granados, F., De Castro, A., II, Peña-Barragán, J.M., Configuration and specifications of an unmanned aerial vehicle (UAV) for early site specific weed management, PLoS ONE, 8, 3, e58210, 2013.

[6] https://www.intel.com/content/www/us/en/support/articles/000024272/drones/development-drones.html.

[7] https://www.dronezon.com/learn-about-drones-quadcopters/what-is-drone-technology-or-how-does-drone-technology-work/.

[8] https://www.ikigailaw.com/the-drone-rules-2021-summary-and-key-takeaways/?utm_source=Mondaq&utm_medium=syndication&utm_campaign=LinkedIn-integration#acceptLicense.

[9] Huang, Y., Thomson, S.J., Hoffmann, W.C., Lan, Y., Fritz, B.K., Development and prospect of unmanned aerial vehicle technologies for agricultural production management. Int. J. Agric. Biol. Eng., 6, 3, 1-10, 2013.

[10] Muchiriand, N. and Kimathi, S., A review of applications and potential applications of UAV, in: Proc. Sustain. Res. Innov. Conf, pp. 280-283, 2016.

[11] Kazmi, W., Bisgaard, M., Garcia-Ruiz, F.J., Hansen, K.D., la Cour-Harbo, A., Adaptive surveying and early treatment of crops with a team of autonomous vehicles, in: Proc. ECMR, pp. 253-258, 2011.

[12] Gonzalez-Dugo, V., Zarco-Tejada, P., Nicolás, E. et al. Using high resolution UAV thermal imagery to assess the variability in the water status of five fruit tree species within a commercial orchard. Precis. Agric., 14, 660-678, 2013.

[13] Garcia-Ruiz, F., Sankaran, S., Maja, J.M., Lee, W.S., Rasmussen, J., Ehsani, R., Comparison of two aerial imaging platforms for identification of Huanglongbing-infected citrus trees. Comput. Electron. Agric., 91, 106-115, Feb. 2013.

[14] Mathur, P., Nielsen, R.H., Prasad, N.R., Prasad, R., Datacollection using miniature aerial vehicles in wireless sensor networks. IET Wirel. Sens. Syst., 6, 1, 17-25, 2016.

[15] Jensen, T., Apan, A., Young, F. R., Zeller, L. C., Cleminson, K., Assessing grain crop attributes using digital imagery acquired from a low - altitude remote controlled aircraft, in: Proc. Spatial Sci. Inst. Conf., Spatial Knowl. Without Boundaries (SSC), Spatial Sciences Institute, Los Angeles, CA, USA, pp. 1 - 11, 2003.

[16] Sullivan, D. G., Fulton, J. P., Shaw, J. N., Bland, G., Evaluating the sensitivity of an unmanned thermal infrared aerial system to detect water stress in a cotton canopy. Trans. ASABE, 50, 6, 1963 - 1969, 2007.

[17] Reed, B. C., Brown, J. F., Vander Zee, D., Loveland, T. R., Merchant, J. W., Ohlen, D. O., Measuring phenological variability from satellite imagery. J. Veg. Sci., 5, 5, 703 - 714, 1994.

[18] Rhoadsand, F. M. and Yonts, C. D., Irrigation scheduling for corn: Why and how, in: The National Corn Handbook (NCH), University of Wisconson, Madison, W. I., USA, 2000 [Online]. http: //corn. agronomy. wisc. edu/Management/ NCH. aspx.

[19] Gonzalez - Dugo, V., Zarco - Tejada, P., Nicolás, E., Nortes, P., Alarcón, J., Intrigliolo, D., Fereres, E., Using high resolution UAV thermal imagery to assess the variability in the water status of five fruit tree species within a commercial orchard. Precis. Agric., 14, 6, 660 - 678, 2013.

[20] Hassan - Esfahani, L., Torres - Rua, A., Jensen, A., McKee, M., Assessment of surface soil moisture using high - resolution multi - spectral imagery and artificial neural networks. Remote Sens., 7, 3, 2627 - 2646, 2015.

[21] Pimentel, D., Zuniga, R., Morrison, D., Update on the environmental and economic costs associated with alien - invasive species in the United States. Ecol. Econ., 52, 3, 273 - 288, Feb. 2005.

[22] Wang, D. - C., Zhang, G. - L., Pan, X. - Z., Zhao, Y. - G., Zhao, M. - S., Wang, G. - F., Mapping soil texture of a plain area using fuzzy - c - means clustering method based on land surface diurnal temperature difference. Pedosphere, 22, 3, 394 - 403, 2012.

[23] Wang, D. - C. et al., Retrieval and mapping of soil texture basedon land surface diurnal temperature range data from MODIS. PloS One, 10, 6, e0129977, 2015.

[24] Hively, W. D., Lamb, B. T., Daughtry, C. S. T., Shermeyer, J., McCarty, G. W., Quemada, M., Mapping crop residue and tillage intensity using WorldView - 3 satellite shortwave infrared residue indices. Remote Sens., 10, 10, 1 - 22, 2018.

[25] Hofstrand, D., Economics of tile drainage. Ag Decision Maker Newslett., 14, 9, 3, 2015.

[26] Woo, D., Song, H., Kumar, P., Mapping subsurface tile drainage systems with thermal images. Agric. Water Manag., 218, 94 - 101, 2019.

[27] Huete, A. R., A soil - adjusted vegetation index (SAVI). Remote Sens. Environ., 25, 3, 295 - 309, 1988.

[28] Laliberte, A. S., Herrick, J. E., Rango, A., Acquisition, orthorectification, and classification of unmanned aerial vehicle (UAV) imagery for rangeland monitoring. Photogramm. Eng. Remote Sens., 76, 6, 661 - 672, 2010.

[29] Laliberte, A. S., Winters, C., Rango, A., A procedure for orthorectification of sub - decimeter

resolution imagery obtained with an unmanned aerial vehicle (UAV), in: Proc. ASPRS Annu. Conf, pp. 08 - 047, 2008.

[30] Khanal, S., Fulton, J., Shearer, S., An overview of current and potential applications of thermal remote sensing in precision agriculture. Comput. Electron. Agric., 139, 22 - 32, Jun. 2017.

[31] Zhang, C. and Kovacs, J. M., The application of small unmanned aerial systems for precision agriculture: A review. Precis. Agric., 13, 6, 693 - 712, Dec. 2012.

[32] Candiago, S., Remondino, F., De Giglio, M., Dubbini, M., Gattelli, M., Evaluating multispectral images and vegetation indices for precision farming applications from UAV images. Remote Sens., 7, 4, 4026 - 4047, 2015.

[33] Burwood - Taylor, L., The Next Generation of Drone Technologies for Agriculture, Morges, March 16, 2017 [Online]. https://agfundernews.com/the-next-generation-of-drone-technologies-for-agriculture (Accessed October 5, 2021).

[34] Patil, J. K. and Kumar, R., Advances in image processing for detection of plant diseases. J. Adv. Bioinform. Appl. Res., 2, 2, 135 - 141, 2011.

[35] G. N. Fandetti, Method of drone delivery using aircraft. U. S. Patent 14 817 356, Feb. 9, 2017.

[36] Hattingh, P., Besides Blockchain, What's Missing from the Internet of Things?, November 4, 2016, [Online]. https://usblogs.pwc.com/emerging-technology/besides-blockchain-whats-missing-from-the-internet-of-things/ (Accessed October 12, 2021).

[37] Huete, A. R., A soil - adjusted vegetation index (SAVI). Remote Sens. Environ., 25, 3, 295 - 309, 1988.

[38] Zhang, C. and Kovacs, J. M., The application of small unmanned aerial systems for precision agriculture: A review. Precis. Agric., 13, 6, 693 - 712, Dec. 2012.

[39] Grassi, M. J., The SLANTRANGE: 3p Multispectral Drone Sensor, March 2, 2017, [Online]. https://www.prweb.com/releases/2017/03/prweb14155693.htm (Accessed October 13, 2021).

[40] Primicerioetal, J., A flexible unmanned aerial vehicle for precision agriculture. Precis. Agric., 13, 4, 517 - 523, 2012.

[41] Haddal, C. C. and Gertler, J., Homeland Security: Unmanned Aerial Vehicles and Border Surveillance, Congressional research service 2010 (Library Congress, Washington, DC, USA, 2010). https://apps.dtic.mil/sti/pdfs/ADA524297.pdf.

[42] Maza, I., Caballero, F., Capitán, J., Martínez - de - Dios, J. R., Ollero, A., Experimental results in multi - UAV coordination for disaster management and civil security applications. J. Intell. Robot. Syst., 61, 1, 563 - 585, 2011. https://doi.org/10.1007/s10846-010-9497-5.

[43] Wall, T. and Monahan, T., Surveillance and violence from afar: The politics of drones and liminal security - scapes. Theor. Criminol., 15, 3, 239 - 254, 2011.

[44] Estrada, M. A. R., How Drones can Help in Case of Natural Disasters, 2017 [Online]. https://www.researchgate.net/publication/315527891_How_Drones_can_Help_in_Case_of_Natural_Disasters (Accessed October 10, 2021).

[45] Alcedo, T., Student project Report at Swiss Fedual Institute of Technology Swiss, 2018 [Online]. https://www.alcedo.ethz.ch/# (Accessed October 15, 2021).

[46] Joern, J., Examining the Use of Unmanned Aerial Systems and Thermal Infrared Imaging for Search and Rescue Efforts Beneath Snowpack, Ph. D. Dissertation. Univ. Denver, Denver, CO, USA, 2015.

[47] Jo, D. and Kwon, Y., Development of rescue material transport UAV (unmanned aerial vehicle). World J. Eng. Technol., 5, 4, 720, 2017.

[48] Smith, M. L., Regulating law enforcement's use of drones: The need for state legislation. Harvard J. Legis., 52, 423, Sep. 2015.

[49] Jordan, B. R., A bird's-eye view of geology: The use of micro drones/UAVs in geologic fieldwork and education. GSA Today, 25, 7, 50-52, 2015.

[50] Vergouw, B., Nagel, H., Bondt, G., Custers, B., Drone technology: Types, payloads, applications, frequency spectrum issues and future developments, in: The Future of Drone Use, pp. 21-45, TMC Asser Press, The Hague, Netherlands, 2016.

[51] Rudol, P. and Doherty, P., Human body detection and geolocalization for UAV search and rescue missions using color and thermal imagery, in: Proc. IEEE Aerosp. Conf, pp. 1-8, Mar. 2008.

[52] Mikolajczyk, K., Schmid, C., Zisserman, A., Human detection based on a probabilistic assembly of robust part detectors, in: Proc. Int. Comput. Vis. (ECCV), pp. 69-82, 2004.

[53] Giusti, A. et al., A machine learning approach to visual perception of forest trails for mobile robots. IEEE Robot. Autom. Lett., 1, 2, 661-667, Jul. 2016.

[54] Bejiga, M. B., Zeggada, A., Nouffidj, A., Melgani, F., A convolutional neural network approach for assisting avalanche search and rescue operations with UAV imagery. Remote Sens., 9, 2, 100, 2017.

[55] Alexopoulos, A., Kandil, A., Orzechowski, P., Badreddin, E., A comparative study of collision avoidance techniques for unmanned aerial vehicles, in: Proc. Int. Conf. Syst., Man, Cybern. (SMC), pp. 1969-1974, Oct. 2013.

[56] Pham, H., Smolka, S. A., Stoller, S. D., Phan, D., Yang, J., A Survey on Unmanned Aerial Vehicle Collision Avoidance Systems, 2015 [Online]. https: //arxiv. org/abs/1508. 07723 (Accessed October 14, 2021).

[57] Liu, P. et al., A review of rotorcraft unmanned aerial vehicle (UAV) developments and applications in civil engineering. Smart Struct. Syst., 13, 6, 1065-1094, 2014.

[58] F. Mohamadi, Vertical takeoff and landing (VTOL) small unmanned aerial system for monitoring oil and gas pipelines. U. S. Patent 8880241, Nov. 4, 2014.

[59] Gheisari, M., Irizarry, J., Walker, B. N., UAS4SAFETY: The potential of unmanned aerial systems for construction safety applications, in: Proc. Construct. Res. Congr., Construct. Global Netw., pp. 1801-1810, 2014.

[60] Sankarasrinivasan, S., Balasubramanian, E., Karthik, K., Chandrasekar, U., Gupta, R., Health monitoring of civil structures with integrated UAV and image processing system. Proc. Comput. Sci., 54, 508-515, Jan. 2015.

[61] Pagnano, A., Höf, M., Teti, R., Aroadmap for automated power line inspection. Maintenance and repair, in: Proc. CIRP, vol. 12, pp. 234-239, 2013.

[62] Gilbert, J., Tacocopter Aims to Deliver Tacos Using Unmanned Drone Helicopters, New York,

NY, USA, updated December 6, 2017 [Online]. https://www.huffpost.com/entry/tacocopter-startup-delivers-tacos-by-unmanned-drone-helicopter_n_1375842 (Accessed November 2, 2021).

[63] Franceschi-Bicchierai, L., FAA Clarifies that Amazon Drones Are Illegal, Mashable.com, June 24, 2014 [Online]. https://mashable.com/archive/faa-amazon-drones-2 (Accessed October 6, 2021).

[64] Cohn, P., Green, A., Langstaff, M., Roller, M., Commercial Drones Are Here: The Future of Unmanned Aerial Systems, December 5, 2017 [Online]. https://www.mckinsey.com/industries/travel-logistics-and-infrastructure/our-insights/commercial-drones-are-here-the-future-of-unmanned-aerial-systems (Accessed October 6, 2021).

[65] https://www.arxiv-vanity.com/papers/1805.00881/.

第 7 章　人工智能（AI）在无人机上的应用

LNC Prakash K.[1*]，Santosh Kumar Ravva[2]，M. V. Rathnamma[3]，G. Suryanarayana[4]

1. Department of Computer Science & Engineering，CVR College of Engineering，Hyderabad，India

2. Department of Computer Science & Engineering Vasavi College of Engineering，Hyderabad，India

3. Department of Computer Science & Engineering KLM College of Engineering for Women，YSR Kadapa，Andhra Pradesh，India

4. Department of Computer Science & Engineering，Vardhaman College of Engineering，Hyderabad，India

*通讯作者：klnc. prakash@gmail. com

摘　要： 无人机和人工智能正在吸引着学术界和工业界的关注。无人机提高了远程管理和监督能力。无人机的用途非常广泛，而且越来越受到消费者的欢迎。无人机和人工智能的最新进展，为自主飞行与维护创造了新机遇。人工智能和深度学习推动了无人机的进步，确保未来无人机具有更好的自主性。计算机视觉在图像特征提取与分类以及物体识别方面取得了长足进步，因此，在无人机上运用计算机视觉将成为非常有吸引力的研究课题。由于无人机通过技术学习并将其用于决策目的，因此，人工智能也是至关重要和有益的，但同时也将是危险的和严峻的。人工智能减少了无人机面临的障碍，同时也提高了无人机的能力，使其快速进入新市场。无人机与人工智能相结合，最终提高了无人机执行任务的快速性和准确性。无人机与人工智能相结合，能够帮助计算机/无线网络基础设施、智慧城市、军队、农业生产和矿业进行实时监控、数据收集和分析预测。本章的研究内容侧重于无人机及人工智能和相关算法在不同国家不同领域的应用，目的在于说明人工智能模型在提高无人机的性能、解决问题的能力以及在不同应用领域的发展空间和重要意义。

关键词： 无人驾驶飞行器（UAV），人工智能，计算机视觉，应用

7.1　概述

无人机是无人驾驶飞行器（UAV）中的一种，由操控员远程操控，也可自主飞行。无人机的功能类似于飞机，利用空气动力学原理起飞，可用于运输货物，如摄像系统、武

器以及其他物品（Permenhub PM 180，2015）。总的来说，无人机最初由国防部开发并用于打击对手，主要供武装部队使用。然而，随着技术的发展，如今无人机已应用于许多领域。无人机上没有飞行员，也不搭载乘客，由地面或其他服务区的操控员远程操作，或通过内嵌计算机程序自动运行。起初，无人机是一种遥控飞机，后来自动化的无人机逐渐变得越来越普及。工业级无人机主要分为四类，分别是多旋翼无人机、固定翼无人机、单旋翼直升机以及固定翼复合垂直起降无人机。但无论哪种形式的无人机，它们所运输的载荷质量、飞行性能和飞行时间，都将受到不同机身的影响。如今，通过嵌入人工智能（AI），无人机的功能也变得更加强大。人工智能是一种模拟人类行为或思想的计算机智能，可以通过学习训练来解决问题。人工智能是机器学习和深度学习方法的深度融合。在当今时代，人工智能越来越重要，应用形式多种多样，能够高效处理医学、娱乐、银行以及学术等不同领域的复杂问题。因为人工智能，人类的生活也变得更加舒适和高效。图 7－1 为人工智能辅助无人机在飞行过程中使用机载相机进行拍摄。如今，人工智能迅速发展，几乎每天都有新技术发明问世。一些简单的操作，如图像识别、汽车操控以及其他功能，都被纳入当今的计算机系统。另一方面，人工智能的主要目标是创造出在任何方面都能超越人类的更精密、更复杂的系统。这涉及难度更大的技能，如下棋和完成数学运算。创造超级人工智能将是人类历史上最尖端的技术。因此，现代技术的发展有助于消除战争、正确防治疾病和制定适当的预防策略。此外，技术进步对于消除贫困也大有裨益。经过大量数据训练的人工智能算法，可以做出明智的判断。从技术上来说，人工智能融入无人机堪称绝配，因为无人机产生的数据量和数据类型，都可以很容易地通过人工智能算法进行分析。一般来说，无人机是遥控飞行器，用于执行广泛的任务。最初，这个工具由手动和无线电操控。如今，无人机通常都嵌入了人工智能技术，实现了部分或全部自动化。由于人工智能的出现和应用，无人机供应商可通过与无人机相连的传感器来收集和应用感知数据和物理数据。无人机中的人工智能是一种软件应用程序，在决策、解决问题和分析预测等机器操作中能够模仿人类的智慧（Russel & Norvig，2016）。无人机一旦嵌入人工智能，其应用也将变得更加复杂，能够帮助人类完成更具挑战的任务。这些信息将使无人机自主飞行或辅助飞行成为可能，从而简化操控并提高可用性。可以说，如今的无人机已为工业界和消费者提供了一种既经济又智能的运输服务方式。由人工智能驱动的无人机将严重依赖计算机视觉。根据这项创新应用，无人机可在飞行过程中识别物体，并在地面上进行数据收集和分析。

在计算机视觉中，神经网络可用于进行高性能综合图像分析。神经网络是实现机器学习技术的常用框架。在神经网络的帮助下，无人机可以识别、区分和操控物体。通过实时组合这些数据，无人机能够检测和跟踪物体，并预防发生事故。在无人机应用神经网络之前，研究人员首先需要掌握机器学习技术，以便在一系列场景中做出预判并对物体进行准确分类。要做到这一点，就必须为分类器提供专门标注的图像。这些可视化图像将会告诉神经网络不同类别物体的特征，以及如何区分某类物体。在运行过程中，更复杂的神经网络将会不断学习，而无须监督。

图 7-1　人工智能辅助无人机在飞行过程中进行拍摄

无人机可用于各种活动，包括基础设施巡检、商品运输、森林防火、矿产资源开采、农业测绘、厂区勘测、玩具入场检测、呼吸监测。作为一种监控设备，无人机可以飞得非常低，靠近物体拍摄，这使它们在不干扰设计程序的情况下，特别是在难以到达的区域，能够获得高分辨率的图像。作为一种货运服务方式，无人机能够高效快速地运输货物。作为一种林业消防手段，特别是在人类难以到达的区域，无人机可帮助扑灭森林火灾，同时还能为消防员提供保护。作为一种矿产勘探工具，无人机可对矿产开采进度进行拍摄和跟进，能够最大限度地监控采矿作业过程。无人机还可用于农田监测，为作物产量预测分析提供数据，并为作物喷洒液体肥料和施用杀虫剂提供帮助。无人机在工业区测绘中的应用，与采矿作业相类似，包括对厂区的观察和监控。无人机还可作为一种令人愉悦的玩具，成为消费者的一种消遣方式。最后，无人机作为一种体温监测设备，具有红外传感器的功能，可用于体温测量。医疗领域需要这种无人机，以便在疾病流行（如 COVID-19 大爆发）时期帮助测量体温。以上种种应用都是随着技术进步而出现的无人机用途。

随着无人机的快速发展，有必要应用人工智能技术对其功能进行升级。当前，无人机大多由人工远程操控，未来必将由人工智能操控（Rajit，2018）。人工智能使无人机和其他机器人能够在飞行中进行自主判断和运行。人工智能将帮助人类克服挑战并解决问题。在人工智能辅助的无人机开发过程中，必须考虑这一点，避免出现弊大于利。让计算机执行类似于人类的复杂活动，这是人工智能应具备的最基本的能力，其中包括思考、处理问题、制定策略、学习，以及理解和解释自然语言。机器学习、深度学习和运动规划是人工智能在无人机中的典型应用，如图 7-2 所示（Schroth，2018）。

（1）机器学习

利用机器学习技术对可区分的特征进行优化。无论何时，只要连接到当前数据，机器学习模型就会学习并不断改进。显然，这种设计与根据精确指令执行操控的专业技术（如计算机视觉软件）完全不同。无人机将根据自身接收的指令获取当前信息，检查数据并执

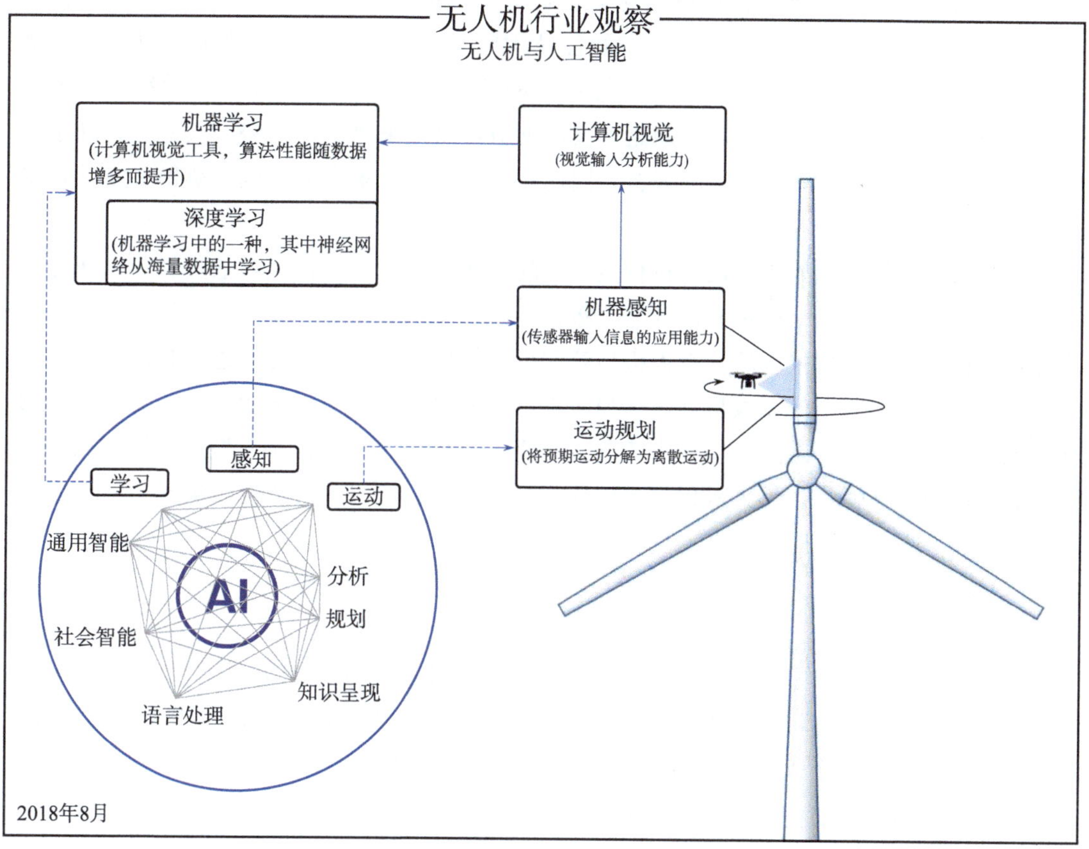

图 7－2　无人机与人工智能（AI）（来源：Droneii. com）

行特定工作，比如，无人机可能会接收到返回特定地点的指令。即使无人机首次飞行到很远的地方，甚至在无人监管的情况下，也能够自动返回并降落到起飞地点。

（2）深度学习

深度学习能够将所学到的知识进行融合和增强。深度学习采用信息和知识分析技术以及机器学习框架，并基于神经网络和海量信息做出决策。这种学习方法主要采用生物大脑工作原理，生物大脑由相互关联的神经元组成。人工神经网络由无数个叠层组成，担负不同的职责。因此，深度学习是机器学习的进步，将其融入无人机用于执行特定的任务。

（3）运动规划

运动规划是一种对诸如人员、自行车和汽车等对象进行检测和识别的技术，然后确定最佳行进路线。这样，无人机就可以计算出与目标之间的距离，而无须确定周围有什么物体。因此，无人机能够辨别视野范围内的物体，减少与其他无人机或物体发生碰撞事故的可能性。这项技术还能够基于特定活动进行物体搜索。

相比之下，在无人机中实现人工智能还需要开发一种方法。系统模型设计通常由专业团队完成，他们在硬件、编程和机器设计方面有着丰富的经验（Singh，Muthukrishnan & Sanpini，2019）。设备、编程和机械部件必须协同工作，以确保数据处理迅速快捷。应用人工智能的无人机，能够更快速消化数据，这将有助于快速做出决策。为进行数据收集，无人机经常创建大量的数据，人工智能技术将有助于更快速、更准确地进行数据处理，并获得可接受和易于分析的结果。应用这种技术，能够帮助企业提高效率，做出决策，并进行相关的观察和判断，以期这种技术创新可以带来更多的优势。实际上，几乎每个企业都在进行数据收集、处理和分析，因此，根据市场需求，无人机可协助进行数据采集工作。

采用人工智能的无人机可用于执行更复杂的任务。无人机不仅能够捕捉视频，还能够根据物体、行为、感觉、颜色和声音进行数据解读，类似于智能行为。无人机能够进行自主监控，例如在指定监控区域，无人机估算和识别物体的位置，当有人进入禁区时快速触发警报等等。人工智能使无人机操作更加简单，为消费者提供了更多的便利。无人机能够保持稳定的飞行轨迹，防止在飞行中坠落。只要点击相应的按钮，无人机就会返回到前一个状态。即使电量耗尽，无人机仍然能够传输信息，然后返回到初始检测状态。

7.2 文献综述

印度尼西亚是一个工业化国家[1]，有必要在各种业务中使用无人机。在印度尼西亚，尽管其他行业应用无人机也有很好的前景，但迄今为止，无人机的应用仅限于少数企业。商用无人机可以协助企业决策、创造业绩、降低运营成本、提高分析效率、增强安全性，同时，还能够提供新的信息。在本章中，作者介绍了无人机在人工智能方面取得的进步。无人机可以克服复杂的障碍，帮助人类寻找解决方案。在工业领域，应用人工智能辅助的无人机，可以帮助人类高效完成更具挑战的任务[2]。这项研究工作总结了世界各国无人机在不同领域的应用情况、先进的分析技术和相关的技术信息。研究目标是综合分析机器学习算法在提高侦察机能力、提供解决问题方案以及在不同应用领域中所达到的程度和重要性。在一项研究中[3]，作为公路施工项目的组成部分，根据最新湿地分类法的要求，应用AggieAir无人机对湿地恢复措施进行评估。湿地位于美国犹他州华盛顿县南部公路施工工地现场。采用多类相关向量机方法，对该区域的无人机导航影像进行了分类。在文献［4］中，研究人员提出了无人机人工智能模拟和应用方案。首先，考察了人工智能模拟，特别是在无人机（通常称为四旋翼飞行器或无人机）上的使用情况。接着，对比了构建软件系统所使用的模拟环境和软件平台。在文献［5］中，研究人员提供了多种方法，利用众多异构设备和无人机（UAV）来观察智慧城市和辽阔的海洋。由于现代城市和辽阔海洋的需求与基本环境差异很大，他们研究了两种不同的技术。对于智慧城市，他们提出了一种基于平面的紧密结构，利用现有的公共交通工具，如公共汽车、城市列车及其路线，来进行时敏目标监控。在文献［6］中，为攻克无人机信息安全挑战，研究人员开发了基于贝叶斯博弈论的入侵识别系统。在贝叶斯博弈中，玩家双方并不清楚自己的收益函数。在这项研究中，存在部分可用资源，即IDS代理不确定入侵者的类型，攻击者也不确定相邻节点是否为入侵单元。计算和分析表明，所提出的系统具有很高的入侵检测精度，而且网络通信架构最小。在文献［7］中，从单机智能飞行、多机智能协同和自主任务智能三个阶段，对无人机智能进行了研究。在文献［8］中，讨论了人工智能技术在无人机上的主要应用，并就人工智能在军事和商业领域中的特殊用途提出了建议。在文献［9］中，从改变实战结构、整体作战能力和作战制胜方法三个角度，研究了智能无人机对军事能力的影响。在文献［10］中，探讨了在无人机上应用人工智能的相关工作、问题和风险。文中指出，无人机正越来越多地应用于各个领域。无人机和人工智能的进步，为自主飞行和管理创造了新机遇。人工智能和机器学习正在推动无人机技术的发展，未来必将具有更大的自主性。在文献［11］中，提出使用 CNN 方法构建一个自然灾害受困者识别系统，该系统基于 Raspberry Pi 构建，在无人机上安装流式摄像头来识别受困者。在研究工作中，他们使用了移动网络 SSD 模型，实现了卷积神经网络（CNN）技术，对于 1～4 m 范围内的物体具有高度的准确性。在文献［12］中，提出了一套完整的基于机器学习进行无人机监测的方法。该技术适用于带有摄像头的无人机。根据机器分类，该算法可确定摄像头拍摄的位置和无人机供应商的类型。配备精确传感器的无人机，可直接从火灾区域上空飞过，捕捉火灾沿线的视频和热图像，然后对其进行地理标记，并通过监控和组织系统实时发送到移动指控中心[13]。在文献［14］中，无人机还能提供其他帮助，可用于生命救援、加快施工进度、节约成本、基础设施安全管理与维修，以及其他行业应用。在文献［15］中，研究了视觉检测技术在不同领域中的应用，如建筑工程、基础设施、公共事业，总结了应用无人机深度观察所带来的优势，如可开展时间敏感的评估活动，较低的飞机服务和维护成本，以及 2020 年智能视觉检测所带来的价值。在文献［16］中，解释了如何利用 DT 控制 COVID-19 疫情相关的物理环境灾难和风险。在文献［17］中，即使在 COVID-19 流行期间，研究人员依然专注无人机导航技术未来发展研究，研究结果表明，该技术在多种无人机上都有应用。在 2020 年，开始将无人机应用于印度特伦甘纳邦和东北部等医疗服务欠缺的地区，提供 COVID 疫苗接种服务。在建筑行业，如果 COVID-19 疫情一直持续，那么未来人工智能无人机的应用将会提出更多的问题。

无人机技术已经发展成为一种工具，为 21 世纪的许多业务领域引入了新成果和新方法。企业和公共事业的需求正在加速无人机的发展[18]。在文献［19］中，作者称，“无人机确实是一个比较新的概念，但是无人机技术研究正在延伸它的翅膀”。不仅如此，他还说，建筑和工程设计机构最先使用了无人机技术。预计，无人机技术将始终引领新的应用场景，这些场景将利用更快的蜂窝服务、边缘计算、计算机视觉、人工智能和模式识别等新兴技术。在文献［20-22］中，多位作者强调了技术解决方案、智能系统、BIM 和数字孪生、AR/VR、可穿戴式设备、适应性、远程和预制建筑、机器人和无人机摄像等发展的重要性。此外，他们还充分讨论了每种趋势的相关性，据研究预测，在建筑行业中将有 12 种发展趋势，均与无人机技术发展相关联[23]。智能技术是一项不断发展的新技术，有可能改变 CI。先进的 CT 可以大大提高安全性。在文献［24］中，作者提出了花朵检测图像处理技术、机械 MPR 技术和无人机授粉系统。为实现独立的人工开花，作者提出和描述了六种配置的 MPr 框架。QWinOut DIY F450 OpenMV

网络摄像头无人机航空授粉实验质量保证体系，为 CIAD 智能无人机授粉设定了框架。他们正在创建新的人工智能方法，如遗传方法（HA）。

研究表明[25]，为提高灌溉效率，可通过近距离和远距离传感器来确定农业需水量和监测作物的水分状况。采用这些创新方法，能够更准确地进行灌溉控制和估算作物的需水量。研究工作还提到了未来的改进措施，如在更大程度上优化预测精度，以弥补知识差距，为人工智能系统获取可靠的动态定位模型参数。与之前的方法相比，应用无人机能够让学术界和流域管理部门，以更安全、更经济、更翔实的方式获取大量数据。随着无人机和传感技术的发展，新的技术和程序也将应运而生。在文献［26］中，作者考察了无人机耕作方法的优势及其广泛应用，展示了无人机在农场操作的示例，突出强调了无人机在农业生产中的许多特点。通过无人机精确的传感器，能够及时发现病虫害和缺水情况。如今，已有多种智能方法应用于农业领域，如无人机技术。无人机技术是信息技术、机器人、人工智能、大数据和物联网技术发展的综合体。在文章最后，作者呼吁更多的种植人员使用无人机技术来提高农业生产效率。在文献［27］中，作者提出并描述了一种利用 RGB-D 传感器区分不同田间耕作过程的独特方法，该方法容易嵌入当前市场上现有的无人机中。为此，作者创建了两种不同的测量方法，以便对耕作策略进行正确分类。

在文献［28］中，研究人员展示了人工智能辅助的无人机如何用于自动货物转运任务。研究人员设计了一种多阶段目标识别方法。一旦识别出目标，无人机就会释放载荷。无人机通过一个 3D 打印小齿轮机构来投放货物。此外，研究人员正在创建一套自主飞行程序，让无人机实现自主飞行。例如，大疆“精灵”(DJI Phantom) 微型无人机，能够沿着指定路线将重量为 6 千克的货物送达指定地点。在文献［29］中，设计者提出了一种多层人工智能架构（MLAI)，该架构可轻松集成临时机器学习和人工智能技术。基于 MLAI 深度神经网络，无人机对物体进行识别和监控，显示了新系统的优势。文献［30］指出，目前无人机已被应用于不同领域。出于各种目的，无人机已经使用人工智能和 ML 进行教学。与其他技术相比，无人机可在空中飞行，更高效、更稳健，并在极短的时间内完成任务。此外，在这项研究中，考察了无人机在不同国家的应用情况，包括伊朗、土耳其和美国。目前，印度正在开发人工智能无人机。无人机已应用于军事防御和医疗卫生系统，未来还将应用于其他行业并发挥重要作用。随着中国供应品价格上涨，目前短期物流行业的缺陷将变得更加明显，导致生产效率低下，工人占用率问题也愈加突出。从事航运和制造业以确保物资流动的劳动力比例持续上升，但在社会劳动总体管理和调配下，工业生产却呈现下降趋势。在文献［31］中，设计者开发了一个特殊的无人机架构，这种架构并不是简单的后勤支援无人机，其目的在于调整后勤供应链，努力提高运行效率，优化综合物流方法，以期减少固定物流运输服务所需要的员工数量。在文献［32］中，作者展示了人工智能在多个领域取得的最新进展，以及对无人机带来的影响。然而，在以往的方法中，要么完全依赖于企业应用，要么互联机制不够完善，从而无法创建更多的方法。因此，设计人员提出了一种先进有效的多层人工智能（MLAI）架构，能够实现商业人工智能技术集成。基于 MLAI 深度神经网络识别和监控物体，显示了新系统的优势。

在文献［33］中，作者介绍了一种利用神经网络预测热流的方法，帮助无人机利用这种能量来完成飞行作业。该方法是基于飞行时对气候条件、地理位置、时间和运动的经验测量。脑-机交互（BCI）通过解读脑脉冲，从而确定用户的意图。随着对无人机指挥需求增多，最近，基于BCI的无人机控制方案取得了新进展。与脑脉冲相关的无人机蜂群管理方案，可能为军事或灾难响应等众多的业务提供服务支持。在文献［34］中，设计人员采用视觉框架，展示了各种情况下中枢神经系统交互过程模型。设计人员进行了实验程序设置，在无人机蜂群管理模拟器运行时采集大脑信号。研究人员采用该方案获取了四个不同场景下的脑电图（EEG）读数。在研究中，分类器采用了基本数据挖掘技术，通过七个学科对该分类器的性能进行了评估。

当前，各种无人机发射的信号强度都具有不同的周期性。在文献［35］中，设计人员研究了基于节奏的分类器作为ADI的初始意图。他们开发了一种ADI技术，用以研究和评估这种方法。研究人员将该技术与在线无人机音频数据库中的一项基准调查进行了比较。对比发现，他们的识别系统在二元分类任务中提高了3.47%，在多元分类任务中提高了2.97%，平均准确率分别为0.998 5和0.959 1。尽管研究收获有限，但强调了听觉特征在改善ADI方面的强大潜力，特别在基于无人机的密集场景中，无人机识别至关重要。无人机联网（IoD）是一种多层次的安全管理框架，主要用于组织无人机进入管制空域，并在节点之间开展导航活动。IoD可为多种无人机应用提供服务，包括运送包裹、车辆跟踪、救援行动等。在一项研究中[36]，研究人员开发了一个概念框架，描述了基础设施铺设，以及基于这种设计构建IoD系统应具备的能力。为此，设计人员参考了另外三种大型网络基本理念，如空中交通管制网络、无线网和万维网，研究了他们独特的无人机交通执法框架与这些基本理念之间的联系。在文献［37］中，研究人员提出了一种四旋翼飞行器调制技术，基于先前增强的状态检测，利用强化学习来操控四旋翼飞行器。强化学习方法可使模型建立策略，将感知映射到调控指令上。在本项研究中，该指令就是四旋翼飞行器的驱动指令。此外，将他们开发的这项技术应用于建模中，并取得了出色的成果。

在文献［38］中，作者探讨了实时生动图像识别的难题，解决这一难题的主要方法是采用深度学习人工神经网络或卷积网络。这篇文献描述了这些网络的特性及其基本框架。在基于视觉技术的无人机自主操控难题中，作者阐述了局域网的表面特征。学习一些技术技巧，如GPS技术训练样例的形成，其复杂性不亚于深度学习网络的建立，并在其基础上提供自动驾驶平台。在文献［39］的研究工作中，作者基于无人机提出了一种对复合绝缘材料进行流动特征识别的方法。检测技术组件由无人机、小型传感器、加湿装置和人工智能系统模块组成。喷水枪的长短和粗细可通过喷水装置进行调节。喷水枪将液体喷洒在复合绝缘体上，喷水完成后由摄影装置进行拍摄。智能算法通过图像来评估绝缘层上的水滴形态，然后生成绝缘层数据。最后，得出材料老化（百分比）结果。这种方法提高了复合绝缘子可充电流动检测的有效性和意识，对于确保复合绝缘体的运行安全至关重要。该方法具有很大的应用潜力。

7.3　无人机导航中的人工智能

具有人工智能和自动转向能力的无人机仍在研究之中。在一些文献中，集中讨论了这一想法[39-43]。在文献［39，40］中，研究人员利用模仿行为来管理无人机和避障。在文献［41－43］中，研究人员采用前馈深度神经网络来操控无人机和避障。在文献［43］中，设计人员基于 11 500 起事故开发了一个数据库，用于构建典型的深度学习模型。通过该网络生成了二元分类，并给出如何避免坠毁的指示。这是一个直接的自我监督系统，适用于人口稠密地区。在文献［42］中，设计者描述了一种计算高度的方法，该方法使用一个简单的前向传感器，并将其输入到开发的 CNN 网络中。该训练模型在实际环境和虚拟环境都进行了成功的评估。同样，在文献［41］中，研究人员采用神经网络模型来学习无人机识别林地路径，该模型只采用了一个单目摄像头。此外，无人机学习数据库与文献［41］中开发的实验数据，都是可公开访问的。在文献［40］中，开发人员试图采用模仿训练和递归神经网络，让无人机在拥挤的环境中穿越模拟室。在文献［39］中，作者采用了类似方案，利用前视传感器和模仿建模，让无人机在林地和室内环境中飞行。图 7－3 描述了使用人工智能导航的自主无人机架构。

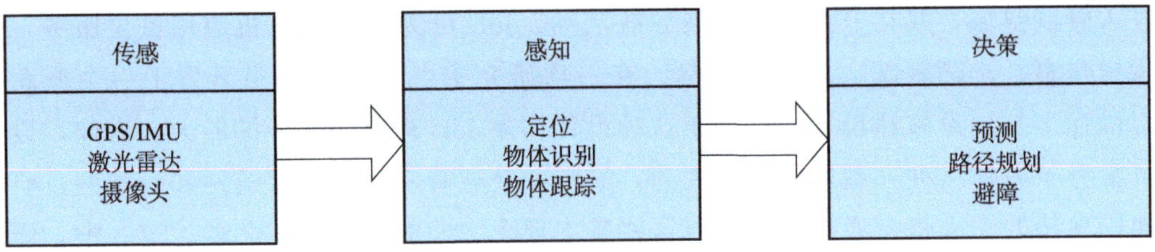

图 7－3　自主无人机架构

人工智能辅助无人机进行障碍物探测和导航，首先应了解人工智能的各种构成要素以及它们能否应用于无人机。这些内容涉及广义的人工智能、搜索问题、神经网络、人工神经网络、强化学习和深度强化学习等先进概念，Caffe 数字编程，以及创建卷积网络工具。最后，讲述了现有无人机人工智能的发展概况。图 7－4 展示了许多应用中采用的人工智能框架。

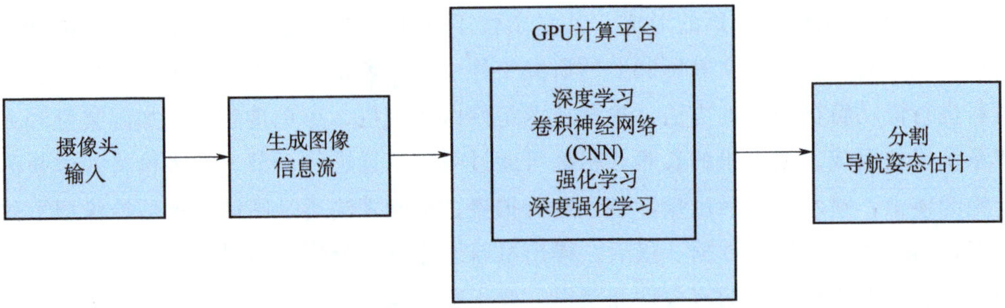

图 7－4　人工智能框架[45]

7.4　人工智能融入无人机帮助企业解决重大问题

无人机和人工智能在技术上实现了完美匹配。地面操控人员可将人工智能实时机器学习和无人机的探索能力结合起来，从而获得视觉。另一方面，无人机的摄像头需要非常贴近物体才能清晰地显示所收集的数据。由于人工智能技术，现在的无人机可用于环境探测，能够进行地点扫描，物体跟踪，并及时提供分析反馈。以下企业在无人机中集成了人工智能。

（1）DroneSense

DroneSense 公司位于得克萨斯州奥斯汀，提供公共安全无人机技术平台，它将原始无人机信息转化为相关信息，用于警务、消防和其他应急响应。DroneSense OpsCenter 可允许多个无人机用户协同工作，监控每架无人机观察到的信息，甚至跟踪无人机在实际环境中的飞行路径。当前，已有数十个组织采用了 DroneSense 公共安全方案，用于公共安全领域防御。SWAT（特警队）使用情报技术收集图像信息，分析风暴和龙卷风后的破坏情况，甚至使用成像技术来识别失踪人员。

（2）Neurala

Neurala 公司提供深度学习平台，用于帮助无人机检测和识别波士顿人群中感兴趣的人。该平台还可在实际环境中检测和告知大型工业基础设施的状态，如电信天线等。该公司称，他们的人工智能技术只需 20 min 就能完成一个人的图像解读，而无须花费数小时甚至数天时间来搜索大量的个人信息。在非洲，林德伯格基金会使用 Neurala 公司的无人机，对非法狩猎大象进行打击。基于人工智能的无人机，使用该公司开发的图像分析软件来观察大象种群，并能够在距离大象数公里以外的地方发现可能的偷猎者。

（3）Scale

Scale 公司位于旧金山，采用人工智能和机器学习协助训练无人机航拍。无人机使用机器学习技术来识别、分类和绘制地图，从小型车辆甚至到整个社区都能够进行清晰识别。保险公司，例如 Liberty Mutual，利用 Scale 公司开发的机器学习管理系统进行无人机培训，通常用于检测和评估保险赔付。

（4）Skycatch

Skycatch 公司位于旧金山，该公司开发的软件可自动获取、评估和分析无人机从航拍中输入的信息。为了获得地形全貌数据，通过 Skycatch 软件能够将航拍图像转换成所需要的 3D 模型或热图像。日本房屋建造商小松（Komatsu）已在 5 500 多个建造场所使用了支持 Skycatch 软件的无人机。公司声称，能够制作出精确到 5 cm 以内的 3D 图像。集成软件分析航拍图像通常需要大约 30 min，相比之下，人工完成同样的工作则需要几天时间。

（5）Alive

Alive Framwork 公司位于佛罗里达州的多拉，采用人工智能技术辅助无人机从事各种业务。该公司的无人机人工智能技术涉及2D/3D建模、地形测绘、图像识别，以及土壤探测，从农业产出到风力涡轮机等在内的一切生产活动，都离不开无人机的监控应用。从绿色能源到交通运输的各行各业，Alive已为数百万架无人机提供了技术支持。例如，在建筑项目中，使用Alive技术进行航拍图像分析，并在施工阶段将Alive技术支持的无人机用于现场监控。

（6）Applied Aeronautics

Applied Aeronautics公司在“信天翁”全自主无人机上集成了人工智能技术。该公司开发的无人机有多种用途，例如航空观察、基础设施巡检、减灾和救援等。到目前为止，无人机在多数国家都有使用，用于协助从水生物保护到人道主义援助的任何活动。据该公司介绍，这款无人机的飞行距离可达100英里以上，最大时速可达90英里。该公司开发的无人机，已被美国国家航空航天局（NASA）和其他国际组织用于开展科学探索活动。

（7）Skydio

Skydio公司位于加利福尼亚州雷德伍德市（Redwood City），该公司开发的无人机嵌入了强大的人工智能计算机和13套摄录系统。该无人机自主飞行，能够以多种方式拍摄视频（如静止模式和跟踪模式），且无须人工干预。Skydio无人机已应用于各种领域，特别是体育竞技领域。Skydio无人机可自主识别、跟随和记录精彩瞬间。马拉松、自行车和登山者只需选择视频录制模式，Skydio无人机就会自动跟随运动者，记录每一步运动足迹。

（8）Airlitix

Airlitix公司位于美国加州圣何塞，开发了人工智能和机器学习支持的无人机，用于温室环境维护。无人机在温室内穿梭飞行，收集温度、湿度和二氧化碳浓度数据，确保作物生长环境良好。除了维护作物生长环境外，Airlitix人工智能无人机还可以进行环境评估和作物监测，确保作物无病虫害，茁壮成长。

（9）Orby

Orby是一家专注于为企业开发无人机和机器人系统的公司。Orby将人工智能融入无人机，帮助大型仓储和企业进行测绘与规划。该公司开发的无人机还可利用人工智能检查库存供应量，通过飞行拍摄，详细分析现有物资的供应情况。Orby在其试验计划中，采用无人机技术和人工智能算法来检查货品橱柜，并动态监控和获取新的供应渠道。Orby甚至在非高峰时段安排无人机完成工作，然后返回。

（10）Above

一些企业和政治家利用Above公司开发的无人机从旧金山环境中收集数据。Above无人机类似齐柏林飞艇，可在森林、山坡、工厂和农田上空飞行，用于评估自然灾害或环境退化造成的损失，待无人机返回后使用技术平台进行评估。除了从环境中收集数据，Above无人机还可用于监控铁路、电线以及石油和天然气管线，以便进行维护。Above无人机也可通过控制器准确地确定路线，然后，无人机将沿着这条路线飞行，拍摄和记录它所观察到的情景和信息，并根据观察数据编写研究报告。

（11）Shield AI

Shield AI 公司开发的无人机，可帮助地面士兵和首批进攻部队进行数据收集和分析。该公司的无人机使用独家“Hivemind”技术进行交互，可即刻监控环境并识别紧急情况下的人员流动。执法部门和武装部队可应用 Shield AI Hivemind Nova 无人机完成任务。为获得地面信息，Shield AI 无人机还能够进入 GPS 受限的地方，如室内空间和地下设施。

（12）AeroVironment

AeroVironment 公司以人工智能驱动无人机技术发展。该公司开发的“弹簧刀”(Switch blade)© 是一架长 3 英尺不可追踪的无人侦察机，配备有效载荷，可用于高精度军事打击。AeroVironment 公司已为各种军事应用生产了多种智能无人机。在农业领域，已将该公司开发的无人机用于种植区域监控、作物健康风险监测和灌溉难度评估。

7.5　人工智能支持下的无人机创新应用

无人机行业呈现快速增长的态势，应用前景不可限量，这在很大程度上归功于人工智能（AI）的发展。应用无人机收集重要信息，及时对捕获的信息做出反应，并将信息传递给地面控制站，这仍然要归功于人工智能，只有通过人工智能才能训练无人机做出这样的决策。对于企业而言，无人机是一种低成本、高效率的选择方案，可提高效率、节省开支，并保障员工的工作场所更加安全。以下一些案例展示了人工智能支持下的无人机创新应用。

（1）监控

无人机配备各种监控设备，在任何时段都能捕捉到视频流和静止图像。无人机还可配备监听设备，截获电话交谈内容，跟踪 GPS 运动，收集车辆牌照数据。无人机可配置多种灵活的测量仪器，包括激光扫描仪、多维和多光谱传感器，以最少的人力和最低的成本 24 小时不间断工作。无人机监控是利用无人机捕获静止图像和视频，获取特定目标的相关数据，这些目标可能是人员、群组或位置。在不被发现的情况下，无人机监控允许从一定距离或位置收集特定目标的相关信息。当然，在更广泛的业务领域中，无人机应用远不止这些基本和简单的事项。政府机构、警察以及其他安全专业人员都已广泛应用无人机技术。随着企业和学术界不断发现机器学习评估数据流剪辑的新方法，自动化监控将变得越来越普及。最近，英国和印度科学家牵头进行了一项实验研究，应用无人机网络摄像头检测集会中的暴力行为，展示了这项技术的潜在创新应用。在实验中，将一架廉价的 Parrot AR 四轴飞行器接入移动互联网，为实际的研究项目播放视频证据。在电影领域，将人们对电影的看法通过一个深度学习算法进行评估，该算法将这些观点与科学家们认定的“暴力”立场进行了比较。

（2）天气预报

环境在变，自然灾害也在变。显然，无人机在预测自然灾害方面没有卫星图像那么精确。但是，在发生灾害时无人机能够提供至关重要的援助。政府机构和保险公司越来越认识到无人机大有用途，可帮助进行灾后损失估算，特别是尚不确定是否安全且不适合救援人员进入的区域。应用无人机收集大气样本是对传统数据收集方法的重大改进，显著提高了气候估计方法的准确性。越来越精确的模拟，将对每一天甚至每一张图像都会产生非常重要的影响。精确的模拟将会提高未来 10 天天气预报的准确性，这意味着能够为飓风等恶劣天气提供更早的预报，以及确定飓风可能持续的时间和经过的地点。边界层是大气的最底层，也是大部分天气现象发生的区域。气候数据和我们每一个人息息相关，但是这些数据会受到各种变量和影响因素的制约。然而，试图预测下一步的气候变化，将依赖于极其复杂的气候估算方法，预测模型获得的结果是否准确，取决于输入给它的信息。然而，获得高质量的数据并不像预期的那样容易。气象无人机可以在这方面提供帮助。应用环保无人机垂直飞越整个大气边界层，可获取临界温度、湿度、降水量、空气密度及风速。其中，获取数据的一种方法是直接连接到无人机的温度、湿度和空气密度传感器。另一种方法是采用类似降落伞的装置，从高空投放传感器，也就是所谓的落差探空仪。落差探空仪在下落过程中，穿过边界层的垂直部分并收集数据。视觉图像，例如图像和视频等，也是气象无人机获取数据的重要方式。

目前正在进行努力开发，以便更好地利用和改进无人机收集气候数据。美国国家海洋和大气管理局（NOAA）的研究人员正在开展相关研究工作，他们在美国特定地区开展了实地研究，以便更多地了解地理和陆地表面要素对气候变化的影响，目的是找出地球表面影响气候的要素和方式，包括如何将这一变量纳入环境和气候模拟之中。

（3）灭火

无人机更擅长发现、评估甚至扑灭火灾。无人机能够帮助消防员全面了解火灾蔓延的范围和进展，以及地形和气象等信息，这些是灭火部署和疏散平民的重要依据。尽管烟雾弥漫，但是无人机可以利用拍摄系统探测危险区域，帮助消防员开展扑救活动（图 7－5）。

图 7－5　无人机灭火[21]

（4）应急服务与警务

警察、消防部门以及其他执法机构或救援组织，有权查看无人机收集的数据。无人机可与服务中心合作和交换数据，从而实现有组织的实时响应。无人机应急服务功能包括协助救援人员开展刑事调查、评估环境灾难，甚至利用红外传感器寻找失踪人员。

（5）人脸识别

无人机可以利用人脸识别技术在集会上空徘徊，寻找感兴趣的人员。无人机传感器还可以捕捉人类的表情和情绪，这对于搜寻受惊吓或不愉快的人员可能是有帮助的。通过适当的配置，无人机还能识别出可预测和不可预测的嫌疑人，捕捉视频，并识别静态图像。

（6）建筑工程监控

建筑承包商应用人工智能无人机监控和分析建筑工程项目，可以每周 7 天、每天 24 小时提供建筑现场的实际视图，让承包商轻松掌握工程进度和物料消耗情况，从而进行更精确的进行工程规划和开发。无人机还被用于危险场所和工作场所行为探测，提供安全保障。

（7）态势感知

当发生灾难时，第一个“关注地球的眼睛”可能就是无人机。通过无人机交互和交换数据，能够对紧急情况立即评估，并向相关部门提供重要数据。无人机还能进入倒塌的建筑中，为救援组织和遇难者提供帮助。

（8）水质监测

在全球各地不乏利用无人机进行水资源评估的例子。例如，韩国设计了一个框架，使用无人机和多光谱成像技术跟踪藻华的发生率。通过无人机监测地球温度和湿度变化来识别漏水管道。印度 SmartTerra 公司正在利用人工智能技术来检测因设备泄漏或非法使用所导致的失水情况。

（9）基础设施评估

对基础设施进行物理检测，既耗时又有风险。应用无人机进行检测，可在几秒钟内完成设施断裂或其他物理问题检查，并消除这种隐患。气候数据（如土壤含水量）收集技术，包括 3D 建模、图像识别和分析。水库、桥梁、电线、交通和公用设施等，这些都是常见的无人机检测对象。

（10）智慧农业

从观察气象云图、相对湿度条件到确定理想的播种时间，每一项农业生产活动几乎都可以应用无人机。通过无人机分析土壤条件，最终确定施肥量。应用无人机还可以识别出感染病虫害的作物，甚至还能够以一定的间隔将树种投放到整备好的土壤中。

（11）采取行动

无人机可能会前往人类无法到达或危险的地方（图 7－6）获取图像和信息，保护搜救人员的安全，为搜救行动提供帮助。由于物联网提供了快捷的定制方案，无人机技术正在迅速发展，并将在商业、采购、航运、农业、生态以及私用等众多领域带来新的优势（图 7－7）。

图 7 - 6　应用无人机检测和评估基础设施[21]

图 7 - 7　人工智能无人机在农业领域的应用[21]

（12）军事演练

无人机可提供监控数据，为武装部队运送给养、武器和其他装备。无人机还可用于射杀敌人士兵。据公开报道，以色列首次使用人工智能无人机蜂群探测、识别和打击哈马斯恐怖分子，而无须任何人为干预。为了探测和识别恐怖分子的藏匿地点，无人机相互联通和交换通过人工智能技术获得的探测结果。

（13）智慧城市建设与发展

智慧城市建设采用了最先进的技术，如互联互通的房屋和基础设施，用户掌控一切操作。大部分基础设施基本或完全实现了机械化，人工智能摄像系统的应用进一步改进了安全监控，可用于快速人脸识别和追踪不受欢迎的人员。无人机还能协助城市管理，帮助构建城市房屋和场所规划的鸟瞰图模型，帮助土木工程师制定切实可行的布局规划图。此外，无人机对于搭建监控系统、规划城市道路从而实现高效有序的交通管理，也发挥了非常重要的作用。

（14）农场动物饲养管理

通过智能无人机技术，Folio3已经帮助多家动物饲养企业优化了牲畜饲养管理等多项任务。例如，以往测量牲畜体温可能需要很长时间，如今应用人工智能无人机将体温测量方法实现了机械化，显著减少了体温测量需要的时间和精力。同样，应用人工智能无人机识别患病牲畜也节约了大量时间，同时采取必要的措施，避免了额外损失。

（15）绘制地形图

土木工程也受益于人工智能无人机的应用。用于机械化地形测绘的无人机，让这项技术无懈可击，而这正是工程专业的关键所在。Folio3针对这一需求专门开发了人工智能技术。无人机使用3D摄像机拍摄目标区域的实时视频。这个输入用于各种计算机程序获取构建3D模型所需要的信息。无人机在目标区域上方投放，飞机上配置有3D传感器和激光雷达传感器（LIDAR sensor）。

（16）监控铁路、高速公路和电网

应用无人机可对公路、铁路、电网和灌溉系统等基础设施进行监控。通过无人机的持续监控，可以对轨道进行及时检查和维护。此外，无人机勘测对铁路线路测绘也非常有用，可提供铁路沿线超高分辨率图像，后期还可利用人工智能技术协助项目执行。

（17）海岸与边境保护

在一些国家的安全战略中，无人机发挥着重要作用。以前，只有发达富裕的国家才能应用这些飞行机器人。然而，由于人工智能技术进步和市场竞争加剧，许多国家都将无人机纳入防御战略，成为海上、陆地和移民等执法机构的常用手段。像印度这样幅员辽阔的国家，应该确保边境和重要海上航线的安全。

（18）医疗救治

在印度各地，当地市政官员和警察已将无人机用于监控，这是“印度政府清洁倡议”（Swachh Bharat Abhiyan）计划的一部分。城市和农村使用无人机帮助预防水资源污染。通过无人机，将必要药品运送到偏远地区，从而实现医疗救治，这个用途非常有意义。通过无人机，还可运送价格昂贵但较少使用的蛇伤救治药物，从而快速、经济、有效地解决入院救治前对血液成分的紧急需求。

（19）偏远地区应急通信

世界各地的人道主义组织开始尝试推行人工智能自主无人机项目，目的是向冲突地区和灾区运送物资。随着现代无人机的应用和后续智能运输技术的突破，为应急管理和灾后重建提供了一种可行的规范和前景。民用智能无人机通常用于救援工作，对灾区进行地图测绘和扫描，以便确定哪些区域的基础设施急需修复，哪些区域的恢复工作最为关键。例如，佛罗里达空军国民警卫队应用无人战斗机对飓风“艾尔玛”造成的灾害进行勘察，以便确定哪些区域急需援助。

(20) 影视制作

无人机航拍无处不在，在几乎所有的电视节目或新闻报道中，绚丽多彩的航空摄影几乎随处可见。人工智能无人机的价格越来越便宜，即使专业摄像师也能负担得起。无人机已迅速成为电影制作的必备器材。与直升机相比，无人机能以更低的成本完成出色的飞行拍摄，无人机还能飞往直升机无法到达的区域进行拍摄。无人机可以翻越山顶，穿过丛林，飞越湖泊，为观众呈现罕见的美景。

(21) 水下传输线缆保护

如果没有水下电缆，亚洲一些国家的银行将无法向沙特阿拉伯汇款购买石油，美国的军事部门也将很难与驻扎在阿富汗和中东的平叛部队进行沟通，欧洲的学生也将无法通过Skype与远在美国的父母进行通话。每天都有大量银行业务通过水下电缆传输。互联网也承担了大部分美国和欧洲以及世界其他地区之间的通话。这些互联网线路由人工智能水上无人机负责监控和保护。

7.6 人工智能与无人机的集成问题

尽管人工智能被广泛应用于无人机建模和人类生产生活的方方面面，但也存在一些令人关注的缺点和问题。将这些问题归纳如下。

1) 成本高昂：在自动化设备尤其是在无人机中集成人工智能，其成本之高令人却步。这还不包括常规的程序维护、设备维修和更换[46]。

2) 人为错误：虽然人工智能技术可能会识别错误，但也不能避免自身出错。人工智能设备根据输入信息做出判断，但可能无法像人类一样在某些关键的情况下做出明智决策。这表明，人工智能技术可能存在缺陷，特别是使用不恰当的数据进行训练，更容易导致错误。

3) 安全和隐私：人工智能尤其不尊重个人隐私保护。这些技术容易让网络窃贼侵犯他人隐私[47]。

4) 适应性：可以想象，使用人工智能的无人机将无法适应周围环境的变化。例如，人工智能无人机在陌生区域将很难进行导航[48]，因为它们是通过输入来学习的。

5) 必要的经验：随着人工智能的不断发展，专业开发人员不但要具备基本软件的开发能力，还应该具备其他领域人工智能的开发能力。这些专业技术人员一直在努力学习系统开发所需要的技能，这些专业人才供不应求。

6) 准确性：特别是可靠性方面，有些研究应该谨慎对待。有些研究声称，他们的方法在暴力行为检测方面的准确性高达94%，同时他们也指出，图像中的人数越多准确性越差。

7）监控：利用人工智能识别人体姿势是很常见的应用，Facebook 等大型互联网公司对此进行了大量研究。随着低成本无人机和高速移动互联网的出现，捕捉和传输连续视频片段将变得前所未有的简单。将这些元素组合在一起构建高效的监控系统，也并非难事。

7.7　结论

本章的研究内容为无人机设计、工程和制造提供了详细的结构化文献评估，研究内容侧重于技术实施。与之前的评估相比，本章的研究内容对当前的研究工作进行了全面分析，将人工智能无人机进行了分类，并对每一类技术应用情况进行了分析。这项研究结果，将有助于专业人士和学者了解不同应用领域中的前沿创新活动。本章研究了多个主题，包括基础设施、设备与结构巡检、移动能力、文化和历史追踪、城市化和城市规划、过程评估、灾后重建和建筑保护，相应的研究内容也是按照这些主题进行组织的。这项研究还表明，专家通常支持在不同领域将无人机与人工智能相结合，从时间、质量、保护和价格角度来看，无人机提供了与传统方法相当甚至更优的结果。另一个优势是无人机能够到达高地或无法到达的地区。气候因素（季节和光照条件、风向、日照强度）、设备及系统元件技术缺陷（GPS 故障、磁场干扰、无人机电池和图像质量）导致出现的问题最多。在无人机飞行方式中，人工导航和自动导航几乎相当，但自动导航方式在空中交通管制中应用最广。

在一个不断发展和融合新兴技术的领域，人工智能无人机的应用已被证明是一种安全而高效的方案。随着未来设备和软件技术的进步，预计无人机技术将越来越频繁地应用于所有领域。为改进方法，追求最佳实践，还需要开展更多的研究工作，以便将当前及未来的无人机与现有的人工智能相融合。应该对这些优势和阻碍开展进一步研究，并与无人机标准程序进行优劣比较。目前的研究工作，包括无人机在各个业务领域发展中的应用，对数年前的评估工作及近年的研究文献进行综述。作者分别介绍了嵌入人工智能的不同种类的无人机，以及每一种无人机的主要功能。除了无人机主要应用于建筑领域以外，这项研究工作还对近年来大量文献提及的多种无人机用途进行了评估，强调了无人机在业务发展中的重要性。

本章还阐述了无人机在不同领域的应用、优势和限制因素，例如，无人机不断改善功能，降低成本，通过减少等待、重新设计和安全保障，提高了任务效率。无人机的限制因素包括无人机成本、飞行法规、操控人员的专业技能、飞行时间，以及天气条件等。应用无人机降低了任务成本，提高了生产效率，创造了新的就业机会，为许多行业领域带来了巨大价值回报。应用无人机还可在偏远和危险区域快速收集信息，还可提供实时数据，显著提高检测的可靠性，提高了生产总量，并成功地实现了创新。在数字化文档的背景下，各种无人机技术的实施，在所有领域的事前、事中、事后阶段都将发挥着重要作用。

参 考 文 献

[1] BPPT, Dipuspiptek, jokowi nonton drone ‘alap - alap’ terbang, October 02, 2015. https://news. detik. com/berita/d - 2885550/di - puspiptek - jokowi - nontondrone - alap - alap - terbang.

[2] Wagner, I., Projected Commercial Drone Revenue Worldwide 2016 - 2025, Statista GmbH, J. B. Platz 1 20355 Hamburg, Germany, 2019.

[3] Zaman, B., Mckee, M., Jensen, A., UAV, Machine Learning, and GIS for Wetland Mitigation in Southwestern Utah, USA, 2017.

[4] Olawale, O. P., Dimililer, K., Al - Turjmanc, F., Chapter six - AI simulations and programming environments for drones: An overview, in: Drones in SmartCities, Security and Performance, pp. 93 - 106, 2020.

[5] Kim, H., Mokdad, L., Ben - Othman, J., Designing UAV surveillance frameworks for smart city and extensive ocean with differential perspectives. IEEE Commun. Mag., 56, 98 - 104, 2018.

[6] Sun, J., Wang, W., Da, Q., Kou, L., Zhao, G., An intrusion detection based on Bayesian game theory for UAV network. Proceedings of the 11th EAI International Conference on Mobile Multimedia Communications, pp. 56 - 67, September 2018.

[7] Fan, B. K. and Zhang, R. Y., Unmanned aircraf system and artificial intelligence. Geomat. Inf. Sci. Wuhan Univ., 42, 11, 1 - 7, Nov. 2017.

[8] Wang, Z. R., Application analysis of artificial intelligence in UAV feld. Sci. Technol. Innov., 15, 56 - 57, 2020.

[9] Zhao, Z. P., Lu, R. M., Wang, J. C., Development and prediction on intelligent unmanned aerial vehicle technology. Tactical Missile Technol., 3, 1 - 7, 2017.

[10] Taberkit, A. M., The importance of applying artificial intelligence on unmanned aerial vehicle. 4th International Conference on Electrical Engineering and Control Applications, ICEECA 2019, Constantine, Algeria, vol. 682.

[11] Hartawan, D. R., Purboyo, T. W., Setianingsih, C., Disaster victims detection system using convolutional neural network (CNN) method. 2019 IEEE International Conference on Industry 4. 0, Artifcial Intelligence, and Communications Technology (IAICT), pp. 105 - 111, 2019, doi: 10. 1109/ ICIAICT. 2019. 8784782.

[12] Lee, D., Gyu La, W., Kim, H., Drone detection and identification system using artificial intelligence. 2018 International Conference on Information and Communication Technology Convergence (ICTC), pp. 1131 - 1133, 2018.

[13] Roberts, M. R., 5 drone technologies for firefighting. Fire Chief, March 20th, 2014. https://www. firechief. com/fire - products/communications/articles/5 - dronetechnologies - for - firefighting - 8wLtpDrDLmgDEReO/.

[14] Joshi, D., Drone technology uses and applications for commercial, industrial and military drones in 2020 and the future, 2019. https://www.businessinsider.in/tech/news/drone-technology-uses-and-applications-forcommercial-industrial-and-military-drones-in-2020-and-the-future/articleshow/72874958.cms.

[15] Tatum, M. C. and Liu, J., Unmanned aerial vehicles in the construction industry. 3rd Annual International Conference Proceedings, http://www.ascoro.ascweb.org, 2017.

[16] Wahab, A., Applications of drone technology in the management of disaster and risk associated with COVID-19 pandemic in the built environment: Te Nigerian experience. INTREST, 14, SI, 73-81, 2020. www.utm.my/interest.

[17] Husien, I. A., Borisovich, Z., Naji, A. A., Covid-19: Key global impacts on the construction Industry and proposed coping strategies. E35 Web Conf., 264, o5056, 2021. Available: https://do.org/10.1051/e3sconf/2021.

[18] Ewoldsen, B., Drones are still a new technology, but the research is spreading its wings, 2021. https://www.nationalacademies.org/trb/blog/drones-are-still-a-new-technology-but-the-research-is-spreading-its-wings.

[19] Patil, G., Applications of artificial intelligence in construction management. International Journal of Research in Engineering, IT & Social Sciences (IJREISS), 2018, vol. 9, 2019.

[20] Israr, A., Ghulam E. Abro, M., Ali Khan, S., Farhan, M., Zulkifli, S. A. B M, Internet of Tings (IoT)-enabled unmanned aerial vehicles for the inspection of construction sites: A vision and future directions, Math. Probl. Eng., vol. 2021, Article ID 9931112, 15 pages, 2021. https://doi.org/10.1155/2021/9931112.

[21] Jones, K., Top 7 construction technology trends for 2021, 2021. https://www.constructconnect.com/blog/7-construction-technologytrends-to-watch-in-2021.

[22] Patil, G., Applications of artificial intelligence in construction management. International Journal of Research in Engineering, IT & Social Sciences (IJREISS), 2018, vol. 9, 2019.

[23] Ansari, T., Construction trends that are likely to dominate 2021, 2021. https://housing.com/news/construction-trends-that-are-likely-to-dominatenew-year/.

[24] Chen, Y. and Li, Y., Intelligent autonomous pollination for future farming: A micro air vehicle conceptual framework with artificial intelligence and human-in-the-loop. IEEE Access, 7, 119706-119717, 2019. https://doi.org/10.1109/ACCESS.2019.2937171.

[25] Cancela, J. J., González, X. P., Vilanova, M., Mirás-Avalos, J. M., Water management using drones and satellites in agriculture. Water, 11, 5, 874, 2019. https://doi.org/10.3390/w11050874.

[26] Ranal, V. and Mahima, Impact of drone technology in agriculture. Int. J. Curr. Microbiol. Appl. Sci., 9, 1, 1613-1619, 2022. doi: https://doi.org/10.20546/ijcmas.2020.901.177.

[27] Tripicchio, P., Satler, M., Dabisias, G., Ruffaldi, E., Avizzano, C. A., Towards smart farming and sustainable agriculture with drones. 2015 International Conference on Intelligent Environments, pp. 140-143, 2015.

[28] Alshanbari, R., Khan, S., El-Atab, N., Hussain, M. M., AI powered unmanned aerial vehicle for payload transport application. 2019 IEEE National Aerospace and Electronics Conference

(NAECON), pp. 420－424, 2019.

[29] Togootogtokh, E. et al., An efficient artificial intelligence framework for UAV systems. 2019 Twelfh International Conference on Ubi－Media Computing (Ubi－Media), pp. 47－53, 2019.

[30] Kartik, M. V., Ranjan, S., Kaur, S., Introduction of 5G to artificial intelligence drones. 2021 5th International Conference on Information Systems and Computer Networks (ISCON), pp. 1－4, 2021.

[31] Hua, H. and Zhang, Z., Application of artificial intelligence technology in short－range logistics drones. 2019 8th International Symposium on Next Generation Electronics (ISNE), pp. 1－4, 2019.

[32] Togootogtokh, E. et al., An efficient artificial intelligence framework for UAV systems. 2019 Twelfh International Conference on Ubi－Media Computing (Ubi－Media), pp. 47－53, 2019.

[33] Catuogno, C., Catuogno, G., De Yong, D., Magnago, F., García, G., Bosso, J., Prediction of thermal currents for autonomous drone flight with artificial intelligence. 2021 XIX Workshop on Information Processing and Control (RPIC), pp. 1－7, 2021.

[34] Jeong, J.－H., Lee, D.－H., Ahn, H.－J., Lee, S.－W., Towards brain－computer interfaces for drone swarm control. 2020 8th International Winter Conference on Brain－Computer Interface (BCI), pp. 1－4, 2020.

[35] Svaigen, A. R., Bine, L. M. S., Pappa, G. L., Ruiz, L. B., Loureiro, A. A. F., Automatic drone identification through rhythm－based features for the internet of drones. 2021 IEEE 33rd International Conference on Tools with Artifcial Intelligence (ICTAI), pp. 1417－1421, 2021.

[36] Gharibi, M., Boutaba, R., Waslander, S. L., Internet of drones. IEEE Access, 4, 39. 1148－1162, 2016.

[37] Shan, G., Zhang, Y., Gao, Y., Wang, T., Chen, J., Control of quadrotor drone with partial state observation via reinforcement learning. 2019 Chinese Automation Congress (CAC), pp. 1965－1968, 2019.

[38] Zhilenkov, A. A. and Epifantsev, I. R., Te use of convolution artificial neural networks for drones autonomous trajectory planning. 2018 IEEE Conference of Russian Young Researchers in Electrical and Electronic Engineering (EIConRus), pp. 1044－1047, 2018.

[39] Ross, S., Melik－Barkhudarov, N., Shankar, K. S., Wendel, A., Dey, D., Bagnell, J. A., Hebert, M., Learning monocular reactive uav control in cluttered natural environments, in: 2013 IEEE International Conference on Robotics and Automation (ICRA), IEEE, pp. 1765－1772, 2013.

[40] Kelchtermans, K. and Tuytelaars, T., How Hard is it to Cross the Room? －Training (Recurrent) Neural Networks to Steer a UAV, SAGE Publishing, 1－18, 2017, arXiv preprint arXiv: 1702.07600.

[41] Giusti, A., Guzzi, J., Ciresan, D. C., He, F.－L., Rodrıguez, J. P., Fontana, F., Faessler, M., Forster, C., Schmidhuber, J., Di Caro, G. et al., A machine learning approach to visual perception of forest trails for mobile robots. IEEE Robot. Autom. Lett., 1, 2, 661－667, 2016.

[42] Chakravarty, P., Kelchtermans, K., Roussel, T., Wellens, S., Tuytelaars, T., Van

Eycken, L.，CNN - based single image obstacle avoidance on a quadrotor, in：2017 IEEE International Conference on Robotics and Automation (ICRA)，IEEE, pp. 6369 - 6374, 2017.

[43] D. Gandhi, L. Pinto and A. Gupta, Learning to fly by crashing, 2017 IEEE/RSJ International Conference on Intelligent Robots and Systems (IROS), 2017, pp. 3948 - 3955, doi：10.1109/IROS. 2017. 8206247.

[44] Liu, S.，Tang, J.，Zhang, Z.，Gaudiot, J. - L.，Computer architectures for autonomous driving. Computer, 50, 8, 18 - 25, 2017.

[45] Pokhrel, N. and Jung, A.，Drone Obstacle Avoidance and Navigation Using Artificial Intelligence, Degree Programme of Computer Science and Engineering, Aalto University, School of Science, April 20, 2018.

[46] DataFlair Team, Pros and cons of artificial intelligence - a threat or a blessing? https：//data - flair. training/blogs/artificial - intelligence - advantagesdisadvantages/.

[47] Dilek, S.，Çakır, H.，Aydın, M.，Applications of artificial intelligence techniques to combating cybercrimes：A review. Int. J. Artif. Intell. Appl.，6, 1, 21 - 39, 2015.

[48] Huang, L.，Qu, H.，Fu, M.，Deng, W.，Reinforcement learning for mobile robot obstacle avoidance under dynamic environments, in：Pacifc Rim International Conference on Artifcial Intelligence, Springer, Cham, pp. 441 - 453, 2018.

[49] Tuomi, I.，Te impact of artificial intelligence on learning, teaching, and education, Cabrera Giraldez, M.，Vuorikari, R. and Punie, Y. (Eds.)，EUR 29442 EN, Publications Ofce of the European Union, Luxembourg, 2018, ISBN 78 - 92 - 79 - 97257 - 7.

第 8 章　无人机的应用——综述

Swathi Gowroju*，Santhosh Ramchander N.

Department of Computer Science & Engineering，Sreyas Institute of Engineering and Technology，Hyderabad，India

*通讯作者：swathigowroju@sreyas. ac. in

摘　要： 降低成本，减少支出，同时提高技术解决方案的效率，这对于大型企业来说至关重要。在采矿、港口、天然气和大型工厂等行业的流程和操纵过程中，人工作业可能面临风险或无法完成操作。检测事项包括基础设施维护、泄漏检测、设备监控、安全监控，以及快速危害检测。在这些领域，可以依赖无人机技术更好地了解、调查和快速报告系统故障。因此，大型企业对投资和应用无人机颇感兴趣，期望用于维护系统和基础设施，提高效率和生产力。在本章中，为便于读者更好地了解无人机技术，作者对无人机和无人机技术进行了分类。需要指出的是，无人机面临一些挑战，特别是障碍物探测与避障、电池寿命和非法入侵，只有克服这些挑战才能有效飞行或操控。在此，作者探讨了无人机的分类，自动化系统，以及未来商业和研究领域。此外，作者还深入探讨了各种控制技术的构建流程、制造与分析，突出强调了无人机功能或操控方面的障碍，如快速充电，紧急制动和安全保障等。

关键词： 无人机，大型企业，无人机技术，无人机入侵

8.1　概述

如今，无人机应用已经非常流行，拥有和使用无人机已成为许多行业的梦想，因为应用无人机有助于克服人工挑战，提高系统效率。无人机是一种不搭载飞行员的飞行器或飞行设备或飞行机器人，通过安装在系统中的软件控制指令或程序进行远程或自主操控。无人机配置了传感器、跟踪器，以及其他许多与应用或行业用途相关的功能。无人机最早出现于 1930 年，当时是作为一种无线电遥控装置。后来，通过在无人机上安装摄像头和传感器，开始将无人机应用于军事领域进行信息收集。当前，无人机正吸引着石油、天然气和工厂等大型行业，以及谷歌、亚马逊和 Facebook 等公司，它们利用无人机运送和投递包裹及其他物品，并且这些无人机系统都与互联网相连。

无人机发射、导航和着陆是通过控制器来实现的。无人机在 2.4 GHz 频率建立无线电通信信道。还有一些无人机依赖于 Wi-Fi 网络运行。无人机还具备智能手机的大部分

功能，它们在空中智能运行，覆盖很远的距离，可以非常轻松地执行监视任务。还有一些无人机，因其摄像功能先进而广受欢迎。表 8-1 对各种无人机及其配置进行了比较。大疆“御”3（DJI Mavic 3）是成像和飞行技术最先进的无人机之一。大疆 Air 2S（DJI Air 2S）专为大胆的视觉创作而设计。大疆 FPV（DJI FPV）以其空中飞行佩戴护目镜而闻名。大疆“迷你”2（DJI Mini 2）是一款独特的无人机，具有自动起飞并返回发射点的功能。大疆“御”Air 2（DJI Mavic Air 2）是一款经济实惠的无人机，可进行远距离飞行。大疆“御”2 专业版（DJI Mavic 2 Pro）是一款类似智能相机一样的便携式航拍无人机。大疆“御”2 Zoom（DJI Mavic 2 Zoom）和大疆“悟”2（DJI Inspire 2）通常用于视频制作和户外拍摄。大疆“精灵”4 专业版 V2.0（DJI Phantom 4 Pro V2.0）配置了障碍物探测传感器。

表 8-1　市场上常见的无人机及其配置比较（最近 10 年的数据，来源：Amazon.com）

无人机	配置	性能评价	图片
DJI Mavic 3	4/3 CMOS 哈苏（Hasselblad）和 1/2 英寸长焦传感器相机	航时 46 min，航程 15 km	
DJI Air 2S	1 英寸 CMOS 传感器，5.4K 视频录制	主镜头功能，使用 1 080p 视频传输距离可达到 12 km	
DJI FPV	4K/60 FPS 视频录制	具有紧急操控功能，如中断、悬停等	
DJI Mini 2	4K 相机，可飞行 31 min	具有出色的功能，例如自动起飞并返回发射点	
DJI Mavic Air 2	48 MP 照片，4K/60 FPS 120 Mbps，8K 超延时，使用 OcuSync 2.0	提供高清信号，远距离拍摄	
DJI Mavic 2 Pro	10 位 Dlog-M，哈苏相机	色彩鲜艳，多个相机可供选择	
DJI Mavic 2 Zoom	48 MP 超高分辨率	创新性的影视拍摄无人机	
DJI Phantom 4 Pro V2.0	1 英寸 20 MP 相机，4K/60FPS 视频，14FPS 突发模式	专业 4K 无人机	

续表

无人机	配置	性能评价	图片
Typhoon H Plus	1 080 Mbps 60 FPS 视频拍摄、2 000 万像素拍照、5 个转子故障安全保护和 1 个传感器	配有触屏设备	
Yuneec H520E/520	5 个转子故障安全保护、航时 28 min、集成式 7 英寸触摸屏、全局旋转达到 330°	无线电通信达到 3 km、可更换摄像头	
ANAFI Ai	4G 无人机，48 MP 摄像机、32 倍变焦热摄像头	集成了传感器，动物视觉行为技术	
Aircraft - 3DR H520 - G	H520 - G 六旋翼飞行器、E90 摄像头、控制器 ST10C、电池容量为 5 250 mAh、4S/15.2 V(79.8 Wh)	续航能力好，航时 28 min，传输 2.4 GHz RC	
H111 NANO Q4	高清摄像机	2.4 GHz 控制，航时 5 min，滚转 360°，航程 50 m	
EVO II dual 640T	热成像传感器，分辨率为 640×512@30FPS，13 mm 镜头	可覆盖 100 m 以内的物体	

在农田作物监测、海岸警卫队环境监视、移动中继和间谍活动监控等应用领域对无人机的需求量很大。目前，已有多种不同类型的无人机，每一种无人机在体积、重量、航程、续航、发动机功率以及配置方面，都有一套各自的技术规范。由于种类繁多，每一种无人机的操作流程及解释权取决于无人机的功能，其中，有几种控制技术能够让无人机高效飞行，避开障碍物和潜在事故，同时通过优化技术找到最短的飞行距离，从而节约电池电量。然而，为保证顺利飞行，无人机必须克服各种障碍，包括紧急制动、电池寿命和非法侵入等。

市场上的无人机有多种不同的配置，各行各业可根据自身需求选择合适的无人机。目前，市场上的无人机可分为三类。第一类是折叠翼无人机，可飞行更远的距离。这些无人机只有在飞行或运行过程中才能拍摄图像。需要说明的是，这类无人机在空中悬停时不能拍摄图像。第二类是单旋翼无人机，与直升机类似，操控员需要经过培训。这类无人机可进行长时间飞行，能在空中停留更长的时间。这类无人机可携带 40 kg 的载荷，飞行速度相当快。相比第一类无人机，它们的图像捕捉功能更加出色。第三类是多旋翼无人机，采用垂直起降（VTOL）理论，起飞时需要的自由空间或有效面积较小。这类无人机能量消耗高，能够在空中悬停。这类无人机不太适合运送载荷，一般用于建筑施工、电力巡检等活动。

8.2 无人机的硬件

无人机可在有人或无人协助的情况下工作。对于少数类型的无人机来说，必须配有专业飞手，这取决于无人机本身的技术、大小及其所使用的资源。一般来说，无人机都具有内置摄像头、雷达、传感器和 GPS 跟踪能力。如概述部分所述，根据飞行原理或飞行高度，可将无人机划分为不同的类型。图 8-1 给出了无人机的分类。

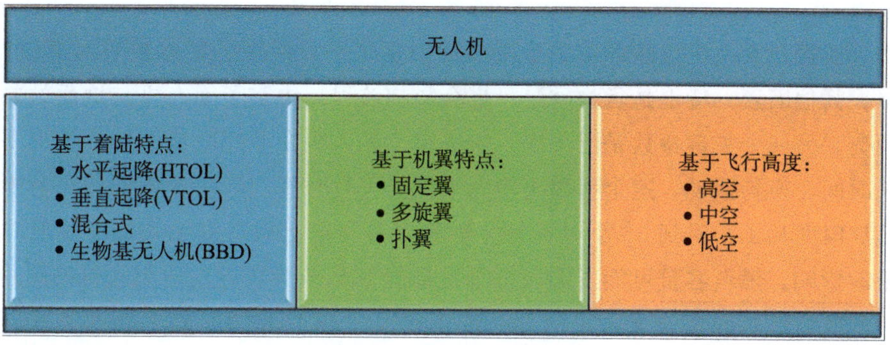

图 8-1 无人机的分类

根据着陆特点，将无人机分为两种类型。第一类是水平起飞与降落（HTOL）无人机，它们需要在跑道上起飞，一般使用折叠机翼。第二类是垂直起飞与降落（VTOL）无人机，它们与普通直升机一样可以垂直起飞，采用折叠机翼和多旋翼组合构型，只需要较小的地方就能飞行，因而不需要跑道。少数无人机可以载重，如 WingtraOne。混合式无人机融合了 HTOL 和 VTOL 两种无人机的特点，起飞时同时采用固定翼和多旋翼。生物基无人机具有像鸟类一样的飞翼。

无人机的飞行高度（无人机距离地面的高度）不等，通常距离地面 2 000 英尺到 60 000 英尺。海军拥有的某些无人机，飞行高度可达到 65 000 英尺，在该高度可停留 1 天半。中空无人机的飞行高度可达到 30 000 英尺，在该高度可停留 1 天。低空无人机的飞行高度可达到 400 m。

8.3 无人机的构成部件

机架：机架是无人机的主要部件，展示无人机制造所采用的材料。通常情况下，这些材料有聚苯乙烯、塑料、铝或碳纤维（由碳制成）。固定翼由塑料制成，多旋翼由碳纤维制成。

GPS 导航系统：GPS 导航系统是另一个主要部件，它允许无人机切换到 GPS 自主驾驶模式。采用双频星座可与其他系统共享原始数据。

飞行控制系统：飞行控制系统是无人机的核心组件，它与 GPS 导航系统协同工作，以确认无人机的飞行轨迹。飞行控制系统连接各种传感器。惯性测量单元与微机电系统一起安装在无人机上，微机电系统与 GPS 相连，用于估计无人机导航的角度。

动力系统：动力系统是为无人机提供动力的部件。电力是无人机常用的动力来源。与此同时，Wakel 旋转发动机和燃料电池也可为无人机提供动力。有些无人机还采用锂聚合物电池供电。

传感器：传感器是由摄像机和其他传感器共同组成的另一个组件。传感器可以是固定的、稳定的，也可以远程控制。定位传感器由 GPS/GNSS 接收器组成，在 1 km 范围内工作。

航程：航程是无人机性能评估中最重要的因素之一，使用各种参数可对其进行计算，非常简单。其他因素，特别是货物重量，也会影响航程，决定了无人机与地面站之间的最远飞行距离。另一个关键参数是耐飞性，它决定了无人机在不充电或不加油情况下通常能飞行多长时间。换句话说，这个参数决定无人机的飞行时间。取决于不同的飞行操控，无人机的续航时间从 1 小时到 36 小时不等。燃料容量和电池载荷对无人机的续航时间和飞行效率都有影响。燃料容量可能占无人机总重量的 10%～50%，这对无人机的耐用性有直接影响。因此，燃料容量与无人机的寿命成正比[21]。航程和续航能力是相关联的，因为无人机飞得越远，覆盖范围也就越大。因此，基于航程和续航时间，将无人机划分为许多类型。美国军方基于无人机的航程和寿命，创建了无人机的分类体系。

8.4 文献综述

无人机的用途非常广泛，本章基于无人机最先进的使用方式，概述了几种应用。

8.4.1 在航空系统中的应用

有些研究人员仍在努力开发各种性能的无人机，也有些研究人员仍在努力专研各种制造技术，以期进一步提高无人机的性能和效率。在本章中，作者考察了近期提出的无人机应用及技术进展。Li 等人[1] 提出了吠叫无人机系统，用于放牧动物。这种无人机类似于大疆“御”2 Zoom（DJI Mavic 2 Zoom）无人机，使用大音量扬声器记录音频，还能发出数百米外可听到的狗叫声。该系统由两架无人机组成，第一架用于探测和跟踪动物，第二架利用声音跟踪动物。在该无人机系统中，采用了人工智能算法来探测动物。根据他们提出的系统，无人机将创建一个环绕动物群的多边形凸面体。多边形的每一条边都是一一对应的关系。H_i 代表凸面体的顶点，H_iH_{i-1} 和 H_iH_{i+1} 分别代表相邻的两条边，i 代表平行线的交点。则交角（α）的计算式为

$$\alpha = \frac{(H_i\overrightarrow{H}_{i-1})(H_i(\overrightarrow{H}_{i+1})}{|H_i\overrightarrow{H}_{i-1}\|H_i\overrightarrow{H}_{i+1}|}$$

利用交角构建出环绕无人机覆盖范围的多边形。在周边飞行和边上飞行两个法则的帮助下，无人机运动将受到控制。周边飞行是在多边形内部移动，可能会随着时间的推移而

改变，这取决于 Utkin 等人[2] 提出的滑动模式控制法则。表 8－2 列举了一些文献，归纳了无人机的类型及其工作原理。

表 8－2　无人机在航空工业中的应用——文献综述

作者	无人机类型	工作原理	无人机的作用
Li 等人[1]	吠叫无人机	模仿动物声音聚拢牛群、羊群和其他动物群	无须人工干预，帮助饲养动物
Ng 等人[4]	考古无人机	山谷考古调查	考古发现有助于研究前西班牙时代的人类文明足迹
Alexey 等人[5]	无人机蜂群	3D 空间测量	在既定方向上，无人机在 3D 空间飞行
Seongjoon Park 等人	多机器人	特征图	生成构造区域的三维特征图
Ding 等人[24]	定位无人机	利用全球卫星导航系统(GNSS)进行网络定位	从 Wi－Fi 中提取基于网络的位置，调查安卓网络定位引擎
Georgios 等人[8]	飞翼无人机	无人机用作网络基站	帮助创建基站，提供 Wi－Fi 设施，帮助增强基站周围设备的网络服务可用性
Yang 等人[25]	固定翼无人机	为其他无人机创建飞行轨迹	利用无人机组对无人机的轨迹位置进行训练，以便为航空系统中的其他无人机提供更好的轨迹位置

无人机的另一个用途是摄影。Ng 等人[4] 对阿根廷科迪勒拉山系（Tacuil, Cordillera）的考古遗址，进行了多尺度航拍和地面摄影测量图像的判读研究。在此案例中研究了两种方法，分别是地面摄影测量和无人机航拍测量。应用大疆“精灵”4 专业版（DJI Phantom 4 Pro）无人机对该地区进行了勘测，相机焦距为 8.8 mm，图像分辨率为 4 864×3 648 像素。应用 3 架无人机飞至 80 m 的高度，总计覆盖了约 0.6 km^2 的区域。在勘测过程中，无人机在半天时间内成功确定了 11 个地面控制点，发现了两个具有精确尺寸的 pukara 表面，确定了大约 70 个独特的几何结构，探测到 16 门迫击炮。其中，有些是在石头上发现的，有些是孤立存在的。每个结构的占地面积，最小的为 4～6 m^2，最大的为 20～25 m^2。这些发现有助于考古学家探索前西班牙时代的人口栖息地及敌人、物品和代表性物资的使用情况。

Alexey 等人的研究团队[5]，研究了非完整性约束无人机蜂群在既定方向和高度的三维空间飞行问题。该系统考虑了杜宾飞行器模型中提出的无人机蜂群。每架无人机在 3D 中以一定的速度运动。力矩由偏航率和俯仰率决定。向量构建包含滚转、偏航和俯仰三个分量。为构建模型，分别在 x、y、z 三个方向上进行了滚转、俯仰和偏航运动。通过 $r_i = \nu_i u_i$ 创建了滚转运动，其中 $u_i = B_i \in R^3$，R 为上限，$\nu_i > 0$，i 代表每一个基本邻域。研究提出采用倾角仪测量无人机机身框架。为了控制飞机非定常状态下的等面运动，将流场的空间梯度与位置进行关联，则有 $\alpha_h = \arcsin(\boldsymbol{N}; h)$，其中 $\boldsymbol{N}$ 为时间 t 位置 r 的单位向量。

同步定位与绘图（Simultaneous Localization and Mapping, SLAM）技术用于军

事[6]，帮助从地图上精确定位。网络摄像机用于拍摄图像并对图像的各个特征进行定位。使用这种方法实时映射，将每个关键帧缓慢地生成 3D 图像。处理地图数据非常消耗时间，因为 SLAM 速度非常慢。为了克服这一限制，Park 等人[7] 在无人机中使用了同时定位与地图构建技术，以共享地图数据。他们提出的系统，应用了分布式账本技术来实现无人机中的地图特征。通过该系统技术，收集全球的 3D 数据并用于导航。该系统生成了 DAGmap，以连续共享 3D 地图数据，使用分布式账本技术（DLT）管理单点故障问题、无效交易和恶意交易，并通过节点顺序验证广播机制来实现。因此，这种无人机的应用被称为野外侦察、大尺度测绘和障碍物识别。由于 DLT 系统固有的特性，可用于对地图目标位置进行识别。根据本地分类账本，对传入的事务进行验证并允许广播，以便稍后执行分类账本同步。在局部 SLAM 中，利用三维特征验证创建 DAG 地图，并在三维地图中广播和共享。在多机器人 SLAM 中，首先基于地图进行定位，然后重复进行三维特征提取，直到完成重建完整的三维地图。然后，进行地图合并，从而构建全局地图。

Amponis 等人[8] 利用无人机对安卓网络进行 NLP 处理定位。无人机生成飞行高度的测量值，计算各种可见接入点的相关性，用以分析延迟和更新速率。为保证定位精度，从网络提供商收集经度和纬度数据。从接入点取一组不同的数字并对每个场景进行均方根处理，以便获得更好的精度。针对农村、郊区和城市等不同场景，分别计算出了水平精度和垂直精度。在 Wi - Fi 的帮助下，城市场景的水平精度最好，垂直精度不理想。在农村地区，只要提供可用的区域位置，系统的精度都很好。在城郊地区，NLP 的垂直精度优于水平精度。三种场景的精度分别为 1 637 m、38 m 和 32 m，概率误差为 68%。

Shahmoradi 等人[9] 研究了蜂窝网络中 FANET（飞行 Ad - hoc 网络）蜂窝支持下的无人机应用。在他们提出的系统中，无人机有两个用途：一是供消费者使用，利用 5G 核心技术与终端用户进行通信；二是作为飞行基站，为其他无人机提供服务。5G 基础设施等智能技术虽然是最成熟的编排技术，但也存在一定的弊端，如不支持切片业务和虚拟化功能。因此，无人机用作基站，可实现可观的成本效益，并可扩展到下一代。该应用可将原有地面网络与蜂窝网络连接，蜂窝网络可以随飞行高度动态调整，以建立 LOS 链路和 gNB 应用。作者从扩展地面网络覆盖和容量、支持 MANETs 和波束形成任务等方面，提出了基站的功能。高端技术将采用 3GPP 标准，这将降低复杂性，增加更多的网络信号带宽。Ulin 等人研究了一组分层编队无人机，将其作为实际无人机轨迹规划器的参照。为了提高误差的收敛速度，将滑动模态与人工神经网络（ANN）结合。本章研究了以轨迹为参考（$T_{i,p}^{d}$）的双层神经网络，其中 i 代表无人机序列号，d 代表参考位置，p 代表期望角度。权重矩阵 $\boldsymbol{w}_i$ 可通过 $\hat{\boldsymbol{w}}_i=\hat{\boldsymbol{w}}_{1\psi}^{\mathrm{T}}(\hat{y}_1,\ \vartheta_1)$ 计算得到。

8.4.2 在石油与天然气行业中的应用

市场上的特种无人机（来源：www.globenewswire.com），如垂直起飞与降落（VTOL）无人机，可用于勘测、监控、安保和灾难救援等任务[11-18]。这类无人机的最短续航时间要求 20～40 min，最小覆盖范围要求 2～4 km，飞机重量从 3.5 kg 到 6 kg。重量较轻的无人机，最大抗风能力达到 36 km/h，最大发射高度为 3 km。Q 系列无人机白天可携带 1 280×720 像素的有效载荷，夜晚可携带 15+MP 以上的高清载荷。少数无人机热成像载荷为 320×420 像素。如前面无人机分类中所描述的那样，如果 GPS 跟踪存在冗余，这些无人机可在低电量和强风状态下返航。

应用于石油行业的其他无人机，如 Netra V 系列无人机是一种便携式飞行器，体型小巧，完全自主飞行，可在非常糟糕的情况下做出智能反应。该型无人机的续航时间为 40～60 min，覆盖范围为 4～5 km，重量 6 kg，外形尺寸为 1 m×1 m。该系列无人机大多采用固定翼。这类无人机具有防水功能，最大发射高度为 3 km。该型无人机的成像载荷为 720 像素 10 倍变焦。高清载荷与 Q 系列无人机的有效载荷相同。热成像载荷为 640×480 像素。此类无人机具有防坠功能。与 Q 系列无人机一样，该型无人机可在低电量和强风状态下返航[19-22]。

8.4.3　在军事上的应用

在印度这样的发展中国家，恐怖主义威胁是难以预料的。印度一直肩负打击恐怖主义的重任，努力保卫国家免于恐怖袭击。反恐任务，如提高反恐意识、常态化监视和反恐调查等任务，始终需要保障安全。这些策略尽管非常有效，但还不够可靠。在这种情况下，可将无人机当作救生设备用于反恐行动中，因为无人机更加可行，能够如期收集准确信息。利用人工智能技术的无人机提供了一种先进的监控手段，并且能够利用人机交互（HCI）技术做出决策。无人机能够在复杂天气和地形下出色地执行任务，并且具有可更换有效载荷的特点，因此，改变了反恐行动的游戏规则。在危急时刻，无人机能够提供实时情报，协助安保人员。

例如，Netra V 系列无人机是一种完全自主、易于携带的小型无人机。该型无人机可从狭小空间发射，可覆盖超出人类视觉和听觉范围的大片区域。Netra V 系列无人机通过了 IP53 入侵防护认证，具有目标跟踪和放大功能。Netra V 系列无人机具有多种故障安全功能，可以智能应对和适应突发情况。在文献 [22-25] 中，通过细分，作者还提出了无人机的其他应用，为军事和安保领域提供帮助。这些技术可以帮助无人机识别人员身份，捕捉和确定未知人员的年龄。

8.4.4　在矿业中的应用

尽管无人机技术取得了进步，但无人机在深层矿井中的应用仍然有限。这是因为在地下矿井中应用无人机存在困难。无人机在恶劣的地下环境中飞行面临着诸多挑战。由于空间有限、视线不佳、气流不畅、粉尘浓度以及缺乏无线连接网络，在地下工作场所操控无人机非常困难。此外，无人机操控员几乎不可能到达矿井中难以接近的危险区域。

地下矿井中的无人机可用于健康和安全防护，例如，可用于矿物表面粗糙度测绘、岩体稳定性分析、通风建模、有害气体检测和泄漏检测等。

8.4.4.1　地下采矿岩土特征描绘

在多数地下开采工程中，岩体数据收集工作需要检测人员对岩体进行实际勘测。在无支撑的区域，如露天采矿区和新爆破的工作区，人员安全无法保障。应用无人机更适合监测地下矿井中人员无法到达的区域。无人机体型小巧，机动性强，可到达地下矿井中危险的区域，且不会危及矿工的生命安全。摄影测绘技术和 FLIR（前视红外）成像技术，可用于采集岩体的特征。摄影测绘技术可为地质模型提供数据，也可为岩体结构提供数据，还可对结构数据进行动力学及数值分析。数据分析还可使用无人机获得的 FLIR 图像。

8.4.4.2 地下矿石尺寸分析

钻孔和爆破是地下硬岩矿最常见的开采方法。爆破后，岩石的尺寸分布是未来生产阶段（如装载和运输）的关键测量指标。有几种方法可以确定岩石的尺寸分布，包括专家的目视观察、筛选分析和图像处理分析，以便进行岩石碎裂测量，这些程序快速且相对精确。

8.4.4.3 地下煤矿瓦斯检测

在地下煤矿将安装一套传感器系统，用于持续监测空气因数和气体浓度。还可应用无人机探测地下矿井中的有害气体。在地下煤矿，可应用无人机探测瓦斯气体。

8.5 分析与讨论

Ulin 等人认为，无人机是近年来融入商品运输领域的一种先进技术，在本研究中是指包裹运送服务。在交通严重拥堵的地区，应用无人机运送包裹将进一步改善运送能力。此外，无人机作为一种可替代的运送方式，可在仓库之间帮助运送小件包裹（Johnsen 等人[13]）。无人机融入商品运送领域是一种新的应用，在这种情况下，新的运送系统都将应用无人机。为了改善大学校园的货物分配系统，近年来，一些公司非常关注物流运输业务，希望缩短投递时间，提高运送效率。在他们的研究中，提出了一个基于旅行推销员问题（TSP）的数学模型。

研究人员主要基于旅行推销员问题（TPS）进行了数学推算，考虑了新兴无人机和传统卡车两种方式，制定了新莱昂自治大学（UANL）校区配送方法提高效率的计划。表 8－3 从不同角度概述了近年来无人机的应用情况。该方法综合考虑了无人机的应用法规、飞行实例和最大航程限制等因素。

表 8－3 无人机应用分析

序号	作者	出版年份	应用	分析评价
1	Ulin 等人[10]	2020	应用新兴技术构建配送网络	侧重于通过供应链提高生产效率
2	Mourtzis 等人[11]	2021	用于工业领域	引入一个智能框架，便于机器在"工业物联网"（IIoT）上实时采取适当的步骤，预防问题的发生
3	Elghaish 等人[12]	2020	帮助建筑行业实现数字化	有助于建筑商、结构规划师、设计师、学者和建筑师优化施工运营，提高性能和效率

续表

序号	作者	出版年份	应用	分析评价
4	Johnsen 等人[13]	2020	用于石油和天然气行业	探测有害气体，可到达地下危险区域，有助于人员的安全防护和安全保障
5	Khelifi 等人[14]	2021	考古地址监控	在无人机上安装 RGB、深度和热成像相机，收集低空数据
6	Agudo 等人[14]	2018	多光谱和航拍热成像，增强考古探测切割标记	研究了六个无人机探测器，评估它们在考古界识别出土文物的能力
7	Shahmoradi 等人[16]	2020	应用于采矿业	地下环境 3D 建模，如采矿、矿石管理、岩石不连续性测绘、爆破后的岩石碎片测量和损失稳定性监测
8	Chung 等人[17]	2018	无人机送货	应用启发式方法求解问题
9	Urbanova 等人[18]	2017	降低航拍成本	帮助法医快速获取偏远地区稀缺的航拍图像
10	Goodchild 等人[19]	2018	监测二氧化碳(CO_2)排放量	在配送和物流假设的前提下，应用了各种 ArcGIS 技术和污染标准，发现排放结果差异很大，并且高度依赖于无人机的能源消耗
11	Puttock 等人[20]	2015	监测海狸对生态系统造成的影响	应用轻型六旋翼飞行器，配备了小型数码相机，在重新引入海狸的区域，生成了摄影测绘和数字地面模型(DSM)数据
12	Merkert 等人[21]	2020	应用于航空系统	不受约束地使用无人机，可能对其他空域的用户造成影响，如机场和救援服务等
13	Stolaroff[22]	2018	运送商业包裹	无人机运送包裹适应性更强，无人机可以直线飞行，且路径上没有任何障碍物

Khelifi 等考古学家[14]，他们经常发现考古遗址，需要对考古现场进行监控。在许多国家，这些目标长期以来一直是重要的国家任务。尽早发现一些变化，对于预防性保护至关重要。长期以来，考古学家希望应用无人机在古代遗址的地上和地下收集数据，由于经济和技术原因，限制了无人机的应用。热成像、深度图像处理以及无人机和机器智能等技术的进步，降低了使用成本，同时提高了收集和分析数据的质量和规模。他们提出，应用自主无人机构建探测和监控考古遗址的终端平台，在无人机上安装 RGB、深度和热成像相机收集低空数据。他们提出了两阶段多模强度和 Thermal - RGB 马赛克策略，用于匹配和组合收集的图像。应用该检测方法拼接图像，以便识别出变化区域，提供随时间跟踪特定区域的用户界面。通过在古代遗址的 RGB 马赛克拼图上叠加热数据和深度数据，获得了最终结果。检测方法的均方误差（RMSE）为 0.04。

Agudo 等人[15] 重点介绍了在罗马民主城 La Caridad（Teruel，Spain）进行的研究工作，他们采用多种技术制作多光谱和热成像航拍图像，以便帮助考古勘测切割标记。研究使用了两套无人机系统，分别是西班牙 Zaragoza Tecnitop SA 公司生产的 Mikrokopter 无人机和瑞士 Cheseaux - sur - Lausanne SenseFly 公司生产的 eBee 无人机。因此，在研究中，作者将国内项目与商业项目进行了整合。对六种无人机传感器进行了测试和评估，以确定它们能否识别考古出土文物。传感器的光谱波段和空间分辨率各不相同。在研究中，他们探讨了几种光谱传感器记录的图像，用于评估该技术在考古方面的潜力。比较这些工具的方法被称为直接目测法，如同传统的飞机考古一样。他们的研究目标是，通过解读获取的数据，确定哪种无人机和传感器在描绘考古切割标记方面的效果最佳。因此，La Caridad 进行的实验结果表明，携带各种传感器的无人机用于勘测历史性切割标记是非常有效的，其评估成本更低，空间分辨率更高，可对埋藏的考古遗址进行多轨记录。

Shahmoradi 等人[16] 打算对煤炭行业现状和无人机创新应用进行深入研究。这些技术包括矿区三维建模、矿石处理、石块不连续性跟踪、爆破后巨石破碎措施和尾矿稳定性跟踪。在他们的研究中，概述了无人机的类型、规范以及采矿无人机切实可行的用途。最后，概括了地下采矿无人机设计和应用方面的要求。

有时候将海狸称为生态工程师，因为它们有能力改变流域的地形和水流，并利用水坝、水池和水渠来建造复杂的湿地栖息地。因此，海狸的生活习性对自然生态产生了很大影响，包括物种、降低洪水风险、水质和长期饮用水供应等。目前，英国正在讨论重新接纳獾的问题，因此衡量海狸对环境的影响至关重要。这项工作提供了首个概念验证结果，展示了应用轻型六旋翼飞行器配备小型数码相机，在重新引入海狸的区域生成摄影测绘和数字地面模型（DSM）数据。早期结果表明，可以利用微尺度（0.01 m）航拍图像和 DSM 分析来确定对生态系统结构的影响，如水坝和相关池塘的面积，以及海狸破坏树木对植被结构造成的变化（Puttock 等人）。无人机收集数据，为定期重复监测提供了一个强大的工具，这对于监测快速变化且难以进入的海狸栖息地至关重要。

根据 Merkert 等人的研究[21]，商用和私人无人机的使用正在彻底改变众多的生态系统。文献综述发现，隐私、可接受性和安全性等历史问题，正在迅速被其他空域用户的操作因素（例如，与其他用户接触，对其他用户产生影响等）所取代，从而确定了重大挑战和研究需求。近期种种事件表明，不受约束地应用无人机，可能会给航空公司和救援服务等其他空域用户带来影响。监管方法综合研究表明，需要采取更多管理应对措施，保持无人机应用的快速高效增长，并促进创新应用（如市内包裹运送），而针对无人机应用出台的低空空域管理（LAAM）机制，则是一种很有前景的战略应对措施。

根据 Stolaroff 等人的研究[22]，应用自主无人机运送商品即将成为一项新产业，从而极大地改变运输领域的能源使用情况。根据主要参数显示，在目前可再生技术条件下，多旋翼无人机的可行半径仍然在 4 km 左右。因此，有必要新建城市商店或中转站基础设施，作为后备场所使用。研究表明，虽然无人机每千米包裹运送的能耗低于地面车辆，但每个包裹所需要的额外能源，以及更远的航程，对于无人机生命周期的影响将会显著增大。尽管如此，在 Swathi 等人[23-27] 研究的军事和边境应用场景中，小型无人机配送服务的影响要小于地面车辆。研究结果表明，无人机配送可减少货运行业温室气体排放和能源消耗。为了减少无人机配送的潜在影响，相关管理部门和企业应倡导减少额外存储，并规范无人机的大小。研究发现，无人机路线与地面车辆路线之间存在巨大差异，成本预测远低于通常成本。每种方案提供的路径表明，由于没有限定地面车辆是否必须选择高速公路，无人机比地面车辆速度更快，而且在运输货物方面，无人机的适应性更强。与地面车辆不同的是，无人机可以沿着相同的路径前进，且路径上没有任何障碍物。

8.6　结论

在本章中，作者简要讨论了无人机的类型以及每个重要部件的功能。无人机为建筑行业的不同利益相关者提供了广泛的、可靠的和准确的地理分析数据。例如，土地勘测、检查、进度跟进、工人派遣、废物回收、区域和图示标注、仓库物料补充和用量计算，以及提高安全性等，这些都是无人机能够胜任的工作任务。

此外，利用无人机还能够实现快速、持续和低成本的监控。在水利工程建设中，当考察海狸对生态的影响时，这一点尤为重要，研究和实地考察表明，大坝和运河建设工程会迅速改变生态系统。在这些环境中进行地质勘测，将面临着许多挑战，如果应用无人机勘测，将会减少对栖息地环境的干扰，降低了勘测人员进入湿地的风险。无人机具有低空飞行能力，能够收集高分辨率的图像数据。

参考文献

[1] Li, X., Huang, H., Savkin, A. V., Zhang, J., Robotic herding of farm animals using a network of barking aerial drones. Drones, 6, 2, 29, 2022.

[2] Utkin, V., II, Sliding Modes in Control and Optimization, Springer Science & Business Media, Berlin, Germany, 2013.

[3] Park, S. and Kim, H., DAGmap: Multi - drone SLAM via a DAG - based distributed ledger. Drone, 6, 2, 34, 2022.

[4] Ng, Z. Y. and Phang, S. K., Development of simultaneous localization and mapping algorithm using optical sensor for multi - rotor UAV, in: AIP Conference Proceedings, vol. 2233, AIP Publishing LLC, p. 030007, 2020.

[5] Matveev, A. S. and Semakova, A. A., Distributed 3D navigation of swarms of non - holonomic UAVs for coverage of unsteady environmental boundaries. Drones, 6, 2, 33, 2022.

[6] Lee, D. - K., Nedelkov, F., Akos, D. M., Assessment of android network positioning as an alternative source of navigation for drone operations. Drones, 6, 2, 35, 2022.

[7] Park, S., Kim, H. T., Lee, S., Joo, H., Kim, H., Survey on anti - drone systems: Components, designs, and challenges. IEEE Access, 9, 42635 - 42659, 2021.

[8] Amponis, G., Lagkas, T., Zevgara, M., Katsikas, G., Xirofotos, T., Moscholios, I., Sarigiannidis, P., Drones in B5G/6G networks as flying base stations. Drones, 6, 2, 39, 2022.

[9] Shahmoradi, J., Talebi, E., Roghanchi, P., Hassanalian, M., A comprehensive review of applications of drone technology in the mining industry. Drones, 4, 3, 34, 2020.

[10] Ulin Hernandez, E. J., Martinez, J. A. S., Saucedo, J. A. M., Optimization of the distribution network using an emerging technology. Appl. Sci., 10, 3, 857, 2020.

[11] Mourtzis, D., Angelopoulos, J., Panopoulos, N., UAVs for industrial applications: Identifying challenges and opportunities from the implementation point of view. Proc. Manuf., 55, 183 - 190, 2021.

[12] Elghaish, F., Matarneh, S., Talebi, S., Kagioglou, M., Hosseini, M. R., Abrishami, S., Toward digitalization in the construction industry with immersive and drones technologies: A critical literatu e review. Smart Sustain. Built Environ., 10, 3, 2020.

[13] Johnsen, S. O., Bakken, T., Transeth, A. A., Holmstrøm, S., Merz, M., Grøtli, E., II, Jacobsen, S. R., Storvold, R., Safety and security of drones in the oil and gas industry, in: Proceedings of the 30th European Safety and Reliability Conference and the 15th Probabilistic Safety Assessment and Management Conference, ESREL2020 - PSAM15 Organizers, Singapore, 2020.

[14] Khelif, A., Ciccone, G., Altaweel, M., Basmaji, T., Ghazal, M., Autonomous service drones for multimodal detection and monitoring of archaeological sites. Appl. Sci., 11, 21, 10424, 2021.

[15] Agudo, P. U., Pajas, J. A., Pérez-Cabello, F., Redón, J. V., Lebrón, B. E., The potential of drones and sensors to enhance detection of archaeological cropmarks: A comparative study between multi-spectral and thermal imagery. Drones, 2, 3, 29, 2018.

[16] Shahmoradi, J., Talebi, E., Roghanchi, P., Hassanalian, M., A comprehensive review of applications of drone technology in the mining industry. Drones, 4, 3, 34, 2020.

[17] Chung, J., Heuristic method for collaborative parcel delivery with drone. J. Distrib. Sci., 16, 2, 19-24, 2018.

[18] Urbanová, P., Jurda, M., Vojtíšek, T., Krajsa, J., Using drone-mounted cameras for on-site body documentation: 3D mapping and active survey. Forensic Sci. Int., 281, 52-62, 2017.

[19] Goodchild, A. and Toy, J., Delivery by drone: An evaluation of unmanned aerial vehicle technology in reducing CO_2 emissions in the delivery service industry. Transp. Res. D Transp. Environ., 61, 58-67, 2018.

[20] Puttock, A. K., Cunliffe, A. M., Anderson, K., Brazier, R. E., Aerial photography collected with a multirotor drone reveals impact of Eurasian beaver reintroduction on ecosystem structure. J. Unmanned Veh. Syst., 3, 3, 123-130, 2015.

[21] Merkert, R. and Bushell, J., Managing the drone revolution: A systematic literature review into the current use of airborne drones and future strategic directions for their effective control. J. Air Transp. Manage., 89, 101929, 2020.

[22] Stolaroff, J. K., Samaras, C., O' Neill, E. R., Lubers, A., Mitchell, A. S., Ceperley, D., Energy use and life cycle greenhouse gas emissions of drones for commercial package delivery. Nat. Commun., 9, 1, 1-13, 2018.

[23] Gowroju, S. and Kumar, S., Robust deep learning technique: U-net architecture for pupil segmentation, in: 2020 11th IEEE Annual Information Technology, Electronics and Mobile Communication Conference (IEMCON), IEEE, pp. 0609-0613, 2020.

[24] Ruijin, D., Gao, F., and Shen, X. S., 3D UAV trajectory design and frequency band allocation for energy-efficient and fair communication: A deep reinforcement learning approach. IEEE Transactions on Wireless Communications, 19, 12, 7796-7809, 2020.

[25] Kang, Y., Yang, G. Y., and Huang Fu, S. I., Research of control system for plant protection UAV based on Pixhawk. Procedia Computer Science, 166, 371-375, 2020.

[26] Swathi, A., and Sandeep Kumar. A smart application to detect pupil for small dataset with low illumination, Innov. Syst. Sofw. Eng., 17, 1, 29-43, 2021.

[27] Swathi, A. and Kumar, S., Review on pupil segmentation using CNN-region of interest, in: Intelligent Communication and Automation Systems, pp. 157-168, CRC Press, Florida, USA, 2021.

[28] Gowroju, S. and Kumar, S., Robust pupil segmentation using UNET and morphological image processing, in: 2021 International Mobile, Intelligent, and Ubiquitous Computing Conference (MIUCC), IEEE, pp. 105-109, 2021.

[29] Rani, S., Gowroju, S., Kumar, S., IRIS based recognition and spoofng attacks: A review. 2021 10th International Conference on System Modeling & Advancement in Research Trends (SMART), pp. 2-6, 2021.

第 9 章　无人机支持智慧城市物联网的应用

R. Santosh Kumar[1*]，LNC Prakash K.[2]，G. Suryanarayana[3]

1. Department of Computer Science & Engineering，Vasavi College of Engineering，Hyderabad，India

2. Department of Computer Science and Engineering，CVR College of Engineering，Hyderabad，India

3. Department of Computer Science and Engineering，Vardhaman College of Engineering，Hyderabad，India

[*] 通讯作者：santosh@staff. vce. ac. in

摘　要：在世界各地，智慧城市概念正在成为一个日益重要的研究领域。智慧城市数据量巨大，安装的传感器、监控设备和其他工具的数量也非常多，移动监控平台的使用和不断更换，可以节省大量人力物力。目前，由于通信技术的不断发展和其他方面的进步，完全自主的无人机技术，在各个领域都经历着快速发展。这些发展已经在人们的生活质量、健康福祉、能源领域、航运业以及对大型仓储和商业项目的监督和指导方面带来了改善。在本章中，作者讨论了通信技术的发展趋势——物联网（IoT）与无人机的融合。作者评估了无人机在物联网中的应用，可用于智慧城市中众多建筑物的巡检，强调了物联网支持下自主无人机的应用可作为智慧城市的一种安全保障措施。本章还讨论了传统技术的缺点和局限性，如轨迹跟踪优化方法、便携式人工智能（AI）和机器视觉方法、物联网通信中的协作以及网络基础设施的可扩展性。在此，作者提出了一种开源智能物联网技术，用于支持各种智能服务或智慧城市服务，包括智能家居、智能无人机、智能能源网、智能交通网，以及未来根据市场需求而开发的其他服务。希望通过这些开放式研究课题的探讨，对读者有所帮助。

关键词：无人机，物联网，人工智能，网络基础设施

9.1　智慧城市概述

过去几年来，硬件和软件设计的进步加速了信息和通信技术（ICTs）的发展。由于信息和通信技术提高了市政运作效率，城市被冠以多种称谓，如“有线城市”“数字城市”“电子城市”“信息安全城市”等，智慧城市是使用最广泛的一个称谓。一般来说，如果一个城市的传统网络与服务能够更加适应、高效和持久，并且不会对环境造成太大的影响，那么，这个城市就被认为是智慧城市。智慧城市的重要目标是智能地利用电信技术，为城

市居民服务和造福。

在智慧城市中，数字技术为居民和企业提供了先进的公共服务，能够更有效地利用资源，减小对环境的影响。关于智慧城市的一些界定如下：“可持续发展的智慧城市是一个创新型的城市，它利用信息和传播技术提高生活质量，改善城市运行效率，同时满足当前及未来的经济、社会和环境需求。”另一个定义如下：“为了利用城市的整体知识，将实体基础设施、信息基础设施、社会基础设施和商业基础设施连接起来。将所有分系统或其中任何几个分系统相互融合，都能将城市设计成智能城市。基于城市的现有成本和技术，选择其中的几个组成部分来设计智能城市。”

衡量城市智能化的标准，包括生活质量、公共安全、污染控制、交通监控、灾害管理和服务[1]。智慧城市设计的首要目标是以更低的成本提供高质量的基础设施和服务。重要的是，任何智慧城市设计都应考虑未来生活的方方面面和信息技术的发展趋势[2]。

在全球金融危机之后，智慧城市设计对于降低成本、提高生活质量至关重要。预计到 2050 年人口将翻一番，智慧城市设计将面临更大的困难。因此，主要的关注点在于通信技术及其相关对象的更好集成。人工智能、无线传感器网络和机器人等技术，解决了智慧城市设计中的一些问题。人工智能可以帮助智慧城市设计解决其中的一些问题，如废物管理、水资源管理、交通拥堵、减少污染等。无线传感器可用于自然灾害勘察、交通监控、洪水监测等。机器人有助于智能设计并降低运营成本。在文献 [3，7，9，10，15，17，18，20，21，23，28，29，35，37，40 - 42，53，56，67，76，80，84 - 87，90 - 93，108] 中，探讨了智慧城市设计对智能分系统的需求以及面临的挑战。

智慧城市的标准，涉及气候变化、交通监控、安全问题和水资源质量。通过这些标准来监督资源管理和智能城市运行对环境的影响。IEEE 为智能电网、物联网、电子健康和智能交通系统（ITS）等许多分系统制定了智能城市标准。例如，ISO 37120 标准界定了 100 项城市质量衡量指标。在 100 项指标中，其中有 46 项为核心指标，有 54 项为辅助指标。新标准为智慧城市设计者提供了基本信息，有助于采用先进的技术进行更好的城市设计规划。

本章探讨的内容，在于为智慧城市设计中各个分系统提供无人机物联网技术支持。本章的内容安排如下：9.1 节对智慧城市进行概述，9.2 节简要归纳智慧城市的特点，9.3 节阐述物联网在智慧城市中的作用，9.4 节讨论智慧城市物联网流程的一般方法，9.5 节指出物联网在智慧城市设计中存在的缺点，9.6 节概述无人机及其分类，9.7 节提出无人机在智慧城市设计中的机遇和挑战，9.8 节探讨用于提高智慧城市设计质量的无人机物联网技术，最后在 9.9 节中给出了结论并对未来进行了展望。

9.2　智慧城市的构成及特点

为了应对人口增长过快和过度的城市化和全球化问题，以及确保经济和环境稳定，很多城市都致力于智慧城市建设。通过应用多种技术和互联数据传感器，进一步改善基础设施和城市运营状况，并使系统功能变得更强大、更智能，这种城市发展理念被称为“智慧城市”。智慧城市可从多个角度加以评判[11-14,19,22]。一般来说，智慧城市的构成包括多个分系统[4-6,47,52]。

9.2.1 智慧医疗

医疗卫生行业是智慧城市中讨论最多的一个应用领域[33,34,36]。可穿戴智能设备是未来发展趋势。如今，患者可通过访问、电话会议和短信等形式与医生或专科医生交流。过去，医生无法定期监测患者的健康状况并提出准确建议，有了智能可穿戴设备，使远程监测成为可能。医生可对患者的数据进行持续监测，这将有助于保证患者的安全和健康，同时也能帮助医生提供更好的治疗能力。通过远程监测，可减少住院时间，显著降低医疗成本。应用该技术，将使患者、临床医生、医院和保险公司多方受益[120]。智慧医疗体系的构成如图 9-1 所示。

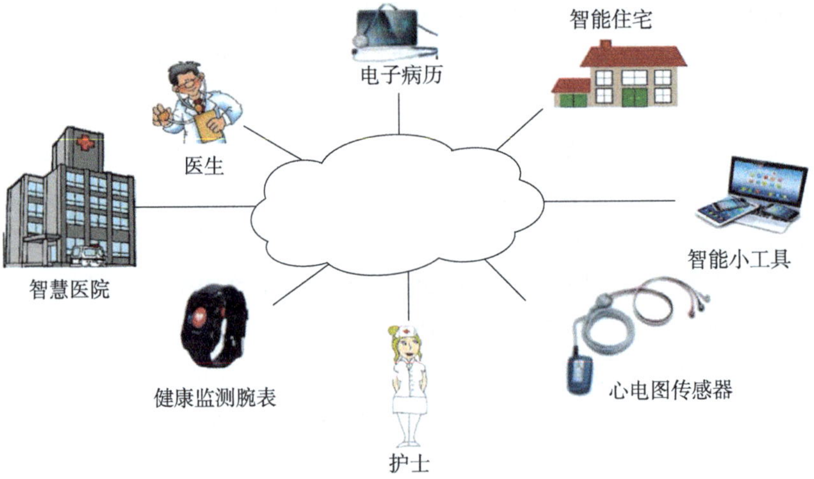

图 9-1　智慧医疗体系的构成

9.2.2 智能交通

交通是大城市的一个重要问题，每个人每天都需要某种形式的交通工具，每个人都希望准时到达目的地。智能交通就是一种解决方案。智能交通涉及摄像头、传感器、智能交通信号、智能收费站、智能汽车和 GPS 设备。为便于处理数据，所有这些设备彼此联通，并与网关相联。车辆之间进行通信也是可行的。这将有助于疏导交通，远离拥挤的高速公路，同时也有助于避开发生事故的道路。闯红灯或不遵守道路安全标识的车辆，将被智能摄像头拍摄。智能传感器还用于评估汽车的健康状况和性能，并在汽车发生故障前发出预警。公共交通中的智能传感器，将提供准确的位置、预计到达时间和空座数量。所有这些设备都有助于提高效率，减少污染，节约时间，避免交通事故。随着城市人口的增长，道路上的交通流量和汽车数量也在增加。因此，需要一种能够节省时间、节约燃料、无须人工干预，特别是能够合理利用空间的智能停车系统。从长远发展角度看，整体环境中应考虑安装和使用传感器模块以及低功耗的照明灯。一旦获得开放空间，这些设备将能够传输相关数据。当车辆驶入停车场时，软件会自动寻找空位，并打开车灯，引导驾驶员驶入空位。然后，驾驶员停车离开。智能停车系统还需要安装车辆信息采集设备，包括车辆进场和离场时间等，这是开具发票所必需的。不同路段对智能交通的需求如图 9－2 所示。这种模式无疑为驾驶员节省时间和燃料[121]。

图 9－2 不同路段对智能交通的需求

9.2.3 智能污染监测系统

由于工业化和汽车的发展，空气、水资源和土壤等受到的污染日益严重。工业烟囱、车辆尾气、高速公路、河道以及其他场所安装的智能传感器，可感知数据并将数据传输到网关以便进一步处理。烟囱中的传感器会检测蒸汽的类型，如有任何污染，就会向防治部门发出预警。如果垃圾不符合工业标准，就应该采取相应措施。如果车辆排放更多的废气废物，就应该警告车主，如果他们不改正问题，就应该受到处罚。在公路沿线安装的传感器，用于持续检测空气的质量，并采取必要措施，例如在污染区附近加强绿化。传感器将提供充足的数据，帮助减少土壤和水资源污染[122]。

9.2.4 智能基础设施

构成一个城市的有形实体，如建筑物、公路、通道、公园、寺庙和桥梁等，让城市及市民正常地运转和生活，这些实体被称为基础设施。然而，构成智慧城市基础的任何物理的、电气的或数字的基础设施，在这里被统称为基础设施。智能基础设施的后台是信息与通信技术设施，它让有形的基础设施变得更加“智能化”。信息与通信技术基础设施对智慧城市的发展至关重要，这取决于它的有效性和性能等多个方面。物理基础设施、传感器、软件和中间件等都是智能基础设施的组成部分。中间件是一种软件，通常对智能基础设施的自动化和快速反应至关重要。

中间件收集数据，并将数据汇集到一个地方进行分析。有了中间件和信息与通信技术，就能够将来自智能基础设施的信息迅速地提供给运营人员和管理人员，从而快速响应智慧城市的运营。其中，智能电网就是一个典型的例子。

9.2.5 智能建筑

在智能建筑中可以找到不同的硬件、软件和传感器，用于各种自动化流程，如数据网络、电力优化操作等。绿色建筑不同于智能建筑。绿色建筑是节能、节水且内部有环境控制结构，目的是最大限度减少碳排放并实现最佳的能源利用。智能建筑可以与其他智能建筑、人员和技术、全球环境以及智能电网轻松联通。智能建筑可以充分访问并利用区域之外的信息。物联网（IoT）提供了一种集成系统，能够收集和分析大量数据，可使智能建筑更加高效地运行并节约能源。智慧城市设计所需要的技术如图 9-3 所示。

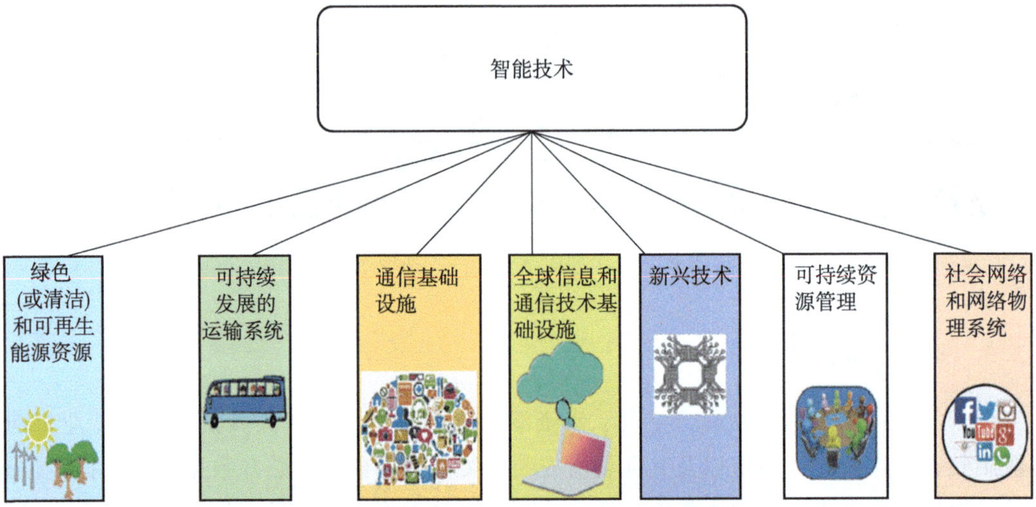

图 9-3 智慧城市设计需要的技术

9.3 物联网在智慧城市中的作用

物联网为智能城市设计提供了或简单或复杂的各种优势。物联网的影响及其方法见文献［112，113］。物联网在智慧城市设计中的应用如图 9-3 和图 9-4 所示。

9.3.1 道路交通

智慧城市确保居民以更安全的方式从一个地方前往另一个地方。市政当局通过开发和利用物联网和智能交通系统来实现这一目标。为了评估车辆的行驶路径，智能交通解决方

图 9-4 物联网（IoT）在智慧城市设计中的应用

案使用了多种类型的传感器和 GPS 数据。为了控制交通流量，中央交通管理平台从路面传感器和闭路摄像机接收实时交通流量信息。该平台对数据进行分析，并通过桌面用户应用程序向平台用户发出交通拥堵和交通信号灯等问题的预告。此外，城市正在建设一个智能控制器网络，并将根据实时变化的交通状况逐秒自动修改交通信号。

9.3.2 智能停车

智能停车系统利用 GPS 数据评估停车位是否可用，并构建实时停车地图。当获得距离最近的可用停车位时，驾驶员会收到一条信息。这样，驾驶员就不会漫无目的地行驶，而是根据地图的帮助寻找可用的停车位。

9.3.3 公共交通

物联网系统收集的数据可用于发现交通领域的问题。公交运营公司可以利用这些数据提高安全性。智能公共交通系统可以收集各种来源的信息，包括交通信息和车票销售信息，从而进行深入分析。购票信息和站内监控摄像头采集的信息被整合在一起。通过分析这些数据，列车运营商可以预测出每节车厢的载客情况。当列车到达站台时，乘务员将引导乘客沿着站台分散站立。在文献［16］中，探讨了智能公共交通的必要性。

9.3.4 公共设施

通过对城市公共设施的更多控制，物联网支持下的智慧城市居民能够减少公共设施的使用成本。在物联网的支持下，有很多方法可帮助实现公共设施智能化。

9.3.4.1 智能计费电表

利用智能电表系统，市政服务部门可以帮助用户以更低的成本、更高的效率连接到企业信息系统。现在，智能电表可以通过电信网络向用户所在地传输数据，提供准确的电表读数。由于采用了智能电表，公共设施管理部门就可以对每个住户的水、电、气消耗量进行正确地统计和收费。

9.3.4.2 披露消费习惯

公共设施管理部门可通过智能电表网络更好地了解每个用户的水电消耗量。公共设施管理部门还可通过智能电表连接对用户的电量需求进行实时分析。

9.3.4.3 远程监控

物联网智慧城市技术还可提供公共设施管理服务。通过这些服务，市民可以使用智能电表远程监控电器的使用情况。例如，房主可通过手机关闭家中的中央制冷系统。此外，公共设施管理部门还可通知房主并派遣人员帮助解决问题。

9.3.5 废物管理

大多数垃圾收集公司都预先设定了清空垃圾箱的时间。这种做法是低效的，因为这样会造成垃圾箱利用率太低，浪费垃圾收集卡车的燃料。对于物联网支持下的智能城市系统，可通过测量垃圾量来帮助优化垃圾的收集时间。每个垃圾箱都装有一个传感器，用于采集箱内垃圾量信息。垃圾管理系统将对这些记录进行分析，并在接近指定阈值时通过移动应用程序告知卡车司机[111]。

9.3.6 环境

物联网支持下的智慧城市解决方案，可以跟踪一些对维持良好环境非常重要的参数。城市可以构建一个传感器网络，并将其连接到云系统，用于监测水质、pH 值、溶解氧和溶解离子，而这些都是通过传感器来测量的。如果发生泄漏，水的化学混合物将发生变化，云系统就会生成用户指定的输出结果。另一个应用是监测空气质量。通过在主要道路和工厂周围安装传感器网络，从而实现这一目标。传感器收集一氧化碳、氮和硫氧化物含量相关数据，中央系统将对这些数据进行分析，找出污染空气质量的环节，并向市民提出建议。

9.3.7 公共安全

基于物联网的智慧城市解决方案，可提供分析、决策和实时监控能力，用于改善公共安全。通过整合来自城市不同地点的声音传感器、闭路电视摄像机以及社交媒体的数据并进行分析，公共安全系统就能够识别出可能发生的犯罪活动。反过来，还将帮助警方逮捕或追踪犯罪嫌疑人。例如，美国有 90 多个社区采用了枪声检测方案。该方案采用了一个可覆盖全市的麦克风网络。来自麦克风网络的信息被发送到中央平台上，由该平台对枪声进行统计分析。通过测量时间，平台可推断出枪声所在的位置。当检测到枪声并确定其位置时，云软件将通过移动应用程序向警方发送通知。

9.3.8　智慧城市中的安全与隐私

尽管上述智慧城市创新为社会的整体利益做出了重大贡献，但几乎所有的智能应用都容易受到当前黑客的技术攻击，如背景知识攻击、窃听攻击、垃圾邮件攻击、好感度攻击、内部好奇攻击、外部伪造攻击、身份攻击以及知识攻击等。

9.4　智慧城市设计中实施物联网解决方案的一般方法

智慧城市应用包括广泛的主题，而实施策略则是相通的。如果一个城市希望扩展和应用下一代智能技术，那么可以在现有架构的基础上增添新的程序和技术，而无须重建。在文献［25，26，46，48］中，讨论了绿色物联网的需求。一般而言，多数方法都将遵循以下步骤[45,66,75,79]。

第一阶段：基于物联网的智慧城市平台。

第一步是设计智慧城市基本模型，因为它将成为未来功能扩展的跳板，并允许在不影响功能的情况下增加更多的服务。智慧城市的基本物联网解决方案由四个模块组成。

智能物联网：智慧城市使用传感器和执行器。传感器的主要目的是收集数据并将其传输到中央系统。执行器使设备能够执行任务，如更换灯光等。

网关：每个物联网系统都包含一个由物联网设备和网络节点组成的“有形”组件以及一个云组件。现场网关在将数据传输到云系统之前，将会对数据进行分类和整理，从而简化数据收集和压缩过程。智慧城市解决方案的云网关能够确保数据传输的安全性。

数据湖：数据湖的作用是保存数据。数据湖以最原始的形式存储数据。当需要对数据进行相关分析时，数据就会被提取出来并发送到数据仓库，以便进行下一步处理。

大数据仓库：单个数据存储系统是一个巨大的数据仓库。与数据湖不同的是，它只包含结构化数据。一旦确定数据的价值，数据就会被提取、转换并加载到大数据库中。它还保存有关项目的信息，如传感器何时启动以及控制程序发送到设备执行器的命令。

第二阶段：基本分析和监测。

通过数据分析，能够监测周围的环境并为控制程序定义规则，以执行特定的操作。通过查看智能公园随处安装的土壤湿度传感器的数据，可察看土壤水分含量，为电子阀门的关闭或打开创建规则。传感器数据统一显示在平台的仪表盘上，方便用户随时查看其他公园的环境状况。

第三阶段：深度分析。

城市管理部门可利用物联网生成的数据进行基本分析，以便找出传感器数据模式和隐藏的关系。数据分析中使用了机器学习（ML）和统计技术。为了预测趋势和构建模型，机器学习算法将对存储在仓库中的可用数据进行评估。向物联网设备执行器发送指令的控制应用程序将会应用这些模型。这里给出一个实例，说明它在现实生活中是如何工作的。例如，智能交通信号灯，必须在设定的时间内显示特定的信号，它可以修改信号的时间设置。机器学习算法采用以前的传感器数据，用于预测交通趋势并更改信号时间设置，从而提高平均车速，减少交通堵塞。

第四阶段：智能控制。

通过向城市智能设备的执行器发送指令，控制软件可确保提高自动化程度。从根本上说，是控制软件“通知”执行器如何完成任务。控制应用程序能够基于规则学习或基于机器学习。在基于规则的控制平台，采用了手动指定规则，而在基于机器学习的应用中使用了机器学习算法整合的模型。这些模型通过数据进行分析，并定期进行评估、授权和更新。

第五阶段：通过用户应用程序与居民实时交互。

除了自动控制方案外，消费者的行为还能影响智慧城市的应用程序。用户应用程序负责这项任务。市民可以通过用户应用程序连接到智慧城市的中央管理平台，监控和操作物联网设备。例如，在智能交通管理解决方案中，用户可以利用智能手机中的 GPS 数据察看交通拥堵情况。为避开严重的交通拥堵，系统会自动向附近的司机发送通知，建议他们选择其他路线。在交通指控中心，使用桌面用户应用程序的工作员工，将会同时收到“拥堵警报”。他们会向交通信号灯执行器发送通知，要求修改信号灯时间设置，以便缓解道路拥堵状况并进行交通疏导。

第六阶段：多种解决方案的集成融合。

“智能”开发不是一次性的，而是一个长期的持续过程。市政当局在开发基于物联网的智慧城市解决方案时，就应该考虑未来可能实施的服务事项。在此，以智慧城市交通监控技术为例，说明这种功能的可扩展性。例如，某城市应用了一套交通管理工具，用于识别交通堵塞情况并调整交通信号，以便使交通拥堵状况得到缓解。实施一段时间以后，该城市决定将交通管理技术与智能空气质量监测方案结合起来，以确保城市交通不会对环境造成危害。通过不同部门不同解决方案之间的集成融合，可对两者进行管控，从而实现了对城市交通和空气质量的动态控制。

9.5 智慧城市设计中物联网解决方案面临的挑战

尽管物联网方法解决了一些问题，但它在智慧城市设计中的实施与应用仍存在以下一些问题[38,39,68,82,83]。

1）兼容性问题[94,95]：物联网设备是由不同的供应商按照各自的标准进行设计的。这些物联网设备之间的数据通信和交换是智慧城市设计中的一个重要问题。

2）物联网设备设计不适当[96,97]：不适当的智慧城市系统的规划和实施，可能会对网络资源利用率和智慧城市的整体运行产生重大影响。

3）互操作性[32,98,99]：不同制造商生产的设备，在以太网、Wi－Fi（移动热点）和

Zigbee（紫蜂）等不同传输协议之间的通信受到限制。在应用层缺乏明确的规范或标准，因此，无法对来自不同传感器和设备的数据进行组合和补充。

4）缺乏标准[100]：不适当的监管要求导致难以构建和管理海量非结构化的数据。

5）数据安全和隐私问题[101-103]：物联网设备处理的数据包含居民的隐私数据。由于安全协议不完善或数据泄露，居民可能会受到伤害。

6）联网计划难以实施[104,105]：连接到网络的大量设备给网络带来了巨大负荷，网络构建成为这一领域的主要难题。在文献［49－51，54－57，61，65］中，讨论了节能物联网架构。

7）缺乏互联网技能人才[106,107]：互联网技能人才对于物联网的实施和应用非常重要。当市场上物联网系统需要规划、实施和维护时，物联网机构将面临着严重的人才短缺问题。

8）不仅仅是开放数据共享[117]：第一波智慧城市服务大多建立在开放数据的基础上。如果不是敏感数据，通常会数据共享，而在此基础上构建的服务往往成效甚微。隐私数据集，如物联网生成的数据或居民隐私数据，可为智慧城市运营提供更大的价值，但这些并不公开。

9）鼓励更加灵活的决策[118]：由于许可模式尚未得到很好的理解或开发，因此，没有足够的激励措施、市场信心或信任来鼓励组织和个人共享新的数据集。这样一个市场的重要生态系统基础尚未建立。隐私数据集，如物联网生成的数据、封闭的公司数据或居民隐私数据，可能为更丰富的智慧城市服务提供更多的价值，但目前还无法获取。此外，将开放数据的商业可行性扩展到现有许可模式之外且面向未来的市场机制尚未建立。

10）从低层访问区域获取数据[119]：在灾害管理中，由于信号强度弱，电池寿命短，通过物联网设备获取数据将非常困难。

11）物联网安全和隐私问题[58,114-116]：智能系统的每一层都存在漏洞，这些智能应用设计可能带来重大的安全和隐私问题。未经授权的访问、“赛贝尔”攻击（Sybil attack）和拒绝服务（DoS）攻击等，都会降低智能服务的质量。

9.6　无人机简介

无人机，可以形象地理解为无需飞行员的飞机。最初，无人机的发明用于军事领域，后来被广泛用于改善智慧城市设计。无人机可作为智慧城市设计的一个组成部分，通过解决包裹运送、建筑工程监督、污染监测、交通监控和灾害管理等问题，从而提高人们的生活质量。由于传感器、数据处理和电池充电技术的进步，无人机变得越来越经济实惠。无人机作为地面用户的空中基站（BS），可提供通信服务（上行链路和下行链路）。由于无人机的敏捷性和视距（LoS）范围，使其在物联网（IoT）框架中不可或缺。智能房屋、智能街道、智能停车、智能电网，以及智慧城市的其他应用系统，均受益于物联网。实现物联网的主要前提是，包括智能手机、建筑、家用电器、汽车甚至自然物体在内的一切对象，都可以通过互联网连接和通信，从而形成一个智能世界。这些应用程序的创建，对于人们的生活方式、经济建设和生态发展至关重要。

绿色技术除促进经济发展以外，还能够通过环境保护、节约资源、减缓气候变化的影响、减少污染和降低能耗等方式，支持地理环境生态的整体发展。现代智慧城市的基础设施，需要大量能够协调、联通和信息共享的物联网设备。由于联网设备需求量大，因此，降低运营成本且节约能耗的解决方案变得越来越重要。载荷平衡对于通过最大限度减少智能设备的能耗来延长网络寿命也很重要。

将无人机嵌入物联网解决了上述一些问题。由于无人机技术的不断进步，这种情况已不复存在。自动飞行的无人机、自主无人机以及人工智能驱动的水下无人机，现在统称为自主无人机。无人机有多种称呼，如遥控飞机（Remotely piloted aircraft）、无人驾驶飞行系统（UAS）、无人驾驶飞机（UA）、无人驾驶飞行器（UA）等，均用于描述无需机组人员的飞行器。无人机可分为以下几种类型：1）单旋翼无人机；2）多旋翼无人机；3）固定翼无人机；4）小型区域无人机；5）战术无人机；6）微型无人机；7）无人侦察机；8）大型作战无人机；9）非作战无人机；10）靶机和诱饵无人机；11）航拍无人机；12）GPS 无人机；13）竞速无人机。通信领域的无人机参见文献［154］，自动更换电池的无人机参见文献［153］。

9.7 无人机在智慧城市中应用的机遇与挑战

无人机可用于改进智慧城市设计，将无人机与其他技术相结合，必将有益于智慧城市的设计。将无人机融入智慧城市的一些领域，可提供更好的服务。其中面临的挑战见文献［69－73，81，88，89］。

1）地理空间观测：与传统的观测方法相比，无人机的应用使观测技术得到改进。无人机上配置有全球定位系统（GPS）和高分辨率相机，以及先进的软件和硬件，在三维现场建模、航空摄影测量、航空视频和图像对比等方面的能力，有了显著提高。

2）民用安全控制：无人机作为一种工具，可用于增强建筑工人间的协作，提高工地现场的安全性，利用航空摄影测量原理，可对广阔的现场区域进行航空测量并生成结构图。通过构建建筑组件图像来了解工地现场的总体安全状况，见文献［30］。

3）交通管理：无人机将实时视频传输到中央控制站，用于协助道路观察、交通疏导、交通数据统计、监控车牌等。应用无人机提供地面态势感知，并在发生交通事故或漏油等危险时刻收集证据。通过评估无人机收集的数据，进而管控交通流量和道路的安全。

4）人群管理：无人机可从更广阔的视角观察人群，为控制团队提供人群监控实时数据。无人机可对特别关注的区域进行放大，为控制团队提供宝贵的地面情况信息。这些数据可以帮助地面人员做出重要判断。在紧急情况下，团队深度态势感知能力使他们能够迅速有效地做出反应。

5）灾害管理：从技术上加强灾害管理与控制，已超出了传统观念，这意味着安全技术的发展和进步。在反复重申保护措施的同时，认识事件原因也很重要。公共安全是政府的头等大事，防灾、救灾、惠民等方面的进步也是如此。至关重要的是，技术发展促进了灾难管控能力获得显著提高，从而进一步改善了灾区状况。无人机和四旋翼飞行器正越来越多地用于灾害管理和维护公众安全。应用无人机为受灾区域提供高效的援助，已经显著改善了灾害管理状况。

6）环境管理：近年来，环境管理方案进一步增强。用于监测空气和水污染的传感器，以及电磁频谱传感器，在尺寸和成本上都有缩减，并且越来越多地组合成综合设备。低空无人机（微型无人机）配置了空中传感器平台，出于安全和隐私原因，在人口稠密地区的使用受到限制。关于应用无人机进行空气污染和环境管理监测，见文献［62－64］。

7）安全性：无人机监视起源于军事交战行动，后来转移到民用领域，无人机配置了小型摄像头，可获取优质图像。在世界各地，市政当局已经意识到快速响应和成本节约所带来的优势[31]。

8）大数据处理：随着商业大数据需求不断增加以及技术突破和更多的风险投资，无人机的应用将继续加速。农业、房地产、建筑和交通等行业持续关注这些信息。无人机拍摄的图像和视频具有很大的价值，同时，无人机存储其他类型数据的能力也在不断增强，例如存储无线电信号、土壤湿度、制造业排放和大地观测数据等。

9）异构系统之间的协调：不同无人机在不同位置收集的数据应互联互通，从而高效地获得相关数据。

9.8　无人机助力物联网

本节将阐述无人机在支持物联网（IoT）技术方面所开展的研究工作。关于无人机与物联网之间的协作，见文献［8］。

9.8.1　无人机助力物联网支持灾害管理

灾情监测与告知需要一个高效可靠的系统。物联网可以解决灾害管理中出现的重要问题。无人机与物联网结合，可进一步提高系统效率。一般来说，无人机支持下的物联网，涉及物联网的联网效率、数据收集与分析技术、通信技术。物联网设备具有处理和感知不同物理对象之间数据的能力。物联网具有最大程度的联通性，可用于灾情监测与管控。通过应用无人机，物联网的通信能力得到进一步提高。最近，无人机被赋予物联网功能，用于改善与地面物联网之间的联通，这将为基础设施尚未恢复区域的民众提供帮助，这将有助于缩短响应时间。当发生灾害时，应用无人机进行搜索和救援行动，以便尽早发现幸存者并提供援助。在传统网络基础设施无效的情况下，人们可穿戴物联网设备并与无人机空中基站建立连接，以便发送数据。当前正在考虑将多无人机系统用于搜索和救援受灾民众。无人机具有航空灾害评估能力，可进行准确、实时的态势评估。调查显示，在发生灾害时极其缺乏态势感知能力，因此建议应用无人机与受灾地区的传感器网络结合，这样能够提供快速、准确的信息。关于灾害管理技术，见文献［123－128］。关于无人机调度协议，见文献［59］。

为进行有效的灾害管理，灾害损失数量和损失程度等数据至关重要。无人机从灾区获取视频、图像和传感器数据，然后对这些数据进行处理和分析。无人机还可用于评估恶劣天气对电网造成的破坏。如地震发生后，应用无人机从人员难以介入的地方拍摄高清图像和照片，以便评估受损情况。此外，还可以利用“运动-结构”技术，根据获取的数据创建三维（3D）模型评估受损情况。

9.8.2 无人机助力物联网支持公共安全

对于搜救行动，第一时间在救援者和待救者之间建立公共安全网络至关重要。成功的公共安全通信网络需要具备快速应急通信能力。有效的通信技术，将在公共安全通信中发挥救助生命并促进联通的作用。一旦发生灾害，Wi－Fi、LTE 等技术将变得不可用。因此，当地面通信网络遭到破坏时，空中通信网络则是灾后恢复的最佳选择。

可穿戴公钥物联网（IoPST）作为第一响应者，在各方之间实现了信息共享。相关方可以是犯罪案件中的执法机构，也可以是灾害发生时的救援团队。相关方做出正确的决策，为救援行动提供帮助。在文献［129］中，作者研究了无人机作为基站（BS）如何向特定区域提供通信服务，考虑了异构设备和无人机如何实现兼容的问题，还探讨了基本操作和改进方法。在文献［127］中，作者研究了灾害管理方法和物联网的有效性。在文献［128］中，Reina 等人探讨了灾害预防以及物联网和大数据的价值。

9.8.3 无人机助力物联网支持数据收集

智慧城市设计的核心在于获取数据的质量和数据分析技术。高效地收集、存储和处理数据，以满足为智慧城市设计改进做出正确决策的需要。物联网设备可放置在多个区域收集数据，但这些设备的功能有限。无人机应用于智慧城市有两个主要限制因素，分别是电池电量低和信号强度弱[130-132]。

最近，无人机为数据收集提供了另一种方案。无人机可以放置在不同的地点采集数据。无人机和物联网融合，显示出更好的联通性、成本效益和服务质量（QoS）等优势。无人机可搭载传感器、高端相机等设备，具有 LTE、Wi－Fi、5G 等通信技术能力。这些能力可进行高效地拍摄并提供服务。无线通信技术，例如 4G/5G 网络，将传感器、GPS 和摄像头集成到无人机上，提高了数据收集质量。在这种情况下，实现了最小化能量消耗，搭载这种设备的无人机还可长期用作地面基站，为救援团队提供安全的路线向导。

无人机还可以收集来自监测设备、环境传感器等设备的信息，在物联网设备通信中发挥重要作用[135-137]。在文献［138］中，作者研究了无人机和物联网设备如何在关键场景中共同使用，包括发现事故和网络功能改进等。配备物联网设备的无人机可以收集、存储和分析数据，从而更快速、更高效地执行复杂任务。由于分析物联网数据和及时执行物联网任务需要能源，Koulali 等人[165] 建议，先在本地进行数据处理，然后再将处理好的数据传输到云系统。

无人机与物联网结合，在智慧城市中有多种多样的应用方式，例如：

1）无人机可用于收集智慧城市中不同物联网的数据[133]。

2）搭载物联网设备的无人机，可用于收集来自不同物联网的数据[134]。

3）搭载物联网设备的无人机，可用于收集数据。

无人机应用物联网收集的数据，将有很多用途，如用于污染控制、水质监测、产量估算、作物监测、高速公路巡逻等。可采用不同的数据分析工具，采取必要的措施来提高质量。

9.8.4　无人机与物联网提升生活质量

在智慧城市中，空气质量和水资源是与生活品质相关的两大主要问题。传感器用于收集空气质量数据，但它们无法实时发送数据。配备物联网传感器的无人机可以收集数据，并且能够将数据发送更远距离[139,40]。Villa 等人[141] 将四种传感器安装在最佳位置。他们在无人机上安装了 NO_2、NO、CO 和 CO_2 传感器，用于测量危害排放物。Hamilton[142] 设计了太阳能无人机，配置了二氧化碳传感系统和无线传感器网络（WSN）。

在文献 [143] 中，作者研究了当前用于环境监测的无人机系统。此外，在文献 [144] 中，作者介绍了用于监控任务的无人机，配置了货架传感器，但没有解决制导问题。本研究采用了相同的方法来解决这一问题。用户通过集中关注污染最严重的区域，采用元启发式算法和粒子群优化（PSO）方法来操作该系统，从而监测特定区域[145]。另一个例子见文献 [146]，作者提出了无人机方案。

9.8.5　无人机助力物联网提高效能

如果远距离发送数据，孤立的物联网设备将会消耗更多的能源。如果无人机配备了物联网设备，那么无人机就可以进入物联网设备的实际覆盖范围。Mozaffari 等人[147] 计算了小型无人机的高度值，在该高度无人机的发射功率最小且覆盖范围最大。在文献 [148] 中，作者介绍了无线传感器网络（WSN）支持下的无人机方案，有固定的领头无人机、无人机下沉和传感器节点。他们认为，这种方法降低了领头无人机选择的复杂性和能耗。在文献 [148] 中，作者讨论了利用 WSN[149] 实现无人机高效数据收集的方法。这些方法减少了延迟、数据收集和飞行时间。在文献 [150] 中，作者提出应用 WSN 无人机和移动代理，从而减少传感器节点的能耗和收集数据的时间。在文献 [151] 中，作者讨论了节能管理的数学模型。在文献 [43，44] 中，作者讨论了无人机的跟踪算法。Sharma 等人[152] 介绍了 WSN 支持下的无人机，具有以下功能：1）无人机路由延迟更小；2）覆盖区域更大；3）电池寿命更长。上述模型没有考虑无人机的速度和无人机载荷。在文献 [74] 中，作者对载荷平衡的 WSN 进行了广泛讨论。在文献 [155] 中，作者讨论了无人机自动更换电池的机制，自动更换电池的优点是可避免人工干预。在文献［60］中，作者讨论了配置小型电池的无人机。

9.8.6 无人机支持下的物联网隐私与安全问题

Wang 等人[114]，从网络空间-物理系统（CPS）的角度，探讨了无人机的网络安全和隐私挑战。作者研究了无人机的主要模块，这些模块用于应对来自网络空间和物理领域的网络攻击，这些领域是最薄弱的环节。在文献［154］中，作者讨论了无人机通信网络面临的安全问题，并确定了关键安全需求。Shakhatreh 等人[155] 研究了无人机的民用情况及其面临的主要障碍。Krishna 等人[156] 研究了无人机的网络安全问题，作者提出了一种分类方法，描述了无人机可能遭遇的各种形式的网络攻击。Shafque 等人[157] 发表了一份关于无人机安全协议和漏洞的研究报告。Syed 等人[158] 发表了综述文章，阐述了解决无人机安全和隐私问题的新技术。在文献［159］中，作者对商用无人机的安全、安保和隐私问题进行了调研，他们发现了严重的漏洞、网络空间和物理空间存在危险，以及可能导致无人机在飞行任务中坠毁的潜在攻击。同样，在文献［160］中，作者研究了新兴的网络攻击形式和商用无人机面临的问题。在文献［24］中，作者研究了当前民用无人机的危险性和不适当的应用。Nassi 等人[116] 发表了关于商用无人机安全和隐私问题的文献综述。在文献［161］中，作者研究了商用无人机在无线通信中潜在的危险，包括基于 Wi-Fi 的无人机通信，他们还指出无人机航拍侵犯隐私的问题。在文献［27］中，作者探讨了无人机在国防领域面临的安全挑战。Fotouhi 等人[162] 研究了无人机辅助蜂窝通信面临的主要安全挑战。Mishra 等人[163] 认为，无人机与蜂窝网络（如 5G）融合，带来了安全挑战，还需要对该领域进行深入研究。从通信角度来看，Hayat 等人[164] 研究了无人机网络在安全、安保和隐私等方面的问题。在文献［77，78，165］中，作者对新兴的无人机通信技术进行了深入研究，提出了航拍数据传输到地面控制站（GCS）加以保护的必要性。

Hassija 等人[166] 开展了一项调查，涵盖了所有重要主题。Boccadoro 等人[77,78,167] 对无人机互联网进行了详细研究，他们探讨了无人机-无人机通信的安全和隐私问题，以及现有的解决方案。Noor 等人[168] 在创建无人机网络时考虑了安全和隐私问题，其中最重要的挑战之一就是多无人机之间的自组网通信问题。这种通信形式也称为飞行自组网。

9.9 结论与未来展望

最近，通过机器学习（ML）、人工智能（AI）等先进的无人机技术，在无人机支持下的物联网技术得到了不断进步。这些先进技术有助于数据分析和提高安全性。机器学习技术旨在通过无人机在更短的时间内收集数据，并进行预测和判断。人工智能技术提高了物联网和无人机的智能化程度，使其能够自主和智能地工作。机器学习技术也可利用对手的设置提高自身的安全性。在密码技术和机器学习等先进技术的帮助下，为无人机启用物联网提供了安全和隐私保护，但未来仍有许多研究工作要做。此外，物联网和无人机之间的通信技术还存在一些缺陷，如信号强度、数据收集时间以及向基站发送数据的时间限制等问题。未来，还应该解决电池寿命和自主更换电池的问题。总之，在无人机部署应用于物联网之前，上述问题应该在一定程度上予以解决。

参考文献

[1] Barrionuevo, J. M., Berrone, P., Ricart, J. E., Smart cities, sustainable progress. IESE Insight, 14, 14, 50-57, 2012.

[2] Cocchia, A., Smart and digital city: A systematic literature review, in: Smart City, R. Dameri, (Ed.), pp. 13-43, Springer, Cham, 2014.

[3] Javidroozi, V., Shah, H., Amini, A. et al., Smart city as an integrated enterprise: A business process centric framework addressing challenges in systems integration, in: Proceedings of 3rd International Conference on Smart Systems, Devices and Technologies, Paris, IARIA, Wilmington, DE, pp. 55-59, July 20-24, 2014.

[4] Lytras, M. D. and Visvizi, A., Who uses smart city services and what to make of it: Toward interdisciplinary smart cities research. Sustainability, 10, 6, 1998, 2018.

[5] Ijaz, S., Shah, M. A., Khan, A., Ahmed, M., Smart cities: A survey on security concerns. Int. J. Adv. Comput. Sci. Appl., 7, 2, 612-625, 2016.

[6] Yin, C., Xiong, Z., Chen, H. et al., A literature survey on smart cities. Sci. China Inform. Sci., 58, 10, 1-18, 2015.

[7] Mohanty, S. P., Choppali, U., Kougianos, E., Everything you wanted to know about smart cities. IEEE Consum. Electron. Mag., 5, 3, 60-70, July 2016.

[8] Alsamhi, S. H., Ma, O., Ansari, M. S., Survey on collaborative smart drones and internet of things for improving smartness of smart cities. IEEE Access, 7, 128125-128152, August 2019.

[9] Coe, A., Paquet, G., Roy, J., E-governance and smart communities: A social learning challenge. Soc. Sci. Comput. Rev., 19, 1, 80-93, 2001.

[10] Martínez-Ballesté, A., Pérez-Martínez, P. A., Solanas, A., The pursuit of citizens' privacy: A privacy-aware smart city is possible. IEEE Commun. Mag., 51, 6, 136-141, Jun. 2013.

[11] Chourabi, H., Nam, T., Walker, S., Gil-Garcia, J. R., Mellouli, S., Nahon, K., Pardo, T. A., Scholl, H. J., Understanding smart cities: An integrative framework, in: Proc. 45th Hawaii Int. Conf. Syst. Sci. (HICSS), pp. 2289-2297, 2012.

[12] Lytras, M. D. and Visvizi, A., Who uses smart city services and what to make of it: Toward interdisciplinary smart cities research. Sustainability, 10, 6, 1998, 2018.

[13] Bibri, S. E. and Krogstie, J., Smart sustainable cities of the future: An extensive interdisciplinary literature review. Sustain. Cities Soc., 31, 183-212, May 2017.

[14] Hollands, R. G., Will the real smart city please stand up? Intelligent, progressive or entrepreneurial? City, 12, 3, 303-320, 2008.

[15] Jara, A. J., Genoud, D., Bocchi, Y., Big data in smart cities: From poisson to human dynamics, in: Proceedings of the 28th International Conference on Advanced Information Networking and Applications Workshops (WAINA), pp. 785-790, 2014.

[16] John, R. M., Francis, F., Neelankavil, J., Antony, A., Devassy, A., Jinesh, K. J., Smart public transport system, in: 2014 International Conference on Embedded Systems (ICES), pp. 166-170, 2014.

[17] Guedes, A. L. A., Alvarenga, J. C., Goulart, M. D. S. S., Rodriguez, M. V. R. Y., Soares, C. A. P., Smart cities: The main drivers for increasing the intelligence of cities. Sustainability, 10, 9, 3121, 2018.

[18] Cooley, R., Wolf, S., Borowczak, M., Secure and decentralized swarm behavior with autonomous agents for smart cities, IEEE International Smart Cities Conference (ISC2), pp. 1-8, 2018. arXiv: 1806.02496. [Online]. Available: https: //arxiv.org/abs/1806.02496.

[19] Maeda, A., Technology innovations for smart cities, in: Proc. of Symposium on VLSI Circuits (VLSIC), pp. 6-9, 2012.

[20] Zanella, A., Bui, N., Castellani, A., Vangelista, L., Zorzi, M., Internet of things for smart cities. IEEE Internet Tings J., 1, 1, 22-32, Feb 2014.

[21] Harrison, C., Eckman, B., Hamilton, R., Hartswick, P., Kalagnanam, J., Paraszczak, J., Williams, P., Foundations for smarter cities. IBM J. Res. Dev., 54, 4, 1-16, 2010.

[22] Guedes, A. L. A., Alvarenga, J. C., Goulart, M. D. S. S., Rodriguez, M. R. Y. R., Soares, C. A. P., Smart cities: The main drivers for increasing the intelligence of cities. Sustainability, 10, 9, 3121, 2018.

[23] Mohammed, F., Idries, A., Mohamed, N., Al-Jaroodi, J., Jawhar, I., UAVs for smart cities: Opportunities and challenges, in: Proc. Int. Conf. Unmanned Aircr. Syst. (ICUAS), pp. 267-273, 014.

[24] Gapchup, A., Wani, A., Wadghule, A., Jadhav, S., Emerging trends of green IoT for smart world. Int. J. Innov. Res. Comput. Commun. Eng., 5, 2, 2139-2148, 2017.

[25] Huang, J., Meng, Y., Gong, X., Liu, Y., Duan, Q., A novel deployment scheme for green internet of things. IEEE Internet Tings J., 1, 2, 196-205, Apr. 2014.

[26] Rani, S., Talwar, R., Malhotra, J., Ahmed, S. H., Sarkar, M., Song, H., A novel scheme for an energy effcient Internet of Tings based on wireless sensor networks. Sensors, 15, 11, 28603-28626, 2015.

[27] Selvi, P. T., Sri, T. S., Rao, M. N. et al., Toward effcient security-based authentication for the internet of drones in defence wireless communication. Sof Comput., 26, 4905-4913, 2022.

[28] Mardacany, E., Smart cities characteristics: importance of built environments components, in: Proceedings of IET Conference on Future Intelligent Cities, pp. 1-6, 2014.

[29] Gharaibeh, A., Salahuddin, M. A., Hussini, S. J., Khreishah, A., Khalil, I., Guizani, M., Al-Fuqaha, A., Smart cities: A survey on data management, security, and enabling technologies. IEEE Commun. Surv. Tutor., 19, 4, 2456-2501, 4th Quart., 2017.

[30] Merwaday, A. and Guvenc, I., UAV assisted heterogeneous networks for public safety communications, in: Proc. IEEE Wireless Commun. Netw. Conf. Workshops (WCNCW), pp. 329-334, Mar. 2015.

[31] Hartmann, K. and Steup, C., The vulnerability of UAVs to cyber attacks—An approach to the

risk assessment, in: Proc. 5th Int. Conf. Cyber Conflict (CYCON), pp. 1-23, 2013.

[32] Liu, A., Zhang, Q., Li, Z., Choi, Y. - J., Li, J., Komuro, N., A green and reliable communication modeling for industrial internet of things. Comput. Elect. Eng., 58, 364 - 381, Feb. 2017.

[33] Schaffers, H., Komninos, N., Pallot, M., Trousse, B., Nilsson, M., and Oliveira, A., Smart cities and the future internet: Towards cooperation frameworks for open innovation. The Future Internet, Lect. Notes Comput. Sci., 6656, 431-446, 2011.

[34] Acampora, G., Cook, D. J., Rashidi, P., Vasilakos, A. V., A survey on ambient intelligence in healthcare. Proc. IEEE, 101, 12, 2470-2494, 2013.

[35] Chourabi, H., Nam, T., Walker, S., Gil-Garcia, J. R., Mellouli, S., Nahon, K., Pardo, T. A., Scholl, H. J., Understanding smart cities: An integrative framework, in: Proc. of the 45th Hawaii International Conference on System Science (HICSS), pp. 2289-2297, 2012.

[36] Demirkan, H., A smart healthcare systems framework. IT Prof., 15, 5, 38-45, 2013.

[37] Trindade, E. P., Hinnig, M. P. F., da Costa, E. M. et al. Sustainable development of smart cities: A systematic review of the literature. J. Open Innov., 3, 11, 2017. Bettencourt, L. M. A., Te uses of big data in cities, SFI Working Papers, September, 2013.

[38] Vermesan, O. and Friess, P., Internet of things: Converging technologies for smart environments and integrated ecosystems, River Publishers, Denmark, 2013, http: //www.internet - of - thingsresearch.eu/pdf/Converging_Technologies_for_Smart_Environments_and_Integrated_Ecosystems_IERC_Book_Open_Access_2013.pdf, last accessed on 18 Feb 2016.

[39] Corcoran, P., The internet of things. IEEE Consum. Electron. Mag., 5, 1, 63 - 68, January 2016.

[40] Harris, S., Securing big data in our future intelligent cities, in: Proceedings of IET Conference on Future Intelligent Cities, pp. 1-4, 2014.

[41] Errichiello, L. and Micera, R., Leveraging smart open innovation for achieving cultural sustainability: Learning from a new city museum project. Sustainability, 10, 6, 1964, 2018.

[42] Mohammed, F., Idries, A., Mohamed, N., Al-Jaroodi, J., Jawhar, I., UAVs for smart cities: Opportunities and challenges, in: Proc. Int. Conf. Unmanned Aircr. Syst. (ICUAS), pp. 267-273, 2014.

[43] Bucaille, I., Héthuin, S., Rasheed, T., Munari, A., Hermenier, R., Allsopp, S., Rapidly deployable network for tactical applications: Aerial base station with opportunistic links for unattended and temporary events absolute example, in: Proc. IEEE Military Commun. Conf. (MILCOM), pp. 1116-1120, Nov. 2013.

[44] Han, G., Shen, J., Liu, L., Shu, L., BRTCO: A novel boundary recognition and tracking algorithm for continuous objects in wireless sensor networks. IEEE Syst. J., 12, 3, 2056 - 2065, Sep. 2018.

[45] Lagkas, T., Argyriou, V., Bibi, S., Sarigiannidis, P., UAV IoT framework views and challenges: Towards protecting drones as 'things'. Sensors, 18, 11, 4015, 2018.

[46] Gapchup, A., Wani, A., Wadghule, A., Jadhav, S., Emerging trends of green IoT for smart

world. Int. J. Innov. Res. Comput. Commun. Eng.，5，2，2139－2148，2017.

[47] Dameri，R. P.，Using ICT in smart city，in：Smart City Implementation，pp. 45－65. Springer，Cham，2017.

[48] Huang，J.，Meng，Y.，Gong，X.，Liu，Y.，Duan，Q.，A novel deployment scheme for green internet of things. IEEE Internet Tings J.，1，2，196－205，Apr. 2014.

[49] Rani，S.，Talwar，R.，Malhotra，J.，Ahmed，S. H.，Sarkar，M.，Song，H.，A novel scheme for an energy effcient Internet of Tings based on wireless sensor networks. Sensors，15，11，28603－28626，2015.

[50] Al－Hourani，A.，Kandeepan，S.，Jamalipour，A.，Modeling air－toground path loss for low altitude platforms in urban environments，in：Proc. IEEE Global Commun. Conf.（GLOBECOM），pp. 2898－2904，Dec. 2014.

[51] Lien，S. Y.，Chen，K. C.，Lin，Y.，Toward ubiquitous massive accesses in 3GPP machine－to－machine communications. IEEE Commun. Mag.，49，4，66－74，Apr. 2011.

[52] Washburn，D.，Sindhu，U.，Balaouras，S.，Dines，R. A.，Hayes，N. M.，Nelson，L. E.，Helping CIOs Understand "Smart City" Initiatives：Defining the Smart City，Its Drivers，and the Role of the CIO，Forrester Research，Inc.，Cambridge，MA，2010，Available from http：//public. dhe. ibm. com/partnerworld/pub/ smb/smarterplanet/forr _ help _ cios _ und _ smart _ city _ initiatives. pdf.

[53] Dawes，S. S.，Cresswell，A. M.，Pardo，T. A.，From "need to know" to "need to share"：Tangled problems，information boundaries，and the building of public sector knowledge networks. Public Adm. Rev.，69，3，392－402，2009.

[54] Merwaday，A. and Guvenc，I.，UAV assisted heterogeneous networks for public safety communications，in：Proc. IEEE Wireless Commun. Netw. Conf. Workshops（WCNCW），pp. 329－334，Mar. 2015.

[55] Alsamhi，S. H.，Quality of Service（QoS）Enhancement Techniques in High Altitude Platform（HAP）Based Communication Networks，Dept. Electron. Eng.，Ph. D. Dissertation，Banaras Hindu Univ.，Uttar Pradesh，2015.

[56] Elmaghraby，A. S. and Losavio，M. M.，Cyber security challenges in smart cities：Safety，security and privacy. J. Adv. Res.，5，4，491－497，2014.

[57] Choi，D. H.，Kim，S. H.，Sung，D. K.，Energy－effcient maneuvering and communication of a single UAV－based relay. IEEE Trans. Aerosp. Electron. Syst.，50，3，2320－2327，Jul. 2014.

[58] Granjal，J.，Monteiro，E.，Silva，J. S.，Security for the Internet of Tings：A survey of existing protocols and open research issues. IEEE Commun. Surv. Tutor.，17，3，1294－1312，3rd Quart.，2015.

[59] Koulali，S.，Sabir，E.，Taleb，T.，Azizi，M.，A green strategic activity scheduling for UAV networks：A sub－modular game perspective. IEEE Commun. Mag.，54，5，58－64，May 2016.

[60] Mozaffari，M.，Saad，W.，Bennis，M.，Debbah，M.，Drone small cells in the clouds：Design，deployment and performance analysis，in：Proc. IEEE Global Commun. Conf.（GLOBECOM），pp. 1－6，Dec. 2015.

[61] Zorbas，D.，Razafndralambo，T.，Luigi，D. P. P.，Guerriero，F.，Energy effcient mobile target

tracking using flying drones. Proc. Comput. Sci. , 19, 80 - 87, Jun. 2013.

[62] Alvear, O. , Zema, N. R. , Natalizio, E. , Calafate, C. T. , Using UAV based systems to monitor air pollution in areas with poor accessibility. J. Adv. Transp. , 1 - 14, 2017, Art. no. 8204353, Aug. 2017.

[63] Šmídl, V. and Hofman, R. , Tracking of atmospheric release of pollution using unmanned aerial vehicles. Atmos. Environ. , 67, 425 - 436, Mar. 2013.

[64] Koo, V. C. , Chan, Y. K. , Vetharatnam, G. , Chua, M. Y. , Lim, C. H. , Lim, C. - S. , Tum, C. C. , Lim, T. S. , Z. bin Ahmad, K. A. , Bin Shahid, M. H. , Ang, C. Y. , Tan, W. Q. , Tan, P. N. , Yee, K. S. , Cheaw, W. G. , Boey, H. S. , Choo, A. L. , Sew, B. C. , A new unmanned aerial vehicle synthetic aperture radar for environmental monitoring. Prog. Electromagn. Res. , 122, 245 - 268, 2012. [Online]. Available: http: //www. jpier. org/PIER/ pier. php? paper=11092604.

[65] Mohamed, N. , Al - Jaroodi, J. , Lazarova - Molnar, S. , Jawhar, I. , Mahmoud, S. , A service - oriented middleware for cloud of things and fog computing supporting smart city applications, in: Proc. IEEE Smart World, Ubiquitous Intell. Comput. , Adv. Trusted Comput. , Scalable Comput. Commun. , Cloud Big Data Comput. , Internet People Smart City Innov. (SmartWorld/ SCALCOM/UIC/ATC/CBDCom/IOP/SCI), pp. 1 - 7, Aug. 2017.

[66] Sakhardande, P. , Hanagal, S. , Kulkarni, S. , Design of disaster management system using IoT based interconnected network with smart city monitoring, in: Proc. Int. Conf. Internet Tings Appl. (IOTA), pp. 185 - 190, 2016.

[67] Yannuzzi, M. , van Lingen, F. , Jain, A. , Parellada, O. L. , Flores, M. M. , Carrera, D. , Pérez, J. L. , Montero, D. , Chacin, P. , Corsaro, A. , A new era for cities with fog computing. IEEE Internet Comput. , 21, 2, 54 - 67, Mar. 2017.

[68] Ray, P. P. , Mukherjee, M. , Shu, L. , Internet of Tings for disaster management: State - of - the - art and prospects. IEEE Access, 5, 18818 - 18835, 2017.

[69] Cao, H. , Liu, Y. , Yue, X. , Zhu, W. , Cloud - assisted UAV data collection for multiple emerging events in distributed WSNs. Sensors, 17, 8, 1818, 2017.

[70] Villa, T. F. , Gonzalez, F. , Miljievic, B. , Ristovski, Z. D. , Morawska, L. , An overview of small unmanned aerial vehicles for air quality measurements: Present applications and future prospectives. Sensors, 16, 7, 1072, 2016.

[71] Alvear, O. , Calafate, C. T. , Hernández, E. , Cano, J. - C. , Manzoni, P. , Mobile pollution data sensing using UAVs, in: Proc. 13th Int. Conf. Adv. Mobile Comput. Multimedia, pp. 393 - 397, 2015.

[72] Rashed, S. and Soyturk, M. , Effects of UAV mobility patterns on data collection in wireless sensor networks, in: Proc. IEEE Int. Conf. Commun. , Netw. Satell. (COMNESTAT), pp. 74 - 79, Dec. 2015.

[73] Peacock, M. , Detection and Control of Small Civilian UAVs, Ph. D. Dissertation, School Comput. Secur. Sci. , Edith Cowan Univ. , Joondalup, WA, Australia, 2014.

[74] Hawbani, A. , Wang, X. , Al - Sharabi, Y. A. , Ghannami, A. , Kuhlani, H. , Karmoshi,

S.，LORA：Load－balanced opportunistic routing for asynchronous duty－cycled WSN. IEEE Trans. Mobile Comput.，18，7，1601－1615，Jul. 2019.

[75] Motlagh，N. H.，Bagaa，M.，Taleb，T.，UAV－based IoT platform：A crowd surveillance use case. IEEE Commun. Mag.，55，2，128－134，Feb. 2017.

[76] Bibri，S. E. and Krogstie，J.，Smart sustainable cities of the future：An extensive interdisciplinary literature review. Sustain. Cities Soc.，31，183－212，May 2017.

[77] Choudhary，G.，Sharma，V.，You，I.，Sustainable and secure trajectories for the military Internet of Drones（IoD）through an effcient Medium Access Control（MAC）protocol. Comput. Elect. Eng.，74，59－73，Mar. 2019.

[78] Michailidis，E. T.，Vouyioukas，D. A.，Review on sofware－based and hardware－based authentication mechanisms for the Internet of Drones. Drones，6，41，1－26，2022.

[79] Hassanalieragh，M.，Page，A.，Soyata，T.，Sharma，G.，Aktas，M.，Mateos，G.，Kantarci，B.，Andreescu，S.，Health monitoring and management using Internet－of－Tings（IoT）sensing with cloud－based processing：Opportunities and challenges，in：Proc. IEEE Int. Conf. Services Comput.（SCC），pp. 285－292，Jun./Jul. 2015.

[80] Khan，I. H. I.，Kahan，I.，Khan，S.，Challenges of IoT implementation in smart city development，in：Smart Cities－Oppurtunities and Challenges，Ahmed，S.，et al.（Eds.）.

[81] Villa，T. F.，Gonzalez，F.，Miljievic，B.，Ristovski，Z. D.，Morawska，L.，An overview of small unmanned aerial vehicles for air quality measurements：Present applications and future prospectives. Sensors，16，7，1072，2016.

[82] Granjal，J.，Monteiro，E.，Silva，J. S.，Security for the Internet of Tings：A survey of existing protocols and open research issues. IEEE Commun. Surv. Tutor.，17，3，1294－1312，3rd Quart.，2015.

[83] Wang，J.，Schluntz，E.，Otis，B.，Deyle，T.，A new vision for smart objects and the internet of things：Mobile robots and long－range UHF RFID sensor tags，arXiv preprint arXiv：1507.02373，2015. Available：https：//arxiv.org/abs/ 1507.02373.

[84] Mohammed，F.，Idries，A.，Mohamed，N.，Al－Jaroodi，J.，Jawhar，I.，UAVs for smart cities：Opportunities and challenges. 2014 International Conference on Unmanned Aircraft Systems（ICUAS），2014.

[85] Shreih，R.，Intelligent Systems for Smarter Cities，King Abdullah University Of Science & Technology，August 26，2013，[Online]. Available：https：//innovation.kaust.edu.sa/intelligent－systems－forsmarter－cities/. [Accessed 4 January 2014].

[86] King Abdullah University Of Science & Technology，Smart Cities，King Abdullah University Of Science & Technology，2013，[Online]. Available：https：//innovation.kaust.edu.sa/industry/brows e－technology/smart－cities/. [Accessed 4 January 2014].

[87] Elfrink，W.，The smart－city solutions，McKinsey & Co，Transport. 27，3，335－343，2012. Kharchenko，V. and Prusov，D.，Analysis of unmanned aircraft systems applications in the civil field，Taylor and Francis Group，2012.

[88] Finn，R. L. and Wright，D.，Unmanned aircraft systems：Surveillance，ethics and privacy in civil

applications. Comput. Law Secur. Rev., 28, 2, 184-194, 2012.

[89] Franke, U. E., The Five Most Common Media Misrepresentations of UAVs, The Royal United Services Institute for Defence and Security Studies, London, 2013.

[90] Chourabi, H., Nam, T., Walker, S., Ramon GilGarcia, S. M. J., Nahon, K., Pardo, T. A., Scholl, H. J., Understanding smart cities: An integrative framework, in: Hawaii International Conference on System Sciences, Hawaii, 2012.

[91] Rodzi, A., Sharif, A. R., Ahmad, N., Al-Hader, M., Smart city components architecture, in: International Conference on Computational Intelligence, Modelling and Simulation, 2009.

[92] Mitchell, S. and Falconer, G., Smart City Framework-A Systematic Process for Enabling Smart +Connected Communities, CISCO, San Jose, CA, 2012.

[93] Bari, N. and Idowu, S., A Development Framework for Smart City Services-Integrating Smart City Service Components, Lulea University of Technology, Lulea, Sweden, 2012.

[94] Asghari, P., Rahmani, A., Javadi, H., Internet of Tings applications: A systematic review. Comput. Netw., 148, 241-261, 2019. https://doi.org/10.1016/j.comnet.2018.12.008.

[95] Atzori, L., Iera, A., Morabito, G., The internet of things: A survey. Comput. Netw., 54, 15, 2787-2805, 2010. https://doi.org/10.1016/j.comnet.2010.05.010.

[96] Tankard, C., The security issues of the internet of things. Comput. Fraud Secur., 2015, 9, 11-14, 2015. https://doi.org/10.1016/s1361-3723(15)30084-1.

[97] Jin, J., Gubbi, J., Marusic, S., Palaniswami, M., An information framework for creating a smart city through internet of things. IEEE Internet Tings J., 1, 2, 112-121, 2014. https://doi.org/10.1109/jiot.2013.2296516.

[98] Bello, O. and Zeadally, S., Toward effcient smartification of the Internet of Tings (IoT) services. Future Gener. Comput. Syst., 92, 663-673, 2019.

[99] Yaqoob, I., Hashem, I., Ahmed, A., Kazmi, S., Hong, C., Internet of things forensics: Recent advances, taxonomy, requirements, and open challenges. Future Gener. Comput. Syst., 92, 265-275, 2019. https://doi.org/10.1016/j.future.2018.09.058.

[100] Rathore, M., Paul, A., Ahmad, A., Jeon, G., IoT-based big data. Int. J. Semant. Web Inf. Syst., 13, 1, 28-47, 2017. https://doi.org/10.4018/ijswis.2017010103.

[101] Sagirlar, G., Carminati, B., Ferrari, E., Decentralizing privacy enforcement for internet of things smart objects. Comput. Netw., 143, 112-125, 2018. https://doi.org/10.1016/j.comnet.2018.07.019.

[102] Sicari, S., Rizzardi, A., Grieco, L., Coen-Porisini, A., Security, privacy and trust in internet of things: The road ahead. Comput. Netw., 76, 146-164, 2015. https://doi.org/10.1016/j.comnet.2014.11.008.

[103] Weber, R., Internet of things: Privacy issues revisited. Comput. Law Secur. Rev., 31, 5, 618-627, 2015. https://doi.org/10.1016/j.clsr.2015.07.002.

[104] Serrano, W., Digital systems in smart city and infrastructure: Digital as a service. Smart Cities, 1, 1, 134-153, 2018. https://doi.org/10.3390/smartcities1010008.

[105] Ahmed, E., Yaqoob, I., Hashem, I., Khan, I., Ahmed, A., Imran, M., Vasilakos, A.,

The role of big data analytics in internet of things. Comput. Netw., 129, 459 - 471, 2017. https://doi.org/10.1016/j.comnet.2017.06.013.

[106] RisteskaStojkoska, B. and Trivodaliev, K., A review of internet of things for smart home: Challenges and solutions. J. Clean Prod., 140, 1454 - 1464, 2017. https://doi.org/10.1016/j.jclepro. 2016.10.006.

[107] de Boer, P.S., van Deursen, A.J.A.M., van Rompay, T.J.L., Accepting the internet - of - things in our homes: The role of user skills. Telemat. Inf., 36, 147 - 156, 2019. https://doi.org/10.1016/j.tele.2018.12.004.

[108] Liu, L., IoT and a sustainable city. Energy Proc., 153, 342 - 346, 2018. https://doi.org/10.1016/j.egypro.2018.10.080.

[109] Albishi, S., Soh, B., Ullah, A., Algarni, F., Challenges and solutions for applications and technologies in the internet of things. Proc. Comput. Sci., 124, 608 - 614, 2017. https://doi.org/10.1016/j.procs.2017.12.196.

[110] Mital, M., Chang, V., Choudhary, P., Papa, A., Pani, A., Adoption of internet of things in India: A test of competing models using a structured equation modeling approach. Technol. Forecast. Soc. Change, 136, 339 - 346, 2018. https://doi.org/10.1016/j.techfore.2017.03.001.

[111] Marques, P., Manfroi, D., Deitos, E., Cegoni, J., Castilhos, R., Rochol, J. et al., An IoT - based smart cities infrastructure architecture applied to a waste management scenario. Ad Hoc Netw., 87, 200 - 208, 2019. https://doi.org/10.1016/j.adhoc.2018.12.009.

[112] Rathore, M., Paul, A., Ahmad, A., Jeon, G., IoT - based big data. Int. J. Semant. Web Inf. Syst., 13, 1, 28 - 47, 2017. https://doi.org/10.4018/ijswis.2017010103.

[113] Riggins F.J, and Wamba, S.F., Research directions on the adoption, usage, and impact of the Internet of Tings through the use of big data analytics. 2015, 48th Hawaii International Conference on System Sciences, pp. 1531 - 1540, 2015.

[114] Wang, H., Zhao, H., Zhang, J., Ma, D., Li, J., Wei, J., Survey on unmanned aerial vehicle networks: A cyber physical system perspective. IEEE Commun. Surv. Tutor., 22, 2, 1027 - 1070, 2020.

[115] Altawy, R. and Youssef, A.M., Security, privacy, and safety aspects of civilian drones: A survey. ACM Trans. Cyber - Phys. Syst., 1, 2, 1 - 25, 2017.

[116] Nassi, B., Bitton, R., Masuoka, R., Shabtai, A., Elovici, Y., SoK: Security and privacy in the age of commercial drones. 2021 IEEE Symposium on Security and Privacy (SP), 2021, pp. Section IV, pp. 73 - 90, 2021.

[117] Ganz, F., Puschmann, D., Barnaghi, P., Carrez, F., A practical evaluation of information processing and abstraction techniques for the internet of things. IEEE Internet Tings J., 2, 4, 340 - 354, 20152015.

[118] Merzouk, S., Cherkaoui, A., Marzak, A., Nawal, S., IoT methodologies: Comparative study. Proc. Comput. Sci., 175, 585 - 590, 2020.

[119] Alam, F., Mehmood, R., Katib, I., Albogami, N.N., Albeshri, A., Data fusion and IoT for smart ubiquitous environments: A survey. IEEE Access, 5, 9533 - 9554, 2017.

[120] Hui, K., A secure IoT - based healthcare system with body sensor networks. IEEE Access, 4, 10288 - 10299, 2016.

[121] Rathore, M. M., Ahmad, A., Paul, A., Jeon, G., Effcient graph - oriented smart transportation using internet of things generated big data, in: 11th International Conference on Signal - Image Technology & Internet - Based Systems (SITIS), Bankok, 2015.

[122] Khanna, A. and Anand, R., IoT based smart parking system, in: International Conference on Internet of Tings and Applications (IOTA), Pune, 2016.

[123] Chaudhuri, N. and Bose, I., Application of image analytics for disaster response in smart cities, in: Proc. 52nd Hawaii Int. Conf. Syst. Sci, pp. 3036 - 3045, 2019.

[124] Sakhardande, P., Hanagal, S., Kulkarni, S., Design of disaster management system using IoT based interconnected network with smart city monitoring, in: Proc. Int. Conf. Internet Tings Appl. (IOTA), pp. 185 - 190, 2016.

[125] Alazawi, Z., Alani, O., Abdljabar, M. B., Altowaijri, S., Mehmood, R., A smart disaster management system for future cities, in: Proc. ACM Int. Workshop Wireless Mobile Technol. Smart Cities, pp. 1 - 10, 2014.

[126] Boukerche, A. and Coutinho, R. W. L., Smart disaster detection and response system for smart cities, in: Proc. IEEE Symp. Comput. Commun. (ISCC), pp. 1102 - 1107, Jun. 2018.

[127] Ray, P. P., Mukherjee, M., Shu, L., Internet of Tings for disaster management: State - of - the - art and prospects. IEEE Access, 5, 18818 - 18835, 2017.

[128] Reina, D. G., Camp, T., Munjal, A., Toral, S. L., Tawfk, H., Evolutionary deployment and hill climbing - based movements of multi - UAV networks in disaster scenarios, in: Applications of Big Data Analytics, pp. 63 - 95, 2018.

[129] Mozaffari, M., Saad, W., Bennis, M., Debbah, M., Unmanned aerial vehicle with underlaid device - to - device communications: Performance and tradeoffs. IEEE Trans. Wirel. Commun., 15, 6, 3949 - 3963, Jun. 2016.

[130] Lien, S. Y., Chen, K. C., Lin, Y., Toward ubiquitous massive accesses in 3GPP machine - to - machine communications. IEEE Commun. Mag., 49, 4, 66 - 74, Apr. 2011.

[131] Mozaffari, M., Saad, W., Bennis, M., Debbah, M., Mobile unmanned aerial vehicles (UAVs) for energy - efcient Internet of Tings communications. in: IEEE Transactions on Wireless Communications, 16, 11, 7574 - 7589, Nov. 2017.

[132] Mozaffari, M., Saad, W., Bennis, M., Debbah, M., Mobile internet of things: Can UAVs provide an energy - effcient mobile architecture?, in: Proc. IEEE Global Commun. Conf. (GLOBECOM), pp. 1 - 6, Dec. 2016.

[133] Tuyishimire, E., Bagula, A., Rekhis, S., Boudriga, N., Cooperative data muling from ground sensors to base stations using UAVs, in: Proc. IEEE Symp. Comput. Commun. (ISCC), pp. 35 - 41, Jul. 2017.

[134] Quaritsch, M., Kruggl, K., Wischounig - Strucl, D., Bhattacharya, S., Shah, M., Rinner, B., Networked UAVs as aerial sensor network for disaster management applications. Elektrotechnik und Informationstechnik, 127, 3, 56 - 63, 2010.

[135] Dawy, Z., Saad, W., Ghosh, A., Andrews, J. G., Yaacoub, E., Toward massive machine type cellular communications. IEEE Wirel. Commun., 24, 1, 120-128, Feb. 2017.

[136] Hassanalieragh, M., Page, A., Soyata, T., Sharma, G., Aktas, M., Mateos, G., Kantarci, B., Andreescu, S., Health monitoring and management using Internet-of-Tings (IoT) sensing with cloud-based processing: Opportunities and challenges, in: Proc. IEEE Int. Conf. Services Comput. (SCC), pp. 285-292, Jun./Jul. 2015.

[137] Schaub, F. and Knierim, P., Drone-based privacy interfaces: Opportunities and challenges, in: Proc. WSF@ SOUPS, pp. 1-4, 2016.

[138] Erman, A. T., Hoesel, L. V., Havinga, P., Wu, J., Enabling mobility in heterogeneous wireless sensor networks cooperating with UAVs for mission-critical management. IEEE Wirel. Commun., 15, 6, 38-46, Dec. 2008.

[139] Klimkowska, A., Lee, I., Choi, K., Possibilities of UAS for maritime monitoring. Int. Arch. Photogramm. Remote Sens. Spat. Inf. Sci., 41-B1, 885-891, Jul. 2016.

[140] Villa, T. F., Gonzalez, F., Miljievic, B., Ristovski, Z. D., Morawska, L., An overview of small unmanned aerial vehicles for air quality measurements: Present applications and future prospectives. Sensors, 16, 7, 1072, 2016.

[141] Villa, T. F., Salimi, F., Morton, K., Morawska, L., Gonzalez, F., Development and validation of a UAV based system for air pollution measurements. Sensors, 16, 12, 2202, 2016.

[142] Malaver, A., Motta, N., Corke, P., Gonzalez, F. J. S., Development and integration of a solar powered unmanned aerial vehicle and a wireless sensor network to monitor greenhouse gases. Sensors, 15, 2, 4072-4096, 2015.

[143] Telesetsky, A., Navigating the legal landscape for environmental monitoring by unarmed aerial vehicles. Geo. Wash. J. Energy Envtl. L., 7, 140, 2016.

[144] Alvear, O., Calafate, C. T., Hernández, E., Cano, J.-C., Manzoni, P., Mobile pollution data sensing using UAVs, in: Proc. 13th Int. Conf. Adv. Mobile Comput. Multimedia, pp. 393-397, 2015.

[145] Alvear, O. A., Zema, N. R., Natalizio, E., Calafate, C. T., A chemotactic pollution-homing uav guidance system, in: Proc. 13th Int. Wireless Commun. Mobile Comput. Conf. (IWCMC), pp. 2115-2120, 2017.

[146] Villa, T. F., Salimi, F., Morton, K., Morawska, L., Gonzalez, F., Development and validation of a UAV based system for air pollution measurements. Sensors, 2016.

[147] Mozaffari, M., Saad, W., Bennis, M., Debbah, M., Drone small cells in the clouds: Design, deployment and performance analysis, in: Proc. IEEE Global Commun. Conf. (GLOBECOM), pp. 1-6, Dec. 2015.

[148] Cao, H.-R., Yang, Z., Yue, X.-J., Liu, Y.-X., An optimization method to improve the performance of unmanned aerial vehicle wireless sensor networks. Int. J. Distrib. Sens. Netw., 13, 4, 1-10, 2017.

[149] Cao, H., Liu, Y., Yue, X., Zhu, W., Cloud-assisted UAV data collection for multiple emerging events in distributed WSNs. Sensors, 17, 8, 1818, 2017.

[150] Dong, M., Ota, K., Lin, M., Tang, Z., Du, S., Zhu, H., UAV-assisted data gathering in wireless sensor networks. J. Supercomput., 70, 3, 1142-1155, 2014.

[151] Zorbas, D., Razafndralambo, T., Luigi, D. P. P., Guerriero, F., Energy effcient mobile target tracking using flying drones. Proc. Comput. Sci., 19, 80-87, Jun. 2013.

[152] Sharma, V., You, I., Kumar, R., Energy effcient data dissemination in multiUAV coordinated wireless sensor networks. Mob. Inf. Syst., 2016, Art. no. 8475820, 1-13, May 2016.

[153] Fujii, K., Higuchi, K., Rekimoto, J., Endless flyer: A continuous flying drone with automatic battery replacement, in: Proc. IEEE IEEE 10th Int. Conf. Ubiquitous Intell. Comput., 10th Int. Conf. Auto. Trusted Comput. (UIC/ATC), pp. 216-223, Dec. 2013.

[154] Hentati, A., II and Fourati, L. C., Comprehensive survey of UAVs communication networks. Comput. Stand. Interfaces, 72, 103451, 2020.

[155] Shakhatreh, H., Sawalmeh, A. H., Al-Fuqaha, A., Dou, Z., Almaita, E., Khalil, I., Othman, N. S., Guizani, M., Unmanned aerial vehicles (UAVs): A survey on civil applications and key research challenges. IEEE Access, 7, 48572-48634, 2019.

[156] Krishna, C. G. and Murphy, R. R., A review on cybersecurity vulnerabilities for unmanned aerial vehicles. SSRR 2017 - 15th IEEE International Symposium on Safety, Security and Rescue Robotics, Conference, pp. 194-199, 2017.

[157] Shafque, A., Mehmood, A., Elhadef, M., Survey of security protocols and vulnerabilities in unmanned aerial vehicles. IEEE Access, 9, 46927-46948, 2021.

[158] Syed, F., Gupta, S. K., HamoodAlsamhi, S., Rashid, M., Liu, X., A survey on recent optimal techniques for securing unmanned aerial vehicles applications. Trans. Emerg. Telecommun. Technol., 32, 7, 1-34, 2021.

[159] Altawy, R. and Youssef, A. M., Security, privacy, and safety aspects of civilian drones: A survey. ACM Trans. Cyber-Phys. Syst., 1, 2, 1-25, 2017.

[160] Yaacoub, J.-P., Noura, H., Salman, O., Chehab, A., Security analysis of drones systems: Attacks, limitations, and recommendations. Internet Tings, 11, 100218, 2020.

[161] Zhi, Y., Fu, Z., Sun, X., Yu, J., Security and privacy issues of UAV: A survey. Mob. Netw. Appl., 25, 1, 95-101, 2020.

[162] Fotouhi, A., Qiang, H., Ding, M., Hassan, M., Giordano, L. G., GarciaRodriguez, A., Yuan, J., Survey on UAV cellular communications: Practical aspects, standardization advancements, regulation, and security challenges. IEEE Commun. Surv. Tutor., 21, 4, 3417-3442, 2019.

[163] Mishra, D. and Natalizio, E., A survey on cellular-connected UAVs: Design challenges, enabling 5G/B5G innovations, and experimental advancements. Comput. Netw., 182, 107451, August 2020.

[164] Hayat, S., Yanmaz, E., Muzaffar, R., Survey on unmanned aerial vehicle networks for civil applications: A communications viewpoint. IEEE Commun. Surv. Tutor., 18, 4, 2624-2661, 2016.

[165] Sharma, A., Vanjani, P., Paliwal, N., Basnayaka, C. M., Jayakody, D. N. K., Wang,

H. C. , Muthuchidambaranathan, P. , Communication and networking technologies for UAVs: A survey. J. Netw. Comput. Appl. , 168, 102739, June 2020.

[166] Hassija, V. , Chamola, V. , Agrawal, A. , Goyal, A. , Luong, N. C. , Niyato, D. , Yu, F. R. , Guizani, M. , Fast, reliable, and secure drone communication: A comprehensive survey. IEEE Commun. Surv. Tutor. , 1, 23, 4, 2802-2832, 2021.

[167] Boccadoro, P. , Striccoli, D. , Grieco, L. A. , An extensive survey on the internet of drones. Tech. Rep. , 122, 102600, 2020. [Online]. Available: http: //arxiv. org/abs/2007. 12611.

[168] Noor, F. , Khan, M. A. , Al-Zahrani, A. , Ullah, I. , Al-Dhlan, K. A. , A review on communications perspective of flying AD-HOC networks: Key enabling wireless technologies, applications, challenges and open research topics. Drones, 4, 4, 1-14, 2020.

第 10 章　基于人工智能的无人机用于海滩溺水与盗窃行为监控

V. Sakthivel[1,2*]，Suriya E.[2]，Jae Woo Lee[1]，P. Prakash[2]

1. Konkuk Aerospace Design - Airworthiness Institute，Konkuk University，Seoul，South Korea

2. School of Computer Science and Engineering，Vellore Institute of Technology，Chennai，Tamil Nadu，India

* 通讯作者：mvsakthi@gmail.com

摘　要：在一些公共区域，如海滩，周末非常拥挤，管理人员人数有限，监管工作非常繁琐。在这些区域容易发生危险事故。除了溺水事故，海滩自杀的报道也时有发生。在这些地方，也会发生其他恶作剧或危险活动（如盗窃等），这些事故大多发生在人群密集的区域。工作人员发现，在地面上对这些危险情况进行监控具有很大的难度。本章基于深度学习模型提出了解决方案，通过模型检测海边溺水事故或被卷入突发海浪的游泳者。该模型通过无人机热成像技术提取人类的特征，经训练后用于危险情况检测。一旦有人越过海滩安全标识线，该系统立刻向海岸附近人员和海岸巡逻队发出告警。该系统应用姿态估计模型来监测各种活动，拍照并提醒管理部门采取措施。无人机将根据设定的边界自动飞行，并集成 GPS 进行绘图。通过这个解决方案，可实现无人机智能监控，避免发生意外。

关键词：盗窃监控，溺水监测，图像处理，智能监控，深度学习，姿态估计，自主绘图

10.1　概述

溺水事故是全球意外伤亡的三大原因之一。全世界每年有近 120 万人因溺水身亡或受伤，平均每分钟超过 2 人。由于天气、水流、海浪等环境因素的影响，海滩监管成为海岸巡逻队和救生员最具挑战的任务，营救溺水者的有效时间只有 20～60 s。多数溺水者处于惶恐状态，不知道该如何自救，他们因呛入大量海水变得惶恐不安而导致最终死亡。随着机器学习技术的巨大发展，机器学习应用可发现传感器数据中的隐藏特征。应用这些新技术，可以构建模型并集成、应用到各种程序中，以满足多种需求。机器学习丰富了决策能力。自动化监控海滩溺水事故将大大节省人力。应用该技术在识别、监测和区分是否有人溺水方面，甚至超过了人类的能力。计算机视觉方法可以帮助机器观察环境，帮助机器学

习模型实现更高的性能。本章提出了计算机视觉和深度学习方法，用于海滩溺水和盗窃等异常行为监控，通过 BLE 信标向附近人员发出告警。

10.2　文献综述

Sen - tag 是一款安全应用程序，通过腕带设备监测游泳者的个人情况，如入水深度、肢体动作和入水时间等。通过安装在泳池壁上的传感器，可识别出游泳者是否佩戴腕带设备，并监测其游泳时间。一旦出现异常情况，立刻向控制单元发送告警信号，救生员可立即找到求救者[1]。

基于视频的自动化监控系统，可进行实时人体行为分析，以便检测周围的任何异常行为。通过图像处理视频帧来记录和监测人体的行为。在监测环境中，光线变化非常快，这是系统需要克服的挑战[2]。

该方法也可用于检测人体跌倒的情况。该方法分为两个步骤，首先监测和跟踪移动的个体，然后找出一系列的跌倒动作。在智能视频监控中，该方法用于监测人体跌倒情况具有很好的稳健性[3]。

10.3　提出的模型

10.3.1　基于深度学习方法的溺水检测

本研究提出了一个系统模型（图 10 - 1），该系统利用边缘服务器发送到云服务器的单帧图像和 MoveNet 模型，进行深度学习和姿势估计。将 Raspberrry Pi 4b＋安装在无人机上[4]，并与摄像头模块相连，通过无线通信将图像发送到服务器基站。这里连接的是 Wi - Fi 而不是 Zigbee，因为 Wi - Fi 数据传输速率更高，且覆盖的物理区域更少[5]。Wi - Fi 的数据速率高达 54 Mb/s，而 Zigbee 的数据速率仅为 25 Kb/s。由于原有应用程序数据集不可用，因此，我们的系统模型并不是从零基础构建的，而是采用了 ResNet 50 架构。ResNet 50 在 ImageNet 数据集上进行了训练，以便今后大规模应用。在采用这种方法之前，事先采用 YOLOV3 物体检测算法进行了初步测试，该算法使用深度卷积神经网络（CNN）学习特征来检测目标物体。YOLOV3 是一种流行的实时对象检测算法，用于识别实时画面、图像和视频中的物体对象。开发人员将 YOLOV3 称为机器学习算法的更精确版本。YOLO 基本上是一个卷积神经网络模型，用于物体检测。YOLO 似乎比其他模型响应更快，且测试数据仍能保持更好的准确性。

这里提出的 YOLOV3 模型（图 10 - 2），首先需要确定问题所陈述的范围，并确定模型在框架中需要重点监控的目标对象。接下来，下载 YOLOV3 DarkNet 模型权重，包含 80 个不同类别的 coco 数据集用于进行预训练。

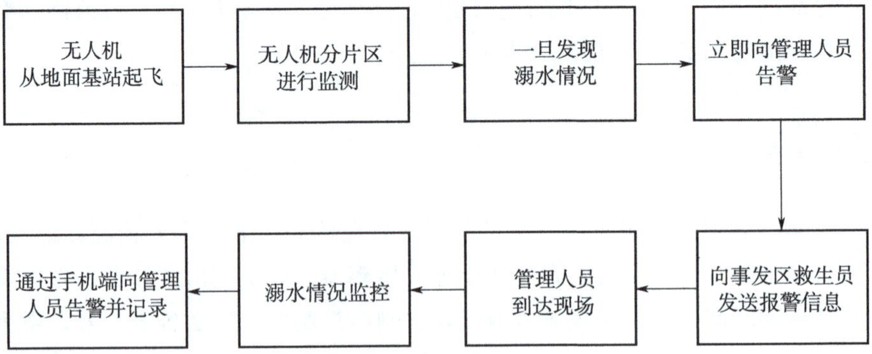

图 10-1　研究提出的模型

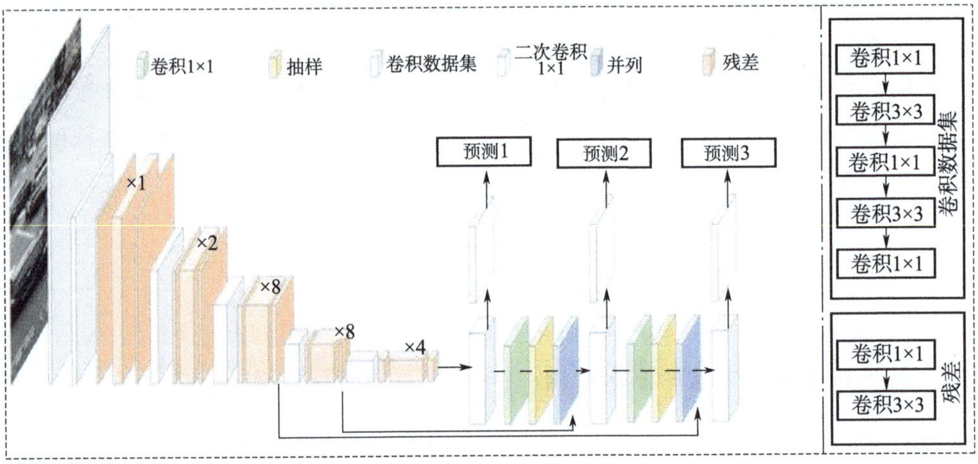

图 10-2　YOLOV3 架构（来源：LINK）

这里，选取了人体和一些常见的随身物品，让模型进行区分。然后，将模型学习到的特征传递给分类器，并显示出了模型预测结果。预测图与特征图的大小刚好相同[6]。

这些特征由带有边界框的类别置信度的得分来解释。每个边界框都有坐标 x、y、高度、宽度和置信度分值。这个置信度分值显示了边界框中类别对象的准确性。x 和 y 值是单元格的偏移量，类别置信度的得分则由边界框置信度的得分和条件类别的概率相乘获得。如果类别置信度高于阈值，这里将阈值设置为 0.75（即 75%），这些边界框将显示最终的预测结果。

根据问题描述，该模型将识别是否有人发生溺水事故（图 10-3）。例如，如果有人位于水面以下，那么模型将无法检测到他/她，因此，也就无法判断他/她是否溺水（图 10-4）。模型只能检测到他/她在水中的位置，该模型的流程如图 10-5 所示。如果有人进入水中（图 10-6）或稍低于水面，那么模型将无法识别，这可能会导致模型出现问题，要么在溺水情况下触发错误警报，要么不会触发警报（图 10-7）。

图 10－3　常规状态下 YOLOV3 模型进行溺水检测

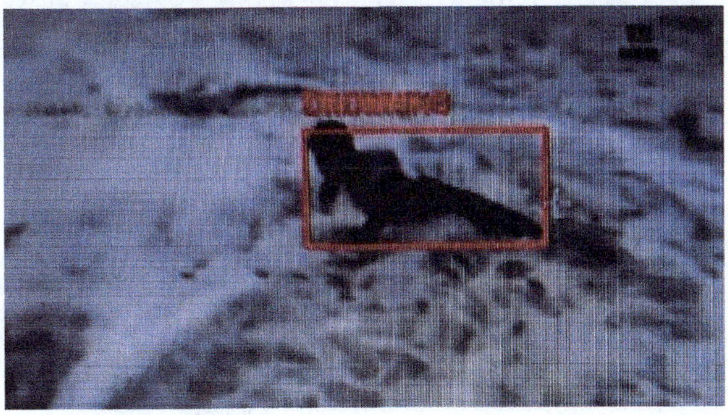

图 10－4　告警状态下 YOLOV3 模型进行溺水检测

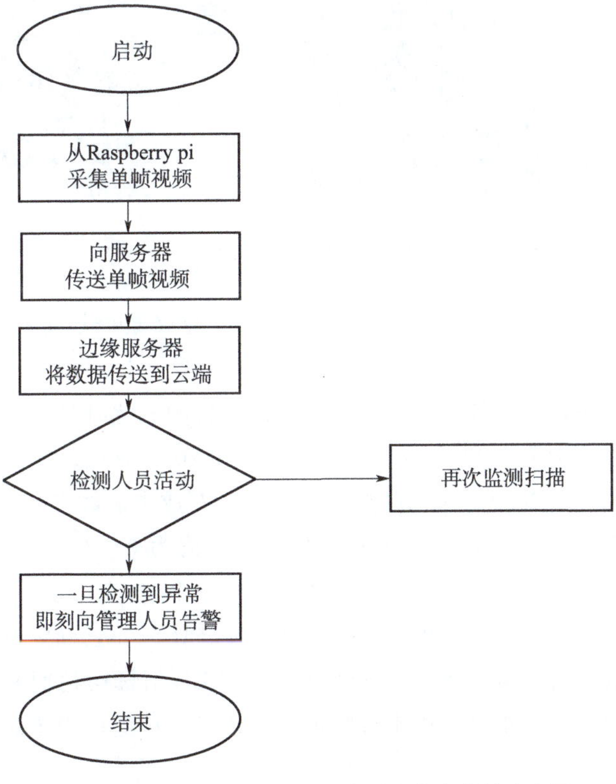

图 10－5　利用深度学习模型检测溺水事件的流程图

图 10-6　海滩上游泳者的光流显示——方法 1

图 10-7　海滩上游泳者的光流显示——方法 2

由于 YOLOV3 不适合解决这个问题，所以使用自定义数据集从零基础开始构建模型，这是理想的解决方案。ResNet50 模型结构包括一个输入层，其图像大小是（225，225，3）。我们采用标准标量方法，在 0 和 1 之间对输入图像进行归一化处理。在输入层之后设置了五个完整的层，大小分别为 1 000、500、350、100 和 20 个节点。在第二层和第四层分别有一个 0.25％的剔除层。这里，采用随机梯度下降法对成本函数进行了优化，并最小化了训练误差。这里的损失函数是分类交叉熵，对概率分值为 0～1 的人员进行检测。这里，还提出通过运动模型进行姿态估算的方法（图 10-8），以便确定海滩上游泳者的姿态是否正常[8]，或者确定游泳者是否由于恐慌而错乱地摆动肢体。一旦确定发生溺水，该系统将尝试寻找距离海岸最近的人员（图 10-9），并通过 BLE 信标向他们发出告警，以便他们在管理人员到达之前帮助溺水者。溺水者的位置会通过移动应用程序告知救生员。

图 10 - 8　水面上人体姿态和游泳模式估算

图 10 - 9　无人机热成像显示

10.3.2　BLE 信标警报系统

一旦游泳者进入海滩，他们将获得信标标签，这是进入海滩的入场券。这里，假设没有信标的人员不得进入海滩。信标标签非常重要，它是海滩上的通信媒介（图 10 - 10）。BLE 适合本地化应用[9]，成本低、能耗低、重量小，具备 100 m 中等范围通信能力，BLE 信标设备由单芯电池供电，外壳寿命长达两年。

该系统仅使用三个广播信道，频段 2.4 GHz ISM，信道间隔 2 MHz，采用的是 IEEE 802.11 和 802.15 协议。一旦检测到有人溺水，无人机会立刻寻找溺水者附近的人员，建立连接后，无人机通过蓝牙 5.0 移动应用程序发送告警消息。采用最简单的定位方法[10]，确定目标和定位器是否位于溺水者附近的指定区域。为确定设备之间的距离，采用下面这个公式

$$d = 20^{(\mathrm{RSSI}+\alpha)} \tag{10-1}$$

式中，d 代表距离；RSSI 代表接收信号的强度。

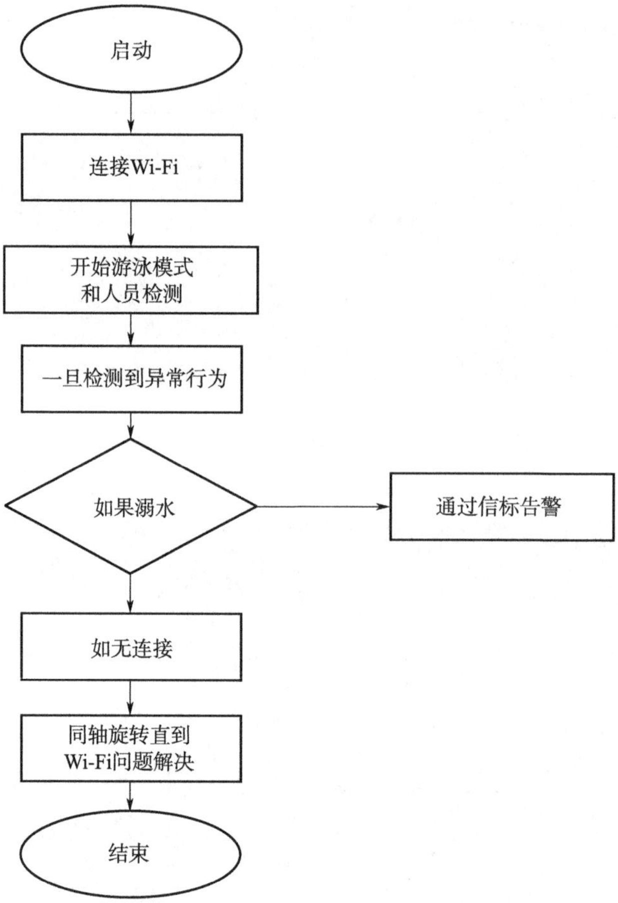

图 10-10 BLE 信标告警系统检测流程图

为最大限度提高模型的准确性，将无人机锁定在指定区域飞行。通过分析，将海滩分割成不同的区域，无人机可以在每个区域内飞行一个小时以上，同时也可以在附近区域连续执行搜索任务。如果连接突然中断，无人机设置将会沿着同一条路线飞行，直到重新恢复网络连接。如果恢复连接的时间过长，无人机将返回基站以便节省电能。

10.3.3 盗窃等异常行为监测

关于这个问题，研究提出应用 MoveNet 模型，从视频流和姿态预测中寻找人员。该模型适用于 RGB 图像，可预测人体上的 17 个关键点，主要是采用计算机视觉技术来预测人的动作或手势[7]。

MoveNet 是 2021 年中期由谷歌发布的一种姿态估计模型，现在非常流行。它是一个卷积神经网络模型，适用于 RGB 图像，能够预测人体上的 17 个关键点，如图 10-11 所示。一旦这些关键点位于图像框架以外，该模型就会给出较低的置信度分值。模型的置信度阈值可以过滤掉可信度极低的预测结果。与传统的姿态估计模型相比，该模型在剧烈运动视频中的表现更好，预测精度更高[11]。

图 10 - 11　MoveNet 模型可预测人体上的 17 个关键点

MoveNet 模型基于三维估算，涉及人体每个关键点的 x、y、z 坐标。在研究过程中，分阶段进行了测试，首先输入 RGB 图像并发送到卷积处理网络，得到置信度阈值，然后通过数据集来估算某种行为是否可疑。为了正确估计既定姿态各点之间的距离，必须进行初始设置，以获得 PX - M（Pixel to Meters）之比。具体方法是在视频信号中加入一个已知宽度的参照物。经过调整，在检测困难姿态的快速运动和运动模糊方面，该模型具有很好的稳健性。此外，对于姿势评估，还需要正确姿势的参考图像。与传统模型相比，即使在剧烈运动的视频中，该模型也具有更好的准确性。

10.4　深度学习模型的安全性

在自己的网络上进行了对抗性攻击训练，并对具有对抗属性的新网络进行了平均绝对误差（MAE）训练。研究员 Ian Good 提出了一种攻击方法，即快速梯度符号法。$J(x_{adv}, y)$ 项代表输入图像 x（输入类别是标签 y）时的网络损失；ε 代表噪声强度。在损耗（x_{adv}，y）最大化的方向上改变输入图像 x，输入类别是输入图像的实际标签。目标类别是希望将输入标签从原始分类更改为其他不同分类的标签。图像修改是通过获取成本函数相对于输入的梯度来实现的。FGSM 将会在图像中添加噪声，该噪声不是随机的，而是方向与代价函数相对于数据梯度的噪声。这里考虑的是梯度移动方向，而不是梯度大小。

$$\chi_0^{adv}=\chi,\ \chi_{t+1}^{adv}=\chi_t^{adv}+\alpha\cdot \mathrm{sign}[\nabla_\chi J(\chi_t^{adv},y)] \quad (10-2)$$

接下来的迭代方法，采用 T 个梯度步长 $\alpha=\varepsilon/T$，取代了单个步长 t 。

从原始图像开始创建对抗图像。与传递函数不同的是，可以迭代调用函数，使其沿损失函数的梯度方向下降，该损失函数是根据图像和敌对目标类别计算的，通过扣除梯度的幅度和方向得到。

输入：带有损失函数 J 的分类器 f ；真实示例 x 和地面实况标签 y ；

输入：扰动大小∈；迭代次数 T 和衰减系数 μ 。

输出：对抗范例 x^* ，且 $\|\boldsymbol{x}^*-\boldsymbol{x}\|_\infty\leqslant\in$

1：$\alpha=\varepsilon/T$ ；

2：$\boldsymbol{g}_0=0;\boldsymbol{x}_0^*=\boldsymbol{x}$；

3：如果 $t=0$ 到 $T=1$，运行

4：将 x_t^* 输入到 f，得到梯度 $\nabla_x J(\boldsymbol{x}_t^*,y)$；

5：通过累加梯度方向上的速度矢量，更新 $\boldsymbol{g}_{t+1}$ 为

$$\boldsymbol{g}_{t+1}=\boldsymbol{\mu}\cdot\boldsymbol{g}_t+\frac{\nabla_x J(\boldsymbol{x}_t^*,y)}{\|\nabla_x J(\boldsymbol{x}_t^*,y)\|_1} \quad (10-3)$$

6：应用符号梯度，将 $\boldsymbol{x}_{t+1}^*$ 更新为

$$\boldsymbol{x}_{t+1}^*=\boldsymbol{x}_t^*+\mathrm{sign}(\boldsymbol{g}_{t+1}) \quad (10-4)$$

7：结束

8：返回 $\boldsymbol{x}^*=\boldsymbol{x}_T^*$.

开发人员对网络进行了对抗性攻击训练，并针对具有对抗属性的新网络计算了平均绝对误差（MAE）。由于最后一层是 softmax 层，这也是构建防御机制的关键所在。softmax 层的工作原理是对类别分值应用指数函数，并将结果除以所有指数值的总和。在这个函数中，有一个参数称为温度 T，它会在指数函数应用之前对类别分值进行计算。当温度 T 较低时，输出的概率分布会非常离散，模型会做出高置信度的预测。然而，当温度 T 增加时，概率向量会变得更加平滑，并趋向于均匀分布，即每个类别的概率收敛于 1 除以类别数。在通常情况下，将温度 T 设置为 1，以获得高置信度的预测结果。研究发现，通过提高温度 T，可以增强模型的鲁棒性。将一组输入点和标签作为训练数据，用于训练第一个网络，这将产生非常平滑的概率向量。接下来，采用这些概率向量来标记数据，也就是说，我们用概率向量取代了简单的分类标签。

现在，应用新的标记数据集，重新训练同一个架构，可得到一个新的模型，称为蒸馏模型，采用这个新模型进行了预测。只需要简单地将温度设置回 1 即可，这样就能获得离散的预测结果，事实证明预测结果是可信的。随着虚拟样本的增多，制作难度也更大，那么为什么能够做到这一点呢？直觉原因有两个：第一，在训练模型时，通常是为了实现最小化损失；第二，如果采用概率来替代（而不是限定）正确的分类标签，那么这里的攻击

则是白盒的，因为所有关于网络超参数设置的知识都与网络有关。在示例中，温度值为 100。结果表明，在相同的强度范围内，FGSM 攻击将测试的准确率从 90.33%降到 88.01%；经过 10 次迭代后，I-FGSM 将测试准确率从 90.80%降到 88.16%；与相同的衰减因子 1.0 和经过 10 次迭代的 MI-FGSM 相似，测试准确率从 90.26%降到 87.97%。

10.5　性能评估

为了分析模型系统的性能，需要采用评估指标来进行性能测量，基于前面给出的指标，对以下指标进行了计算：其中 TP 表示正确分类且正确识别的姿态，TN 表示正确分类错误识别的姿态，FP 是错误分类错误识别的姿态，FN 是错误分类正确识别的姿态。

$$\text{Accuracy(Acc)} = (TP+TN)/(TP+TN)/(TP+TN+FP+FN) \qquad (10-5)$$

灵敏度 (Sen) = TP/(TP + FN)

精准度 (Pre) = TP/(TP + FP)

特异性 (Spe) = TN/(TN + FP)

10.6　结论

水体安全是一个重要问题。通过采用一些最新的技术进步成果，帮助建立了一个有效的溺水监测系统模型。对于救生员来说，在拥挤的海滩上监测溺水事故是一项巨大挑战。现在，许多解决方案都非常昂贵，并且需要投入和维护更多的基础设施。在最近的一项调查中，很多细节表明，大多数溺亡者均来自中低收入人群。对于溺水监测模型，从摄像头获取输入视频图像，并将其发送到基础服务器，然后在云服务器上运行姿态估算和溺水分类模型，将处理后的数据发送到基站，然后发送到无人机。一旦识别出溺水者，将立刻通过 BLE 信标向管理人员和附近人员告警。最后，采用 Google 开发的 MoveNet（图 10-11）模型进行姿态估算。该模型运行稳健，延迟低，性能更好。

10.7　未来展望

目前，这种方法还有巨大的提升空间，该方法只利用了人体上 17 个关键点进行是否溺水识别。该方法最多可利用 468 个关键点的人脸网格来获得增强，这样的模型将会更加稳健，而且能够识别事故的严重程度，并可进行多人多种姿态估算。对溺水者和非溺水者进行识别和分类是非常重要的，它有助于模型发出告警，且不会出现误报。

致谢

本项研究获得了韩国教育部资助的韩国国家研究基金会（NRF）基础科学研究计划的支持（编号：2020R1A6A 1A03046811）。

参考文献

[1] Drowning Detection System from Sentag - Sentag Pool Safety & Drowning Detection. [Online]. Available: https: //www. sentag. com/.

[2] Salehi, N. and Keyvanara, M., An automatic video - based drowning detection system for swimming pools using active contours, 2014 MECS. Int. J. Image, Graphics and Signal Process., 1, 1 - 3, 2014.

[3] Tao, J., Turjo, M., Wong, M. - F., Wang, M., Tan, Y. P., Fall Incidents Detection for Intelligent Video Surveillance.

[4] Maharana, S., Commercial drones. Int. J. Adv. Sci. Eng. Technol., 5, 1 Suppl. Is. 3, 96 - 101, Mar. 2017.

[5] Gonzalez - Aguilera, D. and Rodriguez - Gonzalvez, P., Editorial: Drones—An open access journal. Drones, 1, 1, 1 - 5, Dec. 2017.

[6] Eng, H. - L., Toh, K. - A., Yau, W. - Y., Wang, J., Dews: A live visual surveillance system for early drowning detection at pool. IEEE Trans. Circuits Syst. Video Technol., 18, 2, 196 - 210, 2008.

[7] D. A. Grahn, H. C. Heller, R. M. Sapolsky, L. Share, sonar based drowning monitor. US Patent 7, 330, 123, Feb. 12, 2008.

[8] Kharrat, M., Wakuda, A. Y., Kobayashi, A. S., Near drowning detection system based on swimmer's physiological information analysis. Int. Life Saving Fed., 17, 201, 99635483, 2011.

[9] Heukels, F. R., Simultaneous Localization and Mapping (SLAM): Towards an Autonomous Search and Rescue Aiding Drone, M. S. thesis, University of Twente, Enschede, Netherlands, 2015.

[10] Połka, M., Ptak, S., Kuziora, Ł., The use of UAV's for search and rescue operations. Procedia Eng., 192, 748 - 752, 2017. https: //doi. org/10. 1016/j. proeng. 2017. 06. 129.

[11] Wang, A. et al., GuideLoc: UAV - assisted multitarget localization system for disaster rescue. Mob. Inf. Syst., 2017, Art. no. e1267608, 1 - 13, Mar. 2017. https: //doi. org/10. 1155/2017/1267608.

第 11 章　物联网辅助的无人机采用智能机器学习模型降低网络安全威胁的算法

Devee Siva Prasad[1]，Pyla Jyothi[2]，G. Suryanarayana[3*]，Sachi Nandan Mohanty[4]

1. Computer Science and Engineering，BABA Institute of Technology Sciences (NR)，Visakhapatnam，Andhra Pradesh，India

2. Computer Science & Engineering，Vignan's Institute of Engineering for Women，Visakhapatnam，Andhra Pradesh，India

3. Computer Science & Engineering，Vardhaman College of Engineering，Hyderabad，Telangana，India

4. School of Computer Science & Engineering，VIT - AP University，Amaravathi，Andhra Pradesh，India

* 通讯作者：surya. aits@gmail. com

摘　要： 人工智能、区块链、商业应用、网络安全、无人机和物联网等创新和新兴技术，长期以来一直帮助企业解决业务问题，提高效率、生产力和盈利能力。无人机的发展为独一无二的领域带来了新的发展和可能性，尤其是小型无人机方面[32,33,38]。无人机能够提供定位导航服务，这种互联互通是通过物联网（IoT）的方式提供的。然而，由于架构问题，无人机网络很容易受到安全和隐私威胁。因此，首要的任务是开发一个性能安全稳定的网络，这一点至关重要。在民用和国防领域，小型无人机正在寻找新的应用途径[42,44]，同时也给安全和隐私提出了新要求。小型无人机结构简单，需要对信息转换和信息隐私机制进行修改，做到这一点并不容易[1,8,9]。这也凸显了无人机网络需要拦截非法入侵并保证安全稳定方面的需求。因此，本章提出了一种方法，即在物联网辅助的无人机结构中增加一些智能设备，用以增强入侵防御，减轻网络威胁，保持网络较强的稳定性和适应性。

关键词： 网络安全，无人机，区块链，人工智能

11.1　概述

无人机的发展，尤其是小型无人机，为不同领域带来了新的发展趋势和机遇。无人机能够提供定位导航服务，这种互联互通是通过物联网（IoT）的方式提供的。然而，因为无人机的架构问题，物联网辅助的无人机网络容易受到隐私和安全威胁，因此，物联网辅

助的无人机网络要能够提供一个安全可靠的网络，这对于实现预期性能至关重要。小型无人机为民用和国防工业的发展找到了新的应用途径，但同时也对安全和隐私提出了新的挑战。小型无人机的基本设计需要对其数据转换和数据隐私机制进行修改，目前还不能满足领域要求。本章旨在研究近期对无人机互联网（IoD）隐私和安全趋势的影响因素[46,56]。这项研究还强调了建立一个安全可靠、不受拦截和入侵的无人机网络的必要性[2,3]。提出了一个无人机框架，在物联网辅助的无人机结构中采用智能机器学习模型，使其具有安全性和适应性，从而减轻网络安全威胁。最后，我们基于基准数据集[12] 对所提出的模型进行了评估，评估结果表明，网络安全得到了增强。这是一种全球趋势，其中计算机和设备通过一些预定义的规则和标准相互连接。日常信息通过这些通信网络在互联网上传递。如今，物联网（IoT）是所有网络中使用最广泛的网络。物联网是互联网共享信息的设备之间的互联互通。这些设备可以是小型家居物品，也可以是大型工业机器，它们通过通信来执行操作。物联网设备可用于监控物体、机器性能、银行交易以及工业任务[1]。物联网联通对象截至 2020 年达到 9 000 万个，截至 2021 年达到 250 亿个。这些物联网对象以更低的能耗与其他设备进行智能通信。这表明了物联网设备对不同生活领域的影响。制造行业和卫生部门的互联设备在物联网设备中占据主要份额。物联网广泛应用于智能城市、周边环境、医疗保健和教育领域。网络安全涵盖技术、架构、基础设施以及软件程序等多个方面，这些元素共同构成了一个综合体系，旨在保护计算资产不受网络攻击的威胁[4]。网络安全涵盖了包括公共事业安全、灾难应对安全、数据保护安全以及社区安全在内的多个基础领域，这些领域共同构成了网络安全的广泛框架，旨在保护我们的信息和资产免受网络攻击的威胁。研究人员增加了许多网络安全算法和计算技术[58]，以保护我们的网络世界免受不速之客的入侵和威胁。不过，由于攻击者采取了针对计算机基础设施、架构和计算机网络的独特攻击策略，传统网络安全算法的整体效能受到了显著影响。本项目调查和研究了应对各种网络安全问题时采用的合理算法，即自然刺激计算（NIC）范例、系统了解算法和深度了解算法。主要是通过探索性分析，找出使用这些算法对改进网络安全技术的益处。

安全分析师[60] 指出，安全事件在 2019 年达到了有史以来的最高峰。从网络钓鱼到勒索软件，从作为服务经济的暗网到对民用基础设施的攻击，网络安全领域的攻击在 2019 年变得越发复杂。这种上升趋势在 2020 年仍在继续。根据观察数据，恶意软件威胁次数平均每分钟 419 次，在 2020 年第二季度每分钟增加了 12%。由于 COVID-19 疫情原因，个人和企业业务对在线网络服务的依赖性日益增长，犯罪分子也因此设法利用远程设备和网络安全潜在漏洞发起攻击或入侵。根据国际刑警组织的数据，2020 年 4—6 月期间，共检测到 90.7 万条与新冠肺炎有关的垃圾邮件。同样，根据 2020 年远程工作人员网络安全报告显示，有接近 2/3 的用户发现违规企图有所增加，有 34%的用户在操作远程业务过程中经历过违规的安全威胁[5-7]。恶意分子为了追求高影响力和经济利益，采取了冒充政府和卫生当局的手法，通过发送主题化的网络钓鱼邮件来窃取个人信息，并且对关键基础设施和医疗卫生机构发起了恶意软件攻击。2021 年，无处不在的互联互通和数字化建设的不断进步，继续驱动和支持着经济发展，但同时也不可避免地为网络攻击的规模和数量的激增提供了温床，我们目睹了勒索软件和攻击战术的日益多样化，移动网络威胁日益增长，网络钓鱼技术不断进化，以及网络犯罪分子和国家攻击者对人们日常生活所依赖的系统发起攻击。此外，针对云服务系统，恶意行为者也在积极寻找每一个新的攻击目标。

11.2　研究方法

本项研究重点是探讨改进无人机的基本设计，以确保无人机应对各种安全威胁，如数据拦截、数据隐私和各种常见的网络安全威胁。在提出的方法中，在层架构中添加了新的层，以帮助传统无人机架构实现安全与数据分析机制。改进后的层架构，可以支持未来添加新的安全功能。通过添加安全[56] 和隐私层以及使用机器智能组件，可对数据处理层进行更新。

11.3　研究目的

由于无人机对无线通信的依赖性，所以容易遭到各种攻击。这些攻击可能会产生严重的后果，包括商业和非商业损失。在这种情况下，对于黑客如何进行攻击和劫持无人机[59]，甚至拦截并使其坠毁，我们对此还缺乏足够的认识。事实上，无人机也有可能被恶意利用。因此，为了防止遭受攻击并造成任何损害，有必要对无人机进行检测。

无人机层：在工业无人机结构[48,50] 中，最基础的一层即为无人机层，这一层要求将摄像头与主无人机或四旋翼飞行器相连接。这一层包括一些智能传感器，如高度传感器、雷达、GPS 传感器和摄像头。这一层的作用是感知、记录并将记录的信息从无人机层传输到下一层。DJ“精灵”无人机就包括通信链路和定制遥控器[51]。

边缘处理层：这一层将物联网原始数据和无人机数据转发给安全和隐私层，并在此验证数据是否来源于经过身份验证的设备。这一层使用物联网网关进行无线通信，提供快速数据传输。这一层负责数据泛洪、保护与转换。为了实现云端通信，它使用 Azure 物联网网关。

安全和隐私层：这一层负责为设备提供授权，并通过机器学习算法安全访问控制。在这一层，会出现一些隐私威胁，如物理隐私威胁、行为隐私威胁和位置隐私威胁。第三方秘密监控并获取无人机信息，从而可能导致个人信息泄露。在行为隐私中，未经授权者可以监视某人的活动和行为。位置隐私威胁是指某人的位置被未经授权者获取。这些威胁可以通过协议和身份验证方案进行管理。此外，使用机器学习算法来维护设备身份验证，用于检测此类安全攻击并向用户发出警报，如图 11－1 所示。

设备连接层：安全与隐私保护层对于在基站基于云的 IoT Hub[47] 建立的通信链路至关重要。在这一层，新增了一个安全自动化和编排模块，该模块负责验证设备之间的连

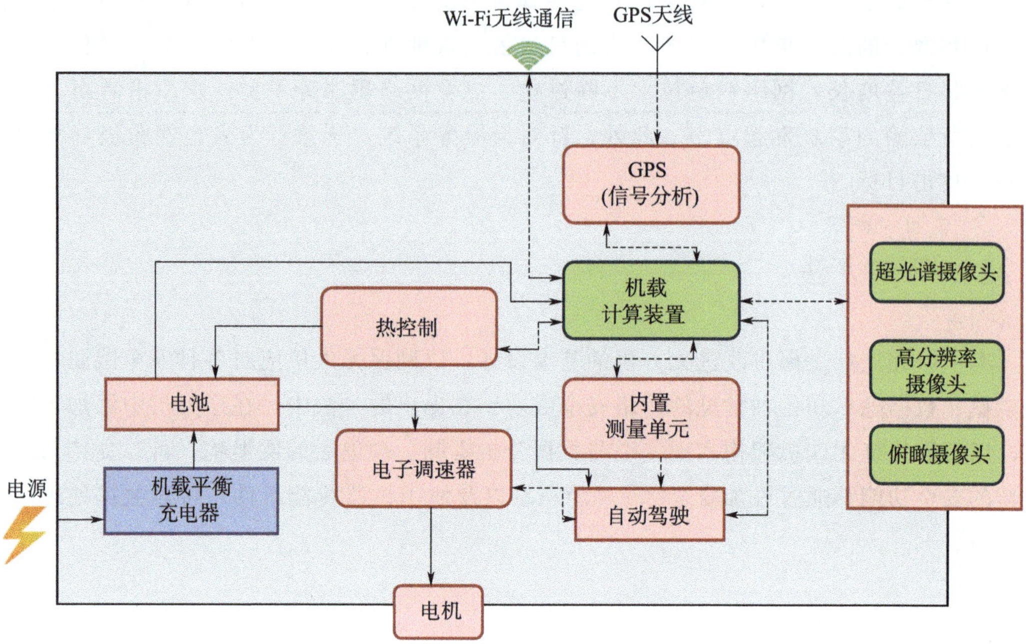

图 11-1 研究提出的无人机架构

接。在 IoT 网络中，IoT Hub 负责管理云系统与 IoT 设备之间的消息传递。同时，区块链技术被实时应用于保障 IoT 设备的安全。

数据处理层：为了分析无人机数据流，物联网集线器数据被传递给数据处理层。在这一层中，开发了两个新模块，即进行智能数据分析的机器智能模块和帮助简单流畅的云数据存储的数据中心服务模块。这一层使用了朴素贝叶斯（Naïve Bayes）模型，这是一种智能机器学习算法。无人机的飞行数据用于训练和测试。

数据存储层：无人机为基于云的 NoSQL 数据库生成了数据存储结果。它包含物联网无人机传感器数据和网络信息。使用 NoSQL 数据库可以减少信息的存储模式，以便在短时间内轻松检索和访问数据。

数据可视化层：这一层允许使用多个服务平台和工具来监视数据。在研究提出的框架中，使用 Microsoft Azure 服务平台来执行存储和集线器服务。数据可视化层显示了所提出的智能模型对无人机安全级别的预测结果，并采用智能朴素贝叶斯（Naïve Bayes）模型进行了识别。

11.4 无人机网络安全的机器学习

机器学习技术的基本类型包括监督学习、无监督学习和半监督学习。文献综述显示，许多研究人员已经利用机器学习模型来应对基于移动网络、传感器无线网络、云计算和基于物联网系统的网络攻击。Vedula 等人通过 RF（射频）和 LSTM（自动编码器）将监督学习模型与自学习模型相结合，利用两种特征来检测 DDoS 攻击。研究人员提出了一种在受约束的网络系统中使用概率检测和控制攻击行为的方法。但是，尚未发现在无人机网络中使用机器学习模型处理网络攻击的案例。研究还提出了一种无人机安全访问控制系统[52,53]。在前期开展的工作中，展示了机器学习在无线网络安全系统中的应用。2010—2020 年，有大量的文献对无人机数据的安全与隐私问题进行了研究。大多数研究讨论了与网络安全、数据隐私问题、欺骗、劫持无人机和其他威胁相关的一些挑战与应用问题。但是，这些研究人员仅仅提出了问题[35,40]，并没有针对问题提出解决方案。本章基于区块链提出了一种解决方案，以确保 5G 和物联网传输时的数据安全[55]。该系统基于人工识别威胁。研究提出了一种基于设备密钥的认证系统，但是该系统并不适合基于物联网的无人机网络。显然，这里还存在研究空白，需要开发一种安全可靠的无人机网络，提出一个可以应对无人机网络安全威胁的解决方案，使无人机网络能够适应工业和其他领域的应用。无人机网络安全需要一个智能系统，能够分析攻击数据，并主动采取措施来确保无人机的安全。过去，机器学习模型是基于无线传感器网络和移动网络的安全问题而提出的，并非基于无人机的安全问题而提出的。本项研究针对无人机安全认证和控制访问方法，提出了一种基于机器学习的解决方案，如图 11－2 所示。

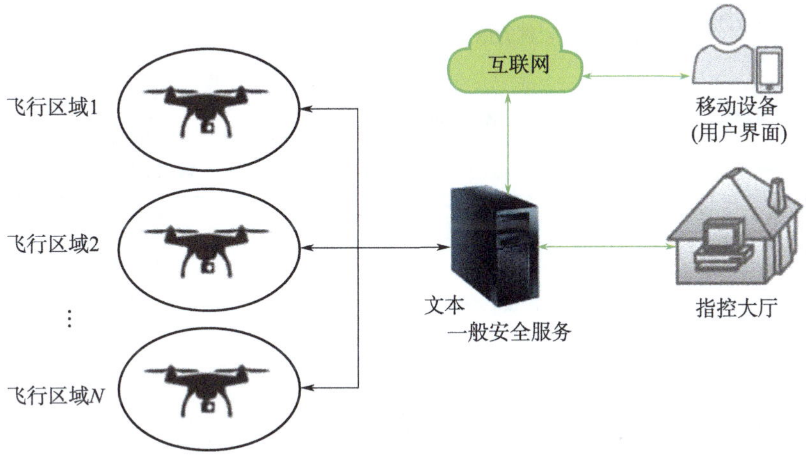

图 11－2　研究提出的无人机智能安全架构

小型无人机为国防和民用工业带来了新的应用可能性。然而，由于缺乏合适的架构，小型无人机容易受到隐私和安全威胁。物联网的发展[46] 和进步开辟了新的应用方向，同时也带来了更多与数据隐私和安全相关的挑战。就数据隐私问题而言，现有框架尚不够安全可靠。

分层：分层架构（图 11－2）通常用于智能无人机。通过添加安全和隐私层以及使用机器智能组件，对数据处理层和分层架构进行更新。

无人机层：在研究提出的工业级无人机分层架构中，第一层是无人机层，四旋翼无人机或其他小型无人机上都装有摄像头。这一层通过物联网传感器数据进行更新。使用的智能传感器包括 GPS 传感器、高度传感器、雷达和摄像头。这是提出架构的第一步。这一层负责感知和记录，并将无人机记录的信息发送到下一层。在这一层中，涉及无人驾驶飞行系统（UAS）[39]，负责无人机的飞行操作、传感器的信息记录等。无人驾驶飞行系统由两部分组成：地面控制器和通信连接。在提出的架构中，使用了大疆“幻影”3 无人机[23,25]，它由定制的遥控器和通信链路组成。在架构中，一些传感器与无人机相连。

边缘处理层：该层为第二层，无人机和物联网原始数据被发送到安全和隐私层[34]，并在此验证数据是否来自经过身份验证的设备。该层负责数据通信并传输到下一个站点即云层。目前有几种无线通信的网关设备机制。Wi－Fi 通信可快速传输信息。边缘处理层可有效提供设备到云的通信。该层负责数据保护、转换和泛洪。在研究提议的框架中，使用 Azure 物联网网关进行云通信。物联网网关架构如图 11－3 所示。

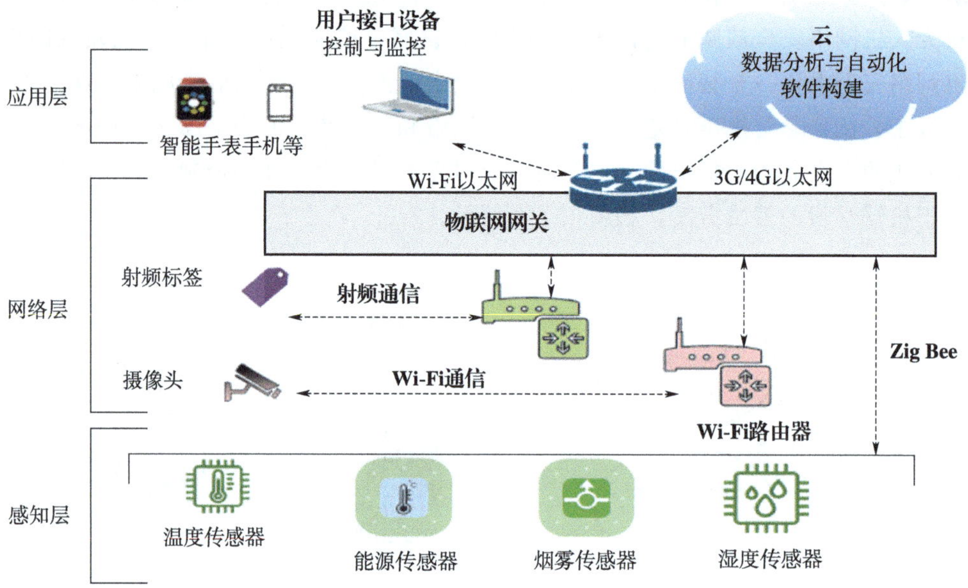

图 11－3　物联网网关模型

安全与隐私层：这一层非常重要，通过机器学习模型认证设备和安全访问控制，实现了数据安全和保障，这是物联网架构的关键组成要素。这一层可能要应对各种隐私威胁。

物理隐私与获取某人的财产相关联。如果第三方秘密监控无人机信息，那么某人财产的隐私信息就会被泄露。位置隐私威胁是指某人的位置被未经授权者获取。行为隐私威胁与未经授权者监控某人的活动和行为有关。这类安全风险必须通过认证方案和协议来解决。未经授权者可利用几种安全漏洞来制造此类安全威胁。常见的安全威胁包括入侵[8,9]、欺骗、干扰和 DoS 攻击。在研究提出的架构中，使用机器学习算法来维护设备身份验证，用于检测此类安全攻击并向用户发出警报。

AI 系统对网络安全的支持

在这种背景下，一些机构和企业开始使用人工智能，通过增强系统的稳健性、弹性和响应能力，帮助管理越来越多的网络安全风险、技术挑战和资源限制问题。例如警犬，可以帮助理解一些企业为什么要使用人工智能来提高网络的安全性。警察利用警犬的特殊能力来追捕威胁分子；同样，人工智能系统与安全分析师合作，可以改变执行操作的速度。在这方面，人工智能系统与安全操作员之间的关系应被理解为一种协同融合，在这种融合中，人类和人工智能系统的独特附加值都得到了保留和提升，而不是两者之间竞争。据估计，网络安全领域的人工智能市场规模从 2017 年的 39.2 亿美元将增长到 2025 年的 348.1 亿美元，年复合增长率（CAGR）达到 31.38%。根据 Capemin 最近的一项调查，人工智能解决方案在网络安全领域的应用速度正在飙升。应用人工智能系统的公司数量已从 2019 年整体样本的 1/5 上升至 2020 年的 2/3。其中 73%的样本测试了人工智能在网络领域的应用。最常见的应用是网络安全，其次是数据安全和端点安全。人工智能在网络安全领域中的应用大致分为三类：检测（51%）、预测（34%）和响应（18%）。

11.5　人工智能在网络安全领域的应用

影响速度：在一些重大攻击中，对组织机构造成破坏影响的平均时间为 4 min。而且，当今的网络攻击不仅仅局限于勒索软件，或仅针对某些系统或漏洞，它们可以根据目标的行动进行迁移和调整。这类攻击的影响速度极快，而且在攻击过程中并没有太多的人为交互。

操作复杂性：如今，云计算平台越来越普及，这些平台可以在毫秒级快速提供运营服务，这意味着环路中无须过多的人工干预，而是必须考虑一种更强大的分析驱动能力。

网络安全领域技能人才缺口仍是一项持续挑战：据 Frost & Sullivan 数据统计，全球网络安全专家缺口大约是 150 万。因此，鉴于这种稀缺性，必须以更快速度推动网络安全流程自动化。

人工智能可从三方面帮助安全团队：提高系统的稳健性（Robustness）、响应性（Response）和弹性（Resilience），本章将其称为 3R 模型。首先，人工智能可以提高系统的稳健性，即系统通过自检和自修复软件，即使在处理错误输入时，也能保持初始假定的稳定配置。这意味着，人工智能系统可用于改进稳健性测试，将验证和确认过程委托给机器。第二，人工智能可以增强系统的弹性，即系统抵御和容忍攻击的能力。第三，人工智能可以用来增强系统响应性，即系统自主应对攻击的能力，它能够识别其他机器中的漏洞，确定哪个点哪个漏洞遭到了攻击，并自主发起针对性的反击。至于何时将决策和响应行动委托给人工智能，还需要各组织机构执行风险影响评估。在许多情况下，人工智能将增强而不是取代人类安全分析师的决策能力，并将被整合到加速响应行动的流程中。

11.6　应用人工智能实现系统的稳健性、响应性与弹性

当人工智能应用于网络事件检测和响应时，要解决的问题大致分为三类。从客户环境中收集数据，并由安全供应商管理的系统进行处理。检测系统对恶意行为做出标记，并启动响应行动，如图 11－4 所示。

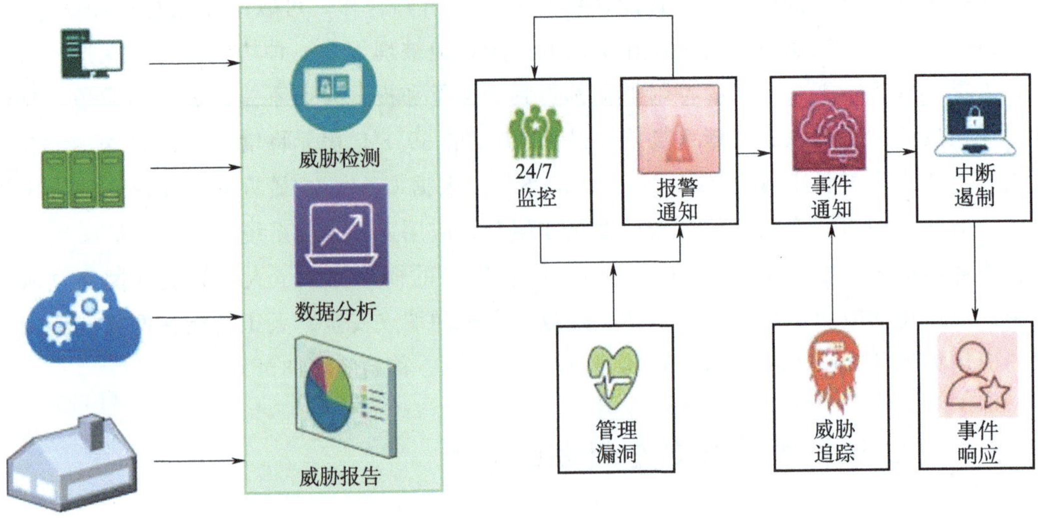

图 11－4　人工智能对网络攻击事件的检测与响应

如今，一些公司已经认识到，由于物联网（IoT）的应用和移动设备的普及，再加上多样化的威胁环境及其不断演变，攻击面正在不断扩大。在此背景下，可采取两种措施：加快防御者的速度，减缓攻击者的速度。关于加快防御者的速度，企业可采用人工智能解决方案，自动检测和响应已经入侵企业防御系统的攻击行为。传统上，安全团队需要花费大量时间处理警报，调查警报是良性的还是恶意的，对警报进行报告，控制警报并验证控制行动。人工智能可以帮助完成安全运营团队花费时间最多的一些任务。值得注意的是，这也是人工智能最主要最常见的用途之一。

智能算法有能力发现计算机信息系统中隐藏的模式和威胁。大数据分析[4,58]、缓解威胁和入侵防护，需要开发混合网络安全方法、构建与智能算法相结合的计算系统。优化技术的实施是一个持续渐进的过程，能够提高网络安全算法的性能，从而产生可喜的成果。优化技术获得了广泛应用[56,60]，如参数调整、满足约束条件、目标函数最大化或最小化、特征选择、权值优化、满足多个标准、搜索策略和找到权衡解决方案等[27]。本章的目的是综述 NIC 范式、机器学习算法和深度学习算法的实施情况。这些算法涵盖了广泛的网络安全问题。本章的总体目标是确定和总结上述算法在解决网络安全问题方面的需求。在这项研究工作中，明确指出了智能算法在解决各类网络安全问题中的必要性，同时还推断了这些算法的概念思想、意义和影响，从而提高了获得定量和定性实验结果的效率和效果。本章将对基于智能算法网络安全领域的从业者，例如研究学者、院士、科学家、工业专家和研究生等行业同仁大有帮助。

NIC 范例分为两类，即蜂群智能算法（SI）和进化算法（EA）。蜂群智能算法包括蚁群优化（ACO）、人工蜂群（ABC）、粒子群优化（PSO）、萤火虫算法（FA）、布谷鸟搜索（CS）和细菌觅食优化（BFO）。进化算法包括遗传算法（GA）、进化规划（EP）、文化基因算法、遗传规划（GP）、进化策略、差分进化（DE）和文化算法，如图 11－5 所示。机器学习技术也分为三类，如监督适应、强化适应[22] 和非监督适应，详见下文。传统的机器学习算法，例如有线性回归、逻辑回归、线性判别分析、分类和回归树[14,15]、朴素贝叶斯[16]、K－近邻（K－NN)、Kmeans 聚类、学习矢量量化（LVQ)、支持矢量机(SVM)、随机森林、蒙特卡罗、神经网络和 Q 学习[23,25]。计算智能概念的抽象视图[4] 包括适应和自组织，使用处理过的数据和嵌入式知识作为输入，并产生预测、决策、泛化和推理作为输出。计算智能技术[4,58] 按适应特征分为三类，即监督适应、强化适应和非监督适应。

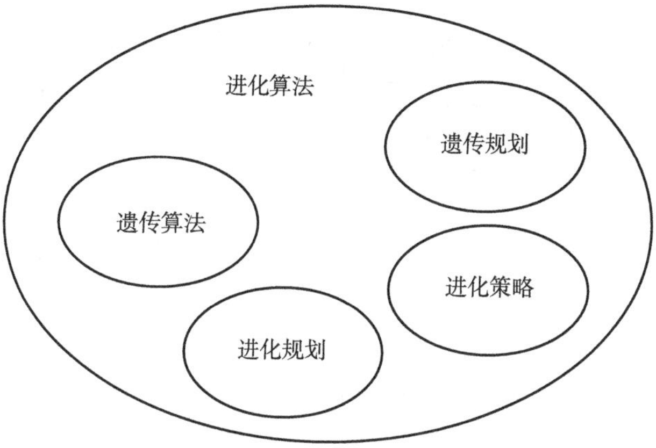

图 11－5　进化算法

监督适应：在系统每次迭代执行中都要进行适应。变量/参数经过微调后可以泛化计算模型在动态环境中的行为，从而不断提高系统性能。

强化适应：通过启发式强化方法，对系统中涉及的变量/参数数量进行交互，以获得最佳的适应度。它处理输入矢量空间的时间序列，评估系统的适应度，并为每个输入产生可能的结果，如图 11－6 所示。

非监督适应：非监督适应遵循试错法，涉及系统中执行任务所需变量/参数的个数。在获得适应度结果的基础上，对计算模型进行推广，以迭代的方式获得更好的结果。深度学习算法[27,30] 是机器学习算法的一部分，涉及多层深度学习数据架构、表征和转换。卷积神经网络（CNN）和递归神经网络（RNN）是深度学习算法的典型例子。前面提到的这三类算法[26]，广泛用于解决本章讨论的网络安全问题。机器学习算法被用于设计和开发基于学习的安全模型。采用 NIC 算法对安全模型中涉及的参数进行微调，用以提高安全模型的效率和性能。深度学习算法通常用于解决涉及大量不同数据集的复杂网络安全问题[12]。本章重点介绍网络安全中 NIC 算法、机器学习算法和深度学习算法[30] 在网络安全领域的应用，例如，网络安全、信息安全、无线传感器网络中的安全通信、加密算法，以及减少网络数据传输中的威胁、入侵检测[8]、网络钓鱼检测、机器监控、签名验证、病毒检测、内部攻击检测、网络流量分析、异常检测、恶意软件检测、物联网安全、网络服务安全、自组织网络安全、网络战、电子服务安全、生物识别安全，蜜罐安全、漏洞评估、社交应用安全、僵尸网络检测、攻击检测和传感器网络安全等。

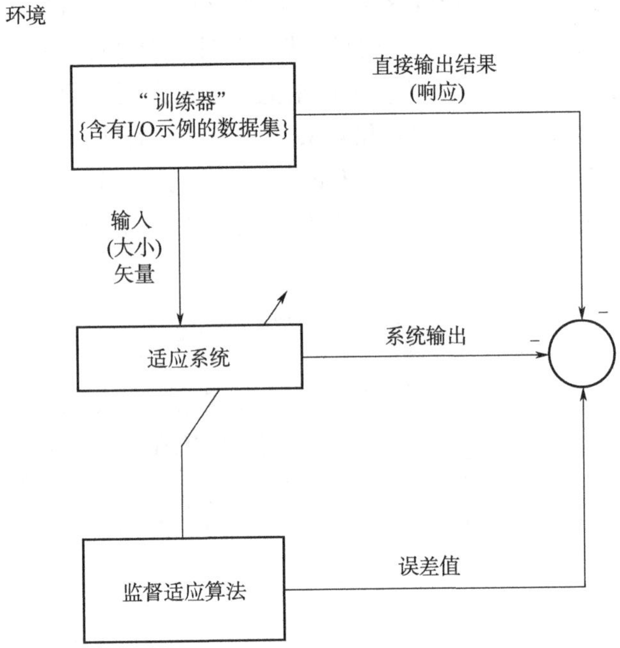

图 11-6　NIC 算法在解决网络安全问题中的作用

11.7　网络安全中的 NIC 算法

将 NIC 算法按特点分为群体智能和进化算法两部分。蜂群智能算法（Swarm Intelligence-based Algorithms，SIA）是基于蚁群、蜜蜂、黄蜂、白蚁等昆虫的群体行为而发展起来的。研究人员对实现一种被称为群体智能的新方法很感兴趣。SIAs 也是一种先进的计算智能技术，它是基于对分散和自组织系统中的群体行为进行的研究。进化计算技术的发展源于三个主要的观察结果。首先，选择最合适的个体（亲本），它是由组合（繁殖）决定的。其次，随机性（突变）扩大了多样性的搜索空间。最后，最适合的个体存活到下一代的概率更高。自然选择与自组织的结合如式（11-1）所示。

$$\text{进化}\ n = (\text{自然选择}) + (\text{自组织}) \tag{11-1}$$

网络安全中的机器学习

机器学习算法被定义为一种计算方法，它为系统提供了学习和处理新情况的能力，使系统具有一个或多个理性属性，如泛化、发现、关联和抽象。机器学习模型的输出通常包括感知和/或决策两个部分。它包括实用的适应和自组织概念、范例、算法和实施方法，这些概念、算法及实施方法可在复杂多变的环境中促成或促进适当的行动（智能行为）。适应和自组织是智能范式所表现出来的两个最重要的特征，被广泛应用于开发智能系统和计算模型，为解决大规模复杂优化问题提供了有希望的解决方案。解决网络安全问题的机器学习算法的实现如图 11-7 所示。

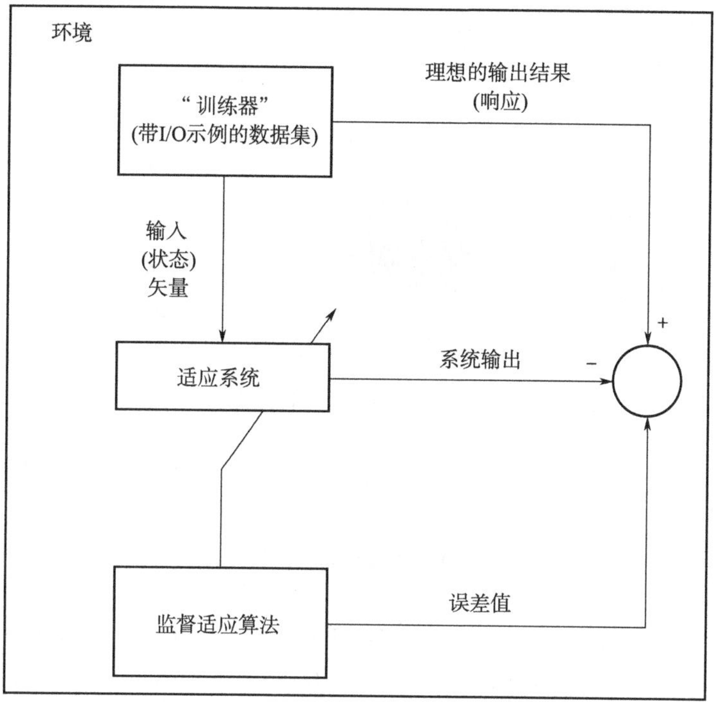

图 11-7　NIC 算法在解决网络安全问题中的作用

11.8　用于网络安全诊断的 AI 和 ML 应用系统示例

针对用户交互进行训练的机器学习（ML），提供了一种了解本地环境并知道应关注哪些数据的方法；提供了一种模型，通过实时信息分流处理，能够识别有可能是恶意的数据，从而提高系统效率。因此，使用 ML 不仅节约成本，还能够在危急的情况下做出快速反应。

ML 可以从数据中学习，稳健的模型用于检测数据新的异常情况。ML 特别擅长从大量数据中识别模式和提取算法，而人类无法做到这一点。ML 非常适用于异步用户分析，测量常见行为偏差，以及为理解行为特征进行大量数据回溯。ML 针对攻击者不可变的"战术、技术和程序"（TTP）行为（Mire 攻击框架中界定的行为）进行训练，可对持久的和广泛的攻击活动进行检测和应对。

为了更好地说明 ML 和 AI 在网络安全检测和响应中的应用，图 11-8 展示了一套网络软件和硬件设备相结合的入侵检测和防御系统。该系统能够检测到可能的入侵并试图阻止这些行为。这种入侵检测和防御系统具有四种重要的安全功能：监控、检测、分析和响应未经授权的活动。

许多人工智能技术都可以用于入侵[9]、预防、检测和应对响应。表 11-1 举列说明了其中一些技术的主要优势。

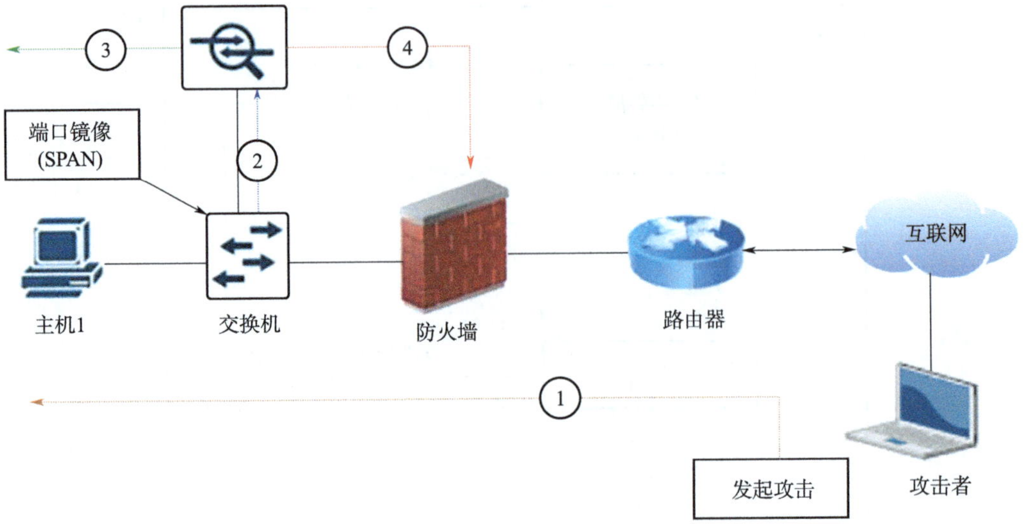

图 11－8　入侵检测与防御系统

所有这些人工智能入侵检测技术，都有助于减少停留时间，即网络攻击者从进入网络环境到被根除这段自由支配的时间长度。2019 年 12 月，在欧洲的攻击停留时间大约是 177 天，因数据泄露或其他问题，被检测到的入侵案例只占 44%。使用人工智能技术后，攻击活动的停留时间显著缩短。

表 11－1　网络入侵、阻止、检测和响应技术

技术名称	优势
人工神经网络	并行性——可进行信息并行处理，案例学习； 非线性——处理复杂的非线性函数； 弹性——学习模型对噪声和不完整的数据具有很好的通用性和灵活性
智能代理	流动合理性——实现其目标； 适应性——对环境和用户偏好快速适应； 协作性——能够感知用户可能出现的差错，提供不确定或遗漏的重要信息；智能接收指令，思考和检查与用户不一致的信息
遗传算法	稳健性好； 环境适应性强； 优化——即使是复杂的计算问题，也能提供最佳解决方案； 并行——允许一次评估多个模式，全局搜索灵活、稳健
模糊集	稳健性——插值推理机制稳定； 互操作性——人性化操作

11.9　人工智能带来全新的威胁

随着当前的威胁在规模上和范围上的不断扩大，人工智能技术的进步意味着可能会引入全新的威胁。不受人类能力限制的人工智能特征，可以让参与者执行原本不可行的攻击。

深度伪造

自 2017 年 Reddit 用户首次创造“深度伪造”(deepfakes) 一词以来，“深度伪造”词条的使用频率一直在稳步上升。深度伪造技术不断发展，它使用深度学习来制作虚假事件的图像、视频或文本[21]。深度伪造的方法主要有两种。第一种方法通常是“换脸”技术 (即将一个人的脸换成另外一个人的脸)，通过一种称为编码器的人工智能算法来运行两个人的数千张面部照片。编码器发现并学习两张脸之间的相似性，并为它们生成共同的特征，在此过程中压缩图像。然后，运行称为解码器的第二个人工智能算法，从压缩图像中恢复人脸：一个解码器恢复第一个人的人脸，另一个解码器恢复第二个人的人脸。然后，通过将编码图像交给“错误的”解码器，在尽可能多的视频帧上进行面部交换，以实现令人信服的深度伪造效果。第二种方法，也是非常重要的深度伪造技术方法，即生成式对抗网络 (GAN) 技术。GAN 让两种人工智能算法相互竞争，以创建全新的图像，如图 11-9 所示。第一种算法，即生成器，输入随机数据并生成新的图像。第二种算法，即鉴别器，检查图像和数据是否与已知数据 (即已知图像或人脸) 一致。这两种算法之间的较量，最终迫使生成器生成极其逼真的图像 (例如名人)，试图欺骗鉴别器。

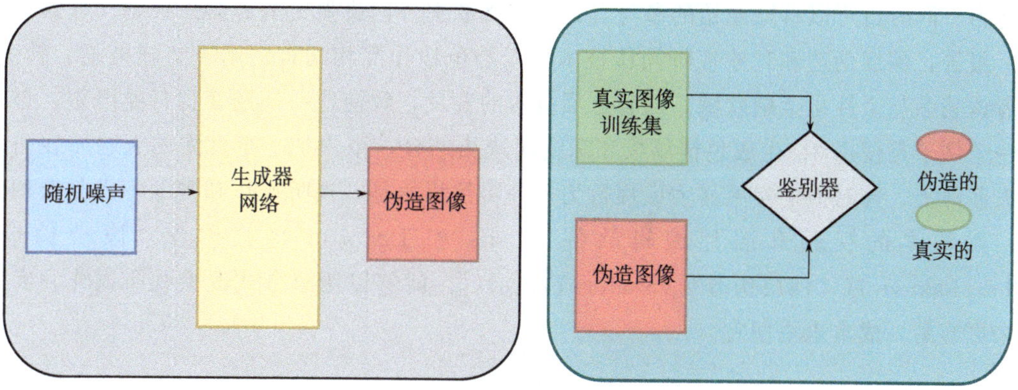

图 11-9　生成式对抗网络 (GAN) 的功能

这些图像被用来创建虚假但真实的人物形象，往往会产生有害的后果。例如，McAfee 的一个团队使用 GAN 来欺骗面部识别系统，就像目前在机场使用的护照验证系统一样。McAfee 依赖于最先进的开源面部识别算法，这些算法通常非常相似，因此引起了人们对面部识别系统安全性的重要关注。Deepfake 应用程序还包括文本和语音处理以及视频。就语音处理而言，Lyrebird 声称，使用人工智能可以用 1 min 的样本音频来重建任何声音，而百度的 Deep voice 只需要不到 4 s 的训练就可以克隆语音。2019 年 3 月，人工智能软件被用来冒充一名首席执行官的声音，并骗取 22 万欧元 (折合 24.3 万美元) 的欺诈性转账。在这种情况下，首席执行官认为他正在与德国母公司的首席执行官交谈，后者要求将款项支付给匈牙利子公司。

用于文本处理的深度造假也越来越令人担忧。有了 GPT-3 生成式写作，就有可能合成出类似真人说出的语句，这些语句可能比视频内容更难以与真人语句区分开来。通过使用最先进的技术，仍有可能判断出视频内容是人工合成的，例如，从一个人的面部动作细微偏差来判断。但是对于 GPT-3 输出，未经修改的原始数据可用于比较或作为事实检查的依据。文本操作已广泛用于人工智能生成评论和推文。Diresta 强调，“看到很多人在同一时间或同一地点表达同样的观点，可以让观察者相信每个人都有某种感觉，而不管说话的人是否真正具有代表性——甚至是真实的”。在心理学中，这被称为“多数错觉”。因此，通过潜在制造多数意见，文本操纵正在并将越来越多地应用于旨在影响公众舆论的活动中。其战略和政治影响是显而易见的。

11.10 恶意使用深度伪造技术正在成为一种趋势

色情领域

根据深度跟踪实验室（Deeptrace Labs）的数据，2019 年 9 月，深度伪造视频的数量达到 14 678 个，相比 2018 年 12 月以来增长了 100%。虽然其他方面也有应用，但其中绝大多数（96%）是色情内容。深度伪造技术可以让女性或男性在未经其同意的情况下发生性行为，同时也可以移除原始的参与者，为伤害或虐待创造强大的武器。根据《数据与社会》报告，深度伪造和其他视听操作技术可以与色情作品相结合，用于实施报复、勒索，或者诱骗参与个性化金融欺骗。随着这项技术的普及，致使这一问题变得日益严重。最近有一个例子是使用 3D 生成色情场景和深度伪造相结合，用户把一个真实的人脸放在另一个人面部上，并对他们实施暴力或性行为。值得注意的是，视听操作和其他不太复杂的方法，如基本的视频和照片编辑软件［Paris 和 Donovan 将其称作“廉价伪造”（CheapFakes）或“浅层伪造”（ShallowFakes）］，能够以恶意方式改变视听操作，实现起来更容易，成本也更便宜。

11.11 物联网无人机高效采样轨迹设计中模型辅助深度强化学习

深度强化学习（DRL）作为自主无人驾驶飞行器（UAV）在蜂窝网络[20,21] 或物联网（IoT）连接[44] 环境中用作飞行接入点轨迹设计的潜在方法正在受到关注。DRL 解决方案具有即时学习的优势，因此很少依赖于先前的上下文信息。然而，相应的缺点在于需要大量的学习情节，这严重限制了该方法在现实世界中时间和能源受限任务中的适用性。在这里，提出了一种模型辅助的深度 Q 学习方法，与之前的工作相比，该方法大大减少了对大量训练数据样本的需求，同时仍然实现了 DRL 的总体目标，在无须事先了解无线信道特性和受限的无线节点位置的情况下，引导电池能量受限的无人机在有效的数据收集轨迹上执行任务。

关键思想在于使用一小部分节点作为锚点（即已知位置），并在隐式估计规则节点位置的同时学习传播环境的模型。通过与模型的交互，能够训练一个深度 Q 网络（DQN）

来近似最优无人机控制策略[24,28,29]。研究表明，与标准的 DRL 方法相比，研究提出的模型辅助方法所需要的训练数据样本至少减少一个数量级，并能够达到同样的数据收集性能。因此，使用 DRL 作为问题的可行解决方案迈出了第一步。

生产低成本商用无人机（UAV）的想法[31] 为无人机市场开辟了许多机遇，预计到 2025 年将达到 10 亿美元[30,41]。一个关键的应用场景是未来的物联网（IoT），在物联网中，从远离基站（BSs）的广域无线节点收集数据，通常需要更高的传输功率来传输信息，通过更快耗尽传感器电池来缩短网络的运行时间。作为从 BS 飞行的无人机[57] 可以描述一种飞行模式，使其接近地面节点，从而减少电池消耗并提高数据收集系统的效率。这种收效取决于无人机轨迹设计的有效方法，决定何时何地从地面节点收集数据[50,57]。在这种情况下，深度强化学习（DRL）之所以受到欢迎，是因为有关场景环境（如物联网传感器位置）的全部信息并非先决条件。其他原因还包括 DRL 推理的计算效率，以及无人机路径规划的内在复杂性。一般来说，无人机路径规划是非凸优化和 NP 问题[61]。这需要大量的训练数据，相当于数千次训练飞行，才能将基于 DRL 的路径规划实际部署到自主无人机，这是最大的障碍之一。因此，建议采用称之为模型辅助 DRL 法来解决这个问题，这样只需要最少的训练数据，就可以实现在有限的飞行时间内控制无人机数据采集器。

用于无人机路径规划的 DRL 方法，对训练数据的需求在很大程度上取决于场景的复杂性和关于环境先验信息的可用性。一方面，在训练深度 Q 网络（DQN）来控制能量受限的无人机基站等工作中，假设完全没有关于环境的先验知识，即使在简单的环境中也需要大量的训练，因为 DRL 代理必须纯粹通过试错来推断场景条件。另一方面，多无人机协同的任务是在相对简单、无障碍的环境中收集物联网设备数据等工作，近乎完美的状态信息能使收敛速度更快，所需要的训练数据也更少。在这项工作中，无人机代理可用的先验知识介于两个极端之间：虽然已知一些参考物联网的节点位置（称为锚点），但必须估算其他节点的位置，以及密集城市环境中极具挑战性的无线信道特性，这些特性会导致视距（LoS）和非视距（NLoS）链路之间的交替。在采样效率 RL 的背景下，以前曾针对各种应用提出过模型加速解决方案。一种被称之为“想象滚动”的方法，可以提高连续 Q 学习变体的样本效率，已被建议用于模拟机器人任务。这种方法是基于使用迭代修正的时变线性模型，与神经网络（NN）模型恰恰相反。在随机值梯度学习的背景下，提出了一种神经网络模型学习方法。在无人机通信 RL 轨迹优化领域的其他工作中，已经提出了减少训练数据需求的其他方法[37]。为了减少训练时间，还有人提出了一种基于迁移学习的 DRL 方法，用于实现移动用户的总速率最大化。

11.12　模型辅助深度 Q 学习

通常，采用标准的深度 Q 学习不切实际，因为需要大量的训练数据点，而且获取这些数据点（即通过真实世界的无人机实验）的成本很高。为了改善这一问题，研究提出了一种算法，即代理在收集真实世界测量数据的同时不断学习环境模型，然后代理利用该模型模拟实验并补充真实世界的数据。更具体地说，在研究提出的方案中，可以根据当前状态 sn 和行动 a 计算出下一个状态 $sn+1$。奖励函数由两部分组成：已知的安全惩罚和从物联网节点设备收集到的即时数据。因此，我们只需估算从设备收集到的瞬时数据，而根据文献［4，5］，这些数据是地面节点位置和无线电信道模型的函数。因此，奖励函数近似可归结为地面节点定位和从收集到的无线电测量数据中学习无线电信道。关于同时进行无线节点定位和信道学习的问题，此前已有研究。在本节中，研究提出了一种利用三维环境地图进行无模型节点定位的新方法。类似于 NLoS 分段无线电信道的假设。然而，与之不同的是，研究目标是使用无模型方法估计无线电信道，同时对地面节点进行定位。为了学习无线电信道，使用了神经网络（NN）。该网络与粒子群优化（PSO）技术和城市 3D 地图一起用于定位未知位置的无线节点。

在进行节点定位和信道学习时，假设无人机遵循一条任意轨迹，用 $\chi=\{v_n,\ n\in[1,n]\}$ 来表示，用于收集接收信号强度（RSS）测量值，其中 v_n 表示无人机在第 n 个时间间隔内的位置。还假设无人机从每个位置收集所有 K 个节点的无线电测量值。$g_{n,k}$ 代表无人机在第 n 个间隔内从第 k 个节点获得的 RSS 测量值（以 dB 为单位），假设 LoS/NLoS 分段路径损耗模型适用于有建筑物的城市环境中空对地信道。

这里 $d_{n,k}=|v_n-u_1|/2$，ψ_n 是无人机时间步长 n 处的航向角。函数 $\gamma(.)$ 是需要学习的未知天线增益。$\omega_{n,k}\in\{0,\ 1\}$ 是分类二元变量[13-15]（目前未知），表示测量值属于 LoS 或属于 NLoS 类别。函数 $\psi_\theta(.)$ 是由 θ 参数化的信道模型。注意，函数 $\psi(.)$ 和参数 θ 都是未知的，需要估算。$\eta_{n,k,z}$ 代表零均值正态分布的阴影效应，已知方差为 σ_z^2。根据文献［12］，单个测量值的概率分布建模如下

$$p(g_{n,k})=(f_{n,k,\mathrm{LoS}})_i w_{n,k}(f_{n,k,\mathrm{NLoS}})^{(1-w_{n,k})}$$

式中，$f_{n,k,z}$ 遵循一个均值为 $N[\phi_z(d_{n,k})+\gamma(v_n,\ u_k,\ \psi_n),\ \sigma_z^2]$ 的高斯分布。

11.13 算法模型辅助的深度 Q 学习轨迹设计

1：初始化重放缓冲区（B），（B′）
2：初始化 Q 网络和目标网络参数 s
3：初始化 $t=0$
4：对于 $e=0\sim E_{\max}$，执行
5：$t=t+1$
6：1）真实飞行实验：
7：初始化 $s_0=(vI,\ b_{\max})$，$n=0$
8：当 $b_n\geqslant 0$ 时，执行
9：$a_n=\arg\max_a Q^\pi(s_n,\ a,\ \theta)$
10：使用安全控制器验证 a_n（9）

观察 r_n，s_{n+1}，$\gamma_{1,n}$，…，$\gamma_{K,n}$
在 (B) 上存储 (s_n, a_n, r_n, s_{n+1})
记录 $(v_n, \gamma_{1,n}, \cdots, \gamma_{K,n})$
$n = n + 1$
结束，当
2）学习环境：
按照第 IV - A1 节的描述学习无线电信道
按照第 IV - A2 节的描述定位未知节点
3）模拟真实实验：
当 $i = 0 \sim I$ 时，执行
$t = t + 1$
初始化 $s'_0 = (vI, b_{\max})$，$n = 0$
当 $b_n \geqslant 0$ 时，执行
$a'_n = \begin{cases} \text{按概率 } \varepsilon \text{ 从 } A \text{ 中随机选择} \\ \arg\max_a O^{\pi}(s'_n, a, \theta)\text{，否则} \end{cases}$
使用安全控制器验证 a_n (9)
从（7）计算 $r_{\tilde{n}}$，从（1）和（3）计算 $s_{\widetilde{n+1}}$，
在 $B_{\tilde{n}}$ 上存储 $s_{\tilde{n}}$，$a_{\tilde{n}}$，$r_{\tilde{n}}$，$s_{\widetilde{n+1}}$。
$m = 0 \sim M$，执行
从 $\{B \cup B\}^{\sim}$ 均匀采样 s_m，a_m，r_m，s_{m+1}。
$y_m = \begin{cases} r_m & \text{如果终端} \\ r_m + \gamma \max_a Q^{\pi}(s_{m+1}, a, \theta) & \text{否则} \end{cases}$
$\ell_{\text{in}}(\theta) = E\{[y_m - Q^{\pi}(s_m, a_m, \theta)]^2\}$
结束，如果
$\theta = \theta + \beta \dfrac{1}{M} \nabla_{\theta} \sum_{m=0}^{M} l_m(\theta)$
$n = n + 1$
结束，当
$\varepsilon = \varepsilon_{\text{final}} + (\varepsilon_{\text{start}} - \varepsilon_{\text{final}})\text{exo}(-kt)$
$f(t \bmod N_{\text{target}} = 0)$ 然后 $\theta = \theta$
结束
结束

11.13.1 数值结果

我们考虑了一个由建筑物和规则街道组成的密集城市街区。建筑物的高度范围在 5～40 m 并呈瑞利分布，选择了近似真实的传播参数。无人机每隔 5 m 从地面节点收集无线

电测量数据。假定无人机在飞行轨迹过程中保持的固定高度为 60 m，每一节任务时间固定为 $N=20$ 个时间步长，固定步长为 $c=50$ m，假设有 6 个地面节点，UAV 事先仅知道锚点 u_1 和 u_2 的位置。无人机从 $v_I=[100,\ 100,\ 60]^{\mathrm{T}}$ 出发，需要在任务结束时到达目的地 $v_F=[300,\ 400,\ 60]^{\mathrm{T}}$。为了建立学习通道，使用了具有两个隐藏层的神经网络，其中第一层有 60 个具有 tanh 激活函数的神经元，第二层有 30 个具有 relu 激活函数的神经元。Q 网络包括隐藏层，每个隐藏层有 120 个神经元和 relu 激活函数。在图 11－10 中，比较了 11.2 节中介绍的基线 Q 学习算法和提出的模型辅助 Q 学习算法的性能。此外，还展示了类似于将节点混合无线映射嵌入到状态向量的计算结果。为了计算混合无线映射关系，需要将所有节点的单个无线映射关系组合起来。假设已知节点位置和无线通道，利用城市的 3D 地图计算了单个无线映射关系。模型辅助算法优于其他方法，只需 10 个真实飞行的实验场景就可以收敛到与其他算法相同的性能水平。本章引入的算法使用了更多的信息，即映射关系、已知节点位置以及无线信道模型，因此优于基线算法。无人机开始向最近的节点飞行，并在上方盘旋几个时间步长，以最大限度收集数据，然后到达目标 v_F。此外，给出了算法 1 训练阶段最后一节得到的未知节点位置估计，并证实与真实位置非常接近。

		光滑函数	梯度占优
分布式零阶优化（非凸）	算法 1，(2－point ＋DGD，即传统两点估计器＋分布式梯度下降算法)	$O\left(\sqrt{\frac{d}{m}}\log m\right)$	$O\left(\frac{d}{m}\right)$
	算法 2，(2d－point＋GT，即二维点估计器＋梯度跟踪算法)	$O\left(\frac{d}{m}\right)$	$O\left(\left[1-c(1-\rho^2)^2\left(\frac{\mu}{L}\right)^{\frac{4}{3}}\right]^{m/d}\right)$
	算法，文献[1]	$O\left(\frac{\gamma(d)}{\sqrt{M}}\right)$	
分布式一阶优化	DGD(分布式梯度下降算法)	$O\left(\frac{\log t}{\sqrt{t}}\right)$[2,3]（凸优化） $O\left(\frac{1}{\sqrt{T}}\right)$[5]（非凸优化）	$O\left(\frac{1}{t}\right)$[4]（强凸优化）
	梯度跟踪算法	$O\left(\frac{1}{t}\right)$[6]（非凸优化）	$O\left(\left[1-c(1-\rho)^2\left(\frac{\mu}{L}\right)^{\frac{3}{2}}\right]^t\right)$[7]（强凸优化）
集中式零阶优化	文献[8]（两点估计器）	$O\left(\frac{d}{m}\right)$（非凸优化）	$O\left(\left[1-\frac{c}{d}\frac{\mu}{L}\right]^m\right)$（强凸优化）

图 11－10　不同算法之间的比较[61]

图 11－10 对各种算法进行了比较，对比了累积收集的数据量与训练的灵活性，并探索了在安全、控制、监控和通常难以快速到达的陆地区域等广泛应用的可能性。此外，除了帮助智慧城市满足公共安全需求外，它还可以为运送医疗用品、森林灭火、关键基础设

施保护和检查、海岸监测和警力增加等应急管理提供支持。前面已经讨论过公共安全和物联网（IoT）之间的关系，对基于物联网的智慧城市进行了分类。将物联网技术应用于智慧城市，可以促进智慧城市的经济、安全、公共设施管理和交通运输的升级进步。使用可穿戴设备从物联网收集数据是无人机[54,62]在智慧城市或类似场景中最有吸引力的应用。无人机可以与地面上的异构设备之间进行通信。

11.14　无人机安全中的机器学习

机器学习技术的基本类型包括监督学习、无监督学习和半监督学习。根据一篇综述研究文献，许多研究人员已经利用机器学习模型来处理基于移动网络、基于传感器的无线网络、云计算和基于物联网系统中的网络攻击。Vedula 等人通过 RF 和 LSTM（自动编码器）结合监督学习模型和自学习模型，利用两个特征检测 DDoS 攻击。研究人员提出了一种在受约束的网络物理系统中使用概率方法检测和控制驱动攻击行为的方法[49]。目前还没有发现在无人机网络中使用机器学习模型处理网络攻击的案例。在无人机安全方面，提出了一种访问控制系统。

2010—2020 年，公开发表了大量文献，研究了无人机数据的安全与隐私问题。但是，多数研究工作讨论了网络安全、数据隐私、欺骗、劫持无人机[59]，以及其他与威胁相关的挑战与应用问题。多数研究人员只是强调了问题，并没有针对这些问题提出潜在的解决方案。本章设计了一种基于区块链的解决方案，以确保 5G 和物联网无人机传输过程中的数据安全，该系统基于人工识别威胁。基于设备密钥的身份验证系统并不适用于基于物联网的无人机网络。在开发安全可靠的无人机网络方面存在明显的空白，需要提出一种解决方案来应对网络安全威胁，并使无人机适用于工业和商业领域。无人机安全需要一个智能化的系统，它可以调查攻击数据，并通过采取积极措施确保无人机的安全。过去，曾在基于无线传感器的网络和移动网络的安全领域提出过机器学习模型，但是针对无人机安全尚未提出过机器学习模型。本项研究针对无人机安全认证和控制访问方法，提出了一种基于机器学习的解决方案。

11.15　无人机监控

无人机可以配备各种类型的监控设备，日夜收集高清视频和静态图像。无人机上采用的技术手段可以拦截手机通话，确定 GPS 位置，并收集车牌信息。因为无人机的有效载荷兼容性高，允许全天候使用不同的测量系统，如激光雷达扫描仪、多光谱和高光谱设备等，人员配置少，成本低。

无人机监视是指应用无人机捕捉静态图像和视频，收集有关特定目标的信息，这些目标可能是单人、群体或环境。无人机监视能够从远处或高空秘密收集有关目标的信息。当然，无人机在这个广泛行业（或领域）中的使用远远超出了这些基本和简单的界限。政府官员、警察和其他安全人员均可应用无人机技术。随着企业和研究人员找到机器学习分析实时视频片段的新方法，自动化监控将变得越来越普遍。

11.16 推动无人机成功应用的相关技术进步

事实上，无人机已经存在很长时间了，然而似乎直到最近几年才突然出现对无人机的热捧。通过本节的内容，让读者了解哪些因素推动了对无人机的需求。与任何颠覆性创新一样，无人机也依赖于许多领域的技术进步，正是这些技术进步才使无人机应用变成现实。相关技术进步简要概述如下。

数码相机：无人机最受欢迎的商业用途，无论是航空摄影、农业应用还是空中监控，都依赖于无人机提供的高清画面或感兴趣物体的图像。如今相机价格也很便宜。现在有些真正的四旋翼无人机价格低至 60 美元，可随时飞行并配备内置摄像头。在监控应用中，通常使用高清摄像头。这些摄像头还配备了机载分析功能，如物体检测和跟踪。例如，美国国防高级研究计划局（DARPA）最近推出的 1.8 千兆像素的无人侦察机，可在 2 万英尺的高空发现恐怖分子。

无线通信：可以说，无线通信在许多方面改变了世界。如今，许多企业的生存都离不开与客户进行无线沟通。然而，Wi-Fi 并不是普遍可用的，有些地方可能没有 Wi-Fi。无人机可以用来弥补这一差距，在没有网络连接的地方充当 Wi-Fi 热点。谷歌收购了高空无人驾驶飞行器制造商 Titan Aerospace[36]，Facebook 收购了 Ascenta。这两家大公司认为，无人机网络通信是一个巨大的商机，可向目前缺乏可靠陆基接入的大约 50 亿人提供互联网接入服务。

复杂计算与分析：在各种应用中，无人机用于收集数据并向终端用户传递实时情报。为此，无人机必须具备实时复杂计算和分析能力。由于无人机收集的大部分数据都是视频或图像，因此使用 GPU 或先进的 CPUs 进行数据处理，帮助无人机进行实时计算和传递情报信息。

物联网：无人机是物联网的一个重要应用终端。因为物联网无人机可以准确及时地向最终客户运送物品。在不久的将来，应用物联网无人机还可能在第一时间运送关键药物和其他救生物品，这只有在无人机中嵌入物联网功能才有可能实现。在没有 Wi-Fi 接入的地方，无人机可以按需提供宽带连接。无人机配备摄像头，可以向民众展示特定区域发生了什么，否则只能靠猜测。无人机配备无线射频识别（RFID）天线或传感器，可以帮助跟踪移动物体或人员，或者提醒民众注意不断变化的环境条件，如图 11-11 所示。

本章主要关注无人机和 IoPST 的网络性能。此外，还引入了智慧城市中无人机和 IoPST 之间协作的新概念，以提高网络性能并保持 QoS。此外，还讨论了无人机在公共场合监控逃犯、寻找失踪人员、调查灾难现场等，特别是在时间紧迫的情况下。因此，无人机与 IoPST 集成的最佳特性是那些应该实现并提供最大效益的特性，例如它们的可重新编程能力，良好的传感能力，互连互通和识别事物的能力，无处不在的通信能力等。在公共

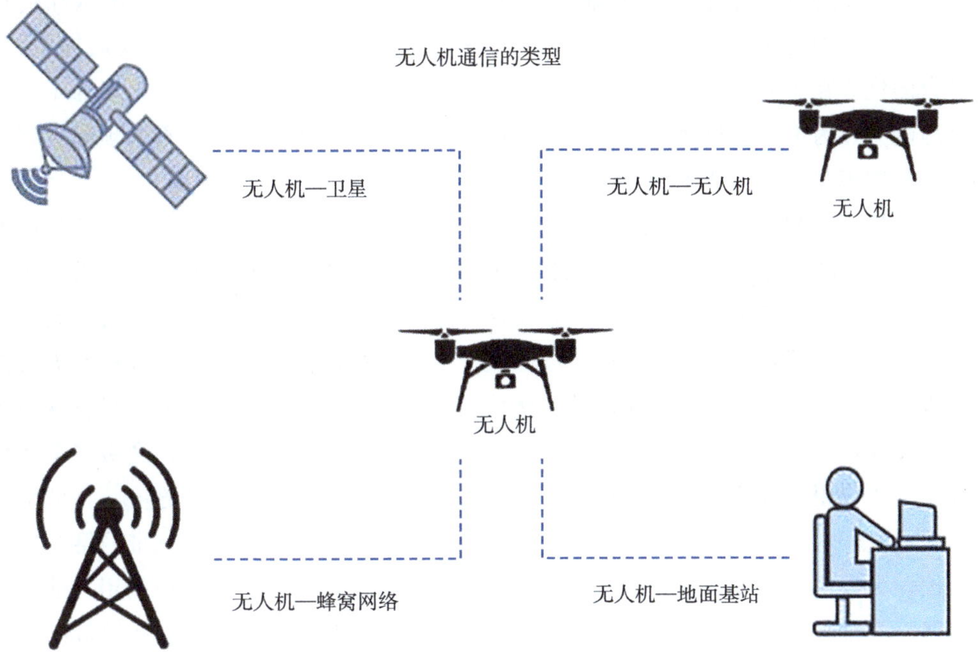

图 11-11　智能无人机受到网络安全与数据隐私威胁

安全方面，讨论了无人机和 IoPST 实时收集数据、跟踪犯罪、指导警察找到犯罪地点的能力，以及高效指导搜救（SAR）团队的能力，从而提高了效率。在这种情况下，无人机技术和 IoPST 之间的合作代表了智慧城市搜救事件中确定失踪者位置的关键技术。此外，还考虑了评估无人机和 IoPST 性能的指标，包括路径损失概率、仰角、延迟和数据吞吐量。研究结果表明，无人机与 IoPST 协同工作可以显著提高应急通信服务的性能，保持较高的服务质量，帮助搜救团队有效履行职责，减少经济损失。

11.17　相关工作

由于自然灾害、犯罪和恐怖袭击时有发生，应急服务和医疗服务提供者必须密切关注安全问题。为此，在智慧城市中，无线通信链路在评估受损区域、收集物资数据、帮助警方查找事件发生地点、协调救援活动、挽救生命以及统计失踪人员等方面发挥着至关重要的作用。为了在灾区快速构建一个高效的无线通信网络来传输数据，强烈建议使用频谱带宽[17]。地面无线通信技术可能缺失，或者由于拥堵而无法使用或遭到破坏，组建应急通信网络和灾后恢复的关键因素是快速部署、即时可用和稳定可靠。因此，空间技术是灾后恢复、公共安全、搜救和应急服务的最佳解决方案。空间技术用于收集保护人类和减少经济损失所需的信息。灾难发生后，卫星是一种可靠的通信解决方案，弱点是时间延迟和发射成本高昂。

因此，空中平台可能是一个更好的解决方案，兼具空间和地面无线通信系统的优点。

Mohorcic 等人论证了空中平台在灾难和紧急情况下的应用，并指出了救援团队在灾难期间的重要性。其中讨论了空中平台提供 E911 等通信服务能力，用以支持灾后搜救行动。空中平台的优势在于其稳定的区域覆盖能力、生存能力、减少无线通信中出现的干扰以及流量管理能力，为灾后应急通信提供了宝贵的替代方案。在“应用低空平台预测灾害覆盖范围和减轻灾害影响”一文中，对低空平台进行了讨论。

无人机属于 LAP 谱系中的一员，被认为是空间机器人。无人机的主要优点是部署成本低、视距（LoS）远、传播延迟小、部署快速、基站固定，且可在灾难中使用。本章讨论了无人机在通信网络中的传播模型、移动性和定位。无人机之所以对应急通信具有吸引力，是因为无人机部署快速，用户可在灾区使用手机进行操作。因此，无人机是灾后恢复和应急服务的最佳方案，可用于支持救援团队高效执行搜救任务。无人机在智慧城市的联网设备中发挥着重要作用。作者综合研究了无人机在智慧城市中与隐私、网络安全和公共安全等相关的应用。智慧城市中的物联网设备、机器人和人类可以协同通信。特别是空中飞行的无人机，它们可以支持现有地面无线网络的连接，如蜂窝网络和宽带网络。与地面基站相比，无人机作为飞行基站的优势在于，能够提供即时通信，并与地面用户建立 LoS 通信链路。不过，在无人机基站的部署中，覆盖区域的选择至关重要，它涉及最小化能源消耗、扩大覆盖范围以及优化无人机的飞行高度。实际上，无人机在物联网（IoT）领域扮演着越来越重要的角色，尤其是在 IoT 设备传输功率有限、难以实现远距离通信的情况下。

Sharma 等人探讨了无人机协同工作的不同方法[48]，他们的研究为无人机编队飞行提供了理论基础。此外，Sharma 等人还开发了一种无人机与地面节点协同工作的交通管理方案，利用 ad hoc 技术，实现了数据的连续传输和网络的稳定性，并讨论了物联网辅助机器人技术的目标应用和技术影响。此外，Dutta 等人还探讨了复杂环境下物联网辅助机器人技术的网络安全增强问题。除了以上作者开展的工作外，作者还回顾了智慧城市物联网机器人技术在网络协议、架构和嵌入式软件方面的融合[43]，研究了机器人与物联网设备之间的交互。因此，人工智能、机器人和物联网将提供下一代物联网应用。此外，还讨论了无人机通信和网络能源互联网的可再生能源收集问题。因此，无人机技术和信息通信技术在智慧城市降低资源消耗和成本方面发挥着重要作用。绿色信息和通信技术通过减少智慧城市的能源消耗、污染和有害排放，实现了绿色物联网。作者深入讨论了能效、干扰和通信网络方面面临的诸多挑战，以及处理数据的智能技术。作者还探讨了物联网在加强公共安全方面的潜在作用，并讨论了利用物联网支持公共安全网络和 SAR 所面临的挑战和机遇。作者还讨论了公共安全宽带通信的混合网络架构，其中固定基站可在事故发生后支持大流量通信。同时，为了支持新兴的公共安全，对于面向 5G 的 LTE 网络架构进行了讨论。作者分析了部署无人机作为基站如何为特定区域提供通信服务，讨论了异构设备与无人机之间的共存问题，介绍了使用物联网技术提高公共安全网络效率和准确性的基本操作和技术，回顾了用于灾害管理的物联网技术和可用性。Reina 等人概述了灾害管理以及使用物联网和大数据的重要性。研究重点是使用无人机作为响应方案，为灾难中的受害者提供通信服务。响应方案的主要想法是在第一批救援者之前到达灾区。这项工作分为两部分，一是收集数据，二是利用本地搜索找到无人机向灾民提供通信服务的最佳位置。Alsamh 等人支持该项工作，考虑了向灾民提供通信服务时应答机的位置。因此，Alsamh 等人开发了一种人工神经网络，用于预测无人机与可穿戴物联网设备或其他设备之间的信号强度，以保持连接通信服务。无人机与物联网的结合在公共安全领域发挥着重要作用。本项研究提出的网络架构，即将无人机、物联网和智能可穿戴设备综合集成，可提供多种服务，如支持救灾团队拯救生命、远距离通信和绿色通信等。据悉，目前尚未开展无人机和 IoPST 网络集成性能评估方面的研究。

11.18　无人机在公共安全方面的应用

无人机可以在天空中自主飞行，在民用任务中有着不同的应用，如交通、通信、农业、减灾、应急响应、智能物联和环境保护。无人机部署快速、简便，在紧急情况下能够动态改变位置，可快速重构，技术灵活，因此是一项前景广阔的技术。此外，无人机还能够为公共安全网络提供有效通信，如图 11－12 所示。此外，无人机还可以移动，以更快的速度进行大面积覆盖，在最短时间内实现公共安全网络连接。应急通信是最重要也是最专业的领域，为挽救生命赋予了极高的价值。在地震或海啸期间，由于没有地面交通工具，因此无人机可以在灾难期间和灾后提供并维护无线应急通信服务。因此，搜救小组可以轻松有序地执行任务。当无人机飞到一定高度时，可通过数码相机对受灾区域进行勘测。然后，无人机将拍摄的画面发送到地面基站，用来监测灾区的救援行动，随着第一批救援响应小组的到来，无人机将给予协调和帮助。作者介绍了一种多无人机网络架构，展示了网络在搜救和灾难援助中的优势。无人机的关键构成部分是有效载荷，有效载荷应包含哪些设备取决于事件的类型。公共安全领域最常用的无人机是大疆创新企业（DJI）生产的系列无人机，如大疆“悟”（DJI Inspire）和大疆“精灵”（DJI Phantom），如图 11－13 所示。大疆“精灵”无人机容易购买，起飞和降落操作简单，相机倾斜灵活，能够围绕物体飞行，但即使是经验丰富的飞手也会遇到困难。大疆无人机的特点和优势详见第 8 章表 8－1。此外，大疆无人机还能为 SAR 提供更好的援助。总之，大疆无人机可用于环境监测、灾害管理、制图和 3D 建模等各种活动。大疆无人机在发射过程中便开始寻找干扰，一旦发现干扰就会尝试定位干扰源。它还会改变飞行计划，以获取下一个有意义的测量点，从而缩短飞行时间。大疆无人机能有效捕捉高质量的图像，用于智能城市事故重建和犯罪现场可视化所需要的三维制图，如图 11－13 所示。

近期，许多学者对无人机的 3D 部署、能源效率和飞行时间限制等各种设计挑战进行了研究。本章探讨了如何优化无人机的 3D 部署，以便扩大覆盖范围并提高服务质量。在一项研究中，讨论了多无人机基站的 3D 部署，通过实用蜂群优化技术，最大限度扩大覆盖范围，并保持无人机与地面站之间的链路质量。此外，无人机 3D 部署是一项关键技术，可用于评估无人机为公共安全和灾难管理提供网络服务的能力。本章作者提出了一种实用蜂群优化技术，使无人机 3D 部署以提供大面积的区域覆盖，并保持有效连接，以满足用户的服务质量（QoS）要求并兼顾无人机的承载能力。此外，还探讨了蜂群无人机 3D 部署，以便最大限度延长无人机的有效时长和提升所有用户的总吞吐量。

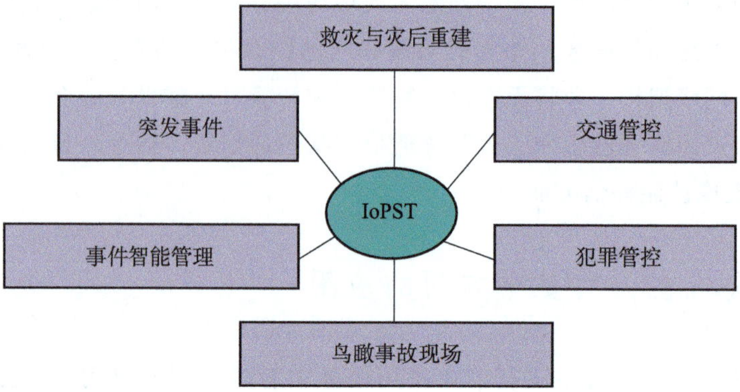

图 11－12　公共安全网络中与无人机相连的各种装置[62]

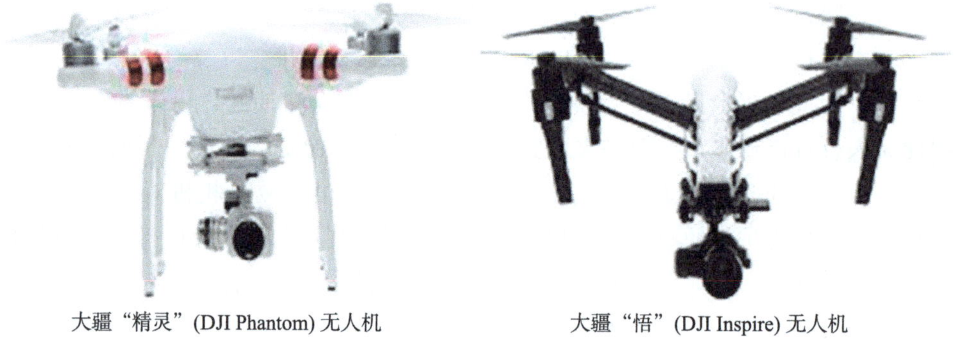

图 11－13　用于公共安全的大疆无人机

公共安全中的物联网设备

物联网设备在提高公共安全网络的准确性、效率和可预测性方面发挥着至关重要的作用。在没有人工干预的情况下，物联网设备可以聚合、传输和分析各种信息。这确保了采集信息的准确性，提高了预测犯罪和其他事件的能力，可以帮助预测哪里更有可能发生犯罪和自然灾害。图 11－14 显示了基于物联网的灾害分类管理[13-15]，其中包括自然灾害、人为灾害、灾前预测和灾后服务。自然灾害包括洪水、地震、山体滑坡等，灾后重点工作是在灾区拯救生命。另一方面，Alsamhi 等人讨论了物联网面向灾害服务管理的功能[62]。

$$\mathrm{Plos}=\mathrm{C1}-(\mathrm{C1}-\mathrm{C2})/[1+(\theta-\mathrm{C3})/\mathrm{C4}]^{\mathrm{C5}} \tag{11-2}$$

式中，C1、C2、C3、C4、C5 是环境参数。

不过，Houran 等人用仰角 θ 的函数项来表示 Plos，即

$$\mathrm{Plos}=1/[1+a\mathrm{e}^{-b(\theta-a)}] \tag{11-3}$$

式中，a 和 b 表示 S 曲线参数。这里，Plos 计算更容易，分析更灵活。

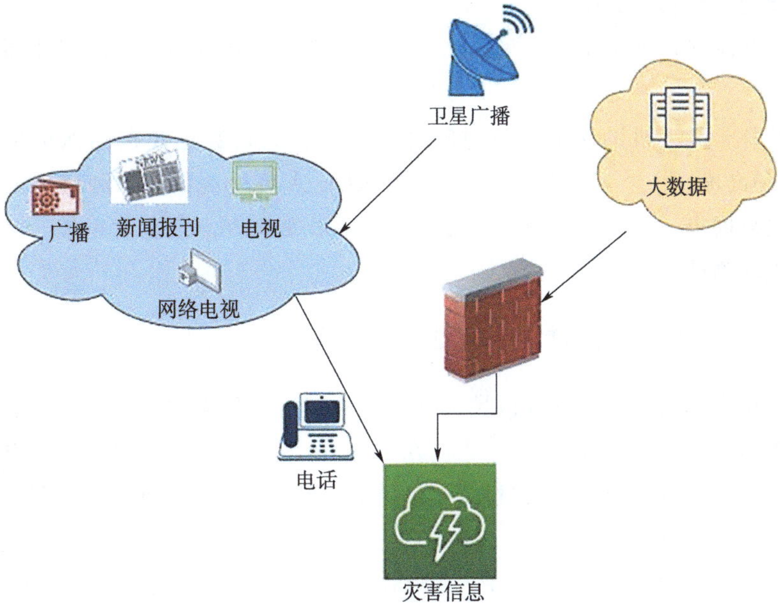

图 11-14　基于物联网的灾害分类管理

11.19　无人机的安全

无人机的安全需要一个智能的系统，以便调查攻击数据，并通过主动采取措施来确保无人机的安全。一个安全的 IoD[58] 取决于一个可信赖系统的安全性、可靠性和一致性。过去，在网络安全领域，基于无线传感器网络和移动网络提出了机器学习模型，但是针对无人机的安全尚未提出机器学习模型。于是，本研究针对无人机安全认证和控制访问方法，提出了一种基于机器学习的解决方案。网络安全系统评估运用了各种指标，使用这些指标的目的是为了更好地处理系统网络安全中的各项性能指标。在这项研究中，为评估系统的性能，建议使用以下网络安全指标：

1）无人机网络面临的安全威胁；

2）拒绝服务攻击；

3）恶意攻击；

4）干扰；

5）欺骗。

本项研究工作的主要贡献在于，提出了基于机器学习的无人机及物联网设备安全认证与访问控制解决方案。这项工作旨在填补研究空白，使无人机更加安全可靠地应对重大网络安全问题，使其成为有用的监控工具。正如 11.3 节所述，研究提出的无人机安全系统架构由七层组成。无人机层和边缘处理层的数据在转发到设备连接层之前，会经过安全和隐私层。在安全和隐私层，通过部署机器学习模型来保护数据免受安全威胁，一旦识别出攻击行为，就会发出移动警报。

方法：如前所述，展示了系统架构和全部设计细节。在本节中，将讨论系统的实现和机器学习。

该实验是基于无人机的实时数据进行的。这个无人机数据集包括地理位置特征数据(纬度、经度和高度)[12]、无人机 OBD 数据和 KDD 入侵检测特征。利用无人机数据集和另外两个基准数据集——入侵检测[10] 数据集和网络安全攻击预测数据集，对所提出的模型进行了训练和测试。

11.19.1 机器学习模型和深度学习模型

机器学习在改善基于评论的评级预测结果方面做出了很大贡献。存在许多丰富的机器学习分类器变体，用于执行评级分类[15]。在 Python Scikit - learn 库中，可以找到大量的机器学习分类器。它是一个拥有大量用户支持的开源库。在本项研究中，所有分类器都使用了 Scikit - Learn 库，包括随机森林（Random Forest)、梯度提升模型（Gradient Boosting model)、极限树分类器（Extra Tree Classifier)、朴素贝叶斯分类器（Naïve Bayes Classifier)、逻辑回归（Logistic Regression)、随机梯度分类器（Stochastic Gradient Classifier)[13]。其中，随机森林是一种集成学习分类器，它使用决策树（也称为估计器）进行分类[30]。

引导样本使用装袋算法训练树。所有树都以相同的方式构建，以便测试模型在测试数据方面的性能。为决策树分配更高的权重，错误率低，因而预测错误的可能性更小。决策树是一种常用的文本分类机器学习模型，它基于多个变量。该算法用于预测目标变量。它将数据特征区分为类似分支的几个组成部分，用于构建包含根节点、内部节点和叶节点的倒立树。该算法是非参数的，可以有效处理大型复杂数据集，而不需要强加复杂的参数结构。逻辑回归是一种基于统计的方法，用于分析数据，并通过多个变量预测结果。它是一种简单有效且方差小的算法，多用于分类。使用该模型也可以进行特征提取。采用随机梯度下降法可以方便地对新数据进行更新。贝叶斯定理是 Naïve Bayes 分类器的基础，在该分类器中，假设预测器是独立的。该方法构造方便，参数迭代估计简单，非常适合大型数据集。尽管本质上简单，但是能够获得非常好的结果，并且比其他复杂的分类器性能更好。支持向量机（SVM）是文本分类中普遍采用的一种方法，通过最大化边际划分超平面。在二元分类[1,2] 情况下，SVM[17,18] 将文本分为两类（非重叠）。它比深度学习方法更简单，可解释性也更加通俗易懂。支持向量机也被广泛用于入侵检测[17,18]。多层感知器(Multilayer Perceptron，MLP）是一种简单的深度学习模型，具有合理的分类能力。它是一个分层模型，其中输入层神经元表示特征的数量，隐藏层基于权重处理输入数据并将其馈送到输出层，其中神经元表示输出值。为了获得最优结果，可根据需要选择神经元的数量和隐藏层的数量。为了提高分类的训练效率，选取合适的超参数值对模型进行训练。为了处理 MLP 层的权值，通常采用基于梯度下降的反向传播算法。

11.20　未来展望

本章应用朴素贝叶斯（Naïve Bayes）算法提出了基于物联网的无人机网络安全解决方案。该模型使用物联网传感器数据、无人机和网络信息生成安全级别模式，并利用这些模式来识别安全攻击行为。通过这种模式，该模型能够识别出数据集中的攻击行为。该模型在两个数据集上进行了测试，测试结果表明，在实时安全攻击检测方面获得了更高的准确率，准确率达到了 96.3%。与以前的机器学习方法相比，准确率更高，也更容易接受。通过对精度、召回率和成本的计算，进行了性能评估。Naïve Bayes 模型使用两个处理层进行项目预测，其中假设各信息项是独立的，这表明该模型存在缺陷。今后，还将采用更有效的算法来解决这一问题。

11.21　研究成果

在本项研究工作中，对无人机网络安全的各个方面进行了详细探讨，重点关注了两个方面：无人机的安全漏洞和受损无人机相关的安全问题。研究提出了无人机系统安全防护和恶意行为检测的对策。这些主要研究成果概述如下：

1）确定了无人机的主要架构及各种通信类型。

2）探讨了无人机的安全与隐私问题，重点关注了无人机的漏洞、威胁和攻击行为。

3）探讨了无人机安全漏洞和威胁的现有应对措施，提出了无人机遭遇入侵（恶意攻击）时的应对策略。

4）探讨了现有工作的局限性，对未来研究方向提出了建议。

11.22　结论

无人机在许多实际应用场景中具有巨大的潜力，如空中运输系统、搜救行动、监控等。利用机器学习方法来设计和开发无人机，可以让各种无人机操作变得更简单、更高效。计算设备的最新发展和数据的可用性，正在推动机器学习领域在无人机领域的应用，尤其是深度学习。在自动驾驶汽车、无人机和森林路径导航方面，可以发现深度学习在视觉感知中的应用，并且可使用经典方法来模拟这些系统的动态指令和低空操作指令。这两项研究都侧重于视觉技术，需要导航路径。未来，还将在没有任何路径的森林环境中进行动态低空控制和感知技术研究。

参考文献

[1] Wang, H., Gu, J., Wang, S., An effective intrusion detection framework based on SVM with feature augmentation. Knowl. Based Syst., 136, 130-139, 2017.

[2] Tao, P., Sun, Z., Sun, Z., An improved intrusion detection algorithm based on GA and SVM. IEEE Access, 6, 13624-13631, 2018.

[3] Siddique, K., Akhtar, Z., Khan, F. A., Kim, Y., KDD cup 99 data sets: A perspective on the role of data sets in network intrusion detection research. Computer, 52, 41-51, 2019.

[4] Tavallaee, M., Bagheri, E., Lu, W., Ghorbani, A. A., A detailed analysis of the KDD CUP 99 data set, in: Proceedings of the 2009 IEEE Symposium on Computational Intelligence for Security and Defense Applications, Ottawa, ON, Canada, 8-10 July 2009, IEEE, Piscataway, NJ, USA, pp. 1-6, 2009.

[5] World Bank Group, Africa's pulse: An analysis of issues shaping Africa's economic future, Office of the Chief Economist for the Africa Region, vol. 15, pp. 35-43, 122, World Wide Web Foundation, April 2017.

[6] Artificial intelligence: Starting the policy dialogue in Africa, December 2017. https://webfoundation.org/research/artificial-intelligence-starting-thepolicy-dialogue-in-africa/.

[7] For additional recommendations targeted to the agricultural sector, see Global Open Data for Agriculture and Nutrition (GODAN), "A Global Data Ecosystem for Agriculture and Food", August 2016. https://d1hiluowqo0t4b. cloudfront. net/posters/compressed/f1000research-215725. pdf.

[8] Lian, W., Nie, G., Jia, B., Shi, D., Fan, Q., Liang, Y., An intrusion detection method based on decision tree-recursive feature elimination in ensemble learning. Math. Probl. Eng., 2020, 2835023, 2020.

[9] Hussain, J., Lalmuanawma, S., Chhakchhuak, L., A two-stage hybrid classification technique for network intrusion detection system. Int. J. Comput. Intell. Syst., 9, 863-875, 2016.

[10] Jiang, K., Wang, W., Wang, A., Wu, H., Network intrusion detection combined hybrid sampling with deep hierarchical network. IEEE Access, 8, 32464-32476, 2020.

[11] Radanliev, P., De Roure, D. C., Nicolescu, R., Huth, M., Montalvo, R. M., Cannady, S., Burnap, P., Future developments in cyber risk assessment for the Internet of Things. Comput. Ind., 102, 14-22, 2018.

[12] MUmerSabir, Mumersabir/MDPIELECTRONICS: MDPIi Electronics Revision Dataset. Electronics, 10, 23, 10.3390/electronics10232926.

[13] Svetnik, V., Liaw, A., Tong, C., Culberson, J. C., Sheridan, R. P., Feuston, B. P., Random forest: A classification and regression tool for compound classification and QSAR modeling. J. Chem. Inf. Comput. Sci., 43, 1947-1958, 2003.

[14] Song, Y. Y. and Ying, L., Decision tree methods: Applications for classification and prediction.

Shanghai Arch. Psychiatry，27，130，2015.

[15] Korkmaz，M.，Guney，S.，Yiğiter，S.，The importance of logistic regression implementations in the Turkish livestock sector and logistic regression implementations/fields. Harran Tarımi Bilimleri Dergisi，16，25 - 36，2012.

[16] Leung，K. M.，Naivei bayesian classifier. Polytech. Univ. Dep. Comput. Sci. Risk Eng.，2007，123 - 156，2007.

[17] Ribeiro，A. A. and Sachine，M.，On the optimal separating hyperplane for arbitrary sets：A generalization of the SVM formulation and a convex hull approach. Optimization，1 - 14，2020.

[18] Xu，B.，Shirani，A.，Lo，D.，Alipour，M. A.，Prediction of relatedness in stack overflow：Deep learning vs. SVM：A reproducibility study，in：Proceedings of thei 12th ACM/IEEE International Symposium on Empirical Software Engineering and Measurement，Oulu，Finland，11 - 12 October 2018，pp. 1 - 10.

[19] Wood，L.，$63. 6 Bn drone service markets，2025 - increasing use of drone services for industry - specific solutions - [news]，Businesswire，Research And Markets. com，17 Apr 2019，[Online]. Available：https：//www. businesswire. com/news/ home/20190417005302/en/.

[20] Zeng，Y.，Wu，Q.，Zhang，R.，Accessing from the sky：A tutorial on UAV communications for 5G and beyond. Proc. IEEE，107，12，2327 - 2375，2019.

[21] Li，X.，Wang，Q.，Liu，J.，Zhang，W.，Trajectory design and generalization for UAV enabled networks：A deep reinforcement learning approach，in：IEEE Wireless Communications and Networking Conference (WCNC)，2020.

[22] Dulac - Arnold，G.，Mankowitz，D.，Hester，T.，Challenges of realworld reinforcement learning，arXiv：1904. 12901，2019. https：//doi. org/10. 48550/arxiv. 1904. 12901.

[23] Bayerlein，H.，Gangula，R.，Gesbert，D.，Learning to rest：A Qlearning approach to flying base station trajectory design with landing spots，in：52nd Asilomar Conference on Signals，Systems，and Computers，pp. 724 - 728，2018.

[24] Zhang，Y.，Mou，Z.，Gao，F.，Xing，L.，Jiang，J.，Han，Z.，Hierarchical deep reinforcement learning for backscattering data collection with multiple UAVs. IEEE Internet Things J.，8，5，3786 - 3800，2021.

[25] Gu，S.，Lillicrap，T.，Sutskever，I.，Levine，S.，Continuous deep Q - learning with model - based acceleration，in：International Conference on Machine Learning (ICML)，2016.

[26] Heess，N.，Wayne，G.，Silver，D.，Lillicrap，T.，Tassa，Y.，Erez，T.，Learning continuous control policies by stochastic value gradients，in：28th International Conference on Neural Information Processing Systems，2015.

[27] Hu，Y.，Chen，M.，Saad，W.，Poor，H. V.，Cui，S.，Distributed multiagent meta learning for trajectory design in wireless drone networks. IEEE J. Sel. Areas Commun.，2021.

[28] Bayerlein，H.，Theile，M.，Caccamo，M.，Gesbert，D.，UAV path planning for wireless data harvesting：A deep reinforcement learning approach，in：IEEE Global Communications Conference，2020.

[29] Chen，J.，Yatnalli，U.，Gesbert，D.，Learning radio maps for UAV aided wireless networks：A segmented regression approach，in：IEEE International Conference on Communications

(ICC), 2017.

[30] Mnih, V., Kavukcuoglu, K., Silver, D., Rusu, A. A., Veness, J., Bellemare, M. G. et al., Human - level control through deep reinforcement learning. Nature, 518, 7540, 529 - 533, 2015.

[31] Yin, Z., Song, Q., Han, G., Zhu, M., Unmanned optical warning system for drones, in: Proceedings of the Global Intelligence Industry Conference (GIIC 2018), Beijing, China, 22 - 24 May 2018, International Society for Optics and Photonics: Bellingham, WA, USA, 2018; Volume 10835, p. 108350Q.

[32] Ozmen, M. O. and Yavuz, A. A., Dronecrypt - an efficient cryptographic framework for small aerial drones, in: Proceedings of the MILCOM 2018 - 2018 IEEE Military Communications Conference (MILCOM), Angeles, CA, USA, 29 - 31 October 2018, IEEE, Piscataway, NJ, USA, pp. 1 - 6, 2018.

[33] Ozmen, M. O., Behnia, R., Yavuz, A. A., IoD - crypt: A lightweight cryptographic framework for Internet of Drones. arXiv 2019, arXiv: 1904. 06829. https: //doi. org/10. 48550/arxiv. 1904. 06829.

[34] Bertino, E., Data security and privacy in the IoT, in: Proceedings of the 19th International Conference on Extending Database Technology (EDBT), Bordeaux, France, 15 - 18 March 2016, vol. 2016, pp. 1 - 3.

[35] Rodday, N., Hacking a professional drone. Black Hat Asia 2016, pp. 1 - 2, 2016.

[36] Highnam, K., Angstadt, K., Leach, K., Weimer, W., Paulos, A., Hurley, P., An uncrewed aerial vehicle attack scenario and trustworthy repair architecture, in: Proceedings of the 2016 46th Annual IEEE/IFIP International Conference on Dependable Systems and Networks Workshop (DSN - W), Toulouse, France, 28 June - 1 July 2016, IEEE, Piscataway, NJ, USA, pp. 222 - 225, 2016.

[37] Shoufan, A., Continuous authentication of UAV flight command data using behaviometrics, in: Proceedings of the 2017 IFIP/IEEE International Conference on Very Large Scale Integration (VLSI - SoC), Abu Dhabi, United Arab Emirates, 23 - 25 October 2017, IEEE, Piscataway, NJ, USA, pp. 1 - 6, 2017.

[38] Luo, A., Drones hijacking; Tech. report, DEF CON, Paris, France, 2016.

[39] Kerns, A. J., Shepard, D. P., Bhatti, J. A., Humphreys, T. E., Unmanned aircraft capture and control via GPS spoofing. J. Field Robot., 31, 617 - 636, 2014.

[40] Feng, Z., Guan, N., Lv, M., Liu, W., Deng, Q., Liu, X., Yi, W., Efficient drone hijacking detection using onboard motion sensors, in: Proceedings of the Design, Automation & Test in Europe Conference & Exhibition (DATE), Lausanne, Switzerland, 27 - 31 March 2017, IEEE, Piscataway, NJ, USA, pp. 1414 - 1419, 2017.

[41] Feng, Z., Guan, N., Lv, M., Liu, W., Deng, Q., Liu, X., Yi, W., An efficient UAV hijacking detection method using onboard inertial measurement unit. ACM Trans. Embed. Comput. Syst. (TECS), 17, 1 - 19, 2018.

[42] Son, Y., Shin, H., Kim, D., Park, Y., Noh, J., Choi, K., Choi, J., Kim, Y., Rocking drones with intentional sound noise on gyroscopic sensors, in: Proceedings of the 24th {USENIX} Security Symposium ({USENIX} Security 15), Washington, DC, USA, 12 - 14 August 2015, pp. 881 - 896.

[43] Choi, H., Lee, W.C., Aafer, Y., Fei, F., Tu, Z., Zhang, X., Xu, D., Deng, X., Detecting attacks against robotic vehicles: A control invariant approach, in: Proceedings of the 2018 ACM SIGSAC Conference on Computer and Communications Security, Toronto, ON, Canada, 15 - 19 October 2018, pp. 801 - 816.

[44] Gallacher, D., Drones to manage the urban environment: Risks, rewards, alternatives. J. Unmanned Veh. Syst., 4, 115 - 124, 2016.

[45] Lv, Z., The security of Internet of Drones. Comput. Commun., 148, 208 - 214, 2019, [CrossRef].

[46] Choudhary, G., Sharma, V., Gupta, T., Kim, J., You, I., Internet of Drones (IoD): Threats, vulnerability, and security perspectives. arXiv, 2018, arXiv: 1808.00203. https://doi.org/10.48550/arxiv.1808.00203.

[47] Zhou, J., Cao, Z., Dong, X., Vasilakos, A.V., Security and privacy for cloudbased IoT: Challenges. IEEE Commun. Mag., 55, 26, 2017.

[48] [CrossRef] 33. Nassi, B., Shabtai, A., Masuoka, R., Elovici, Y., SoK - security and privacy in the age of drones: Threats, challenges, solution mechanisms, and scientific gaps. arXiv 2019, arXiv: 1903.05155. https://doi.org/10.48550/ arxiv.1903.05155.

[49] Giraldo, J., Sarkar, E., Cardenas, A.A., Maniatakos, M., Kantarcioglu, M., Security and privacy in cyber - physical systems: A survey of surveys. IEEE Des. Test, 34, 7 - 17, 2017.

[50] Lagkas, T., Argyriou, V., Bibi, S., Sarigiannidis, P., UAV IoT frameworki views and challenges: Towards protecting drones as "Things". Sensors, 18, 4015, 2018, [CrossRef].

[51] Tian, Y., Yuan, J., Song, H., Efficient privacy - preserving authentication framework for edge - assisted Internet of Drones. J. Inf. Secur. Appl., 48, 102354, 2019.

[52] Yaacoub, J.P., Noura, H., Salman, O., Chehab, A., Security analysis of drone's systems: Attacks, limitations, and recommendations. Internet Things, 11, 100218, 2020.

[53] Albalawi, M. and Song, H., Data security and privacy issues in swarms of drones, in: Proceedings of the 2019 Integrated Communications, Navigation and Surveillance Conference (ICNS), New York, NY, USA, 9 - 11 April 2019, IEEE, Piscataway, NJ, USA, pp. 1 - 11, 2019.

[54] Bera, B., Saha, S., Das, A.K., Kumar, N., Lorenz, P., Alazab, M., Blockchain - envisioned secure data delivery and collection scheme for 5G - based IoTenabled Internet of Drones' environment. IEEE Trans. Veh. Technol., 69, 9097 - 9111, 2020.

[55] Zhang, Y., He, D., Li, L., Chen, B., A lightweight authentication and key agreement scheme for Internet of Drones. Comput. Commun., 154, 455 - 464, 2020.

[56] Chriki, A., Touati, H., Snoussi, H., Kamoun, F., FANET: Communication, mobility models and security issues. Comput. Netw., 163, 106877, 2019.

[57] Mehta, P., Gupta, R., Tanwar, S., Blockchain envisioned UAV networks: Challenges, solutions, and comparisons. Comput. Commun., 151, 518 - 538, 2020.

[58] Nayyar, A., Nguyen, B.L., Nguyen, N.G., The Internet of Drone Things (IoDT): Future Envision of Smart Drones. International Conference on Sustainable Technologies for Computational Intelligence, Springer, Singapore, pp. 563 - 580, 2020.

[59] Feng, Z., Guan, N., Lv, M., Liu, W., Deng, Q., Liu, X., Yi, W., Efficient drone hijacking detection using onboard motion sensors, in: Design, Automation & Testin Europe Conference & Exhibition (DATE), IEEE, pp. 1414 - 1419, 2017.

[60] Dhivyaprabha, T. T., Krishnaveni, M., Dhivyaprabha, T. T., Shanmugavalli, R., Review on intelligent algorithms for cyber security. Handb. Res. Mach. Deep Learn. Appl. Cyber Sec., 7, 26, 2019.

[61] Distributed Zero - Order Algorithms for Nonconvex Multi - Agent Optimization - Scientific Figure on ResearchGate. Available from: https: // www.researchgate.net/figure/Comparison - of - different - algorithms - fordistributed - optimization - and - zero - order _ tbl1 _ 335565028 [accessed 20 Jan, 2023].

[62] Alsamhi, S. H., Ma, O., Ansari, M. S., Gupta, S. K., Collaboration of drone and internet of public safety things in smart cities: An overview of QoS and network performance optimization. Drones, 3, 13, 2019. https: //doi.org/10.3390/ drones3010013.

第 12 章　物联网支持下的无人机应用——精准农业的新趋势

Gayatri Phade[1*]，A. T. Kishore[2]，S. Omkar[3]，M. Suresh Kumar[4]

1. Sandip Institute of Technology & Research Center，Nashik，India
2. Vidya Sangha Pvt Ltd，Bangalore，India
3. Aerospace Engg IISc，Bangalore，India
4. Aerospace Department，Sandip University，Nashik，India

* 通讯作者：gphade@gmail. com

摘　要：在 20 世纪，农业种植人员采用先进的技术设备，保持了全球市场经济的竞争力。在现代技术的帮助下，他们正在努力降低生产成本，进一步提高作物产量和产品质量。在这个新时代，许多传统的农业生产方式逐渐被精准农业（PF）等尖端技术所取代。随着监测、监督、管理和操控技术等不断取得进步，农业种植迎来了一个崭新时代，许多传统农业实践将逐渐被精准农业所取代，种植人员需要适时适地调整和有效利用这些农业变化因素。物联网与智能农业无人机的集成，将成为快速无损分析农业数据的方法之一。这包括航拍分析作物的生长情况、了解土壤的含水量以及灌溉系统管理等。许多工程学科，包括空气动力学、电子学、计算机编程和经济学，已被整合到基于无人机的农业系统的设计、开发和实施中。结合上述想法，以印度马哈拉施特拉邦纳西克（Nashik in the State of Maharashtra）（北纬 28°36′N，东经 77°12′）附近一处约 10 英亩的葡萄园为例，对物联网农业无人机应用于精准农业的效能进行了分析。研究分析的主要目标是，使用农业无人机喷洒杀虫剂，在作物或冠层绿色区域检测到病虫害时才喷洒杀虫剂，以便实现有效喷洒，从而减少浪费和降低喷洒成本。无人机图像传感器采集田间图像、温度、湿度等大气数据，并在云平台上分析作物的健康状况及相关参数。根据分析结果，建议无人机每英亩土地喷洒 16 L 杀虫剂。应用无人机喷洒杀虫剂，飞行时间为 7～10 min，人工成本降低 65%，喷洒时间减少 85%，杀虫剂用量减少 50%。通过物联网平台，将无人机的摄像头设置成与喷洒装置同步，以便实现任务目标。为了有效从叶片底部和顶部喷洒，提出了无人机-无人地面车（UAV-UGV）组合同步喷洒的方法。此外，无人机摄像头拍摄的图像和视频片段可按时间序列进行分析，应用无人机机载计算机的视觉功能进行作物产量预测、建模和核算，并开发出足够的数据集。这些数据集可用于人工智能或深度学习机器算法，帮助种植人员未来开展作物病虫害预测、冠层覆盖范围分析、田间管理等相关内容研究，并指导种植人员提前采取预防措施，制定全面提高产量的最佳实践方法。

关键词：人工智能，计算机视觉，物联网，图像传感器，无人机-无人地面车（UAV-UGV）组合

12.1 概述

根据印度理事会ICAR 2030年愿景，预计到2030年粮食需求量将翻一番，而环境失衡和自然资源减少将会产生重大影响。由于土壤质量和状况恶化，全球变暖导致气候变化，以及COVID-19对农业生态系统的影响等不利因素，农业总产量正在下降。另一方面，随着人口增长和人均收入提高，对食物的需求量也在不断增长。除了粮食以外，水果和蔬菜对于维持人们的健康也是必不可少的。例如，水果的需求量，从2020年的4 300万吨将增加到2030年的1.1亿吨。同样，蔬菜的需求量从2020年的7 600万吨将增加到2030年的1.82亿吨，粮食的需求量从2020年的1.92亿吨将增加到2030年的3.45亿吨[1]。

为实现有效的供应链管理，需要解决基础设备，制定增值加工和市场营销策略。气候变化是实现这一目标的一大挑战。由于全球变暖，地球整体温度升高，从1.8 ℃升高到3.0 ℃，导致病虫害增多，粮食生产不稳定，给人们的生活方式带来了一系列问题。虽然气候条件不可预测，种植人员面临挑战，但他们生产的粮食足以满足日益增长的需求。尽管存在粮食和水资源问题，但是种植人员仍有机会增加农业收入，创造就业机会，通过增加农业收入，让更多人参与到食品供应链中来。

未来，精准农业将会进一步提高农业生产效率。这需要收集大量的相关数据，将日益强大的计算机、复杂的软件和尖端的传感器融入农业系统。为了从精准农业和资源应用中受益，有必要提高未来更长时间段的天气预报技术。为了实现农业可持续发展和增加收入，需要在作物早期生长阶段进行信息采集，及时了解作物的生长状况，以便进行有效的作物生长管理。为此，应采取一些预防措施，减轻生物和环境因素带来的各种潜在危害，防止作物产量损失。

在印度经济构成中，农业占有很大比重。葡萄生产是印度最具生产力的种植业之一，印度已成为世界十大葡萄生产国之一。葡萄总产量达到121万吨，在印度水果作物中排名第五（全球水果总产量5 740万吨，印度葡萄总产量约占2%）。马哈拉施特拉邦（Maharashtra）、卡纳塔克邦（Karnataka）和泰米尔纳德邦（Tamil Nadu）三个邦的葡萄总产量约占80%。对于像印度这样的国家来说，由于天气条件不可预测，农田改良面临着巨大挑战。因为产量取决于环境，因此种植人员非常关心环境条件。土壤水分、温度和湿度是影响作物的主要参数，对葡萄种植而言，这些参数尤其重要。人类无法控制环境参数，但是可以利用传感器技术对环境参数进行监测，并根据不利的环境变化提前采取预防措施，避免产量损失。种植人员开始应用物联网等现代农业技术来应对这些挑战。物联网包含传感元件和嵌入式处理节点，能够收集和监控实时环境参数，对所收集的数据进行分析，并能够进行参数控制。

印度是世界第二农业大国，超过 9 600 万公顷的土地具备灌溉条件，居世界首位。在印度，从事农业的人口达到 2.63 亿[2]。由于疫情原因，印度面临劳动力短缺、作物生产投入成本增加等挑战，这些问题需要立即解决。将无人机用于农业，能够以最少的人力需求，为作物及时有效地喷洒药剂。

无人机可用于及时诊断病虫害，监测作物生长状态，以及其他有针对性的应用，并能够快速评估作物的产量和损失。与地面喷洒方式不同，当田间条件不允许地面车喷洒作业时，就可以选择无人机从空中喷洒，在不造成作物土壤板结的前提下及时喷洒药剂，减少了人工喷洒作业，从而降低了健康风险。及时发现作物感染区域至关重要，如果不及时处理，可能导致全部作物蒙受损失。有了无人机和成像传感器，就可能及时识别受感染的作物，并针对特定区域喷洒农药，从而减少农药用量。这样，既减轻了种植人员的经济负担，又保存了作物的营养，最终有利于为人类提供健康的食品。这两种新兴技术的融合，将在精准农业领域产生革命性的影响。有了物联网，遥测数据和无人机传感器数据，都可以传送到云平台上进行分析。在此，我们提出了一套系统，借助于无人机和不同的传感器实时监测影响葡萄种植的环境参数。传感器数据通过网关上传到云服务器进行分析。专家或种植人员通过移动电话或个人计算机上的移动应用程序，进行同样的数据监测，环境条件将会实时显示在屏幕上。基于云数据分析，种植人员或专家能够预测可能的病虫害，并提前采取预防措施。如果环境参数不适合作物正常生长，种植人员将会收到手机信息提醒，并根据专家的建议采取预防措施，从而避免可能的产量损失。云服务器上记录的环境数据，可供政策制定者针对葡萄等特定作物采取适当的策略。

SOMA 葡萄园位于印度 Nashik，目前采用手工作业方式，该葡萄园计划应用基于物联网的无人机进行喷洒、监测和管控作业。为促进作物有效生长，假设一英亩葡萄园需要喷洒 1 000 L 杀虫剂或杀菌剂，如果采用拖拉机半自动喷洒方式，喷洒杀虫剂大约需要 1.5 h。喷洒作业时，将 61 mm 的陶瓷喷嘴连接到拖拉机上的储液罐。喷雾器的液滴尺寸相当大，而且没有对准作物，这导致浪费了大约 30%～35%的药剂。对于像 SOMA 这样中等规模的葡萄园来说，是非常大的浪费。喷洒的肥料或化学物质是磷酸二铵、FYM 和溶解在水中的牛粪，每英亩大约需要花费 3 000～4 000 卢比。由于喷洒不集中造成的浪费，对葡萄园种植者来说是一笔不小的负担。为实现有效喷洒，比较好的做法是定点喷洒或空中喷洒，这样将减少喷洒时间、喷雾器数量和人力。此外，这种做法还能避免过量使用化学药剂，减少人们食用葡萄时附带摄入的化学药剂，从而最终有利于食用者的健康。通过准确、及时喷洒化学药剂，还可以增大葡萄果粒的尺寸、甜度和总产量。

然而，仅有表面监测和喷洒还是远远不够的，因为真菌往往附着在叶片背面。无人地面车（UGV）可穿过葡萄园，靠近树苗，从叶片背面进行监测，还可以定点喷洒牛粪溶液等肥料。树苗间的杂草会消耗土壤养分、水分以及喷洒在作物上的肥料。杂草上的有害病原体可能会附着在健康的植株或果粒上。此外，杂草还会提高苗圃的湿度。葡萄对湿度非常敏感，可能会导致真菌感染，这可能需要额外喷洒除草剂。借助于无人地面车喷洒除草剂，可以阻止杂草生长。

当温度和相对湿度发生变化时，真菌便开始在叶片和果粒上蔓延，这需要及早发现和防治。目前，采用的是传统监测方法，在葡萄园外围种植玫瑰灌木丛，让玫瑰灌木丛像浆果或葡萄叶一样快速感染真菌。通过人工监测这些灌木丛，决定是否喷洒药物。但是，这种方法可能会误导人们过量使用化学药剂，如果喷洒得过早或过晚，都可能导致真菌快速蔓延。因此，需要持续监测。目前，人工监测和喷洒每英亩葡萄园需要花费25 000～30 000 卢比，每英亩至少需要 15 名技术人员。在作物中弥漫的雾气是影响葡萄生长的不可预测的环境参数。空气湿度增大是造成雾气弥漫的根本原因。可在无人地面车（UGV）上安装烟雾发生器，制造人工烟雾，让烟雾均匀散布在作物上，以此减少雾气。

葡萄园的另一个要求是水量充足，因为土壤湿度是影响葡萄果粒健康多汁的敏感参数。为满足这一要求，一个面积 8.5 英亩的葡萄园，需要一台 7.5 马力的水泵运行 4 小时才能完成浇水作业。手工操作水泵开关，可能存在或多或少的时间延迟，因此有可能导致浇水过度。在无人机的帮助下，可远程操控水泵开关，减小了时间延迟，并能够根据水分胁迫分析结果精确地调控水量，从而满足作物健康生长对土壤湿度的要求。

操作经验、作物生长期内及时监测病虫害和药物防治，以及保持必要的土壤水分，这些都是实现预期产量的关键要素。实践证明，无人机、无人地面车（UGV）以及远程操控水泵有效调节水量，这些都是提高葡萄质量和产量的重要促进因素。

12.2 无人机用于精准农业

美国于 2015 年购买了 48 000 架无人机，其中 80％的农业无人机用于美国农商市场。根据国际无人驾驶系统协会的权威声明，美国联邦航空管理局批准了约 2 500 架无人机用于农业领域。无人机可帮助种植人员发现田间杂草和病虫害，识别损毁的植物或干旱区域，喷洒适量的肥料和杀虫剂，从而减少成本和环境破坏，提高作物整体产量。酿酒葡萄是一种高价值的农产品，回报率尤其高。自 2002 年以来，澳大利亚、日本和韩国等许多国家，已经应用了农业无人机。无人机作为一种标准的农业工具，越来越获得种植人员的认可和接受[3]。

在水稻种植方面，无人机可以收集信息，通过大面积种植区航拍，识别作物的生长状况[4]。水稻是印度尼西亚的主要粮食作物，为了在不同阶段进行水稻生长监测，应用无人机和传感器拍摄大面积作物图像，飞行高度可达到 500 m，土地覆盖面积将近 6 公顷。借助于支持向量机（SVM），对采集图像的直方图进行了计算分析，对水稻的生长时间进行了分类。尽管图像受到阳光和拍摄高度的影响，但无人机拍摄图像的精度可达到 93.33％。这可作为无人机图像捕获的参考高度。

研发精准农业无人机需要进行严格的调研评估，只有充分了解无人机所承担的任务，才能确定研发方法、无人机数据采集所需要的传感器、携带的有效载荷、可用的控制器以及喷嘴的类型[5]。此外，还要研究和探索无人机作物监测技术。因此，研究人员有必要研究作物健康监测和喷洒作业可能面临的各种问题。

为提高无人机基于加速度计和陀螺仪的定向能力，研制了一种用于喷洒作业的专用无人机，其飞行控制器是基于八位单片机 8051 开发的。这是一个非常基础的原型无人机，要实现商业化应用还需要做许多改进[6]。

为了进一步改进，我们尝试设计和开发了一种内置喷洒装置的八旋翼无人机，总重量进一步减轻，有效载荷可达到 6.7 kg[7]。该无人机构造独特，有四个“Y”形臂，用于喷洒消毒液，既可用于农业也可用于 COVID-19 疫区消杀。该型无人机研发是一次有益的尝试。

喷洒无人机的原型机是“AeroDrone”，由乌克兰一家初创公司设计研发。研究人员设置了一些参数，尽量减少喷洒误差，并提高自主性。在此基础上，提出了一种基于仿真的任务分配方案，可最大限度减小喷洒误差，但该方案尚未完全证明有效，需要重新构建[8]。

无人机在农业和畜牧业管理中的应用取决于农业领域利益相关者[9]。Skymet 公司正在为保险公司和州政府进行农业勘查，印度政府期待将无人机技术用于精准农业。

在文献［10］中，对商用无人机及其技术参数进行了调查和总结。人们可根据预期应用规格来选择合适的无人机。此外，还开发了农业无人机和精准农业无人机。

当无人机用于精准农业（PA）时，还需要考虑无人机在图像拍摄与处理、摄像头配置、遵守航空法规、数据采集与处理，以及传感器使用等方面的成本。在精准农业中，基于无人机遥感（RS）技术在传统平台上的应用，提供了一个快速监测平台。通过使用成本、运行环境、自动喷洒、空间分辨率、空间精度、自适应能力、实时数据处理、操作复杂度等各项指标之间的比较研究，在无人机、卫星、有人驾驶飞机等基于遥感技术的平台中，无人机最适合应用遥感技术。此外，无人机的图像捕获能力取决于无人机的架构、摄像头分辨率、图像计算时间、光照强度、图像重叠、捕获图像时的地面速度和飞行稳定性。RGB、多光谱、超光谱、热成像和消费级摄像头，都非常适合精准农业无人机的遥感应用。万向节摄像头可以获得更好的动态图像品质。相比超光谱、热成像和激光雷达传感器，RGB 和多光谱传感器的成本较低[11]。

相比卫星成像，无人机低空飞行拍摄作物图像，其分辨率更高，云层覆盖和弱光条件的影响也更小。参照无人机获得的航拍图像进行病虫害监测，并对灾害情况进行区分、监测和估计，在作物生长初期阶段，采用高光谱和热成像技术监测病虫害发展情况。可以将益虫、食虫生物和寄生虫投放到作物上，以生物方式控制病虫害。这样，可减少农药用量及其对环境造成的不利影响[12]。

应用无人机研究苏门答腊低地生物圈的富集情况。无人机用于估算树冠的覆盖度，这和传统的地面半球摄影相似。无人机摄影测量技术对于观察树冠的覆盖度很有帮助。无人机在这方面的分析应用，可帮助解决一些农林系统管理和生态研究的相关问题[13]。研究发现，技术学院的一些教授和学生，他们为无人机应用于农业领域做出了重大贡献。当然，无人机的大规模商业化应用，还需要工业界的积极推动，这样，最终用户（普通种植人员）才会有动力应用农业无人机。虽然许多研究人员对于无人机的农业应用进行了调查研究，但是很少有人针对印度某种特定作物的种植现状提出实际应用方案。

12.2.1　精准农业无人机的分类

农业种植人员已在传统的耕作模式中采用了一些先进的耕作技术。在实现精准农业以后，他们更期待着应用无人机技术。如今，多种用途的农业无人机已被广泛认可和接受。根据用途，农业无人机可分为以下几种类型：

1）空中播种和幼苗监测无人机。

2）冠层和生长监测无人机。

3）植保无人机，用于喷洒化学药剂，保护作物并监测病虫害。

4）作物监测无人机，收集叶绿素和植物氮数据，该型飞机安装喷嘴后可喷洒液体氮肥。

5）收割无人机，用于监测作物的成熟度，可对 10 000 公顷以上的大面积区域进行绘图，作物的各种变量包括播种趋势、出苗、生长、成熟度等数据参数，这种无人机可为“大数据”提供大量的基础数据，为基于计算机的决策支持系统提供依据。

6）航拍无人机，用于拍摄自然灾害，如山体滑坡、农田大规模沟壑侵蚀、雪崩、森林火灾、沙尘暴和地震等，这些拍摄非常有帮助。根据这类无人机拍摄的图像，可以判断灾害的破坏程度，定位受灾区域，评估地形变化，以及植被/作物损失等。

7）图像采集八旋翼无人机，用于作物多光谱图像采集，这种无人机可为联合收割机操作提供精确的数据/数字图像。有时，这些数字图像还可用于机器人联合收割机。这些机器随后向种植人员提供作物产量图。

8）数据无人机，这类无人机用于提供关于土壤地形图、北方植被和苔藓生长等的定期数据。利用无人机图像监测苔藓的生长程度、密度和扩散率。这些图像清晰，聚焦良好，分辨率高（分辨率为 3 cm/Pixel）。此外，无人机获取的图像还可用于绘制苔藓分布图，特别是描绘苔藓生长随寒冷大陆温度变化而出现的波动。事实上，其他几个环境参数，如日照变化、辐照度、湿度和温度等对北方植被和苔藓生长的影响，也可以参照无人机图像进行研究。

9）研究型无人机，用于自然植被、森林种植园和农业种植带的研究工作。

据一些机构的资料介绍，无人机在自然资源勘测方面的应用主要包括：1）地形图绘制；2）自然特征和其他结构航拍；3）自然植被分析；4）河流和水库水位图绘制；5）土壤资源环境影响状况绘图。无人机拍摄的图像可帮助研究人员详细了解和追踪气候变化对各种动植物的影响。

除上述分类以外，随着无人机在农业领域不断应用和发展，还将出现其他类型的无人机。

12.2.2　精准农业无人机的基本架构

精准农业无人机的制造，需要考虑以下一些基本构件：1）框架；2）无刷电机；3）电子调速器（ESC）模块；4）控制板；5）惯性导航系统（INS）；6）发射器和接收器模块[22]。

根据印度无人机政策，按有效载荷将无人机分为以下几种类型：

1）纳米型：小于0.25 kg；

2）微型：0.25～2 kg；

3）小型：2～25 kg；

4）中型：25～150 kg；

5）大型：大于150 kg。

根据印度民航总局（DGCA）管理规定，喷洒农药可以使用有效载荷为10～15 kg的小型无人机。除纳米型无人机以外，其他所有无人机必须注册并获得唯一识别码（UIN）。农业无人机（如Krishi无人机）的有效载荷为10～15 kg。Krishi无人机应标注信息，包括制造年份、系列或类型名称、序列号（如果有）、空重（kg）——不加油时的重量、最大有效载荷（kg）、最大流量（lpm）。

在印度，如果商用无人机的飞行高度超过200英尺，则必须取得许可证。无人机必须安装精确的高度传感器，确保在作物上方所要求的高度完成喷洒作业。农业无人机应该具备GPS、返航装置（RTH）、防撞灯、ID铭牌、具有飞行数据记录功能的飞行控制器、RFID和SIM卡等。除纳米型无人机以外，其他所有无人机必须遵守“未经允许不得起飞”（No Permission No take-off，NPNT）的管理规定。在无人机飞行之前，必须确保无人机在DGCA门户网站注册，并获得无人机飞行许可。通过提交飞行计划并获得特殊防空许可（ADC）/飞行信息中心（FIC）的识别码，申请在管制空域飞行操作的许可。由于印度地形复杂多样，包括平原、高原、森林、丘陵和山脉，以及漫长的海岸线，因此，应根据不同的地形，特别是在视距（VLOS）方面，印度各邦应制定适用于无人机喷洒农药的法律和法规。

农业无人机飞行需要适当的地理围栏。无人机喷洒系统必须做好防漏处理，并采取变流调控技术，以确保药物喷洒均匀。无人机还能够进行药量喷洒校准，将误差控制在±10%。散户单独购买无人机，价格比较昂贵，因此可鼓励无人机租赁。所以，经DGCA批准的公司/组织/培训学校，可提供无人机租赁服务，或者通过村委会/公司与他们合作，为种植人员提供无人机租赁服务。

农业无人机应具备以下基本功能：

1）按既定路径飞行；

2）飞行高度可控；

3）感知和避障；

4）根据电池电量自主着陆；

5）使用云台稳定拍摄。系统内部集成了多光谱Parrot Sequoia传感器、RGB摄像头和亮度传感器[23]。

为最大限度减少液体喷洒漂移，除了风力控制外，还需要考虑一些操作参数，如作物冠层上方的喷雾高度应小于3 m，无人机速度应小于6 m/s，液滴尺寸应大于100 μm。为了获得满意的功效，建议遵循以下喷洒准则：

1）20 滴/cm^2：适于喷洒多数杀虫剂和内吸型杀菌剂。

2）5～10 滴/cm^2：适于喷洒内吸传导型除草剂。

3）50～70 滴/cm^2：适于喷洒非内吸型杀菌剂。

为了获得最佳的喷洒效果，还应考虑以下天气条件：

1）风速：≤7 km/h。

2）室外气温：≤35 ℃。

3）相对湿度：≥50%。

为确保药液能够附着在作物表面，建议不要在雾气、多云和雨后天气条件下喷洒。此外，在无人机飞行之前，还应查看天气预报信息。根据云量、光照强度、温度、风向和风速等条件，决定飞行作业安排。物联网支持下的无人机配置传感器，可以做到这一点。

12.2.3　物联网支持下的精准农业无人机

由于实现了航空自动化，农业耕作方法和辅助工具也逐渐实现了现代化，传统农业向精准农业（农业 4.0）转变。农业服务商开始应用无人机进行药物喷洒，开展精准农业应用。无人机在农业物联网中扮演着至关重要角色，借助于物联网，无人机将收集的有用信息进行自动无缝集成，让种植人员将这些信息用于农场实践。在人工智能的驱动下，无人机可以对特定种植区域的干旱和病虫害情况进行监测。随着传感器技术的最新发展和应用，应用无人机可从空中进行作物分析，通过可见光光谱来检测杂草和病害作物。许多农业生产活动，包括作物健康监测、特定区域航空拍摄和田间管理，都可通过人工智能辅助无人机来完成。无人机通过各种传感器收集数据，以极高的精度和较低的成本，对大面积作物种植区域进行扫描。航空自动化的主要目标是为农业 4.0 提供精准的、经济的、符合人体工程学且对社会和环境友好的航空服务。

在精准农业中，通过物联网进行产量预测、市场关联、作物/土壤健康监测、农场天气监测[14]、水分、土壤和光照等自然资源的优化利用，以及作物病虫害早期监测和预防、牲畜健康监测来提高生产力。为了实现这些目标，物联网基础设施将实时感知天气状况或气候数据。传感器收集的数据通过互联网接入现场网关，并实时上传到远程服务器。服务器收集的实时数据，经分析后用于支持决策模型的开发与运行。基于对这些数据的解读和分析，专家采用本地化语言向种植人员发送个性化的作物生产与灾害防治建议。

为了验证物联网基础设施及其对作物生长的有效性，需要在整个作物生长周期内监测作物的一些关键参数，如植被增强指数（EVI）、绿波大气阻抗指数（GARI）、绿色覆盖指数（GCI）、红外百分比植被指数（IPVI）和叶面积指数（LAI）等。在农业无人机的帮助下对这些参数进行分析，可以获得作物生产与管理决策所需要的一些关键阈值。

无人机有多种重要应用场景，如航拍、摄像、救治和邮政配送等，在安全物流、地理信息采集、土地和水域调查[15] 等活动中发挥重要作用。在精准农业应用方面，无人机可以将航拍图像拼接成一张地图，利用归一化植被指数（NDVI）算法对正射马赛克图像进行计算分析，然后绘制出作物反射率图谱。种植人员可根据这张关键地图，提高作物产量，降低成本，从而推动农业生产发展。重要的是，这张地图高亮显示了需要检测的种植区域，最大限度减少了检测时间，这样，有利于种植人员将更多的时间和精力用于处理作物问题。

基于无人机遥感技术，可以对生物量和质量参数做出非常准确的估计。在荷兰，关于作物的收割时间和施肥量，都是基于杂草质量和数量数据做出决定的，它被视为有效和精确管理青贮饲料生产的理想工具。为了估算青贮饲料的数量和质量，可应用无人机进行光谱成像和摄影测量。在生长初期，基于无人机遥感技术进行了四次数据采集，同时，为进行农业种植，测量了与质量相关的干生物量和综合评价指标（D 值）等参数。在此基础上，应用无人机从图像外围方向、相机方向、三维点云和垂直姿态生成数据集。采用这些数据集进行训练，并从训练数据集中提取光谱品牌、植被指数和 3D 特征。为了提取青贮饲料的 3D 特征，利用 RGB 数据生成了青贮饲料生长高度的模型。根据特征分析和判断，每季度收割 2～4 次，每年施肥 1 次，将实现青贮饲料产量最大化[16]。

在文献［17］中，作者研究了无人机应用于监测和评估植物胁迫源（如干旱、病害、营养缺乏、虫害和杂草等）方面取得的进展。为着重研究无人机航拍信息的提取方法，作者进行了严谨的文献调研分析。研究发现，成本、空间分辨率、面积覆盖能力、提取图像的类型和生成的索引特征，这些都是信息提取方法好坏的关键要素。应该根据提取的图像信息来估计各种要素变量，并确定这些要素变量与作物之间的相关性。

表 12－1 和表 12－2[13,18,19] 分别对这些要素进行了描述。

表 12－1　从拍摄图像中提取变量及其与作物的相关性

变量	相关性
叶面水流趋向性(YL)	水流从叶面的一个区域流向另一个区域的倾向性
根茎水流趋向性(YS)	水流从根茎的一个区域流向另一个区域的倾向性
气孔导流速率	从叶面张开的气孔测量二氧化碳的流速

表 12－2　可控变量及数据来源

编号	变量	数据来源
1	植被指数(NDVI、GNDVI 等)	光谱转化，旨在呈现特定的植被属性
2	光化学反射率指数	反射率敏感度，旨在测量叶片中类胡萝卜素色素变化的敏感性
3	植被冠层与空气温度之差 (T_c-T_a)	冠层温度
4	作物水分胁迫指数	水汽压差(VPD)，用于归一化处理冠层温度和空气温度之差 (T_c-T_a)

控制策略取决于以下变量：

热成像传感器通常应用于存在水压的场合。水压通过降低植物物质传导和降低散热来升高冠层的温度，这种变化为植物监测提供了可能性。建议在中午时段拍摄热敏图像，因为此时叶片气孔开闭变化最小。热成像和多光谱成像可自动配准，随着尺度不变特征转换（SIFT）技术和 K－means＋＋聚类分析算法的改进，可通过去除相关像素来缓解这一问题。去除阴影像素以后，遥感水压指标与参考水压指标的相关性得到了改善。在文献［18］中，作者探讨了农业无人机成像、基于无人机航拍测量方法在林业、农业和私人城市花园的可能应用。在芬兰，森林规划实际上是基于无人机收集数据的摄影测量方法来完成的。在芬兰南部坎塔-海梅（Kanta－Häme）沿线，有多个地点应用无人机进行数据收集，生成了航空图像数据集。为进行数据收集，采用了 DJI ZenMuse XT2 和 MicasenseAltum 辐射测量相机。为获得更高质量的数据，提出了摄影测量流水作业方法。

图像融合是当今精准预测的新趋势。推荐一种基于无人机图像和光学卫星图像的数据融合方法，用于进行精准农业监测[19]。提出了可能的分类方法，如稀疏植被和茂密植被，这是精准农业监测的一个重要内容。通过对比 Landsat 分类图像和无人机图像，表明该方法在精准农业监测中区分两种植被类型是有效的。

无人机传感器一旦收集到数据，就需要分析和验证整个作物生长周期与作物健康监测相关的参数。传感器收集数据及数据分析，涉及不同的软件技术。相比传统的机器学习（ML）方法，深度学习（DL）能够更好地模拟植物水压条件的复杂性。无人机遥感技术已被证明是一种具有高时空分辨率的水压测量/分析的先进方法。基于无人机遥感的植物水压深度分析方法，是一种新兴的植物水压评估手段，还需要进一步探索。此外，3D RGB 数据与 DL 融合，将成为下一个提高准确性的评估工具。土壤数据、大气参数以及基于植物的测量数据，可集成为三维输入[20]。CNN 以产量、土壤和天气数据作为输入，用以确定环境压力。

如今，种植人员都配备了智能手机，移动应用正在提高精准农业的智能性。基于物联网收集农业数据，可用于开发移动应用程序，开展作物监测、数据管理、病虫害预测、作物管理、无人机控制等生产活动。这些应用可提高农业生产效率和种植人员的创收能力。其中，有一种移动应用程序被称为“冠层覆盖”（Canopy cover），可在空中评估并生成田间图像，然后生成数据报告，这将有助于种植人员评估和查找潜在的原因[21]。该程序给出了冠层覆盖的土壤面积。冠层覆盖度越高，植被越密集。这里使用的算法适用于植被指数。夏季是衡量作物生长最关键的时期，该方法适合在夏季前后使用。除了植被数量，该方法还为土壤、湿度和其他测量提供了可靠的农业数据堆栈。

纳什克（Nashik）被称为葡萄城，因此，需要对葡萄树进行分析。为了对新系统进行测试，需要一个能够便于应用无人机喷洒的葡萄园。研究人员选择了位于马哈拉施特拉邦纳什克（Nashiks in the State of Maharashtra）（北纬 28°36′，东经 77°12′）附近的一个葡萄园，面积约 8～10 英亩，名为“SOMA Vinevillage”，将该葡萄园作为监测和分析对象。据了解，当地酿制葡萄酒通常采用两种葡萄，即 Shanin blow 和 Sovinie blow，这两种葡萄决定葡萄酒的颜色。此外，任何地点的任何作物，都可以应用该系统进行测试。

12.2.4　精准农业无人机的安全性

无人机的作业区和非作业区之间应至少留有一个 5 m 的缓冲区。在喷洒作业期间和喷洒完成后（至少 30 min），禁止人员或动物在喷洒作业区域或附近（至少 15 m）活动。无人机喷洒农药时，应远离（≥100 m）水体、居民区、饲料作物种植区、公共设施、乳品厂、家禽饲养场等。

在无人机执行喷洒作业前，应对喷洒装置进行适当的检查和校准，检查喷洒装置的泵压是否合适、喷嘴磨损情况，并确保喷洒均匀，防止储液罐和管路渗漏。通过适当加压，对液滴大小（100～150 μm）进行优化。

12.2.5　物联网支持下的无人机架构

图 12－1 给出了物联网支持下的无人机架构。用户可在智能手机上监控无人机参数，并利用无人机采集信息。多光谱相机、热像仪、RGB 相机和光探测与测距（LiDAR）系统，这些传感器均可用于空中物联网。通过多光谱相机，在植被生长阶段可对以下参数予以量化：1）叶绿素含量；2）叶片含水量；3）地表覆盖率和叶面积指数（LAI）；4）归一化植被指数（NDVI）。热像仪在检测作物水压方面具有很大的潜力[24]。

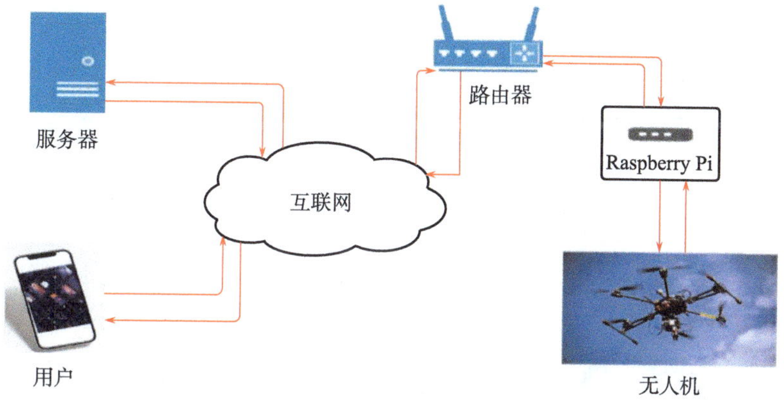

图 12－1　物联网支持下的无人机方案

农业无人机配置了摄像头，可检测到绿色区域并进行喷洒。通过图像处理算法，可检测到冠层的绿色部分，进而启动安装在无人机上的喷雾器。这一自动化流程如图 12－2 所示。

研究表明，仅从葡萄作物的顶部进行喷洒是不够的，因为植物的叶片底部也可能受到病虫害的感染[25]。在这种情况下，物联网（IoT）赋能的无人机可以激活葡萄园中的无人地面车（UGV），从叶片的底部进行喷洒。图 12－3 展示了无人机（UAV）与无人地面车（UGV）之间的通信，可从叶片的正反两面进行喷洒作业。

使用无人地面车还可以监测地面参数，如土壤温度、土壤湿度、相对湿度和气温等。这些地面参数和通过无人机获取的空中参数，均可在无人机和无人地面车的共同云平台上进行分析，以便对作物进行精细化管理。

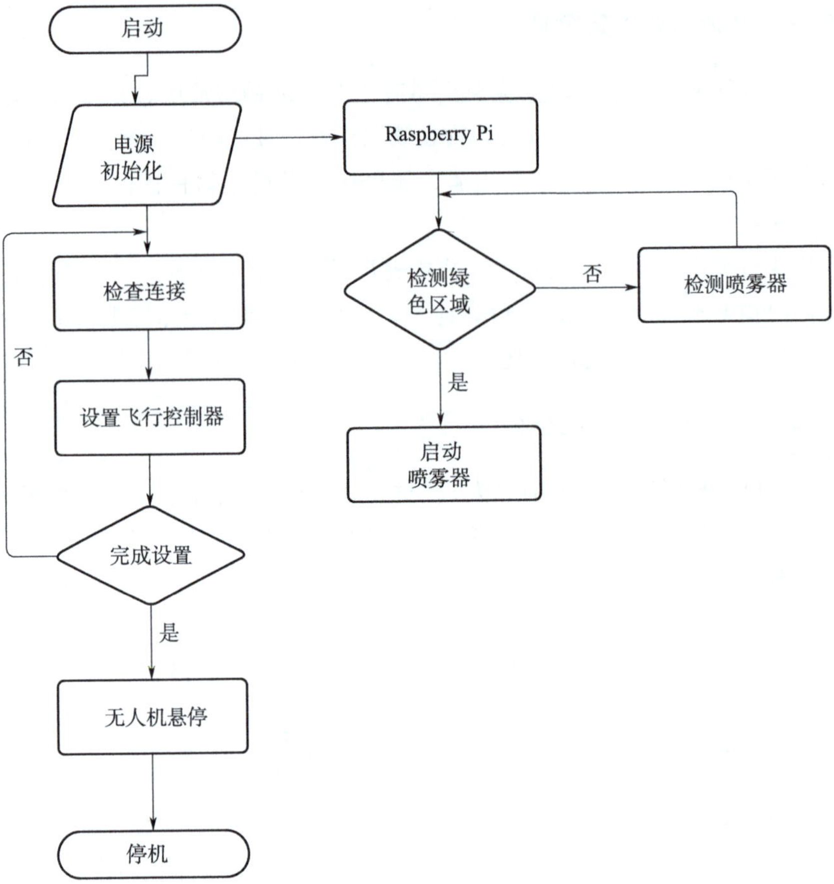

图 12－2　冠层检测和喷洒流程图

图 12－3　无人机与无人地面车（UGV）之间的通信

远程通信（LoRa）模块是物联网基础设施的一个组成部分。通过无人机和无人地面车分析土壤湿度，为了保持土壤湿度，可以用 LoRa 模块启动和控制水泵，通信距离可以达到 15～20 km，电池寿命可以使用一年。在印度，LoRa 技术许可的频谱范围在 865～867 MHz，它在 2.4～3.6 V 低电压下工作，最大数据速率可达到 250 kbps。

在无线技术方面，蓝牙低功耗（BLE）通信技术虽然功耗较低，但在长距离传输方面存在局限性。相比之下，LoRa 技术即使在不具备互联网连接的情况下也可实现长距离通信，是 Wi－Fi 和 BLE 通信的良好替代方案。

图 12－4 给出了 LoRa 的带宽限制，但它适用于具备互联网连接的农业应用场景，而且必须重点考虑电池电量。对于 SOMA 葡萄园，收发器模块 LoRa SX1278（433 MHz）可用于远程操控水泵。

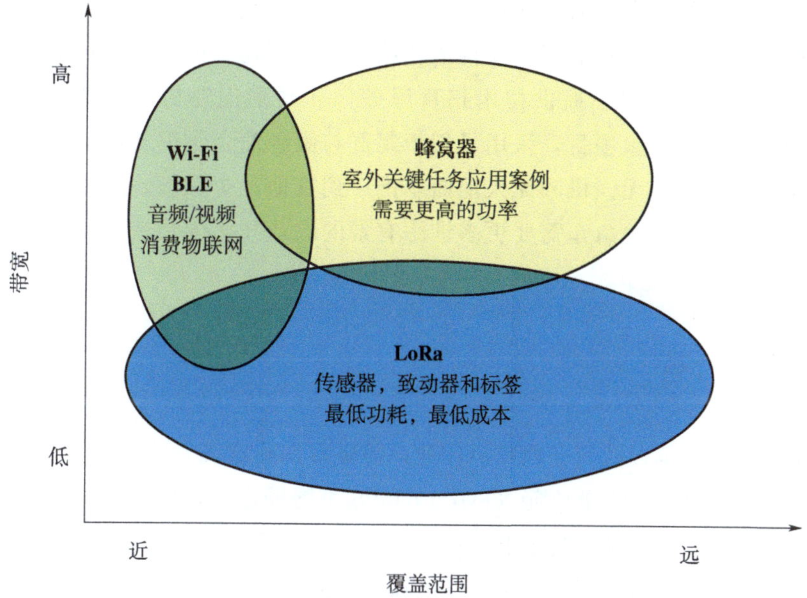

图 12－4　无线技术的覆盖范围和带宽

（来源：谷歌图片，https：//www.kernelsphere.com/lora－technology.html）

12.3　面临的挑战与未来展望

物联网支持下的无人机在农业耕作中主要用于作物监测，基于土壤和大气数据（如温度、湿度、阳光等）的作物参数分析，生成可指导农业生产与管理的一些数据。高分辨率多时态数据评估是监测作物健康状态和潜在产量的主要挑战。此外，确定整个作物生长周期植被覆盖图的适当植被指数，是一项具有挑战性的工作。因此，必须在作物产量和作物参数测量之间建立联系。

人工智能与机器学习（AI－ML）增强了图像处理和计算机视觉技术，显著提升了无人机物联网（UAV－IoT）的功能，例如能够清晰区分杂草和作物，或者研发只清除杂草而不伤害作物的除草剂。作物友好型除草剂是多国公司联合研发的一项先进技术，但是因为知识产权问题，目前尚未普及到发展中国家。

如今，农业技术或农业科学更注重种子、杂草、土壤、水分以及生产后期管理。当今全世界需要高层次服务商来满足全世界的需求，以便在作物整个生长周期内实现机械化。对于现有供应链而言，电子垃圾处理和长电池寿命（假设物联网电池寿命为 10 年）仍是一种不可企及的奢望，目前还无法向第三世界国家的贫困区域或偏远区域的农民提供这些产品。

在许多发展中国家，农村地区尚未实现无缝接入互联网。此外，在 Zig Bee、Z - wave、RFID、NFC、LR - WPAN、6LoWPAN、LoRaWAN、BLE 和 Wi - Fi direct 这类智能技术传感器应用方面，尚未找到全球通用的解决方案。

尽管该技术受到青睐，但是将其作为常规耕作方法的现代种植人员却寥寥无几。大多数种植人员，无论作物产量如何，他们仍然倾向于传统的耕种方式。这可能是由于缺乏技术引导和部署所造成的。由于采用新技术具有依赖性，因此，种植人员不愿意在自己的农场中采用新技术。他们可能对涌现的新技术和数字鸿沟感到恐慌。一种可能的解决方案是通过农村地区的共享服务中心提供技术扫盲服务，并激励创办村级企业。Goapaddy. org 是一个水稻种植机械化实验项目，采用了创新集群与服务商合作模式，该计划从 2022 年 7 月开始引入无人机，并将无人机和无人地面车推广到其他几个领域，以便实现可持续的农业发展战略。目前，当务之急是需要更多训练有素的农业技术人员或科学研究人员，扎根基层，给予农业指导。

12.4 结果与讨论

应用无人机收集数据或执行药物喷洒作业，需要事先确定飞行路径。无人机上安装了全球定位系统（GPS）和内置测量单元（IMU），GPS 可帮助定位，IMU 可帮助无人机按照既定飞行计划执行作业任务。任务规划器是一个开源应用程序，用于无人机和无人地面车分配行进路径。如图 12 - 5 所示，当设置了返航点和飞行路径后，无人机在物联网的支持下按照既定路径收集数据。进行任务规划时，需要设定 10 m 的起飞高度，同时需要标记任务结束时的降落点。根据最后一个航路点，为无人机设定了返航计划。QGroundControl 程序可用于飞行规划，种植人员可在田间轻松使用，随时更改降落点和飞行路径。

为了对作物进行实时监测，GoPro Hero7 Black 摄像头与安装在无人机上的 Raspberry Pi（RP）接口连接，可以捕捉 1 920×1 080 像素的高分辨率实时图像，视频质量可达 4/60 fps（帧每秒），实现对捕获的视频数据进行时间序列分析。湿度和温度传感器与 RP 连接，可收集实时数据并上传到云端。传感器和 RP 模块由无人机的电池供电。无人地面车收集土壤湿度、温度、阳光、大气含水量等相关的地表数据，并将其发送到同一个云端。通过分析无人机和无人地面车收集和上传到云端的数据，就能够准确预测作物的健康状态、生长情况以及作物的产量。基于土壤含水量数据分析，可以通过 LoRa 模块远程操控水泵供水。根据土壤含水量采用 LoRa 模块远程控制水泵运行（开/关）的测试，如图 12 - 6 所示。通过这种方法，有效提高了水电的利用率。

为试验田设置飞行围栏

为Shanin葡萄园制定飞行路径

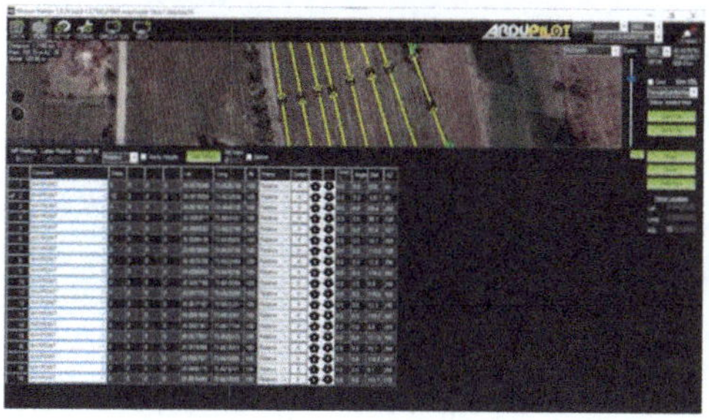

飞行高度、时延和航路点

Sovini葡萄园中的飞行路径分配(红色区)

图 12 - 5　物联网支持下的无人机在 SOMA 葡萄园的飞行任务

(a)

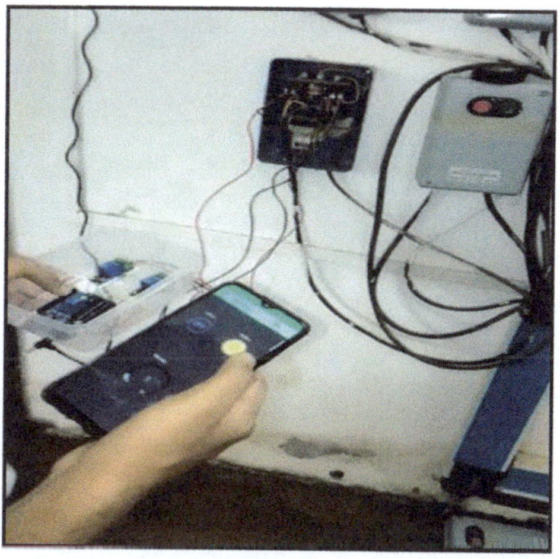

(b)

图 12 - 6　(a) 物联网模块测试土壤湿度；(b) LoRa 模块测试远程开关水泵

致谢

衷心感谢BIS团队为农业无人机制定标准和流程，感谢他们在农业无人机参数方面给予的技术指导。感谢 Nashik SOMA 葡萄园和 Maharashtra 邦允许研究人员进行实验测试，感谢 Maharashtra 邦 Nashik 葡萄园 Ashoka 农场对物联网测试提供的支持。感谢 SANDIP TBI 提供的创客空间。

参 考 文 献

[1] Indian Council of Agricultural Research, Vision 2030, pp. 1-6. Published by the Project Director, Directorate of Knowledge Management in Agriculture (formerly DIPA), Indian Council of Agricultural Research, New Delhi, January 2011.

[2] Annual report 2020-21, Department of Agriculture, Cooperation and Farmer's Welfare, Ministry of Agriculture and Farmer's Welfare, Government of India, New Delhi, www.agricoop.nic.in. 2021.

[3] Agriculture drones are finally cleared for takeoff. IEEE Spectr., 19th Oct 2016 date of access 15 August 2022 online magazine.

[4] Marsujitullah, Zainuddin, Z. et al., Rice farming age detection use drone based on SVM histogram image classification, SENTEN 2018 - Symposium of emerging nuclear technology and engineering novelty, IOP conf. series. J. Phys.: Conf. Ser., 1198, 092001, 2019, 10.1088/1742-6596/1198/9/092001.

[5] Study of the aerodynamic characteristics of an agricultural spraying UAV. 15th International Conference on Aerospace Sciences & Aviation Technology, ASAT - 15, May 28 - 30, 2013, Military Technical College, KobryElkobbah, Cairo, Egypt, pp. 1-12.

[6] Chavan, M. S., Automatic aerial vehicle based pesticides spraying system for crops. Int. J. Innov. Technol. Exploring Eng. (IJITEE), 8, 11, 2278-3075, September 2019.

[7] Shaw, K. K. and Vimalkumar, R., Design and development of a drone for spraying pesticides, fertilizers and disinfectants. Int. J. Eng. Res. Technol. IJERT), 9, 05, 1181-1185, May-2020.

[8] Anand, K. and Goutam, R., An autonomous UAV for pesticide spraying. Int. J. Trend Sci. Res. Dev. (IJTSRD), 3, 3, Mar-Apr 2019, Available Online: Journal of Statistics and Management Systems.

[9] Rani, A., Chaudhary, A. et al., Drone: The green technology for future agri - culture. Harit Dhara, Soil Health: Technological Interventions, 2, 1, 3-6, January-June, 2019.

[10] Puri, V., Nayyar, A., Raja, L., Agriculture drones: A modern breakthrough in precision agriculture. J. Stat. Manage. Syst., 20, 4, 507-518, 2017.

[11] Delavarpour, et al., A technical study on UAV characteristics for precision agriculture applications and associated practical c-hallenges. Remote Sens., 13, 1204, 2021, https://doi.org/10.3390/rs13061204.

[12] Drone-based bio control services to protect your crops UAV - IQ, Available online: https://www.uaviq.com/en/biocontrol/ (accessed on 19 January 2021).

[13] Khokthong, W. et al., Drone-based assessment of canopy cover for analyzing tree mortality in an oil palm agroforest. Front. For. Glob. Change, 2, Article volume 2, 12, 1-10, 2019.

[14] Phade, G. et al., Grape disease forecasting system. Annual Technical Volume of Agricultural Engineering Division Board, vol. 3, pp. 43-46, 2020.

[15] Beloev, I. H. , A review on current and emerging application possibilities for unmanned aerial vehicles. Acta Technol. Agric. , 19, 2016, 3, 70 – 76, September 2016. Published Online: 23 Sep 2016.

[16] Alves, R. et al. , Assessment of RGB and hyperspectral UAV remote sensing for grass quantity and quality estimation. Int. Arch. Photogramm. Remote Sens. Spat. Inf. Sci. , XLII – 2/W13, 489 – 494, 2019, ISPRS Geospatial Week 2019, 10 – 14 June 2019, Enschede, The Netherlands.

[17] Barbedo, J. G. A. , A review on the use of unmanned aerial vehicles and imaging sensors for monitoring and assessing plant stresses. Drones, 3, 40, 2019, doi: 10.3390/drones3020040; www.mdpi.com/journal/drones.

[18] Niemitalo, O. , Koskinen, E. et al. , A year acquiring and publishing drone aerial images in research on agriculture, forestry, and private urban gardens. Technol. Innov. Manage. Rev. , 11, 2, 5 – 16, February 2021.

[19] Murugan, D. , Garg, A. , Ahmed, T. , Singh, D. , Fusion of drone and satellite data for precision agriculture monitoring. 2016 11th International Conference on Industrial and Information Systems (ICIIS), IEEE Xplore, pp. 910 – 914, 2016.

[20] Ihuoma, S. O. and Madramootoo, C. A. , Recent advances in crop water stress detection. Comput. Electron. Agric. , 141, 267 – 275, 2017.

[21] Mendes, J. et al. , Smartphone applications targeting precision agricul – ture practices—A systematic review. Agronomy, 10, 855, 2020, https://doi.org/10.3390/agronomy10060855.

[22] Mr. I. D. Pharne et. al. , Agriculture Drone Sprayer, International Journal of Recent Trends in Engineering & Research (IJRTER), Volume 04, Issue 03; March – 2018.

[23] Marica Franzin et. al. , Geometric and Radiometric Consistency of Parrot Sequoia Multispectral Imagery for Precision Agriculture Applications, Appl. Sci. 2019, 9, 5314; doi: 10.3390/app9245314.

[24] Gayathri Devi, K. , Sowmiya, N. et al. , Review on application of drones for crop health monitoring and spraying pesticides and fertilizer. J. Crit. Rev. , 7, 6, 667 – 672, 2020.

[25] Daponte, P. et al. , A review on the use of drones for precision agriculture. IOP Conf. Ser. : Earth Environ. Sci. , 275, 012022, 1st Workshop on Metrology for Agriculture and Forestry (METROAGRIFOR), Ancona, Italy, 1 – 2 October 2018, 2019.

第 13 章 无人机在地雷探测和非法移民管控中的应用

C. Anil Kumar Reddy[1*], B. Venkatesh[2]

1. Department of Mechanical Engineering, KLEF, KL University, Vaddeswaram, India
2. Mechanical Engineering, Vardhaman College of Engineering, Hyderabad, India

[*] 通讯作者：anildsnron5@gmail. com，bvtvardhaman@gmail. com

摘 要： 近年来，无人机在军民领域都有着广泛的应用。同时，反无人机系统应运而生，应用人工智能和 GPS 系统降低了风险。无人机曾一度用于军事领域，部署在高风险地区。随着技术进步，无人机的成本也越来越低。由于军事领域对无人机的需求日益增长，预计未来无人机在打击恐怖主义和非法移民的行动中将继续发挥重要作用。目前，仍存在一些有待探测的地雷，存在潜在的伤亡风险，并对环境造成严重破坏，为此，已将无人机用于地雷探测。无人机更换成本低，因此，应用无人机执行高风险和政治敏感行动。本章将探讨一种用于地雷探测的无人侦察机。原型机是一架四旋翼飞行器，飞机上安装了地雷探测器。该无人机有两种不同的探测模式，一种是使用感应式金属探测器，另一种是使用探地雷达。这些装置可用于协助探测行动。全球定位系统（GPS）定位地雷位置，并通过 GSM 模块和 Aurdino 进行位置识别和通信。四旋翼飞行器安装了摄像头，用于监控边界上的可疑人员，并定期将数据发送给操作员。该型无人机还可进一步改进，发射巡航导弹打击可疑目标，对军事边界（或地面控制站）和军用道路实施管控。

关键词： 无人机，GPS，地雷探测，反无人机，GSM 模块，金属探测器

13.1 概述

未来，配备武器的遥控飞机或自主控制的无人机将取代士兵，因为这种无人机可以在战场上执行战略行动和监视任务。在第二次世界大战期间，一些国家在冲突地带使用无线电遥控飞机和反飞机系统发起了进攻行动。1971 年，来自东巴基斯坦的非法移民大规模涌入印度，而印度的常规监控手段根本无法阻止非法移民涌入。因此，为了帮助边防士兵进行有效的保护和监视，印度政府采用了先进的无人机。无人机配置了武器、摄像头、传感器以及能够模拟敌方无人机雷达信号的反射器。为了与美英等超级大国竞争，同时为了减少人员伤亡和缓解士兵疲劳，印度政府加强边境保护，配备了具有尖端军事技术的国产无人机和进口无人机。印度政府已经采购了一些无人机，如“捕食者”C（Predator C）、“复仇者”（Avenger）、“苍鹭”TP（Heron TP）、LMQ－9B“天空卫士”（LMQ－9B

Skygaurdian）和“亚布宏”（Yabhon）等，这些无人机集成了大载重、高速度和精确制导等能力。此外，边防部队和海军舰队的更新换代和技术创新，对国家安全同样至关重要。

13.1.1 无人机

无人驾驶飞行系统（UAS），正如其名，强调的是飞机本身以外组件的使用，它不需要人工操作员。军用无人机能够飞到某一作战区域杀伤敌军，选择目标并射杀对手，“杀人机器人”已从科幻走向现实。多数人可能认可和接受作为“智能技术”代表的“自主无人机”，例如，可100%自主选择和操作的无人机。这些无人机能够处理任务执行过程中可能出现的各种问题。这里存在的限制性问题并非出自技术原因，而是在于开发和采用这种政治“敏感”技术的政治意愿，这种技术将允许致命机器在无须人类直接监督下自主运行[10]。

目前，自主军用无人机并没有法律上的明确界定。为了处理越来越多的问题，现代无人机中植入了算法，可执行由人类定义的大量行动方案。无人机最早用于军事用途，因此无人机战争并不是一个新概念。几乎在每一次作战行动和攻击中，美国国防部都会应用无人机观察和监视对手的动向并收集情报。据报道，目前世界上应用军用无人机的国家大约有100个。这些无人机配置了最新一代摄像头，能够在战争和救援任务中提供准确的地形图。人工智能系统将会定期与士兵联系，向他们提供有关敌人动向的信息。无人机还能够运输大载荷的货物。无人机还可携带反坦克制导导弹，协助制定作战战略[10]。

无人机在军事和民事应用中变得日益重要，它们在各种环境和作战行动中具有强大的耐久性和稳定性。相比同等级别的有人驾驶飞机，无人机的起飞和降落无须人为干预，在不危及人员安全的情况下执行关键任务，运行更有效，成本更低廉。无人机可以远程飞行，由地面控制站操控，或者自主飞行，在这种情况下，无人机通过自动驾驶仪和一系列机载传感器（如IMU和GPS）进行控制操作[1]。无人机能够执行运输、搜救、武装攻击和遥感等任务。无人机还有其他几种称呼，例如无人驾驶飞行器（UAV）、遥控飞机（RPA）、无人驾驶飞行系统（UAS）和遥控飞机系统（RPAS）。由于军事和民事机构的标准和要求各不相同，所以相应有不同的叫法。本章统称为无人机。军队率先应用无人机执行侦察、监视和武器投送等任务。在人类首次驾驶飞机飞行之前，每两场战争中至少有一场战争应用原始无人机技术执行作战和监视等军事任务[7]。

在缺乏控制、自主性或法律限制的复杂环境中，可应用有人驾驶飞机。现代军用有人驾驶飞机出现以后，大大减少了士兵暴露在危险环境中的时间。一些国防分析家认为，现代有人驾驶军用飞机将很快被成本低廉的无人机取代。在危险区域，有人驾驶飞机面临更高的风险，而部署无人机则更加经济和安全。由于不搭载机组人员，无人机的航程、续航能力和毁伤风险都是可控的。无人飞行系统（通常被称为紫外线控制系统，UV）的机电设备不需要人工操作。通过预编程序，可以远程或自主控制无人机。由于安全性有了大幅提高，UV/US可应用于各种复杂环境。随着无人机航程的不断增加，应用无人机带来的收效将越来越明显，其中包括增强任务安全性和降低作战成本[11]。

军用无人机改变了战争方式，打开了军队现代化之门。专家们还指出另一个发展趋势，即采用尖端技术来弥补技术创新产生的差距。无人机为空中力量带来了巨大希望，将显著改善军事人员和文职人员的安全性。众所周知，执行军事任务将会部署不同尺寸和不同重量的无人机，实际上多数武装无人机比非武装无人机要大得多、重得多，有的无人机总重量甚至超过 600 kg。研制或改装的小型无人机，可用于携带武器或执行 ISR 任务，纳米型和微型无人机通常用于收集数据。无线电遥控飞机偶尔向操作员传送图像，但大型无人机通常在操作员视距之外飞行。中空长航时（MALE）和高空长航时（HALE）无人机是大型无人机，用于定向攻击、战术 ISR 和战场支援任务，通常用于执行军事信息收集和搜救任务，能够提供很多帮助。这些无人机通常用于收集大量数据，并提交给地面专业人员进行处理和分析[12]。

与过去相比，由于军用无人机的大量应用，军队能够更安全、更有效地开展军事行动。目前，武装部队装备的无人机系统都具备 ISR 能力、战术空中支援、实时 RSTA 和新的火力打击能力。如图 13－1 所示，无人机可用于执行平叛行动等常规作战，活动地点位于己方部队的前沿或前沿以远、侧翼或后方。目标激光照明、路线和区域探测、战斗损伤评估和通信中继等任务至关重要。将无人机与联合武装力量进行整合，可能具有很大的难度，但这是很有必要的。从军事角度来看，图 13－1 显示了无人机的主要作用，其中包含但不限于无人机执行的主要军事任务[13]。无人机通常包括以下组件：控制系统、地面站控制系统、控制连接、特定数据链路、Aurdino 和微控制器。

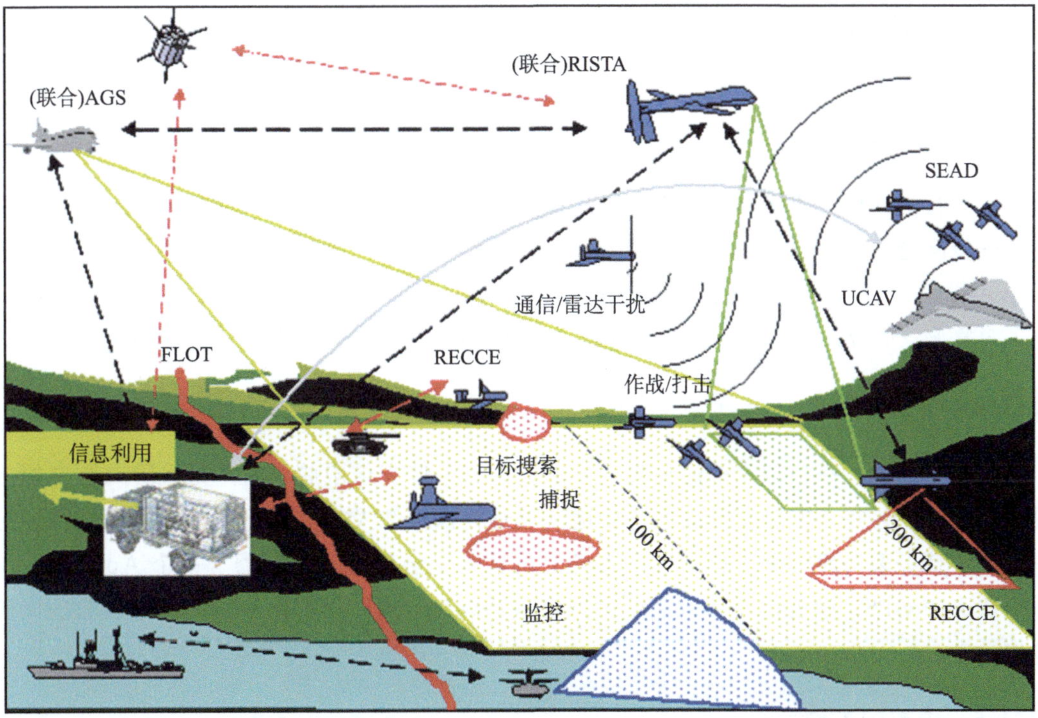

图 13－1　无人机在战场上的主要作用（来源：北约组织）

13.1.2 无人机的类型

无人机分为许多类型，例如，按用途可分为“航拍无人机”“航空测绘无人机”以及“监视无人机”等。不过，基于空中平台进行分类可能是最准确的分类方法。根据采用的空中平台，将无人机分为以下四种类型：

1）旋翼无人机；

2）固定翼无人机；

3）单旋翼无人直升机；

4）固定翼复合垂直起降无人机。

13.1.2.1 多旋翼无人机

多旋翼无人机是最常见的一款机型，供专业人士和业余爱好者使用。应用该型无人机可执行各种任务，包括航空摄影和视频监控等[8]。市场上有各种各样的多旋翼无人机产品，可供航空摄影、业余比赛、休闲娱乐等使用。在以上四类无人机中，多旋翼无人机制造最简单，价格最便宜。多旋翼无人机根据旋翼个数，可进一步细分为四种类型，如三旋翼无人机、四旋翼无人机、六旋翼无人机和八旋翼无人机。其中，最受欢迎和使用最广泛的是四旋翼无人机。尽管多旋翼无人机制造简单，成本低廉，但仍有许多缺陷，其中最突出的是续航时间、航程和飞行速度等，难以胜任远程航空测绘或侦察监视等大规模任务。多旋翼无人机存在的根本问题是，必须消耗巨大能量（可能来自电池）承载重力并保持一定的飞行高度。目前，大多数多旋翼无人机的飞行时间可达到 20～30 min。

13.1.3 问题描述

军队行进途中有无爆炸性地雷和非法移民或入境是边境安全部队和战区附近民众最关心的安全问题。军方已经部署了机器人和地雷探测器，努力降低人工地雷探测和人工监控的相关风险。目前，有些系统可做到完全自主探测和排除爆炸性地雷，既不需要人工操作，也不需要人工监视，但这些系统价格昂贵，难以集成，并且需要经验丰富的操控人员。

13.1.4 任务目标

在边境地区，一个国家的巡逻部队可能会面临一些安全威胁。为降低风险，需要探测爆炸物和人工监控，本章试图减轻边境地区爆炸物探测和人工监控所产生的负面影响。探测系统包括一架四旋翼无人机平台，飞机上携带一个金属检测传感器、一个 Aurdino、一个摄像头和 GPS。这样，就可以利用全球定位系统进行遥感以探测地雷，并记录非法人员越境活动。

13.1.5 先前的工作

以前，防爆监控系统需要士兵在场，其工作任务是炸弹定位和拆除，以便挽救生命[5]。这个机器人装置有助于防御恐怖分子、自杀式炸弹袭击和其他类似行动。相比之下，本项目建造的是指令控制机器人。这个机器人接收来自操作员的控制信号指令，然后执行行动并对炸弹定位。该系统的缺点是，由于机器人在地面上运行，炸弹爆炸对机器人造成伤害的风险很大。而且，由于人工监控和非法入境很难同时监视大片区域，过去防爆人员通常分开执行任务。为解决这个问题，这里建议采用新方案。

13.2 文献综述

无人机是指无人驾驶飞机，正式名称是无人驾驶飞行器（UAV）。众所周知，无人机非常适合从空中视角对各种气候灾害、行为或事件进行全局拍摄和监控管理。当人口密集地区发生自然灾害时，快速有效的应急管理有助于减少灾害造成破坏，也有助于减少人员伤亡。当灾害发生时，搜索和救援机构非常需要有效的信息和实时数据来预测失踪者的位置和信息。人工智能无人机即AI无人机，不需要飞行员操作。当自然灾害发生时，灾害管理组织为减少受灾人口并降低经济损失，必须通过各种方式保持灾区与所有应急救援部门之间的信息畅通。救援机构需要快速获得灾害关键数据，以便更好地做好救援准备。由于无人机自主可控，搜救任务必然应用无人机。应用无人机可大幅降低灾害勘测成本及危险性，快速对大面积受灾区域展开态势警戒，及时快速地搜寻受伤、失踪或需要救助的受灾人员。无人机要想成功接收到受灾人员的信息，必须进行必要的训练，无人机采用监督学习方法进行这类训练。实时数据是提早发现并快速解决问题的关键。要解决这个问题，必须具备强大的决策机器视觉和神经网络深度学习算法。只有通过复杂的数据和多种来源进行训练学习，才能进一步提高无人机的系统性能。对于人工智能无人机，模拟摄像头和内置物联网传感器可以作为数据输入，为计算机视觉提供帮助。无人机在空中飞行时，通过计算机视觉感知各类目标。计算机视觉训练分为以下三个步骤：

1）目标跟踪；

2）自主导航；

3）障碍物探测。

利用神经网络训练无人机，可对目标进行探测和跟踪。借助于神经网络，无人机能够识别树木、陆地动物、车辆等物体，可计算出物体的数量，并有效识别各种符号。这些领域的深度学习、机器学习和计算机视觉已有一些共享平台和应用。可以说，计算机视觉比机器学习过程更重要，它包含和统一了系列图像处理任务，以便从数字和实时图像、视频和其他视觉输入中获取一些有用信息，这些信息可以提供大量的训练数据，再利用各种算法和模型对目标加以简化和呈现，并做出决策，为开展救援行动发挥重要作用。此外，计算机视觉需要大量的任务建模，包括点云处理、运动估计、立体对应、运动结构、多视角相机配置和三维场景建模。随着计算机科学与数学结合，可以说，在人工智能无人机中应用计算机视觉技术是推进自动化的一个重要因素。在本章中，研究项目试图为人工智能无人机开发一套管理系统，用于记录和管理数据，并共享给基站，方便算法检测[9]。

根据 Aashish Raj 等人的研究，采用了机器人蜂群技术，许多机器人可同步工作，以便实现共同的目标。将整体任务划分为三类：地雷探测、测绘和拆除。在本项研究中，借助自主机器人，采用了机器人蜂群方案。这些机器人蜂群能够在其他机器人的帮助下完成任务。根据自主机器人方案，Yuvaraj Ganesh 等人应用无人机进行战区地雷探测。应用无人机蜂群防御，不仅降低了劳动力成本，而且通过减少试错方法挽救了武装人员的生命[2]。

根据 Prem Mahadevan 等人的研究，在未来的军事行动中，尤其在反恐和平叛行动中，军用无人机将发挥至关重要的作用。无人机成本低，更换简单，它们既能适应危险任务，也能适应政治敏感任务。但是由于技术限制，以及防空系统等竞争技术的进展，无人机的军事用途将会受到一些限制。虽然无人机在未来冲突中非常重要，但是，无人机不太可能完全取代有人驾驶飞机，可作为一种不可或缺的补充手段[3]。Yuvaraj Ganesh 等人研究了一种使用无人侦察机探测地雷的全新方案。在第二次世界大战期间，地雷主要用作防御和战术屏障。在阿富汗和朝鲜等国家，仍然大量使用地雷。可能有许多地雷未被发现，仍然可能造成大量人员伤亡，且严重破坏生态系统。因此，有必要在无人机上安装地雷探测器，通过金属探测器的红外摄像头进行地雷探测，并利用 GSM 确认地雷的准确位置[4]。

根据 Jo Frew 和 Peter Burt 等人的研究，在过去 20 年里，应用无人机开展军事行动曾经引起很多争议、讨论和研究。不过，在民用领域，将军用无人机用于安全保卫的做法则很少受到关注。无人机越来越普遍地用于边境管控，这直接影响了这些挑战。根据本项研究，无人机现在已被部署在世界各地，协助国家边境巡逻。由于无人机具有长时间监控能力，能够对一些偏远但可能入境的地点进行监控，并且相对容易部署，因此边境管理局认为无人机具有很大的应用潜力。无人侦察机和传感器采用了尖端军事技术，政府认为，这些技术为解决尖锐的社会问题和政治问题提供了一种直接了当的手段。应用无人机进行边境管控已成为一种常见手段，主要从“安全”角度解决边境管控问题，非法越境已对国家安全构成威胁[14]。

根据 Rey Koslowski 等人的研究，边境管控机构、民间自卫团体以及预防犯罪组织，他们应用无人机监控和跟踪美国—墨西哥的边境活动。随着安全局势进一步复杂化，很多国家投入军用无人机用于边境安全防御，一些非国家组织也在发展自己的无人机监控能力。研究认为，无人机边境安全防御并不违背政治、政府和道德。首先，将军事技术纳入非军事安全行动可能会危及国家安全，但无人机可以在移民穿越危险的海洋和沙漠时拯救他们的生命。其次，尽管无人机监控提出了新的问责机制，但也威胁着人们的隐私。最后，同样重要的是，无人机有能力取代围栏等一些物理安全措施，构建一个超越国界的无形安全屏障。这些令人困惑的结果，有助于理解美国和欧洲制定无人机边境安全计划的复杂过程，以及确定无人机安全所面临的一些挑战[15]。

Panagiotis Loukinasa 等人研究了国家和非国家行为体在南欧海上边界部署无人机的情况，以及无人机的多种监控用途。本节围绕多用途无人机方案，重点探讨了将无人机用于边境监控时安全与人道主义的融合，因为它是基于多用途无人机的想法而发展起来的。

根据这项研究，一些变量，包括多用途无人机数据收集所采取的行动，这些都会影响无人机的发展与应用。无人机可能会危及无证照移民，但无人机提供的数据使搜救工作更加有效。无人机在边境行动中的应用，引发了对透明度、问责制、民事、军事、公共及私人领域的共同担忧[18]。

13.2.1　印度边境管控需要无人机

印度与相邻国家共同拥有 15 106.7 km 的陆地边界，有相似的生态系统，如森林、山脉、沙漠等。由于地形复杂多变，特定的地理条件、气候条件、与邻国关系以及其他因素，很容易受到非法移民、走私和其他对抗活动的影响，因此边境安全保障十分重要。印度海岸线全长 7 516 km，其中 5 422 km 位于本土，拉克沙威海岸线全长 132 km，而安达曼和尼科巴群岛的海岸全长 1 962 km[19]。在印度海岸沿线，分布着九个邦和四个中央直辖区，整个海岸线几乎全部位于热带。领土边界以沿海边界线 12 海里为界，这是印度的主权领土。毗邻区，通常被称为热追踪区，延伸到该区域以外 24 海里。在这个区域，如果违反海关、卫生、移民和财政等相关规定，可能会受到处罚。

边境管理是一项安全义务，全国各地的许多政府组织必须为此共同努力，采取协调一致的行动[16]。边境管理的目的是保护边境和国家免受其他国家人员和货物流入带来的危险。“边境管理”一词具有很大的包容性，涵盖广泛的活动，包括管理合法及非法移民，保护人员，限制货物无序流入，以及防止人口贩运、越境和走私等活动。印度经济在很大程度上依赖于人员和货物流通，如今越来越趋向于全球化并以服务为导向。如果这些活动得不到有效控制、监管或监督，那么走私、贩运、犯罪、恐怖主义和非法移民等活动就会更加猖狂，进而给国家带来一系列问题。为了保护边境不受攻击，边境管理局需要情报支持，并采用突破性技术手段，政府机构、经济组织、安保人员和其他利益相关体应共同采取行动。

13.2.2　无人机的技术规范

虽然确定了无人机的总体目标、发展策略和子目标，但在确定无人机项目适用性的同时，还需要确定每个构成部件的技术规范。根据用途和工程设计，技术规范分为以下几个工程模块，这些工程模块构成及其技术规范见表 13-1[6]。

表 13-1　无人机不同模块的技术规范

机电模块	传感器技术模块	嵌入式系统及其他电子模块	软件模块
· 四旋翼机身 · 着陆架 · 4x 电机 · 4x 螺旋桨 · 2 300 Mah 锂电池，带电源配电系统	· IMU/3 轴数字罗盘/数字压力传感器 · 车载摄像机 · 全球定位系统 · 金属 · 检测器	· 使用 ARDUINO UNO 板的飞行控制器 · 飞行仪表 · 电子稳定控制系统 · 变速器接收器 · 接收器 · 射频装置	· Cadsoft Eagle/Fritzing · Matlab/Simulink（Drake 工具箱） · Arduino Ide，Linux，Opencv · 网络分析器应用程序

13.3　无人机军事应用方法

13.3.1　提出的系统

本节将讨论无人机飞行控制器和多电机集成系统，该系统与监控摄像头和地雷探测器相连，应用 Aurdino 程序和网络分析仪进行控制，如图 13-2 所示。其中无人机上的机载传感器，用于地雷探测并给出 GPS 定位，以便于探测人员拆除地雷，目的是降低巡逻部队可能面临的各种威胁。战争期间非法移民是一个主要的安全问题，针对这一问题，在无人机上安装摄像头，操控人员通过与接收器相连的手机端或接口单元实时观察现场。因此，通过这种集成系统，探测人员可以准确地进行地雷探测，实时观察漫长的边境线，防止非法移民活动。

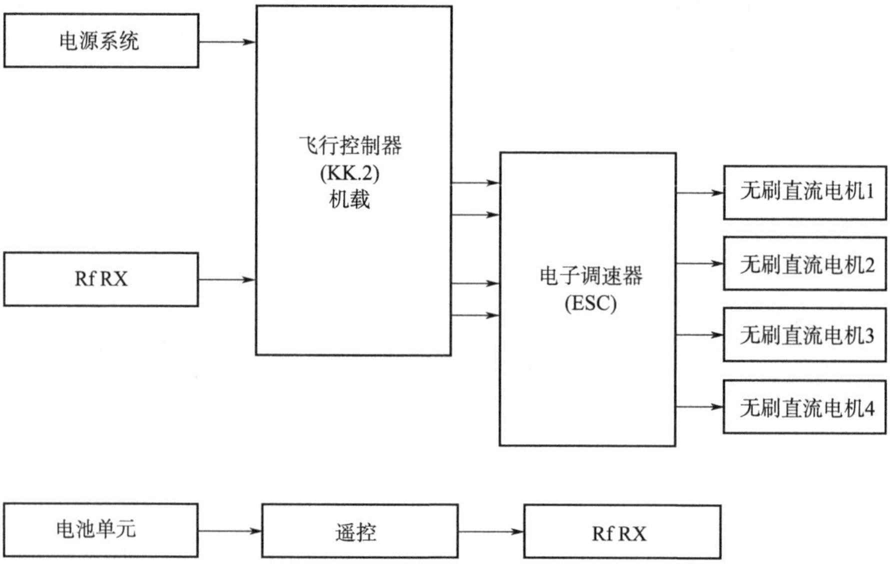

图 13-2　无人机集成系统框图

该无人机系统旨在实现成本效益并减少维护。据估计，到 2026 年无人机的市场规模将达到 65.2 亿美元，增长率为 31.4%。随着成本降低和软件的日益成熟，对无人机的需求将持续上升[13]。

13.3.2　方法

13.3.2.1　无人机的工作原理

四旋翼无人机有四个旋翼。在图 13-3 所示的布局框图中，每个旋翼与质心之间的距离相等，旋翼方向向上。旋翼的角速度由电机驱动控制，通过改变电机的角速度来控制无人机。四旋翼是小型无人机的常见构型，工程设计相对简单。四旋翼无人机可应用于多种场景，包括监视、搜救以及建筑巡检等。任意转动操纵杆都能读取信息，并将信息传输到中央飞行控制器。如果四旋翼无人机配置了 IMU、陀螺仪、GPS 和避障传感器，中央飞行控制器就会接收到这些传感器数据，并使用预编程飞行参数和算法进行计算，然后将计算结果发送到电子调速器。中央飞行控制器接收来自操纵杆的运动数据，并将信息发送到电机中的电子调速器，然后对电机转速进行调节。

步骤：转动操纵杆→中央飞行控制器→电子调速器（ESC）→电机和螺旋桨→四旋翼无人机飞行或悬停。

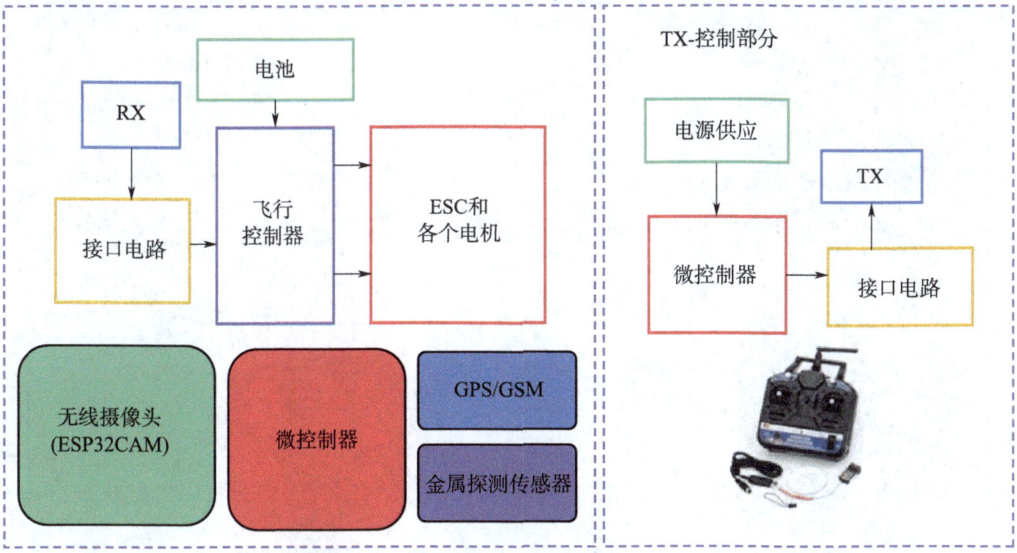

图 13-3　研究提出的无人机布局框图

13.3.2.2　无人机控制和安装

(1) 多控制器

对于双旋翼、三旋翼和四旋翼遥控无人机，飞行控制采用了如图 13-4 所示的 KK.2 多旋翼控制器。该控制器的作用是保持飞行稳定性，通过滚转、俯仰和偏航三个机载陀螺仪（Atmega IC）获得集成电路（IC）信号来完成多姿态控制。KK.2 软件对采集的数据进行分析之后，将控制信号传送到控制电机的电子调速器（ESC）。根据集成电路信号，ESC 控制电机进行加速或减速（在四旋翼无人机中通过伺服系统控制后面旋翼的倾斜度），以确保无人机保持水平飞行。

KK.2 多旋翼控制器是一种用于遥控多旋翼无人机的飞行控制板，适用于双旋翼、三旋翼、四旋翼或六旋翼无人机，其主要作用是在起飞和降落过程中保持飞行器的稳定性。为实现这一目标，飞行器上安装三个陀螺仪，分别用于测量滚转、俯仰和偏航三种姿态，并将测量数据传输到集成电路上（Atmega 芯片）。随后，KK 软件会对这些数据进行分析，并向连接在电机上的电子调速器（ESC）发送控制信号。根据信号指令，ESC 控制电机加速或减速，以确保飞行器平稳飞行。对于四旋翼飞行器的情况，ESC 还会通过伺服电机调整后部旋翼的角度，从而实现水平飞行。

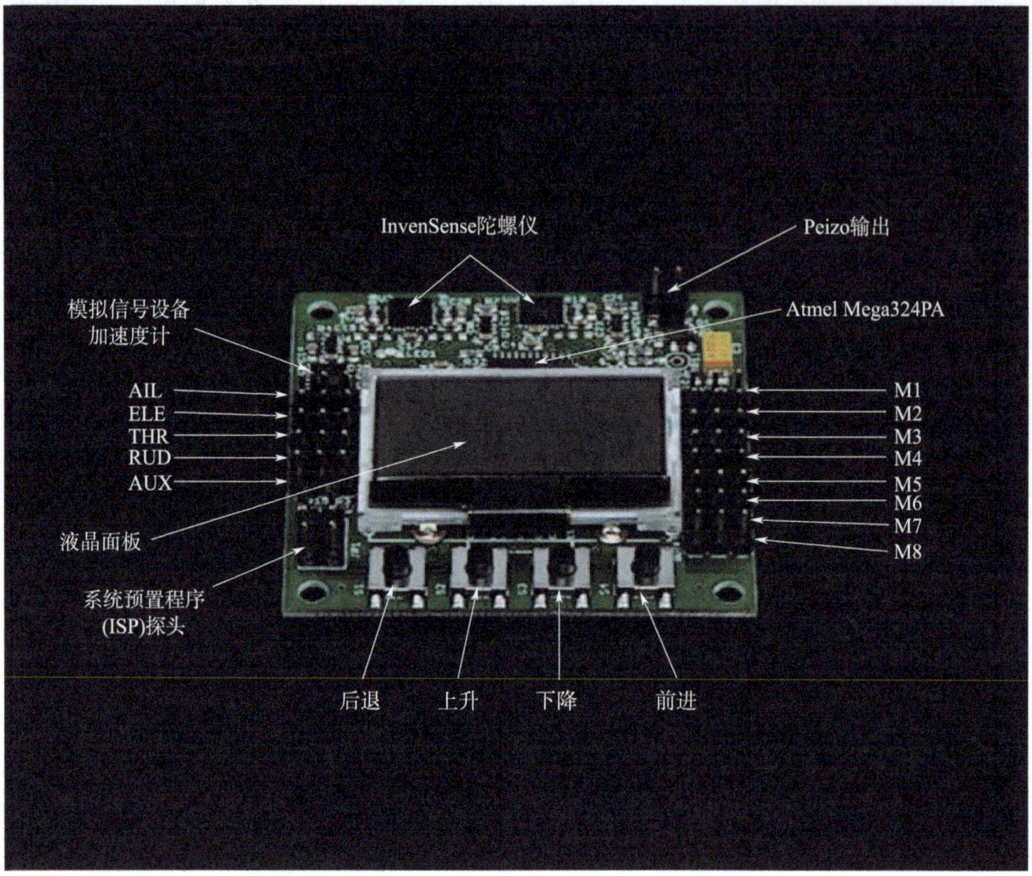

图 13-4　KK.2 飞行控制器（6 V）

此外，飞行控制板还会从接收器（RX）接收控制信号，并通过副翼、升降舵、油门和方向舵所对应的引脚将信号传输到芯片（IC）。根据遥控飞行员发射器（RC Pilot's Transmitter）的指令，IC 会通过控制板上的 M1 至 M6 引脚向电机发送信号，控制电机加速或减速，从而实现受控飞行（向上、向下、向后、向前、向左、向右以及偏航）。KK.2 多旋翼控制器的 5.5 版本中配备了 Atmega168 芯片和 ISP 接口，允许用户修改并上传自己的控制代码。

（2）电子调速器

电机的方向、速度和制动功率是由一种被称为电子调速器的电路来管理的（图 13-5）。ESC 广泛用于电力驱动的无线电遥控飞行器，配备无刷电机的 ESC 相当于一个低压三相电源。

（3）射频发射器和接收器

紧凑型电路，也被称为射频模块（RF Module），可以在一系列载波上发射和/或接收无线电信号。众所周知，由于无线电路的敏感性，并且需要在特定频率上才能实现元件和布局所要求的精度，因此，良好的电子无线电设计极具挑战性。在本项目中，采用了飞天

(fs) CT6b 发射器和接收器。六通道射频远程控制器采用了 Microchip CC2500 射频收发器模块和 PIC16F1847 微控制器。发射器上有 6 个触点开关和 4 个地址跳线，多个设备可配对使用，使它们互不干扰。电路板上有一个 LED 电源和一个 LED 传输指示灯。本项目采用了 5 V 直流电源和集成式稳压器 LM1117 - 3.3 V，为 CC2500 模块供电。

两用电路板可同时使用发射器和接收器。接收器由 5 V 直流电源供电。如图 13 - 5 所示，控制信号通过副翼、升降舵、油门从 RX 发送到集成电路以及电路板上的方向舵引脚。输出端包括一个 9 针连接器、一个有效信号 LED、一个电源 LED 和 4 个跳线，用于连接 RX 和 TX 设备。图 13 - 6 所示的发射器和图 13 - 7 所示的接收器，都装配在同一块电路板上。所有输出信号均为锁存型和 TTL 5 V 信号，以便与其他设备（如继电器板和固态继电器）进行简单通信。

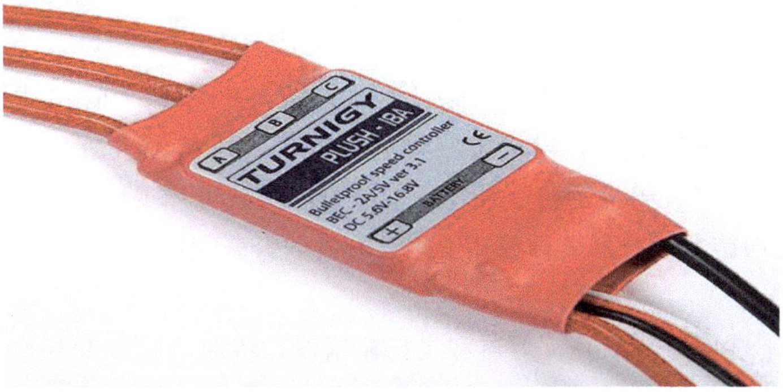

图 13 - 5　电子调速器（ESC）

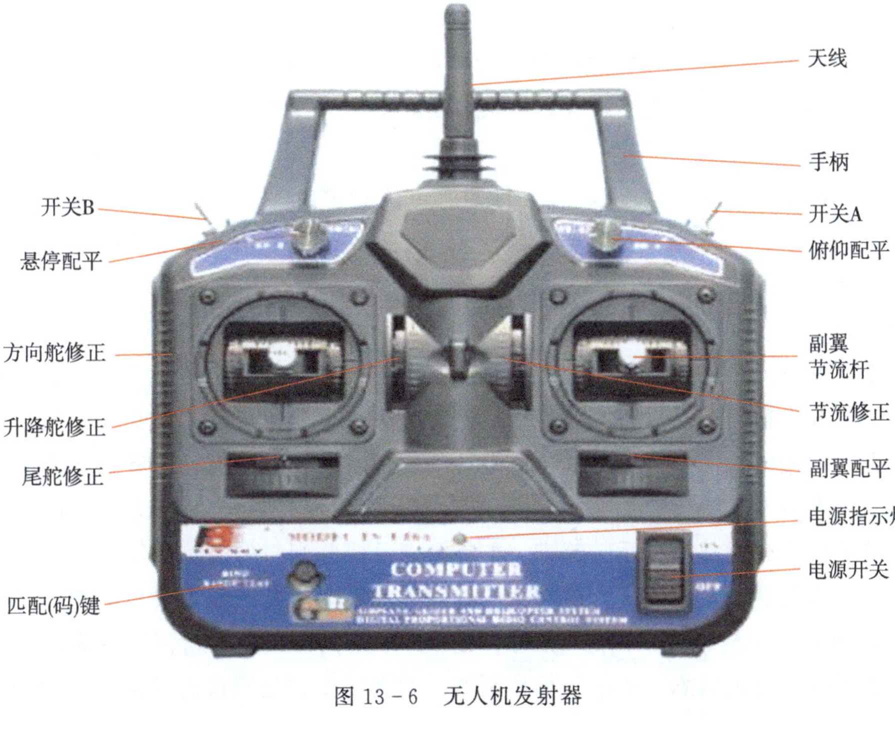

图 13 - 6　无人机发射器

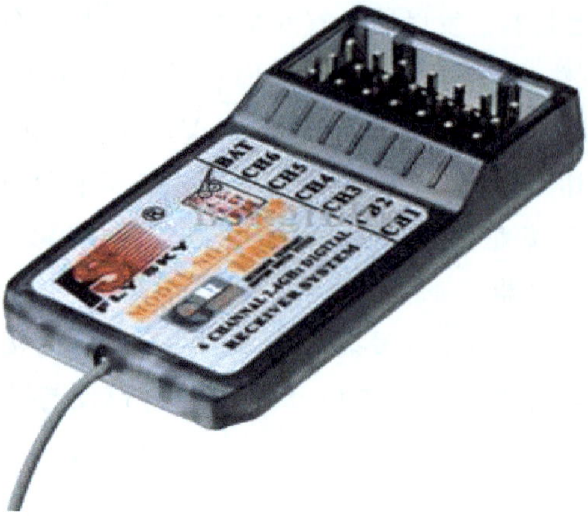

图 13－7　无人机接收器（2.5 GHz）

如图 13－6 所示，控制信号通过电路板上的副翼、升降舵、油门和方向舵引脚从 RX 发送到集成电路。处理完成后，集成电路将通过电机发送信号（通过电路板上的 M1 至 M6 引脚），根据操控员发射器的指令加速或减速，以实现可控飞行（上下、后前、左右和偏航）（TX）。在四旋翼飞行器上，使用 M4 针连接器打开伺服器，以获得偏航指令。

（4）硬件安装

第一步　拆下螺旋桨，打开发射器和飞行控制器，将油门设置为 14%，并在第一阶段启动电机。第一阶段与发射器通道有关。俯仰（升降）杆：向前移动。一定要将后部的电机调高。如果没有反应，则将滚转（副翼）和升降舵杆向左移动。电机会相应加速，如果还没反应则再滚动一次（副翼）。

第二步　调节油门，打开发射器和飞行控制器后，如果 LED 不亮或者一直亮着，则需要调低节流阀。如果问题仍然存在，则尝试反转油门。操作时，要确保发射器的任何复合开关处于关闭状态。

第三步　确定 ESC 油门大小，需要将偏航电位器调至零，然后打开发射器并将油门杆调至全速。之后，打开飞行控制器，等待 ESC 发出第一声哔哔声，然后发出两声哔哔声（油门杆调至关闭位置）（Plush 和 SS ESC）。ESC 发出哔哔声之后，飞行控制器关闭，恢复偏航电位器。

第四步　操作人员仔细检查陀螺仪的方向。拆下旧的螺旋桨，安装了新的螺旋桨。打开飞行控制器和发射器，然后将油门减小约四分之一，发动机应该开始运转。向前转动多旋翼飞行器，前进电机需要加速。如果失败，则尝试转动俯仰陀螺仪。建议将多旋翼飞行器向左倾斜，左侧发动机需要加速。如果没有反应，则将陀螺仪向后滚动。顺时针旋转多旋翼飞行器，前后电机都应该运转起来。如果没有反应，则将偏航陀螺仪反转。

第五步　将陀螺仪反转到无人机飞行的位置。将滚动增益电位器设置为零。打开飞行控制器后，LED 指示灯将快速闪烁 10 次。之后，将操纵杆移动到所需的陀螺仪位置来进行反转。指示灯将持续闪烁。关闭飞行控制器。如有更多的陀螺仪需要操纵，则转到步骤二；否则，重置滚动增益电位器。

最后一步　对无人机进行测试。将四旋翼无人机固定在头顶上方位置，同时逐渐将油门加大到一半左右。当油门离开零时，多控制器会校准其陀螺仪，因此在加大油门时，要保持无人机稳定，因为之后陀螺仪必须处于静止状态才能进行校准。如果多旋翼无人机发生扭转，则需要检查螺旋桨和发动机方向、陀螺仪位置和配平设置。当然，轻微的扭转是可以接受的。如果不行，则尝试轻微掰动，力度要控制在可承受的范围。随着电阻增大，陀螺仪会出现增益。如果增益开始振荡，则需要降低电阻。陀螺仪增益降低不应超过 40%。

13.3.2.3　无人机框架和制作材料

四旋翼无人机的关键部件采用纤维或轻质高强度材料制成。在本项目中，采用铝盘作为中央主框架，机械臂采用钢材料制成。铝材料制造的四旋翼无人机，设计精良，部件材料品质优良。F450 多旋翼无人机框架，由优质工程材料制成，非常平滑、结实耐用，重新设计了 PCB 板，适用于 MK、KK、FF 和 MWC 等 50 mm 控制板。机械臂尺寸为 21.5 cm×4 cm×5 cm。无人机的主要尺寸如下：

1）宽度：363 mm；

2）高度：40 mm；

3）重量：270 g（不带电子设备）。

无人机建造应采用重量轻、强度高的材料。

13.3.2.4　程序/软件（如 Aurdino）和数据收集

（1）网络分析仪

网络分析仪提供的各种工具可帮助分析无线网络设置以及互联网连接方面的各种问题，并识别远程服务器上的各种错误。快速 Wi-Fi 设备发现工具，可提供所有局域网设备地址、名称和制造商列表。网络分析仪提供的常用网络诊断工具包括 ping、跟踪路由、端口扫描程序、DNS 查找，为了帮助选择无线路由器的最佳信道，还显示所有本地无线网络以及其他数据，如签名强度、加密和路由器制造商，IPv4 和 IPv6 兼容。

（2）摄像头

本项目采用了一款基于 ESP32 微控制器的 ESP32-CAM 小型低功耗摄像头模组。该模块内置一个 TF 卡插槽和一个 OV2640 摄像头。ESP32-CAM 可用于智能物联网，包括 Wi-Fi 图片上传、QR 识别、无线视频监控等。ESP32-CAM 与之前研究和使用过的模块基本相同，不同的是 ESP32-CAM 板不包括 USB 端口，因此不能直接插入 USB 加载程序，它需要一个外部 FTDI 适配器。ESP32-CAM 是一款集成了天线和基于 ESP32 芯片内核的 WIFI+蓝牙双模开发板。ESP 集成了 Wi-Fi _ 33、传统蓝牙和 BLE 信标。

（3）飞行控制器与 Aurdino 接口

飞行控制器有五个输入控制引脚，可让无人机进行四种运动操作：调节油门、滚转、偏航和俯仰。因为这些引脚需要 PWM 信号才能工作，因此，采用 Arduino Uno 来生成输入信号。可以对 Arduino Uno 进行预编程，通过适当规划与绘图来执行捕获与检测功能。编程详见附录 A。

13.3.2.5 非法移民监控

ESP32 - CAM 是一个微型摄像头模块，价格约为 10 美元，可以在 ESP32 - S 微控制器上运行。它有一个 OV2640 摄像头，多个 GPIO 用来连接外围设备，以及一个微型 SD 卡插槽，用于存储图片。被拍摄物必须面对摄像头。从局域网扫描仪复制 IP 地址后，可将其输入首选的网络浏览器，如 Chrome 或 Mozilla。这样，左侧就会显示出包含所有摄像头设置的网页，还可以逐一查看每个设置。在页面底部有一个"开始播放"的按钮，单击该按钮即可观看实时视频。可以设置"摄像头"选项，提高分辨率。视频数据是实时的，可以随时在本地网络服务器上播放。

13.3.2.6 从地雷探测器和摄像头收集数据

当金属探测传感器被触发时，它会立即触发信号来检测无人机的 GPS 坐标，并将其作为位置数据通过短信发送到注册的手机端。

(1) GPS 地雷定位

金属探测传感器与微控制器连接，微控制器在运行过程中的任何给定时间点，一旦感应到金属，就会发送位置信号。金属探测传感器通过无人机手动控制，根据无人机的飞行高度，可在一定距离内探测到金属，并根据 GPS 坐标确定位置。一旦金属探测传感器被触发，GPS 坐标就会被触发。通过无人机的实时摄像头，可以提供远程监控和实时查看访问。微控制器在检测到金属时等待传感器激活。如果传感器被激活，微控制器将检查 GPS 坐标，并通过飞行控制界面将经度和纬度发送给操控员。

(2) 图像实时共享/监控与 GPS 定位

随着新技术的应用，只需使用智能手机或网络分析软件，就可以轻松访问图像和 GPS 定位。代码为无人机和智能手机之间架起了一座虚拟桥梁，实现了信息共享。要查看实时摄像头，需要从摄像头中获取实时数据流，并提供样本 IP 地址。

13.3.2.7 无人机的测试条件

进行无人机测试时，需要考虑金属探测和人体监视这两个条件。第一步，对硬件进行相应的设置，并将所有组件相互联通，然后设置 ARM 位置，做好飞行准备。第二步，四旋翼无人机接收航路信息，飞抵目的地后返回地面。该套件包括控制器、遥测、机架、GPS、指南针、电池、电机和 ESC 等组件。

13.4 软件运行

本节介绍了飞行控制器使用的软件，软件名称为 Arduino IDE，如图 13 - 8 所示。

13.4.1 Arduino 集成开发环境

使用 Java 构建了 Arduino 集成开发环境（IDE）跨平台应用程序。借助第三方内核，创建了程序并将其上传到 Arduino 兼容板以及其他供应商的开发板上。

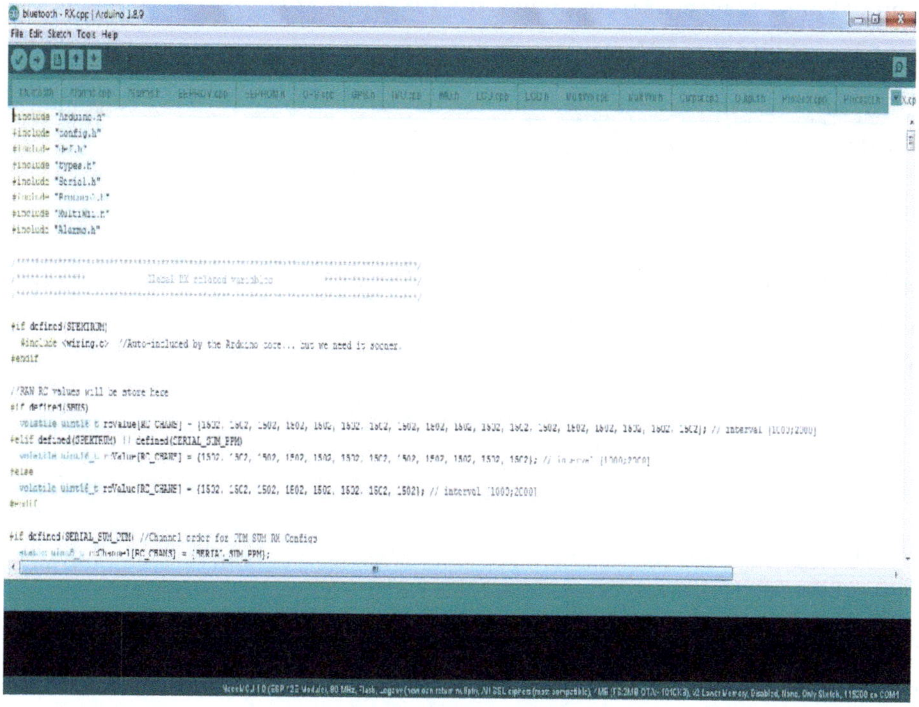

图 13－8　无人机程序运行示例

13.4.2　无人机的程序/编码

附录 A

```
＃include ＜SoftwareSerial. h＞
＃include ＜TinyGPS. h＞
float lat，lon；// create variable for latitude and
longitude object
SoftwareSerial gpsSerial （8，9）；//rx，tx
TinyGPS gps；// create gps object
const int analogInPin ＝ A0；
int sensorValue ＝ 0；
int outputValue ＝ 0；
unsigned int i＝0；
void setup （）｛
Serial. begin （9600）；// connect serial
gpsSerial. begin （9600）；// connect gps sensor
｝
void loop （）｛
  sensorValue ＝ analogRead （analogInPin）；
```

```
  outputValue = map (sensorValue, 0, 1023, 0, 12);
  Serial. println (outputValue);
  delay (200);
  if (outputValue>=7)
   {
      if (i==0) {
      SendMessage ();
  gpsSerial. print (" LA:" +String (lat, 6) +" N," +
" LO:" + String (lon, 6" );
    gpsSerial. print ( (char) 26); // ASCII code of
CTRL+Z
      delay (1000);
      i++;
      }
  while (gpsSerial. available () ) { // check for gps
data
  sensorValue = analogRead (analogInPin);
  outputValue = map (sensorValue, 0, 1023, 0, 12);
  Serial. print (" Output:" );
  Serial. println (outputValue);
delay (200);
  if (gps. encode (gpsSerial. read () ) ) // encode gps
data
   {
  sensorValue = analogRead (analogInPin);
  outputValue = map (sensorValue, 0, 1023, 0, 12);
  Serial. println (outputValue);
  delay (200);
  if (outputValue>=7)
   {
      if (i%2==0) {
      SendMessage ();
      gpsSerial. print (" Metal AT: LA:" +String (lat, 6) +"
 N," + " LO:" + String (lon, 6) );
      gpsSerial. print ( (char) 26); // ASCII code of
 CTRL+Z
```

```
        delay (1000);
        i++;
        }
    gps.f_get_position (&lat, &lon); // get latitude
and longitude
      //Serial.print (" Position: " );
      //Serial.print (" Latitude:" );
      //Serial.print (lat, 6);
      //Serial.print (";" );
      //Serial.print (" Longitude:" );
      //Serial.println (lon, 6);
    }
}
String latitude = String (lat, 6);
String longitude = String (lon, 6);
Serial.println (latitude+";" +longitude);
delay (1000);
}
    }
}
void SendMessage ()
{
    Serial.println (" Sending mesg" );
    gpsSerial.print (" AT\r\n" ); //Sets the GSM
Module in Text Mode
    delay (2000); // Delay of 1000 milli seconds or
1 second
    gpsSerial.print (" AT+CREG? \r\n" );
    delay (2000);
    gpsSerial.print (" AT+CMGF=1\r\n" );
    delay (2000);
    gpsSerial.print (" AT+CNMI=1, 2, 0, 0\r\n" );
    delay (2000);
    gpsSerial.print (" AT+CMGS=\" 8919112563\" \r\n" );
    delay (100);
}
```

13.5 结论

通过综合测试系统，可以安全有效进行地雷探测和非法人员入境管控，并根据要求实现地雷探测范围的最小化和最大化，采用高性能热成像摄像头和高频金属探测器，可以做到准确无误。人工探测地雷非常危险，而且在夜间可能无法辨别。因此，为了降低危险而开发了这种集成式无人机系统，它在昼夜都能有效工作。地雷探测传感器会感应到地雷，并将 GPS 定位信息发送给操控员。同时，在 Aurdino 程序和网络分析应用程序的帮助下，通过摄像头监控非法移民活动，这些程序与飞行控制装置集成在一起。应用无人机能够很容易地监控非法移民和探测地雷，监控结果可通过 GPS 模块和 Aurdino 程序进行解读。这种无人机主要为士兵、边境巡逻部队、非法移民监控和战争环境监控提供帮助，可由单人在安全可靠的位置操控。正在制造的原型机非常独特，至截稿时尚未进行测试。这可能是未来无人机和机器人技术的福音，将为人类的发展带来巨大变化。该方法需要经过反复的测试和试错，以获得符合无人机设置和功能要求的有利数据。无人机具有很大的发展潜力，通过部件改进和适度研究，机器人技术领域必将发生巨大变化。

参 考 文 献

[1] Dinesh Tharun, S. and Siva Kumar, P., Robust estimation by drone for surveillance and bomb detection using actuators. Int. J. Eng. Adv. Technol. (IJEAT), 8, 6S3, 1505 - 1512, September 2019.

[2] Raj, A., Rafiq, I., Abhishek Gowda, J., Krishna, L. S., Landmines detection using UAV. Int. Res. J. Eng. Technol. (IRJET), 06, 04, 2716 - 2719, Apr 2019.

[3] Mahadevan, P., The military utility of drones, CSS analysis in Security Policy, No. 78, © 2010 Center for Security Studies (CSS), ETH Zurich, July 2010.

[4] Ganesh, Y., Raju, R., Hegde, R., Surveillance drone for landmine detection. 2015 International Conference on Advanced Computing and Communications, IEEE, p. 33, © 2016, 978 - 1 - 4673 - 9777 - 3/16 $31.00.

[5] Casey, B. and Rocks, T., Landmine Detection Rover, Worcester Polytechnic Institute, Worcester, USA, 2017.

[6] Reasad, A. M., Bappy, A., Asfak - Ur - Rafi - Anonno, Design and Development of Unmanned Aerial Vehicle (Drone) for Civil Applications, BUET, Dhaka, 2014.

[7] Elmeseiry, N., Alshaer, N., Ismail, T., A detailed survey and future directions of unmanned aerial vehicles (UAVs) with potential applications. Aerospace, 8, 363, 2021, https://doi.org/10.3390/aerospace8120363.

[8] Hartley, C., Drone Project Report, Permit # TE - 181713 - 3, Ormond Beach, California, September 26, 2018.

[9] Rouf, M. and Yadav, A., RF controlled solar based robotic drone, GCET, 2021.

[10] Konert, A. and Balcerzak, T., Military autonomous drones (UAVs) - From fantasy to reality. Legal and Ethical implications. Transp. Res. Proc., 59, 2021, 292 - 299, 2352 - 1465, 2022.

[11] Sivakumar, M. and Naga Malleswari, T. Y. J., A literature survey of unmanned aerial vehicle usage for civil applications. J. Aerosp. Technol. Manag., São José dos Campos, 13, e4021, 2021.

[12] Boulanin, V. and Verbruggen, M., Mapping the development of autonomy in weapon systems, Stockholm International Peace Research Institute (SIPRI, November 2017, European Parliamentary Research Service, Signalistgatan, Sweden, 2019.

[13] Jeler, E. G., Military and civilian applications of UAV systems. Strategies Xxi International Scientific Conference, The Complex and Dynamic Nature of the Security Environment, p. 379, 2019, https://fas.org/irp/program/collect/ nato - uav - 99/r - I - 5/sld008.htm.

[14] Burt, P. and Frew, J., Crossing a line | The use of drones to control borders, Drone Wars UK, Peace House, London, 2020.

[15] Koslowski, R. and Schulzke, M., Drones along borders: Border security UAVs in the United States and the European Union. The International Studies Association Meeting (ISA), San

Francisco, CA, April 4 - 7, 2018.

[16] Mazzeo, A., Border surveillance, drones and militarisation of the Mediterranean, A - DIF, Sicily, Italy, November 2020.

[17] Gupta, S., Smart Border Management, Tansen Marg, Sept 2018, Federation House.

[18] Loukinas, P., Drones for border surveillance: Multipurpose use, uncertainty and challenges at EU borders. Geopolitics, Geopolitics, 27, 89 - 112, 2021.

[19] Bier, D. J. and Feeney, M., Drones on the border, Cato Institute's Center for Global Liberty and Prosperity, Washington, D. C, May 2018.

第 14 章　无人机技术应用于农业领域的重要性

Karuppiah Natarajan[1*]，Karthikeyan R.[2]，Rajalingam S.[3]

1. Department of Electrical and Electronics Engineering，Vardhaman College of Engineering，Hyderabad，India

2. Department of Artificial Intelligence & Machine Learning (CSE)，Vardhaman College of Engineering，Hyderabad，India

3. Sunyani Technical University，Bono Region，Ghana，West Africa

* 通讯作者：natarajankaruppiah@gmail. com

摘　要： 本章讨论无人机在自然资源和农场管理中发挥的作用。无人机应用于农业生产，减少了大量人工劳动，显著提高了生产力。智能无人机可帮助估计作物的产量，测试土壤的肥力，在这些方面发挥了明显的作用。农业无人机（AD）是近年来农业领域的新成就。这些农业无人机体型小巧，在农田上空的飞行高度可达到 100～400 英尺。无人机能够即时捕捉和分析作物图像，分析结果高度准确。在北美和欧洲国家，很多初创企业投入了巨额资金开发农业无人机。农业无人机帮助确定土壤肥力，识别作物病虫害，管理自然土壤资源，以及预估作物产量，还能帮助发现作物是否受到侵害，如昆虫、老鼠和其他影响作物生长的动物等。

关键词： 无人机，农业无人机，欧洲国家

14.1　概述

世界上有 60%以上的人口依赖于农业。农业是生态保护的一个重要领域。农业领域现代化至关重要，但是面临着许多问题与挑战。印度的农业生产经常遭遇季风的破坏，粮食产量也经常受到动物和病虫害的影响。人口数量的急剧增长需要生产更多的粮食。无人机可以帮助研究自然资源，分析土壤肥力，有效管理用水和灌溉系统，识别和控制作物病虫害。所以，无人机最适合解决这些问题[1]。农业生产是无人机推广应用的重要领域之一[2]。

农业现代化最适合应用无人机。近年来，随着农村城镇化加速，从事农业生产活动的人力日益短缺，农业种植人员的劳动成本也在不断增长。另一方面，由于作物病虫害和季风的影响，农业产量在不断下降。当今，现代农业更趋向于发展智慧农业和精准农业。智慧农业需要数据驱动。从土壤肥力评估到农产品上市，一切都将依赖数据驱动[3]。

精准农业是指在农业作业中使用GPS和传感器实现投入最小化和产量最大化。目的是帮助种植人员持续供应水和肥料，努力争取作物增产。此外，还包括勘测土壤肥力，识别和控制作物病虫害等。应用无人机有助于分析作物的健康状况，肥料的适合性，养分的有效性，以及杂草的控制能力。本章共分为10个组成部分，14.1节对农业无人机进行了概述；14.2节介绍农业无人机的构成部件；14.3节和14.4节重点探讨如何有效应用无人机评估土壤资源及其肥力；14.5节着重探讨灌溉管理；14.6节、14.7节和14.8节涉及作物病虫害识别、控制与作物产量管理；14.9节讨论农业无人机面临的一些问题与挑战；14.10节给出了结论。

14.2　农业无人机的构成部件

如图14-1所示，农业无人机的构成部件包括喷洒装置、可折叠臂、GPS定位系统、螺旋桨、蓄电池、遥控器、配电板和电机。

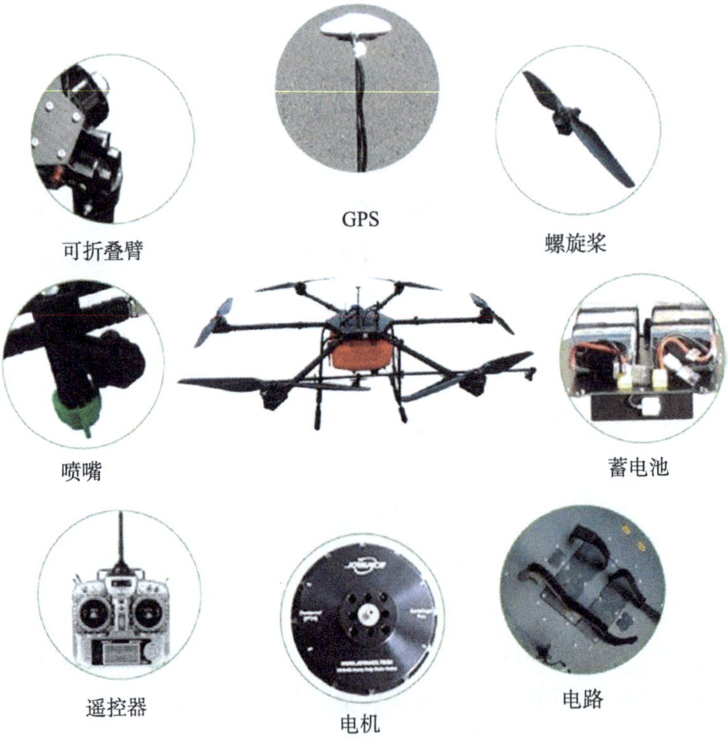

图14-1　农业喷洒无人机及其构成部件

(1) 框架

框架是农业无人机的基础结构，用来安装和承载电机和其他部件。框架必须轻便耐用，以便在飞行时能够承受碰撞并节省电能消耗。

（2）螺旋桨

螺旋桨的作用是为无人机提供升力。螺距与直径是螺旋桨的两个重要性能参数。螺旋桨的螺距，简单讲就是无人机螺旋桨每旋转一圈前进的距离。螺旋桨的螺距越小，扭矩越大，稳定性越好，能耗越低，飞行时电机耗电较少，从而延长无人机的续航时间。螺距越大，飞机飞行时将会产生明显的紊流。同样，无人机螺旋桨的直径决定了它接触的空气量，直径越大，它与空气的接触就越多。它决定了无人机的飞行效率。

（3）电机

电机为螺旋桨提供必要的扭矩，使无人机升空。因此，大扭力电机成为首选。农业无人机通常使用无刷直流电机，它具有良好的速度与扭矩特性，且运行高效无噪声。这种电机重量轻，对输出波形没有要求。这种电机是电子换向电机，可通过调节输出功率来改变无人机的速度。

（4）飞行控制器

飞行控制器是无人机的大脑。它能够根据接收的各种传感器信号和用户指令进行算术和逻辑运算。根据接收的输入信号，它向电机扭矩和速度控制器发送指令，让无人机稳定飞行。常见的飞行控制器，有 Naza、Rabbit 和 KK 等。对于四旋翼小型无人机，陀螺仪传感器可用作飞行控制器。

飞行控制器通过在空中控制无人机的俯仰、滚转和偏航姿态来控制无人机。无人机的方向信号通过 IMU 传感器发送到微控制器。微控制器处理原始数据，估算角度，补偿误差，保持无人机稳定飞行。基于 AVR 的 ATmega 32 位微控制器或基于 Arduino 系统，实现了无人机飞行控制。

（5）电子调速器

电子调速器（ESC）用于改变无人机的速度与方向，还可充当动态制动器，由电子和无线电控制驱动，向无刷直流电机提供信号。

（6）电源

蓄电池是无人机的主要动力来源。农业无人机普遍采用锂离子电池供电。与其他能源相比，锂离子电池占用的空间更小，提供的能量相对更多。

（7）配电板

配电板负责将电力分配到电路上的各个馈电点。每个馈电点都有保护装置，安装在同一个框架中。每个馈电点都配有过流保护的电流断路器和主开关。

（8）加速度计

加速度计是一种机电装置，用于感应运动物体的加速度。加速度是通过作用在物体上的静态和动态作用力来测量的。它可以计算物体相对于重力的倾斜度，然后分析动态加速度并计算运动物体的位置。

（9）陀螺仪

陀螺仪用于确定物体的方向，它利用地球重力来确定方向。陀螺仪由一个安装在稳定轮旋转轴上的转子组成。

(10) 无人机的工作原理

无人机由轻质复合材料制成，可减轻重量并增强机动性。由于上述特性，无人机能够飞得更高。无人机配备了全球定位系统（GPS）、红外摄像头和激光器。无人机通过遥控系统操作，无需很长的跑道。无人机由地面人员操控，且不需要搭载任何机组人员，因此，也被称为无人驾驶飞行器（UAV）。

14.3 自然资源勘测

为促进农业生产，必须勘测空气、土壤、水源、阳光和植被类型（森林、草原、苔原、沙漠和冰岛）等自然资源。这些自然资源信息有助于提高审美意识、文化内涵和科学价值。通过地面观测或者利用卫星图像，这是勘测自然资源和植被信息的传统方法。在多云天气、大气浑浊、分辨率不高和图样特征不清晰的情况下，这种基于卫星的信息收集方法将面临各种挑战。因为地形的复杂性和危险性，地面勘测在很多地区也并不适用。这两种方法既昂贵又耗时[4]。然而，特写图像是详细和精确分析自然资源和植被类型不可或缺的。无人机在收集高分辨率特写图像方面，能够发挥关键作用，它收集的高分辨率特写图像可取代卫星图像。无人机拍摄的高分辨率图像，对于研究自然资源、水资源管理、土壤肥力分析、病虫害控制、灌溉和作物产量等，都具有十分重要的作用。无人机拍摄的高分辨率图像还有助于识别偏远地区的作物病虫害。无人机配置的多光谱传感器，能够以较低的成本和较短的时间，绘制水资源和环境地图。无人机在自然资源勘测方面的应用，包括地形测绘、自然结构高分辨率成像、自然植被分析、水位测量，以及环境对土壤影响测绘等[5]。

无人机还能飞越人类无法到达的危险区域收集信息，将收集的信息/数据存储在远程安全位置，避免数据丢失。相比传统的方法，无人机更容易利用计算机软件对收集的信息进行 2D 和 3D 成像处理与分析。

温室气体排放和土壤肥力损失是近年来研究的重点课题。然而，使用卫星成像收集这些信息，不但代价昂贵，而且难度极大。当卫星成像因分辨率低而失败时，有时会采用地面测量方法。地面勘测非常耗时且代价昂贵，需要专业人员准确地记录数据。植保无人机可用于此类研究，为相关研究人员提供有力的帮助。植保无人机可在地面以上 100 m 的高度飞行勘查，捕捉高质量的图像并录制视频用于分析。这些无人机可在 15 min 内飞行 25 km。Koh 和 Wich（2012 年）应用植保无人机在印度尼西亚进行了飞行测试，根据两位研究人员的报告，植保无人机成功观测到土壤退化、水资源、河流流量以及其他环境因素的变化[6]。类似的，农业无人机还可用于以下研究活动：

1）天然及人造牧场研究；

2）水资源、洪水和干旱监测；

3）天气状况和气候变化研究；

4）土壤侵蚀监测；

5）人工降雨。

14.3.1 天然及人造牧场研究

农牧业生产需要了解牧场的有关信息。在茂密的森林和其他危险地区，收集这方面的信息相当困难。借助无人机，可以轻松识别和监测这样的牧场（图 14-2）。有了数码摄像头和传感器，就可以高效可靠地观察牧场，并且能够帮助分析单一牧草和混合豆科牧草的光谱反射特性。

图 14-2 天然牧场监测（来源：农牧业）

14.3.2 水资源、洪水和干旱监测

无人机是一种有效的监测工具，可以监测池塘、水池和水库中藻类的生长状况。在农业生产活动中，这些藻类可以看作是生物和土壤的稳定剂。配置红外和热成像摄像头的农业无人机，可以进行水体检测，如河流、灌溉渠、大坝以及其他可用于农业生产的水资源（图 14-3）。通过监测水文运动，可进行各种研究和分析。据报道，带有航空成像装备的无人机，可帮助监测和评估干旱及洪水造成的作物损失。

14.3.3 天气状况研究

天气是影响农业生产活动的另一个重要因素。天气监测的常用方法有雷达、移动仪器和气球。通常，这些方法在风暴发生前 20 min 提供相关报道。相比这些常规手段，美国国家航空航天局（NASA）的气象无人机做的更好，可在风暴发生前 60 min 提供报告，预报速度是传统方法的三倍。据报道，在收集大气压力、温度、湿度和风速等信息方面，

图 14-3　无人机监测水资源（来源：MIKE）

应用无人机非常方便。由于无人机获得这些信息更快捷，因此很容易快速预测和开发天气模型。无人机收集空气样本，在帮助分析农田上空气体和水汽参数方面，准确性令人惊讶。气象专家正在尝试应用无人机，进行风暴、降雨、洪水、干旱以及其他相关天气模式参数分析。

14.3.4　土壤侵蚀监测

土壤侵蚀是一种影响自然植被和农业生产活动的土壤退化现象。监测土壤侵蚀对维护自然植被十分重要。侵蚀桩是监测和计算土壤侵蚀的常用方法之一。这种方法非常耗时，且需要专业技术人员。澳大利亚已经应用无人机开展土壤侵蚀计算[7]。与其他方法相比，无人机应用多视点立体视觉技术获得的图像更加精准。无人机通过多光谱相机，可对侵蚀区域进行 2D 和 3D 成像，并拍摄特写图像，能够定期对不同类型的土壤侵蚀进行监测。相比卫星观测，这些新方法可以观察到更多的侵蚀细节。

14.3.5　人工降雨

人工降雨是一种人工干预天气的方法，通过添加有毒或无毒化学物质，如碘化银和氯化钙，产生降雨（图 14-4）。许多干旱地区采用无人机人工降雨。在澳大利亚、美国和中国，曾利用有人驾驶飞机人工降雨，但是随着技术进步，有人驾驶飞机可能被无人机取代。

图 14-4　无人机人工降雨（来源：News Deeply）

14.4　土壤肥力管理

无人机是最好的农业监测和遥感工具，甚至可以低空飞行，用于研究自然资源、地理特征、土壤侵蚀和植被类型。

农业无人机是土壤监测和肥力管理的理想工具。过去，土壤肥力管理需要专业人员才能完成，现在可以应用无人机进行监测，并以低廉的成本取代人工操作。农业无人机可以快速、准确、即时、多次执行这类任务。

14.4.1　土壤取样及肥力分析

土壤肥力保持与监测对于农作物生长非常重要。通过土壤取样，可以分析土壤中的矿物质、营养成分和有机质的分布。借助合适的摄像头和传感器，农业无人机可以在少量人工干预下完成采样分析。根据分析结果，种植人员进行适当灌溉。根据美国农业部的报告，总的来说，农业无人机进行土壤肥力管理，包括以下土壤营养状况评估。

1）应用无人机成像技术，识别田间土壤变化，管理和收集信息。

2）加强土壤肥力用料准备，包括有机肥、无机肥以及灌溉料和残渣再循环等。

3）识别影响土壤肥力的各种不利因素，如盐分、酸度和土壤侵蚀等。

4）确定土壤营养是否充足，以免影响作物生长。

5）利用计算机程序确定土壤的变异性，并添加不同比例的改良剂。

土壤取样是一个复杂过程，可通过无人机成像技术轻松完成，并进行下一步分析（图 14-5）。无人机配置高分辨率摄像头和传感器获取图像，帮助分析地形和土壤类型变化并对其进行有效管理。网格采样和区域土壤采样，这些都能够帮助种植人员鉴定无人机图像中土壤肥料的变化情况。大块土地可划分成大小不同的矩形网格，并进行网格采样。应用无人机技术，可以快速确定大大小小的网格、网格采样数量以及每个网格的土壤样本数量。无人机可以对采样地点进行预编程，以便有效操作。根据现有劳动力情况、地形和土壤类型，也可以使用无人机进行区域采样。可以根据该区域的特定地点进行取样，也可以根据该区域以往的产量和损失情况进行采样。无人机成像技术和虚拟现实信息技术，都有助于土壤取样。按照预编程序，无人机可以把肥料和养分施加到网格和区域[8]。根据无人机成像绘制的数字地图，可以显示每个网格或区域的生产情况。无人机对每个网格单元进行高分辨率成像，并对这些信息做进一步分析，这些工作对于人工勘测而言，异常艰巨和复杂。因此，相比大面积人工观察和记录，无人机辅助成像技术大大降低了任务的复杂性和艰巨性。有了无人机的帮助，通过高效率的土壤采样，可以轻松有效地检测和分析土壤的盐分和酸度，从而制定相应对策，持续保持土壤肥力。

图 14-5　无人机土壤取样（来源：英国地质勘测局）

14.4.2　变速施肥管理技术

肥沃的土壤有利于提高作物产量。据证实，大约 70% 的种植业产量增长是由于养分、化肥和粪肥的有效利用。

可控施肥是精准农业的一项技术，根据预先设置的配方，在不同作物区域根据不同的肥量需求进行施肥。该方法需要传感器、计算机和 GPS 技术来监控执行。无人机替代了原有的拖拉机，施肥效率得到了提高（图 14-6）。据报道，基于无人机的可控施肥技术，有效地提高了肥料利用率，而且成本更低[9]。

通常，种植人员收集卫星地图，然后实施地面土壤取样。可控速率图需要在计算机的帮助下对地面土壤样本进行分析处理。无人机可以做到这一点（如 Agribotix），它使用多光谱相机来完善施肥速率图，并控制不同的肥料用量。这样可减少肥料存储量、损失和成本，最终提高作物产量。因此，无人机是农业领域应用的最新技术之一，有望增强土壤肥力，改善土壤肥力的均匀性，从而实现大型农场的高效管理和产量目标。

图 14－6　无人机变速喷洒肥料（来源：Fly Dragon）

14.5　灌溉和用水管理

农业灌溉取决于池塘、湖泊、大坝和河流等水资源的分布情况，灌溉面积大小取决于水资源供应量的多少。因此，非常有必要监测和管理灌溉用水。为了有效利用水资源，需要测量表层土壤和作物根区的含水量。借助无人机，可以计算表层土壤的湿度（SSM）（图 14－7）。通过无人机携带红外传感器进行地表数据收集，获得土壤湿度数据。实验结果表明，无人机获得的 SSM 数据相对更便宜、更有效。无人机携带的红外传感器，还可以测量土壤温度和水分含量的变化情况。无人机利用多光谱相机，测绘和制作高分辨率的土壤湿度图，从而帮助有效利用和管理水资源。

图 14－7　无人机灌溉（来源：business insider）

检测土壤和作物水分状况的方法有很多。其中，近距离传感器方法，可用于收集水分含量数据。通过这些数据，帮助确定灌溉用水量。为了实现有效用水，需要估计每一种植物具体需要的用水量，这就需要无人机携带红外传感器和多光谱相机采集数据。根据需要，使用无人机多次测量特定作物的用水状况[10]。

14.5.1 作物水分胁迫指数

作物水分胁迫指数（CWSI）与气温（T_a）和冠层温度（T_c）之差有关，该指数可用于确定农田作物的缺水情况。

2013年，Gonzalez-Dugo等人利用无人机对五棵树进行了实验，估算出了CWSI。实验采用了农业无人机，配置了红外传感器和多光谱相机。无人机一天飞行三次，分别记录了空气和冠层温度。CWSI与空气温度和冠层温度之差密切相关。无人机清楚地检测出植物/树木的水分状况。无人机收集的这些数据，有助于采取合适的技术措施来调节水分胁迫指数值。

采用传统方法时，需要专业人员计算出CWSI，甚至需要几天时间来准备CWSI地图。应用无人机只需要1 h就能完成这些工作，而且准确度相对较高。无人机可以飞到土壤上空，采集样本、拍摄图像、收集光谱反射数据，并立即进行下一步分析。Bellvert等人的CWSI计算公式如下

$$\mathrm{CWSI}=[(T_c-T_a)-(T_c-T_a)_{\mathrm{LL}}]/[(T_c-T_a)_{\mathrm{UL}}-(T_c-T_a)]$$

式中，T_c 表示冠层温度，T_a 表示空气温度，LL表示（T_c-T_a）的下限，UL表示（T_c-T_a）的上限。

14.5.2 水资源监测

无人机是用于水体上空监测蓄水量、漂浮杂草、大坝状况等的理想工具（图14-8）。无人机能够很容易即时识别水道堵塞、因泄漏造成水源损失以及水体溢出等情况，还可以借助无人机拍摄图像来观察和管理大坝的蓄水状况。根据2014年McCabe的报告，无人机用于水体监测和采样非常有效，无人机可在不同位置进行水体取样，以便进一步分析营养物质和污染物含量。

多数灌溉方法使用洒水装置给植物浇水，因此种植人员需要经常检查洒水器，以便有效分配水量。携带多光谱相机的无人机，能够一次性捕捉整个灌溉区域的3D图像。通过无人机控制洒水器，并拍摄特写图像监控洒水器的堵塞或泄漏情况[11]。

14.5.3 无人机灌溉系统

在澳大利亚，应用农业无人机进行灌溉。通过3D成像地形显示技术，设计和修建了灌溉系统，对作物进行灌溉。无人机拍摄3D地形图像，帮助监测干旱和洪涝区域。由于这方面的技术进步，出现了许多私营机构，它们正在运营农业无人机，使用数量逐渐增多。

图 14－8　无人机水质抽样检测（来源：TechCrunch）

传统的卫星成像技术可提供大面积的数据信息，如一个地区或州，但是成本高、分辨率低。相比之下，无人机可以有效克服这些困难，并降低成本。因此，通过空中成像、测绘、监控和农田控制，农业无人机的应用对于农场管理非常有帮助。

14.6　作物病害识别

识别作物病害是提高农业粮食产量的关键。应用无人机识别作物病害仍然是一项具有挑战性的任务。目前已大量使用各种无人机和传感器，但是，在精确诊断植物病害方面，无人机平台和外围设备仍然具有一定的局限性。这方面，现在已有各种各样的晕影和正射校正图像处理软件，也开展了一些关键数据集的分析训练与评估，并采用各种机器学习方法和架构来分类和识别作物病害。为便于理解，这些模型还能够对病害特征进行提取和图像分割。研究人员还需要一些营养指数，例如归一化差异营养指数、作物水分胁迫指数等，采集这些指数需要使用多光谱和超光谱传感器[12]。但是，由于成像传感器自身的光谱带宽、分辨率、图像背景噪声等多种因素的限制，植物病害的自主识别仍然存在各种偏差。未来，应用无人机进行作物健康监测，还应该进行技术集成，如带有大量传感器的万向架、用于训练和验证的大型数据集、特定地点辐照度系统的创建，以及其他先进技术。

14.6.1　应用多种无人机平台和外围设备进行监测和识别

如前所述，如今无人机已用于一些农业生产活动。通过许多外围设备，包括摄像头、传感器、电机、转子、控制器等，无人机越来越多地用于作物病害监测与识别。拍摄图像是无人机的基本功能之一，然后通过图像处理和深度学习算法检索图像中包含的信息，并将其转换成有价值的可用信息[13]。

电磁波谱也可为作物生理胁迫判断提供有用的信息。通过对比田间的波谱，可实时评估田间作物的健康状态。在无人机拍摄的图像中，通过捕获近红外光谱区叶面反射率引起的生理异常，可以检测作物是否发生病害。此外，红色波长范围的反射率也可以用来研究某些病害引起的作物光合活性中断现象。

有多种无人机可用于不同的农田作业。将无人机相关设备统称为平台。农业无人机平台主要分为两类：固定翼类和旋翼类。固定翼无人机平台通常用于广域覆盖，尺寸相对较大。旋翼类无人机平台可进一步细分为以下两种类型：

1）无人直升机平台；

2）多旋翼无人机平台。

无人直升机平台通常用于航拍和喷洒，飞机顶部有一个巨大的螺旋桨。与此类似，多旋翼无人机平台的分类，取决于无人机电机的个数。四旋翼、六旋翼和八旋翼无人机是三种常见的多旋翼无人机平台。固定翼和旋翼无人机平台均可用于监测和识别作物病害。

14.6.2 作物病害症状

14.6.2.1 纹枯病

真菌导致土壤传播纹枯病，它以硬壳菌的形式可在土壤中存活两年时间。硬壳菌随着灌溉水浮出土壤以后，当接触到水线或水线以上作物的叶鞘时，病害就开始了。最初的症状表现为叶鞘上出现灰绿色、圆形、椭圆形或水渍状斑块［图 14－9（a）］。随着病斑逐渐变大，这些病斑连接在一起形成了更大的病斑，病斑边缘不整齐，中心呈灰白色［图 14－9（a）和（b）］。随着时间的推移，整个叶片逐渐枯萎。叶片上的病斑，边缘可能是深绿色、棕色或黄橙色。

病斑将会广泛扩散，逐步蔓延到部分或全部叶片，从外观上看类似响尾蛇皮［图 14－9（c）］。纹枯病在田间快速传播，严重时病毒可能会沿着植株向上蔓延，进而感染圆锥花序和旗叶［图 14－9（d）］。匍匐菌丝在分蘖间、叶片间和植株间发育迅速，真菌遍布整个田地，并以环状模式造成危害。早期的鞘感染会导致真菌侵入茎秆，导致茎秆生长瘦弱，从而使分蘖倒伏。染病的作物，尤其是圆锥花序下部受到染病的作物，产量将会降低。病变蔓延后，通常会导致作物严重减产[14]。

14.6.2.2 窄褐叶斑病

NBLS 真菌的主要接种物是受感染的水稻植株废物和受感染的种子，这两种物质年复一年地存在。分生孢子是真菌产生的致病结构。分生孢子发芽后，通过气孔进入寄主植物组织，并开始在组织细胞之间增殖，这就是感染的开始。图 14－10（a）显示了真菌在叶片上的扩散，图 14－10（b）显示了真菌对叶鞘、节间、圆锥花序分枝和颖片造成的危害［图 14－10（d）］。在叶片上，会出现与叶脉平行的细小、狭窄、褐色的病斑［图 14－10（a）］。

由于叶脉变成褐色，叶鞘上会出现明显的褐斑，或称为“网斑”［图 14－10（c）］。由真菌引起的“颈枯病”，会使圆锥花序基部节上和节下区域呈现出浅棕色至棕褐色［图 14－10（e）］。圆锥花序下部的果核无法充实，受损组织区域死亡。

(a) 叶鞘上的纹枯病斑　(b) 边缘不均匀，中心呈灰白色　(c) 外观类似响尾蛇皮

(d) 受到感染的圆锥花序和旗叶　(e) 叶鞘上的枯萎病　(f) 真菌以环状模式扩散造成损害

图 14 - 9　叶鞘上的纹枯病斑块

(a) 真菌在叶片上的扩散　(b) 叶鞘上的窄褐叶斑病 (NBLS)

(c) 叶鞘上的NBLS症状　(d) 叶穗分枝和颖片上的损伤　(e) 叶穗基部的“颈瘟”损伤

图 14 - 10　作物病害症状

14.7　虫害防治管理

众所周知，虫害会摧毁整片种植区域，并显著降低粮食产量。在粮农组织（FAO）的损失预测中，超过37%的损失归咎于虫害。2018—2019年，印度种植的作物遭遇了秋虫侵袭，产量受到了严重损失。为进行有效的虫害管理，必须在社区层面实施植物保护措施。印度80%以上的农田属于小型和边缘地块，控制虫害入侵极具挑战性。只要有一个农场喷洒农药，虫害就会转移到附近地块。要解决这个问题，必须借助农业无人机。

14.7.1　无人机持续控制虫害

Koppert生物系统公司应用UAV-IQ无人机，撒播防治虫害和生物控制的化学药剂。针对粮食作物和景观植物，Koppert公司开发了环境友好型耕作技术。研究人员建议，通过大黄蜂进行自然授粉，利用天敌控制虫害，同时采用生物刺激药剂促进和加强地上和地下作物的生长。这样，可以让农业种植更健康、更安全[15]。

图14-11展现了无人机喷洒杀虫剂的作业场景。基于无人机的空中生物防治技术，具有以下特点和优势：

1）即使虫害隐藏在化学药物渗透不到的地方，也能消灭虫害。

2）相比传统方法，分布式防控更加有效。

3）大幅降低化学药剂的使用量。

4）降低人工成本。

图14-11　新的虫害管理策略（来源：昆虫学会）

14.8　助力作物增产和田间管理

1）监测农田状况：无人机绘制农田地图，提供农田的不规则性数据和海拔数据。根据这些数据，可以确定农田的缺水状况并确定给水方式，从而更有效地进行灌溉。专用无人机还可以监测土壤的氮含量，以便根据土壤健康状态确定合适的施肥量。

2）作物健康监测：无人机搭载摄像头，可以监控作物的健康状况。由于无人机可以低空飞行，因此不受云层和光线的影响。无人机还可对植被指数差异进行归一化处理，通过彩色编码数据来评估植物的健康状况。因此，种植人员可以快速获得有关作物的病虫害信息，通过多种设备和技术快速采取措施。

3）药物喷洒：应用无人机向作物喷洒化学药剂时无须人工干预，从而避免人员长时间接触危险的化学药剂。无人机还能够到达人工难以介入的地方，比如高地。通过在特定区域喷洒，既提高了工作效率，同时又减少了化学药剂的使用量，避免浪费。

4）播种：无人机能够在人迹罕至或危险的地方播种。因此，无人机播种有助于降低劳动力成本和设备使用成本，同时确保种植工作场所人员的安全。

5）保护牲畜和作物：无人机可用于保护牲畜和作物，特别是大麻等高价值作物，无须雇用大量的值守人员。此外，饲养人员还可以利用这些有效工具寻找走失的动物。

6）灌溉：因为气候变化，许多国家都遭遇过干旱灾害。因此，提高干旱地区的灌溉效率至关重要。无人机可通过微波传感技术，收集土壤状况及其当前水分含量的精确数据，然后相应分配合适的用水量，从而帮助保护自然资源。

14.9　问题与挑战

农业无人机在世界各地得到了广泛应用。无人机在农业领域发挥了巨大作用，目前正在开展多场景下无人机的应用研究。尽管无人机具有多种优势，但仍有一些问题和挑战需要研究和解决。

1）电源受限；

2）设备成本高昂；

3）储箱容量和喷洒能力有限；

4）操作、修理和保养技能欠缺；

5）农场工人面临失业。

14.9.1　电源与飞行时间受限

农业无人机需要动力才能工作，因而需要频繁充电。一般来说，无人机采用锂聚合物电池供电。这些电池（图 14-12）密度高、重量轻，但是容量有限，只能供无人机工作几分钟到一小时。由于飞行时间受限，只能间歇作业[16]。例如，在森林里，很难找到充电电源。因此，需要备用电源，如电池组或备用锂电池。

14.9.2　设备成本高昂

农业无人机的投入成本非常高。由于成本高昂，对于小规模农户而言，应用这些无人机及其技术非常困难。几种典型无人机的性能及成本见表 14-1。

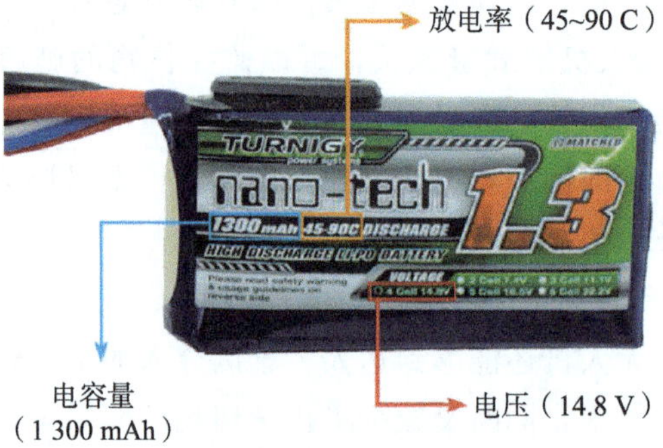

图 14-12　锂电池（来源：Tytorobotics）

表 14-1　几种典型无人机的性能及成本

无人机型号	电池使用时间/min	价格/美元	制造商
AG550	0～30	3 000	空中技术公司(位于美国波特兰)
Ag Drone UAS	30～60	9 995	蜂巢公司(位于美国威尔逊维尔)
Ag Eagle	30～60	13 500	农业"鹰"无人机公司(位于美国堪萨斯州内多沙)
eBee Ag	30～60	25 000	森思飞公司(位于瑞士洛桑)
Lancaster Hawk Eye-Ⅲ	30～60	25 000	"精准鹰"公司(位于美国北卡罗来纳州罗利)
Quad Indago	30～60	25 000	洛克希德·马丁公司(位于美国马里兰州贝塞斯达)
Corp Mapper DT-18	60～90	37 700	德莱尔技术公司(位于法国图卢兹)

14.9.3　储箱容量与喷洒能力有限

无人机洒肥或洒水，储箱的最大容量为 25 L，而传统的喷洒方式可携带 25～250 L 喷洒液体。因此，对于大面积喷洒，无人机的储箱必须多次填装，显然比较麻烦。

14.9.4　操作、维修与保养技能欠缺

多数种植人员和农场工人缺乏操作无人机的技能。即使是有一定技能的农场工人，他们在维修和保养无人机方面也面临着一些挑战。因此，需要私营机构介入。无人机维护不当，将会造成故障或事故。因此，种植人员和农场工人加强无人机技术学习和培训至关重要。

14.9.5　农场工人失业

农业无人机能够胜任农场工人所从事的大部分工作任务，例如土壤取样、播种、灌溉、作物健康监测、除草、监管等。由于无人机技术的应用和进步，可能导致现有的农场工人面临失业。据报道，一些无人机技术专家将会取代现有的农场工人。

14.10　结论

未来，无人机必然广泛应用于农业领域。利用无人机可促进农业经济发展和农业种植的现代化。在人工喷洒操作困难和劳动力短缺的地方，无人机应用前景广阔。无人机可以帮助种植人员分析和评估土壤的品质，适合种植的作物品种，肥料的合理使用，以及预防和控制病虫害。在精准农业中，无人机应用尚处于早期阶段，在不久的将来，随着无人机技术的广泛普及和应用，必将促进农业经济蓬勃发展，使农业种植质量显著提高。

参考文献

[1] Kim, J., Kim, S., Ju, C., Son, H. I., Unmanned aerial vehicles in agriculture: A review of perspective of platform, control, and applications. IEEE Access, 7, 105100 - 105115, 2019.

[2] Spoorthi, S. B., Shadaksharappa, S. S., Manasa, V. K., Freyr drone: Pesticide/fertilizers spraying drone—An agricultural approach, in: Proceedings of the 2nd International Conference on Computing and Communications Technologies (ICCCT), pp. 252 - 255, Chennai, India, 23 - 24, February 2017.

[3] Hartanto, R., Arkeman, Y., Hermadi, I., Sjaf, S., Kleinke, M., Intelligent unmanned aerial vehicle for agriculture and agroindustry. IOP Conf. Ser. Earth Environ. Sci., 335, 012001, 2019.

[4] Giordan, D., Adams, M. S., Aicardi, I., Alicandro, M., Allasia, P., Baldo, M., De Berardinis, P., Dominici, D., Godone, D., Hobbs, P. et al., The use of unmanned aerial vehicles (UAVs) for engineering geology applications. Bull. Int. Assoc. Eng. Geol., 79, 3437 - 3481, 2020.

[5] Singh, K. K. and Frazier, A., A meta - analysis and review of unmanned aircraft system (UAS) imagery for terrestrial applications. Int. J. Remote Sens., 39, 5078 - 5098, 2018.

[6] Koh, L. P. and Wich, S. A., Dawn of drone ecology: Low - cost autonomous aerial vehicles for conservation. Trop. Conserv. Sci., 5, 121 - 132, 2012.

[7] Chen, P. - C., Chiang, Y., Weng, P. - Y., Imaging using unmanned aerial vehicles for agriculture land use classification. Agriculture, 10, 416, 2020.

[8] Shafi, U., Mumtaz, R., García - Nieto, J., Hassan, S. A., Zaidi, S. A. R., Iqbal, N., Precision agriculture techniques and practices: From considerations to applications. Sensors, 19, 3796, 2019.

[9] Fernández - Guisuraga, J. M., Sanz - Ablanedo, E., Suárez - Seoane, S., Calvo, L., Using unmanned aerial vehicles in postfire vegetation survey campaigns through large and heterogeneous areas: Opportunities and challenges. Sensors, 18, 586, 2018.

[10] Yamamoto, K., Togami, T., Yamaguchi, N., Super - resolution of plant disease images for the acceleration of image - based phenotyping and vigor diagnosis in agriculture. Sensors, 2017, 17, 2557.

[11] Stojcsics, D., Domozi, Z., Molnár, A., Automated evaluation of agricultural damage using UAV survey. Acta Univ. Sapientiae Agric. Environ., 10, 20 - 30, 2018.

[12] Hashimoto, N., Saito, Y., Maki, M., Homma, K., Simulation of reflectance and vegetation indices for unmanned aerial vehicle (UAV) monitoring of paddy fields. Remote Sens., 2019, 11, 2119.

[13] Qin, W., Xue, X., Zhang, S., Gu, W., Wang, B., Droplet deposition and efficiency of

fungicides sprayed with small UAV against wheat powdery mildew. Int. J. Agric. Biol. Eng., 11, 27-32, 2018.

[14] Ni, J., Yao, L., Zhang, J., Cao, W., Zhu, Y., Tai, X., Development of an unmanned aerial vehicle-borne crop-growth monitoring system. Sensors, 17, 502, 2017.

[15] Ayhan, B., Kwan, C., Budavari, B., Kwan, L., Lu, Y., Perez, D., Li, J., Skarlatos, D., Vlachos, M., Vegetation detection using deep learning and conventional methods. Remote Sens., 12, 2502, 2020.

[16] Nhamo, L., Magidi, J., Nyamugama, A., Clulow, A.D., Sibanda, M., Chimonyo, V.G.P., Mabhaudhi, T., Prospects of improving agricultural and water productivity through unmanned aerial vehicles. Agriculture, 10, 256, 2020.

第15章　基于递归神经网络的无人机网络入侵检测

Yadala Sucharitha[1*], Pundru Chandra Shaker Reddy[2], G. Suryanarayana[3]

1. Department of Computer Science & Engineering, VNR Vignana Jyothi Institute of Engineering & Technology, Hyderabad, India

2. Department of Computer Science and Engineering Geethanjali College of Engineering and Technology, Hyderabad, Telangana, India

3. Department of Computer Science & Engineering, Vardhaman College of Engineering, Hyderabad, India

*通讯作者：suchi. yadala@gmail. com

摘　要： 近年来，移动自组织网络（FANET）由于其独特的应用而引起了广泛关注，并在各领域对FANET应用程序进行了种种测试。面对不断变化的安全风险，加强FANET保护也变得更加错综复杂。如今，公共空域也部属了越来越多的FANET设备，仍然存在对FANET安全保护的问题。FANET发挥着独特作用，但难以应对错综复杂的风险，尤其是无法识别通信中断。本章提出了一种基于深度学习的实时数据分析结构，探讨FANET威胁入侵检测技术。该分析系统以递归神经网络（RNN）为基础。该系统同样从网络中收集信息，并对海量信息进行分析检测，以便及时发现异常。在FANET内部，专家程序负责信息分类，中间程序负责记录FANET的实时信息。此外，该系统还包括一个信息流处理模块，收集无人机通信数据以及入侵识别相关数据。这些数据被输入到2-RNN组件中进行检测，对该功能进行了训练。第一个RNN位于FANET内部，第二个RNN位于基站内部。针对不同数据集进行了大规模检测分析，以评估模型的有效性。结果表明，提出的模型优于其他现有模型。

关键词： 移动自组织网络（FANET），入侵检测，深度学习，无人机自组织网络，递归神经网络（RNN）

15.1　概述

在过去的几年中，无人机越来越受到人们的关注。相比传统有人驾驶飞机，无人机应用具有更多的优势，体现在建造成本、管理效益、不利条件下的可操作性，以及通用应用程序的开放性等方面[1]。随着现代技术的发展，无人驾驶飞行系统（UAS）能够在复杂环境中完成精细化任务，这方面相比以往任何时候都更加容易。如果没有现代技术，这些任务是不可想象的。信息技术的快速发展和大量应用，极大影响了无人机网络，促进了未来无人机架构的发展和进步。当前，广泛的创新活动推进了无人机应用和相关技术装备的发展[2]。因此，对于基本部件和总体框架，该方案允许重复利用。不管怎样，正如文献［3］所描述的那样，目前，在无人机编队组织领域，取得的大部分进展都集中在无人机设置上。对于无人机设置框架的数字保护已略有认知，即使在至关重要的工艺条件下，无人机设置框架面对各种安全风险也无能为力。在几项研究工作中[4]，作者详细描述了无人机编队在意外活动中可能面临的危险。这里，只探讨 FANET 的安全问题，即远程专用网络入侵威胁。正如文献［5］所述，网络入侵模型有很多种，如过载、条纹、蠕虫、端口蠕变和粘连攻击等。在这些奇怪的网络攻击中，条纹入侵严重影响了无人机编队。因为它们会造成堵塞，并从根本上降低整个组织的功能质量。这给无人机认证和纳入公共空域造成了重大困难。因此，识别异常是当今要解决的一个重要问题[6]。

在文献［7］中，对众多研究领域和应用空间进行了总结。网络特性和相关安全问题，如分布式拒绝服务（DDoS）攻击，是发现动态安全威胁的重要关注点。各种异常识别工具主要基于信息包签名。众所周知，对于明显的 DDoS 攻击行为，这种方法非常有效。但是，当遭到另一种攻击时，这种识别工具就无能为力了。因此，在本章中，作者构建了另一种能够识别各种 DDoS 的 IDS。提出了两级入侵发现模型，首先通过事实符号来描述网络数据流，然后选择准确的评估器模型来重构网络攻击流[8]。

目前，分析人员提出了多种 ML 和 DL 模型来有效识别恶意攻击。随着网络数据流的不断扩大，它所面临的安全风险已对 NIDS 识别策略提出了挑战。IDS 的目标是识别入侵威胁。在物联网中，这些入侵威胁到处游走，试图在未经许可的情况下入侵不同的中枢网络。NIDS 包含三个基本要素：专家模块、审查模块和响应模块[9,10]。专家模块的基本能力是通过观察事件从组织中收集数据。有趣的是，审查模块和响应模块分别负责跟踪入侵迹象、发出警报并处理审查模块获得的结果。NIDS 已经越来越有用和有效，然而，入侵威胁同样发展了各种攻击策略，用以对抗不断进步的识别技术。此外，传统的 NIDS 并不适合物联网中复杂的组织层[11,12]。当涉及无人机时，其复杂程度进一步增强，由于其基本应用，无人机任务比其他组织更加复杂，更需要安全保证。事实上，对无人机网络发起攻击可能对人们的隐私带来风险。此外，在无人机架构中应考虑安全防范方案，特别是入侵识别技术[13]。

研究的主要目的是根据 DL 策略，特别是对于 LSTM - RNN 结构，提出一个智能循环系统来识别随机入侵。主要考虑是，编队中所有无人机都分配一个合适的 RNN 单元，用于识别针对无人机发起的攻击。中央单元 LSTM - RNN 置于基站，负责确认攻击并做出选择，并通知无人机遭遇攻击。无人机的 LSTM - RNN 只负责管理来自专用设备的数据流。即便如此，LSTM - RNN 基站也会再次检查无人机的全部数据流。

研究目标如下：

1）设计一个探测 FANET 字符串入侵的智能数据分析系统；

2）基于 DL 技术进行无人机网络入侵识别；

3）通过大规模测试对系统的性能进行研究。

研究内容安排如下：15.2 节概述相关研究工作，15.3 节对系统进行描述；15.4 节介绍定向测试以及预设评估测量、结果与讨论；15.5 节对本项研究工作进行总结，并提出未来工作计划。

15.2 相关工作

本研究设计和开发的入侵检测方法是两个创新领域共同努力的结果。第一个是数据流描绘领域，包括幻像检测，创建了特定流量特征。第二个是与数据流再现相关的程序控制技术，该技术通过强大的调节器技术来检测数据流，并修改其属性和行为[14]。

近年来，无人机的普及和应用正在飞速发展。随着无人机取得新成就，相关问题也随之出现[15]。对于前面提到的诸如 GPS 漏洞、窥探和信号干扰等问题，虽然已有不少研究工作正在进行各种探索[16]，但是直到最近几年，FANET 组织入侵识别问题才引起无人机行业的关注。在文献［17］中，推荐了一种 IDS 设置，为处理识别 FANET 组织内部的不速之客提供了一种理想方案。这种处理方法可以更好地识别 FANET 组织中个人恶作剧之外的虚假攻击行为。尽管如此，这一策略侧重将目标锁定在某一部分恶作剧行为，需要提前获得该方案所有潜在行为方式的相关信息。与此相反，研究提出了另一种 IDS 技术，既考虑了标记检测，也考虑了控制/评估，明确指向网络内部结构的入侵识别。这两种策略都不受 FANET IDS 框架的约束[18]。

在文献［19，20］中，作者展示了远程依赖（LRD）如何成为衡量互联网数据流波动程度的有效边界。他们通过一种特殊技术（Matlab 计算工具箱）来处理信息流。这是一种专业工具，循环进行小波检测[21-23]，可以获得任何信息流在不同时间尺度和各种快照检查时的波动水平。作者采用了文献［24，25］中 Hehri Wendt 创建的升级版工具包，后来被称为小波域多重分形模型（WLM）技术。

在文献［26，27］中，作者总结了一些非直接处理技术，其中超扭曲算法（Super - Twisting Algorithm，STA）广泛应用于抑制抖动并识别异常情况。该标准主要基于应用于 TCP 元素的非直接液体处理技术，同时也依赖于滑动模式控制（Sliding Mode Control）类型[28,29]，这些滑动模式通常用于设计鲁棒的非线性观测器规则。遗憾的是，这个旁观者规则的进一步扩展，只能适应有限的输入状态（BIBS）和有限的时间强度[30,31]。因此，由于这一限定，旁观者规则只限于部分框架才能使用，用于提前评估底层环境的上界。这种方法对于复杂强大的框架（如无人机群 TCP 模型）而言，如无人机编队 TCP（传输控制协议）模型，可能是极不精确的。文中还提出了另外一种更适用的技术，它取决于延时直接状态评估。文献［32 - 34］分析表明，Lyapunov - Krasovskii 方法具有良好的实用性，TCP 表现出高度的有效性，它利用 Luenberger 目击者来发现异常。主动队列管理（AQM）策略还涉及无人机在组网过程中发送信息时不断变化的信息流速率，该机制还涉及在摇篮数据流拥塞（cradle soaks）之前丢弃数据包。因此，评估模块给出结论还需要有一个强有力的 AQM 策略。也有研究人员对周期延迟框架结构拥塞进行了控制研究，文献［35］对此做了很好的阐述，文献［36］提出了一种适用、有参考价值的计算方法。

15.3　无人机入侵检测方法

相比其他的传统结构，无人机网络架构非常独特，需要与地面基站交互。此外，根据任务需要，无人机将从一个地点飞到下一个地点[37]。为此，所提出的架构包含无人机和基站两个组成部分。此外，与传统架构不同的是，新架构不需要更多的 RNN 单元，只需要一个中央单元即可。不过，无人机结构需要的 RNN 不止一个，其中一个部署在无人机上，另一个部署在基站[38]。

在本项研究中，希望基站是单一站点，这样可直接与每一架无人机交互。DIDS 可以采取集群或流式两种不同的方式运行，具体取决于现有创新方案。例如，假设 MapReduce 作为动态交互的核心，那么处理过程必须分组运行，这就需要一段时间来形成数据集[39]。同样，如果采用不同的结构，比如 Apache Kafha，应该可以在执行时进行位置循环。由于 Apache - Kafk 具有独特的传输属性，在本研究中很受欢迎，特别是在巨大的信息流即将到来的时候。该结构将信息转化为流式，并传输给 RNN 单元进行渐进式检查，如图 15 - 1 所示。

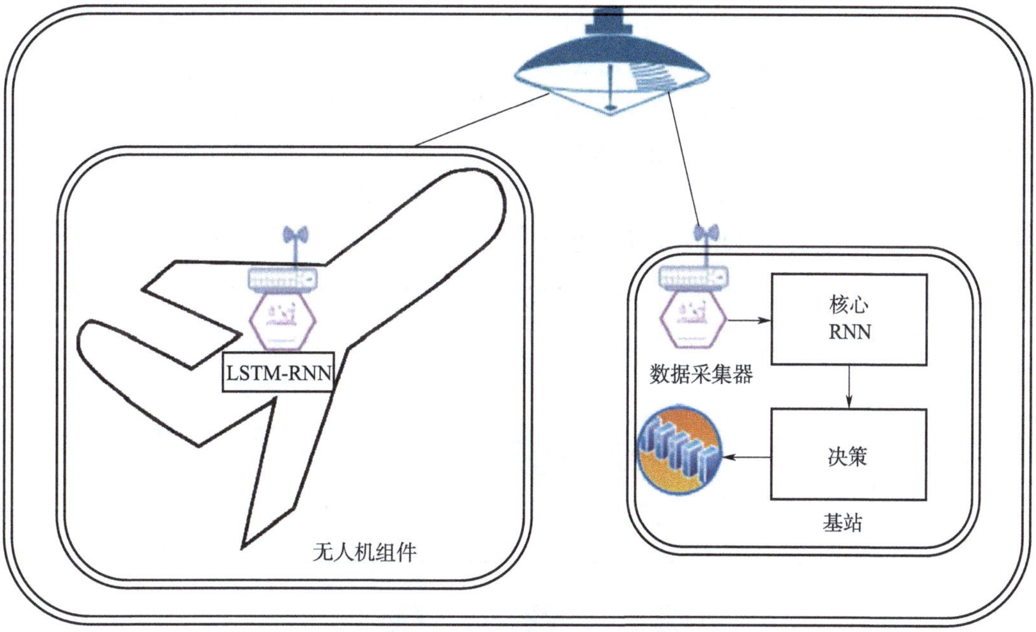

图 15 - 1　无人机入侵检测系统架构

如图 15 - 1 所示，无人机应该具有一个 LSTM - RNN 增强版本。虽然做同样的事情，但是增强版本意味着这种架构需要准备和处理的信息流会减少一些。因此，与基站相比，每架无人机的通信响应比较轻松，且信息流较少。所以，无人机 LSTM - RNN 单元检查的数据流没必要与基站 LSTM - RNN 处理的数据流相当，基站 LSTM - RNN 单元可以获取所有无人机的数据流，以便检查[41]。

15.3.1　无人机 RNN

具有 DL 功能的 RNN 包括彼此联通的集线器。这些集线器可以连续存储数据，但是信息组建是依次、独立处理的，而且各有结果。RNN 可以广泛应用于各个领域，如语义拼联、时序预估、视频处理和常规语言处理等[42]。RNN 采用多层感知器策略。此外，它具有一个循环结构，作为授权信息的基本方式，从一个阶段开始进入下一个阶段。图 15 - 2 可见 RNN 的折叠层，其中提取了 RNN 循环[43]。

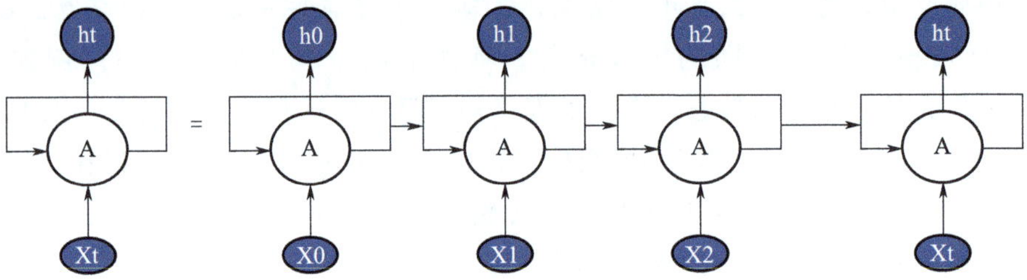

图 15 - 2　RNN 的折叠层

出于多种考虑，本项目采用 RNNLSTM 来研究 DID。在 RNNLSTM 中，当重复值介于 0 和 1 之间或超过 1 时，倾斜度可能会趋于零。由此推断，网络可能不会将过去的贡献与输出结果相关联。以 RNNLSTM 架构为例，主要包含 4 层架构，如图 15 - 3 所示，这些层相互联通。RNNLSTM 将用在无人机上。不过，这种架构需要熟悉典型的行为方式，才能识别异常变化。它将边界与无人机信息流区分开来。这些边界由试图追踪信息流怪异现象的预测程序来决定。当出现怪异行为时，该框架将会提醒监管机构予以关注[44,45]。

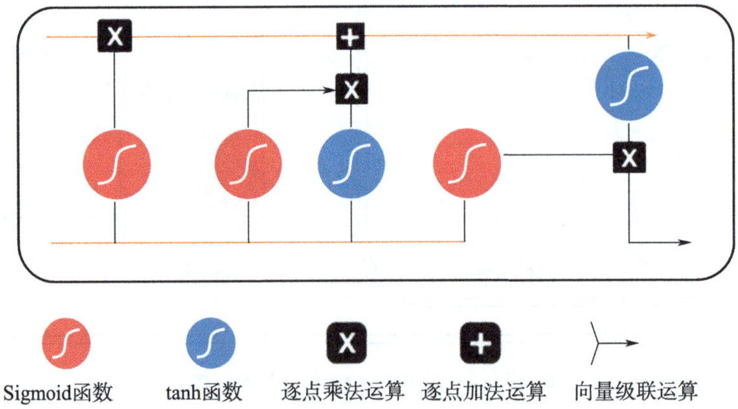

图 15 - 3　LSTM 的内部结构

15.3.2 数据采集器

数据采集器的基本作用是在信息提交给 RNNLSTM 之前对其进行处理。它还负责将信息打包，集中包含一些重要的信息要素，譬如传输速率、采集速率、传输与采集比例、源 IP、目标 IP、传输模式和移动跨度等。研究提出的系统以信息群和数据流两种模式运行，如前所述，信息采集器负责这项工作。如图 15-1 所示，采用这种方式，该结构中会有两个授权单元；每架无人机上有一个信息采集模块，另一个位于基站。因此，在集群信息处理中，采集器的功能是在信息传送给 RNNLSTM 之前将其存储在数据池中。考虑到无人机的限制，数据池的大小取决于要处理的信息流量，需要考虑无人机的条件限制。在信息流模式中（当前正在研究），信息采集器负责将信息流处理成 RNNLSTM 模块的信息流[46]。因此，由于正在进行复现机器人的工作，信息管理器将持续模仿信息处理，并对其进行同样的设置。尽管如此，在实际的机器人工作中，这个域不是真实存在的，信息管理器将负责捕获通信模块的信息，并将其设置成符合 RNNLSTM 需要的。同样，机器人的信息授权模块还负责将采集到的信息传送给基站采集器模块，同时供机器人 RNNLSTM 筛选[47]。

基站信息授权模块获取无人机的全部信息并筛选信息。它将获取的基本信息路由给基站上的 RNNLSTM 进行筛选核查。然后，它将最终筛选结果提交给主模块进行下一步处理[48]。

15.3.3 核心 RNN

RNNLSTM 被部署在基站上。然而，该单元仍可能对数据块产生影响。它从信息收集模块接收无人机的飞行数据，这些数据以数据块或数据流的形式呈现，具体取决于预设的模式。集成的 RNNLSTM 将基于收集到的整体数据做出全局决策，以确定哪些机器人被授权执行任务。随后，集成的 RNNLSTM 将其决策结果发送给主控单元。由于集成的 RNN 需要应对来自各种无人机即将到来的任务，因此它将比机器人的 RNN 更完善。

15.3.4 决策单元

决策单元的基本工作是对获得的无人机数据流以及相关 RNN 单元的数据流进行筛选和分析。在筛选过程中，发现有三种警示。

红色：表示入侵威胁已经确定，并且被 2-RNN 单元识别。这时，系统中的每一架无人机都会收到报警，并与未被入侵的无人机断开。

黄色：表示两个模块中有一个模块识别出了入侵威胁，而另一个模块没有察觉到。它们将获得的信息发送给核心 RNN 单元。在此时间段内，通用网络将被告知在特定时间内断开安全无人机的管理权限，直到动态模块再次发出警告。

绿色：意味着不需要对机器人重点部位采取任何警戒。这时，两个 RNN 单元均确认所有机器人没有遭遇入侵。

15.4 结果与讨论

本节对评估系统进行描述，通过研究分析探讨方案的检测效果，通过模仿“数据采集器”单元，将信息流传输给 RNNLSTM 模仿无人机运动，并与线性回归和 KNN 计算结果进行对比。在本节中，进行了系列深入测试，探讨了本项目提出的人工智能方法和非机器学习方法（即基于签名的方法）之间的关系。

无人机威胁入侵识别仍然是一个新课题，所有研究都极度缺乏无人机网络攻击相关的特定数据集。因此，本项目采用了多个原理性数据集进行了结构形式分析。这些数据集是精心挑选的，涵盖无数次攻击，并采用多种攻击 WSN - DS 策略来检测所提出的计算方法[50]。所有数据集都具有唯一的合法性和可替换的记录数量；很多时候，为所有数据集设定速率是不合适的。因此，需要根据数据集的记录数量、攻击方式及其在数据集中的攻击速率来进行调整。

15.4.1 模型评估

为了评估模型效率，在可比的情况下，本项目采用了一些显著的测量结果。数据集中的元组分为普通元组和攻击元组。然后，根据相应的边界安排合适的量化工具来展示设计安排：真阳性（TP）、真阴性（TF）、假阳性（FP）和假阴性（FN）。模型效率通过以下指标测量来评估，分别是准确度、精确度、真阳性率和 F1 分值。

15.4.2 性能分析

然而，在最初的一系列测试中，采用不同的样本估值检验了 LSTMRNN 的准确性，这是通过这些数据集完成的，元组数量巨大。选择的数据集适用这种无人机系统。由图 15 - 4 可见，识别的准确度随着样本规模增大而提升。通常准确度为 96%，现在已达到 98%。

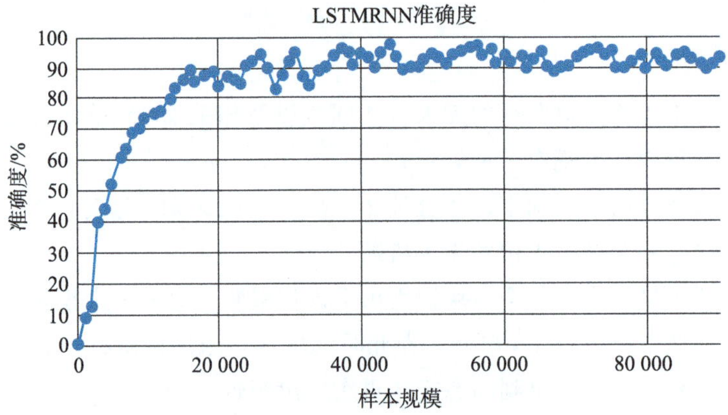

图 15 - 4 LSTMRNN 的准确度随着样本规模而变化

15.4.3　LSTMRNN 在 UNSW－NB15 数据集上的性能

图 15－5 给出了 LSTMRNN、LR 和 KNN 之间的配对表征比较。在这项研究中，我们准备了 10％的数据集。如图 15－5 所示，LSTMRNN 的效率比 LR&KNN 的计算结果有很大的提高。LSTMRNN 的准确度达到 97％，而精确度、召回率和 F 值分别为 95％、98％和 97％。随后，KNN 表现较好，准确度和召回率达到 92％，通过 LR 得到的 F 值实际达到 89％。

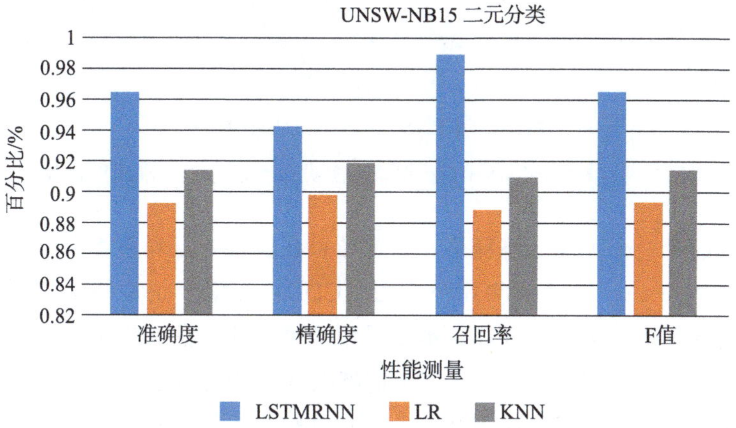

图 15－5　UNSW－NB15 数据集在二元分类任务中的性能比较

图 15－6 给出了另一种形式的多类别分类攻击。可以看出，LSTMRNN 和 KNN 在准确度和精确度方面表现相对较好。在任何情况下，LSTMRNN&LR 的召回率均明显优于 KNN，其中 F 值远远优于 KNN。另一方面，相比 LSTMRNN，LR 实际的准确度、精确度、召回率和 F 值均差一些。根据逐项列出的对 UNSW－NB15 的攻击，本项目重点对三种计算方法进行了重点检验。如图 15－7 所示，LSTMRNN 在 UNSW－NB15 数据集引入的攻击中，表现出了惊人的执行力。总的来说，LSTMRNN 的准确度比 KNN 高出 2％，而比 LR 平均高 5％。

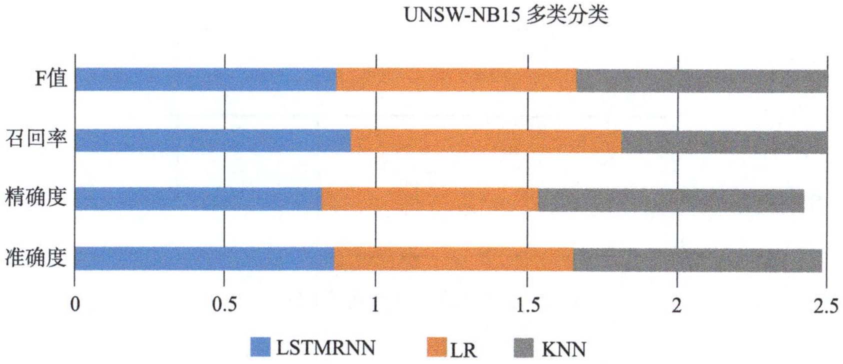

图 15－6　UNSW－NB15 数据集在多类分类任务中的性能比较

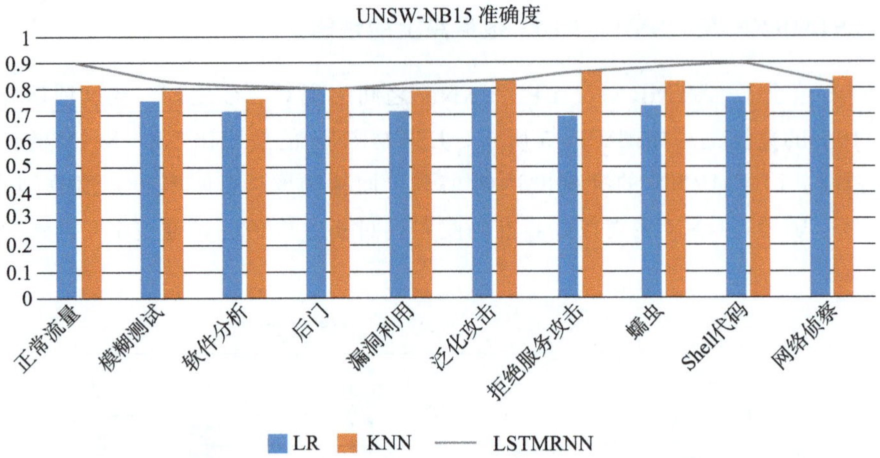

图 15－7　UNSW－NB15 数据集在多类分类任务中的准确度比较

对先前数据的另一个可能的解释是，正常结果在所有并行和多类分类任务中占据了主导地位。将后置 Nemenyi 检验的临界距离图（CDD）应用于正常结果，以便更容易判断所有数据集上的计算运行情况。因此，本章采用了类似的方法和规则，在 R－Tool 中进行了测试。如图 15－8 和图 15－9 所示，图中的峰线代表中心线，沿着这条线设计了实际光谱分量的标准位置。这些位置从左侧开始，通常是较为重要的较低有效位，一直延伸到右侧即不太重要的最高有效位。图 15－8 是基于收集计算品质具有可比性的一些计算，这些计算是相互关联的。如图 15－8 所示，在双重分类中，在所有情况下 LSTMRNN 的表现都有很大提升，它处于最左侧，相比其他计算提升最大。更重要的是，图 15－8 说明 KNN 仍然领先 LR，但两者之间的差距很小。此外，图 15－9 证实了 LSTMRNN 计算在不同计算中的表现。同时，证明了 KNN 处于 LR 和 LSTMRNN 之间，两者之间的差距几乎相近。无论如何，在多类分类中，LR 似乎都落后于 KNN 和 LSTMRNN。

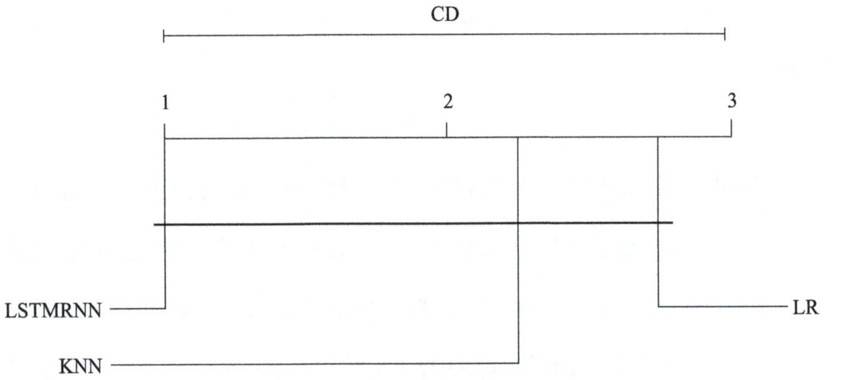

图 15－8　平均二元分类 CDD 图

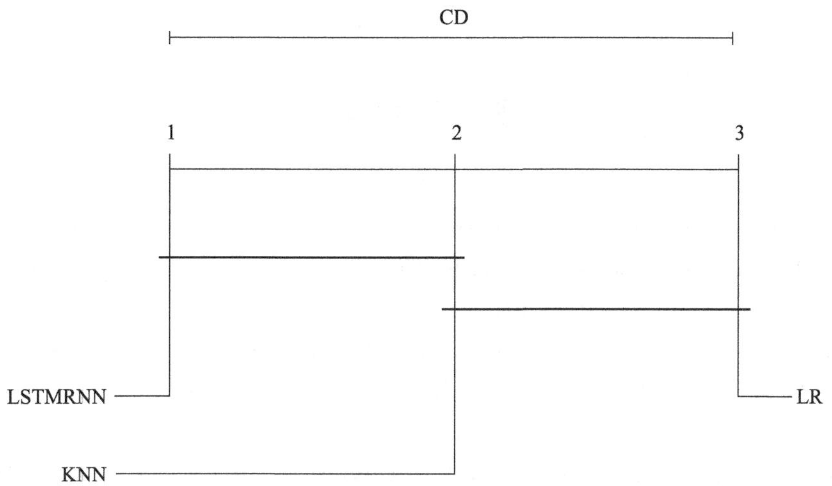

图 15-9　平均多类分类 CDD 图

15.5　结论

近年来，FANET 领域受到广泛关注，已被广泛用于民事和军事领域。尽管如此，它的保护措施仍然欠缺。当前的加密策略过于复杂且能耗高，可能并不适合。此外，相比信息窃取或者信息屏蔽，如果飞行中的无人机遭遇入侵，其危险性更大。因此，需要研究无人机智能入侵识别系统。该系统取决于两个独立的单元，即无人机和基站。这两部分采用了一种特定的 RNN，即 RNNLSTM。研究结果表明，在正常运行情况下，无人机的执行力无可比拟，平均接近 15。在本项研究中，将所提出的结构方案在实际 FANET 上应用和测试，具有很大的局限性。这也是本项研究后续的工作内容。未来，另一项工作是确保无人机和基站之间以及实际无人机之间的通信安全。未来，还将对本次提出的架构进行扩展，考虑分数微分条件下的混沌排列，对该框架进行适度计算。湍流框架基本上适用于无人机和卫星通信。此外，应用多种技术针对无人机应用层交互网络攻击开展研究，这可能是未来令人感兴趣的研究课题。

参考文献

[1] Wakode, M. S. and Ingle, R. B., Blockchain-based solutions for various security issues in UAV-enabled IoT, in: Unmanned Aerial Vehicles for Internet of Things (IoT) Concepts, Techniques, and Applications, pp. 143-158, 2021.

[2] Singhal, A., Varshney, S., Mohanaprakash, T. A., Jayavadivel, R., Deepti, K., Reddy, P. C., Mulat, M. B., Minimization of latency using multitask scheduling in industrial autonomous systems. Wireless Commun. Mobile Comput., 2022, 10pp, 2022.

[3] Sujihelen, L., Boddu, R., Murugaveni, S., Arnika, M., Haldorai, A., Reddy, P. C., Feng, S., Qin, J., Node replication attack detection in distributed wireless sensor networks. Wireless Commun. Mobile Comput., 2022, 11pp, 2022.

[4] Reddy, P. C. S., Yadala, S., Goddumarri, S. N., Development of rainfall forecasting model using machine learning with singular spectrum analysis. IIUM Eng. J., 23, 1, 172-186, 2022, https://doi.org/10.31436/iiumej.v23i1.1822.

[5] Yahuza, M., Idris, M. Y. I., Ahmedy, I. B., Wahab, A. W. A., Nandy, T., Noor, N. M., Bala, A., Internet of Drones security and privacy issues: Taxonomy and open challenges. IEEE Access, 9, 57243-57270, 2021.

[6] Sucharitha, Y., Vijayalata, Y., Prasad, V. K., Predicting election results from twitter using machine learning algorithms. Recent Adv. Comput. Sci. Commun. (Formerly: Recent Pat. Comput. Sci.), 14, 1, 246-256, 2021.

[7] Altawy, R. and Youssef, A. M., Security, privacy, and safety aspects of civilian drones: A survey. ACM Trans. Cyber-Phys. Syst., 1, 2, 1-25, 2016.

[8] Balamurugan, D., Aravinth, S. S., Reddy, P., Rupani, A., Manikandan, A., Multiview objects recognition using deep learning-based wrap-CNN with voting scheme. Neural Process. Lett., 21, 1-27, 2022 Apr.

[9] Shvetsova, S. V. and Shvetsov, A. V., Ensuring safety and security in employing drones at airports. J. Transp. Secur., 14, 1, 41-53, 2021.

[10] Abualigah, L., Diabat, A., Sumari, P., Gandomi, A. H., Applications, deployments, and integration of internet of drones (IoD): A review. IEEE Sens. J., 21, 25532-25546, 2021.

[11] Ahmad, N., Chaturvedi, S., Masum, A., Unregulated drones and an emerging threat to right to privacy: A critical overview. J. Data Prot. Priv., 4, 2, 124-145, 2021.

[12] Sucharitha, Y., Prasad, V. K., Vijayalatha, Y., Emergent events identification in micro-blogging networks using location sensitivity. J. Adv. Res. Dyn. Control Syst., 11, 596-607, 2019.

[13] Dey, V., Pudi, V., Chattopadhyay, A., Elovici, Y., Security vulnerabilities of unmanned aerial vehicles and countermeasures: An experimental study, in: 2018 31st International Conference

on VLSI Design and 2018 17th International Conference on Embedded Systems (VLSID), IEEE, pp. 398 - 403, 2018, January.

[14] Shaker Reddy, P. C. and Sureshbabu, A., An enhanced multiple linear regression model for seasonal rainfall prediction. Int. J. Sens. Wirel. Commun. Control, 10, 4, 473 - 483, 2020.

[15] Yaacoub, J. P., Noura, H., Salman, O., Chehab, A., Security analysis of drones systems: Attacks, limitations, and recommendations. Internet Things, 11, 100218, 2020.

[16] Jeler, G. E. and Alexandrescu, G., Analysis of the vulnerabilities of unmanned aerial vehicles to cyber attacks. Rev. Air Force Acad., 2, 17 - 26, 2020.

[17] Reddy, P. C. S., Nachiyappan, S., Ramakrishna, V., Senthil, R., Sajid Anwer, M. D., Hybrid model using scrum methodology for softwar development system. J. Nucl. Energy Sci. Power Gener. Technol., 10, 9, 2, 2021.

[18] Alhawi, O. M., Mustafa, M. A., Cordiro, L. C., Finding security vulnerabilities in unmanned aerial vehicles using software verification, in: 2019 International Workshop on Secure Internet of Things (SIOT), IEEE, pp. 1 - 9, 2019, September.

[19] Bekmezci, I., Şentürk, E., Türker, T., Security issues in flying ad - hoc networks (FANETS). J. Aeronaut. Space Technol., 9, 2, 13 - 21, 2016.

[20] Lakew, D. S., Sa'ad, U., Dao, N. N., Na, W., Cho, S., Routing in flying ad hoc networks: A comprehensive survey. IEEE Commun. Surv. Tutorials, 22, 2, 1071 - 1120, 2020.

[21] Oubbati, O. S., Atiquzzaman, M., Lorenz, P., Tareque, M. H., Hossain, M. S., Routing in flying ad hoc networks: Survey, constraints, and future challenge perspectives. IEEE Access, 7, 81057 - 81105, 2019.

[22] Tan, Y., Liu, J., Kato, N., Blockchain - based key management for heterogeneous flying ad hoc network. IEEE Trans. Ind. Inf., 17, 11, 7629 - 7638, 2020.

[23] Maakar, S. K., Khurana, M., Chakraborty, C., Sinwar, D., Srivastava, D., Performance evaluation of AODV and DSR routing protocols for flying ad hoc network using highway mobility model. J. Circuits Syst. Comput., 31, 01, 2250008, 2022.

[24] Du, W., Tao, J., Li, Y., Liu, C., Wavelet leaders multifractal features based fault diagnosis of rotating mechanism. Mech. Syst. Signal Process., 43, 1 - 2, 57 - 75, 2014.

[25] Lakshminarayana, D. H., Philips, J., Tabrizi, N., A survey of intrusion detection techniques, in: 2019 18th IEEE International Conference on Machine Learning and Applications (ICMLA), IEEE, pp. 1122 - 1129, 2019, December.

[26] Khraisat, A., Gondal, I., Vamplew, P., Kamruzzaman, J., Survey of intrusion detection systems: Techniques, datasets and challenges. Cybersecurity, 2, 1, 1 - 22, 2019.

[27] Karatas, G., Demir, O., Sahingoz, O. K., Deep learning in intrusion detection systems, in: 2018 International Congress on Big Data, Deep Learning and Fighting Cyber Terrorism (IBIGDELFT), IEEE, pp. 113 - 116, 2018, December.

[28] Musa, U. S., Chhabra, M., Ali, A., Kaur, M., Intrusion detection system using machine learning techniques: A review, in: 2020 International Conference on Smart Electronics and Communication (ICOSEC), IEEE, pp. 149 - 155, 2020, September.

[29] Alzahrani, A. O. and Alenazi, M. J., Designing a network intrusion detection system based on

machine learning for software defined networks. Future Internet, 13, 5, 111, 2021.

[30] Fang, W., Tan, X., Wilbur, D., Application of intrusion detection technology in network safety based on machine learning. Saf. Sci., 124, 104604, 2020.

[31] Prasad, R. and Rohokale, V., Artificial intelligence and machine learning in cyber security, in: Cyber Security: The Lifeline of Information and Communication Technology, pp. 231 - 247, Springer, Cham, 2020.

[32] Lew, J., Shah, D. A., Pati, S., Cattell, S., Zhang, M., Sandhupatla, A., Ng, C., Goli, N., Sinclair, M. D., Rogers, T. G., Aamodt, T. M., Analyzing machine learning workloads using a detailed GPU simulator, in: 2019 IEEE International Symposium on Performance Analysis of Systems and Software (ISPASS), IEEE, pp. 151 - 152, 2019, March.

[33] Gleeson, J., Gabel, M., Pekhimenko, G., de Lara, E., Krishnan, S., Janapa Reddi, V., RL - Scope: Cross - stack profiling for deep reinforcement learning workloads. Proceedings of Machine Learning and Systems, vol. 3, pp. 783 - 799, 2021.

[34] Liang, J., Chen, J., Zhu, Y., Yu, R., A novel intrusion detection system for vehicular ad hoc networks (VANETs) based on differences of traffic flow and position. Appl. Soft Comput., 75, 712 - 727, 2019.

[35] Huang, S. and Lei, K., IGAN - IDS: An imbalanced generative adversarial network towards intrusion detection system in ad - hoc networks. Ad Hoc Networks, 105, 102177, 2020.

[36] Kowsigan, M., Rajeshkumar, J., Baranidharan, B., Prasath, N., Nalini, S., Venkatachalam, K., A novel intrusion detection system to alleviate the black hole attacks to improve the security and performance of the MANET. Wirel. Pers. Commun., 1 - 21, 2021.

[37] Parameshwarappa, P., Chen, Z., Gangopadhyay, A., Analyzing attack strategies against rule - based intrusion detection systems, in: Proceedings of the Workshop Program of the 19th International Conference on Distributed Computing and Networking, 2018, January, pp. 1 - 4.

[38] Asad, H. and Gashi, I., Dynamical analysis of diversity in rule - based open source network intrusion detection systems. Empir. Software Eng., 27, 1, 1 - 30, 2022.

[39] Vaidya, A. and Kshirsagar, D., Analysis of feature selection techniques to detect DoS attacks using rule - based classifiers, in: Applied Information Processing Systems, pp. 311 - 319, Springer, Singapore, 2022.

[40] Sucharitha, Y., Vinothkumar, S., Rao Vadi, V., Abidin, S., Kumar, N., Wireless communication without the need for pre - shared secrets is consummate via the use of spread spectrum technology. J. Nucl. Energy Sci. Power Gener. Technol., 10, 9, 2, 2021.

[41] Al - Jarrah, O. Y., Siddiqui, A., Elsalamouny, M., Yoo, P. D., Muhaidat, S., Kim, K., Machine - learning - based feature selection techniques for large - scale network intrusion detection, in: 2014 IEEE 34th International Conference on Distributed Computing Systems Workshops (ICDCSW), IEEE, pp. 177 - 181, 2014, June.

[42] Nazir, A. and Khan, R. A., A novel combinatorial optimization based feature selection method for network intrusion detection. Comput. Secur., 102, 102164, 2021.

[43] Selvakumar, B. and Muneeswaran, K., Firefly algorithm based feature selection for network intrusion detection. Comput. Secur., 81, 148 - 155, 2019.

[44] Krishnaveni, S., Sivamohan, S., Sridhar, S. S., Prabakaran, S., Efficient feature selection and classification through ensemble method for network intrusion detection on cloud computing. Clust. Comput., 24, 3, 1761 - 1779, 2021.

[45] Hakim, L. and Fatma, R., Influence analysis of feature selection to network intrusion detection system performance using NSL - KDD dataset, in: 2019 International Conference on Computer Science, Information Technology, and Electrical Engineering (ICOMITEE), IEEE, pp. 217 - 220, 2019, October.

[46] Reddy, P. C. S., Pradeepa, M., Venkatakiran, S., Walia, R., Saravanan, M., Image and signal processing in the underwater environment. J. Nucl. Energy Sci. Power Gener. Technol., 10, 9, 2, 2021.

[47] Almomani, O., A feature selection model for network intrusion detection system based on PSO, GWO, FFA and GA algorithms. Symmetry, 12, 6, 1046, 2020.

[48] Al - Yaseen, W. L., Othman, Z. A., Nazri, M. Z. A., Multi - level hybrid support vector machine and extreme learning machine based on modified K - means for intrusion detection system. Expert Syst. Appl., 67, 296 - 303, 2017.

[49] Besharati, E., Naderan, M., Namjoo, E., LR - HIDS: Logistic regression hostbased intrusion detection system for cloud environments. J. Ambient Intell. Humaniz. Comput., 10, 9, 3669 - 3692, 2019.

[50] Moustafa, N., A new distributed architecture for evaluating AI - based security systems at the edge: Network TON _ IoT datasets. Sustainable Cities Soc., 72, 102994, 2021.

第16章　无人机支持智慧城市中的医疗卫生系统

Subasish Mohapatra[1*]，Amlan Sahoo[1]，Subhadarshini Mohanty[1]，
Sachi Nandan Mohanty[2]

1. Department of Computer Science & Engineering，Odisha University of Technology and Research，Bhubaneswar，India (Formerly College of Engineering and Technology)

2. School of Computer Science & Engineering，VIT-AP University，Amaravathi，Andhra Pradesh，India

*通讯作者：smohapatra@outr. ac. in

摘　要： 如今，医疗卫生系统对人类的生活非常重要，与传统的医疗卫生系统相比，智能医疗卫生系统更加便捷、可信。得益于多种尖端技术的应用，例如红外照相技术，GPS和激光技术（加装在消费级无人机、商用无人机和军用无人机上），无人机技术推动了智能医疗卫生系统的发展。通过与车载传感器及GPRS（GPS）相结合，这些智能医疗卫生系统可由远程地面控制系统（GCS）操控。远程医疗是无人机的一项重大应用，借助于物联网（IoT）分析技术，可以用来快速救治生命。本章将介绍智能医疗卫生系统的三层架构。第一层架构包括获取身体参数的一些可穿戴设备，例如传感器节点，负责跟踪体温、心率、血压等身体参数，通过接收器节点将这些信息与患者的地理位置信息一起发送到云端。接收器节点的内置Wi-Fi模块与云端联通。第二层是云存储身体参数，通过各种监督和非监督学习技术分析这些参数指标。云数据库主要负责实时存储、分析和决策。第三层架构也是最后一层，物联网（IoT）云将无人机和距离患者最近的药店相关联，并将药物配送到指定位置。有一种基于订阅的模式，患者可以登录UI系统。登录该系统后，患者可查看自己的身体参数，付款后可远程获得药物。在无人机技术的帮助下，物联网促进了异构传感组件的集成，这些组件能够随时随地通过互联网进行实时数据分析。基于这些数据，患者可在任何紧急情况下，能够以更好和更可行的方式获得医疗救助，而不必担心时间、速度、成本和物理障碍等方面的困难。因此，无人机也可能更容易被采用。

关键词： 医疗卫生，全球定位系统（GPS），地面控制系统（GCS），无人机，汇聚节点

16.1　概述

在当今时代，全球智慧城市正在利用数字和移动技术开发智能医疗卫生解决方案。物

联网（IoT）革命席卷基础设施、安保和交通等行业，也必将对医疗卫生行业产生重大影响。由于拥有统一的医疗卫生系统，以及数据采集、共享、分析与研究方法，因而当今的医疗卫生问题有了开创性的解决方案，迎来了新时代。通信技术已经完成了多轮提升和改进，一旦集成无人机或飞行器（AVs），智慧城市将会变得更安全、更弹性。无人机嵌入物联网是一个全新的概念，当这种方案成功实施和运行后，无人机可以连接物联网设备和传感器，并优化数据采集、聚合和卸载流程。远程操控无人机，可进行实时观察和数据采集。将数据发送到云端，便于后期处理[1]。针对不同的情况，设计和运行各种程序，帮助人员监管运营区域内任何违规或突发问题。智慧城市是基于信息技术和物联网而兴建的[2]，从车流分配、疏导、确保道路畅通，到路灯和交通信号灯管理，再到利用各类传感设备感知环境开关路灯，从而节约能源、降低排放，维护并改善城市交通、人口和空气质量。智慧城市中的所有事务都需要通信系统和数据分析，甚至需要人工智能来节约资源、管理和改善城市居民的生活质量。本章将详细讨论无人机基本系统方案中涉及的各种设施，最后提出一个适合的配置框架，以便解决智慧城市面临的现有挑战。世界各地将努力实施智慧城市发展理念，并进行无人机整合，努力实现城市可持续增长，顺应当今可持续发展的时代要求。关于智慧城市的投资，倾向于最新信息和通信技术（ICT）在不同应用领域的研究和创新及其战略发展，以便规划和提高智慧城市的生活质量和可持续发展。

无人机通常是指无人驾驶飞行器（UAV）。遥控飞机（或遥控无人机）是一个更普遍更常用的术语，遥控定向飞行器通常与军事应用相关。从根本上说，无人机是一种机器人，利用PC或特定的飞行控制程序进行最佳飞行控制，其中嵌入了内置传感器和全球定位系统（GPS）。自主飞行器通常与军事相关，最初用作武器以及军事侦察，侦察某些特定目标的社交访问数据，以便防御来自作战飞机的打击。早些时候，无人机被广泛用于军事之外的演习，包括侦察、交通和天气监测、搜索和打捞、消防、拍摄、农业、运输管理，以及私人和其他商业目的。这种自主飞机（无人机）的基本组成，包括动力装置、机身架构和飞控系统，飞控系统包括各种支持硬件和适于各种应用的控制模块。尽管自主无人机并非完全意义上的创新，但与普通受控飞机相比，它能够进行准确、快速和理想的决策。因此，近年来，自主无人机引起了一些组织机构的重视。在刚刚过去的三年，由于新型冠状病毒具有惊人的致病性，新冠肺炎（COVID-19）疫情肆虐全球。针对这种情况，在这场医疗卫生领域的战斗中，毫不犹豫地选择和应用无人机提供医疗服务保障[3]。无人机已在商业、体育和现代管理领域崭露头角，凭借其较低的信息采集成本和稳定的货物空运能力，迅速取得了长足进步。但是，与其他应用领域相比，无人机在医疗卫生领域的发展速度还是比较缓慢的。此外，还可以考虑发展无人机临床应用，并向康养行业应用拓展。在这种背景下，谋划无人机当前及未来应用和发展，应着重考虑无人机在医疗运输中的应用，尤其在新冠肺炎大爆发时期，无人机运输医疗用品将发挥更重要的作用[4]。

评估一个优秀的城市社区，通常涉及这些要素：个人满意度、医疗卫生、公共安全、行政失误、资源考量（如能耗、空气质量、交通等）和管理。因为有了备受推崇的信息和通信技术（ICT）、人工智能（AI）技术和先进的机械技术，当今城市发展更加智能，正是基于这些创新技术，一些卓越的城市实现了智能化的行政管理，居民个人满意度总体上有了提升。

无人机，这种在空中飞行的自主机器人，如今与各种应用息息相关[5]。借助于物联网（IoT）技术，无人机可在很多方面帮助提升城市的智能化水平，例如通信、交通、农业、医疗卫生、安保和监控等。无人机已经成为智慧城市建设的重要组成部分，并进一步发展到各种应用，包括环境监测、事故核查、灭火、大宗货物运输、辅助值守演练、药物运送、交通巡查和工地监管等。无人机创新方案还可带来巨大的附带优势，如减少电能消耗、节约资源、减少污染、涉足高危重险区域和交战区域，并有助于提高应急准备能力。传感器、信息处理和电池领域的技术创新，进一步推动了无人机的发展和应用。通过地面基站，无人机还可用于通信管理（上行和下行链路）。无人机因其高度的灵活性和广阔的视距（LoS）能力，成为构建物联网（IoT）的基础要素[6]。因为物联网的出现，智慧城市社区的自主应用也有了重大发展，出现了智能家居、智能道路、智能停车、智能电网等。通过定位系统关联万物和实施各种操控，用于医疗卫生或基于数据驱动的其他基本社会需求，这是无人机应用的关键理念[7]。无人机的广泛应用，已为人们的生活、经济发展和气候保护奠定了基础。与发展货币经济不同的是，地质资源的整体进步同样受到绿色创新的推动，只有通过绿色创新，加强气候保护，才能避免不安全排放和任意挥霍资源带来的影响，这就需要加强常规资源监控，减缓环境变化带来的影响，减少污染，降低能耗[8]。

本章共分为五节。在 16.1 节中，概述了无人机技术的发展变化。在 16.2 节中，概括了无人机技术相关研究工作。在 16.3 节中，探讨了无人机的各种应用、通信参数和基本组件。在 16.4 节中，描述了无人机技术应用于医疗卫生领域的集成框架。在 16.5 节中，重点讨论了一些问题和挑战。在 16.6 节中，对这一现代技术进行了总结和展望。

16.2 相关研究工作

因为可能面临各种灾难性突发事件，应急管理部门和医疗服务供应商尤其需要密切关注通信技术在民众与国家安全方面的应用[2-5]。因此，远程通信保障至关重要，它在灾区勘测、救灾物资信息采集、协助警方巡查城市突发事件、救援规划、救灾演练、拯救生命以及失踪人员信息统计等方面，已成为一种不可或缺的工具。所以，在应急救援区域，必须建立一个高效、强大的远程通信网络来保障通信畅通[9]。即便如此，地球上的远程通信也可能出现信号丢失情况，因为信道堵塞或遭遇破坏而无法联通[10]。应急通信网络架构具有根本优势，它能够从灾难破坏中迅速恢复通信，提供及时联通、及时访问和稳定可靠的信息通信能力。由于空间技术的发展和进步，为灾难通信恢复、公共福利、搜救和灾难管理提供了最佳解决方案[11]。通过空间创新通信技术进行数据采集，避免了人们生产生活和金融信息通信发生灾难性破坏。作为应对灾难的有效手段，卫星提供了一种稳定可靠的通信架构[12]。然而，卫星通信存在时延，且收发成本高昂。而空中通信平台兼具空间和地面远程通信的优点，可能是一种更好的通信架构方案。在文献［14］中，作者论证了空中通信平台在灾难处置和应急救援工作中的重要作用，探讨了这种平台的通信服务能力，例如该能力为管理当局应对 SAR 灾情提供了重要服务。这种空中通信平台在通信功能和稳定性方面，具有很大的优势，包括覆盖区域广、适应能力强[15]、远程通信阻抗低[16]，具备信道堵塞预测能力[17]，而且在灾难发生后还可以选择紧急通信功能[18]。在文献［19］中，作者探讨了低空（LAP）通信能力在抢险救灾通信系统崩溃时发挥的作用。作为空中机器人，无人机在 LAP 家族中占有重要的一席之地[20,21]。在通信系统彻底瘫痪时，这种空中机器人可发挥超强的优势，且组建成本低、视距（LoS）广、扩散延迟小、构建快速、基站性能稳定且使用方便。在文献［22］中，作者研究探讨了空中机器人的通信网络扩展模型、通用性及其定位能力。无人机应急通信应用前景广阔，因为它组建快速，灾区人员通过随身携带的手机就可以实现通信。无人机是应急通信和应急管理的最佳工具，可帮助应急救援团队实施紧急救援，它是智慧城市社区相关设备的基本组成要素。在文献［23］中，作者探讨了空中机器人在智慧城市公共安全保护和数字保护等方面发挥的作用。通过空中机器人，人员、物联网设备和无人机三者实现了很好通信，特别是为偏远地区（移动与宽带）的通信能力提供了保障。与地面基站相比，无人机空中飞行基站具有相当的优势，能够与地面人员之间实现即时通信。当然，无人机通信基站由于能源和成本等因素，其通信覆盖范围和理想的飞行高度还需进一步发展和提升[24]。将无人机置于物联网条件下，无人机通信还将发挥更大的作用，小平台通常不具备通信传输能力，很可能无法实现远距离通信[25,26]。Vignesh 等人研究和总结了无人机通信平台的不同组建方式[27]。同样，Ganesan 等人为通信管理人员、地面机器人和通信枢纽站点创建了一种三者共享的便利条件，可在紧急情况下调整和保障通信功能，使通信管理井然有序[28]。在文献［29］中，作者讨论了物联网支持下机械技术的客观应用与创新影响[29]。另外，Mustapha 等人倾向于在复杂环境下开展物联网支持下机械技术的组织安全升级[30]。尽管在文献［30］中，作者进行了精心构建，但在文献［31，32］中，作者还是对各种通信网络协议和设计进行了评估，在智慧城市的高级物联网机制中引入了编程。在文献［33，34］中，作者探讨了这种机制和物联网工具的组合应用。按照这些思路，人工智能、无人机通信平台和物联网将共同开启物联网应用的新时代[35]。在文献［36］中，作者探讨了持续供电能力，这是机器人通信平台组织的能源互联网所必需的。无人机技术创新及数据与通信技术的进步，对于智慧城市节约资源与降低成本是至关重要的。绿色数据与通信技术可以增强绿色物联网能力，降低智慧城市的能耗、污染和有害排放[37]。在文献［38－40］中，作者先后探讨了有关能源效率和通信网络的关键难点问题，提出了一些积极的应对策略。此外，还有一些报告，正在研究物联网对于改善未来民众福祉的潜力，并指出了物联网在公共安全组织和 SAR 方面的机遇与挑战。报告认为，在专业救援人员到达灾区之前，核心应急人员的关键需求是物联网通信的基础能力。这里包含两个方面的需求：一要能够进行信息分类；二要能够联通临近区域平台，帮助管理部门实时向焦虑的民众发布信息。但在报告中，作者并未提及核心应急人员和其他应急人员之间的网络通信问题。无人机与物联网之间的协同是公共安全领域的关键组成部分。这里提出的网络设计，即无人机、物联网和智能可穿戴设备之间的联通，可为多种管理组织提供帮助，如支持救灾队伍救助生命、实现远程通信和绿色通信等。

16.3　无人机的应用

16.3.1　无人机的各种应用

近年来，随着无人机技术的发展和安全性的提高，无人机应用的领域越来越广泛。

（1）建筑与基础设施监管

应用无人机帮助建筑项目规划与管理是最常见的应用之一。通过软件，无人机可用于帮助分析建筑项目的进度、材料质量、运行时间，以及其他要素的监督与管理。当项目配料不足或超过最后期限时，无人机就会向项目管理人员报告详细情况。无人机还可以对建筑项目的现场和周边进行监控，这也是建筑项目的关键环节。为防止发生事故和灾难，可应用无人机拍摄和监控基础设施、高层建筑、桥梁和纪念碑等，提前发现问题并告知管理部门，以防发生悲剧，同时挽救生命、避免经济损失。

（2）应急与救灾

洪水、飓风、山体滑坡、地震和其他自然灾害发生时，这些灾难往往会阻断灾区与外界的联系，这时无人机就非常重要。它可以用来勘察灾难起因，定位受困民众，尤其在紧急关头运送生命救助物资，为灾区民众运送必需的食物、衣服和药品。在 COVID－19 疫情大爆发时期，民众出行极其不便，急需为民众运送食物和药物等必要物资，无人机送货非常有用。无人机也可用于监控某些疫区，观察疫区的民众是否安全，是否采取适当的封闭与隔离措施，还可对整个城市进行大规模喷洒消毒。

（3）智慧城市监管

由于物联网逐渐获得了普遍接受，传统城市纷纷向智慧城市转型。随着无人机技术时代的到来，无人机将广泛应用于未来的智慧城市，例如无人机在犯罪侦察方面的应用，将会保障智慧城市更加安全。根据需要，应用无人机搜索犯罪线索，跟踪可疑车辆、人员或其他目标。城市里安装的固定摄像头可能无法记录完整的场景和细节，而经久耐用且安全可靠的空中无人机，能够覆盖城市的每一个角落，轻松实现安全监控。无人机还可用于道路交通监控和事故报告，还可以在无须人工干预的情况下帮助读取水、电、气数据。

（4）智慧农业

由于农村地区通信技术落后，因而无人机技术应用于农业领域仍然面临一些困难。但是，未来无人机可以帮助种植人员采集大量的农场数据，经合理决策后实现作业流程的部分自动化，从而提高工作效率。无人机用于农场养殖监控，提前预防动物传染疾病，快速跟踪失散的牲畜，并能够有效应对处置，保障牛羊等动物的健康生长。无人机可接收来自田间地头埋置传感器的数据，帮助进行更快速、更准确监控与决策。无人机用来定期监测作物和果木的健康状况，还可以播种、洒水和喷洒农药。

（5）野生动物保护

气候变化和偷猎行为是影响世界各地野生动物健康生长的两个关键因素。据世界野生动物保护基金会估计，每年大约有数千个物种灭绝。为解决这一难题，更好地研究和保护各类生态系统、野生动物及其栖息地，自然资源保护主义者正在寻找新的、创造性的解决方案。在动物生活环境不受打扰、几乎毫无察觉的情况下，应用无人机可以轻松地对动物自然栖息地与生存环境进行监控和跟踪。无人机还可以用来跟踪濒危物种，帮助相关管理人员与研究人员采集相关信息。无人机还可以帮助辨识和打击偷猎者，将犯罪分子绳之以法。

（6）医疗卫生

由于现代医学技术的显著进步，人类实现了疾病提前预防，改善了生活条件，延长了预期寿命。但是，全球有许多偏远的农村地区，由于缺乏住房和城际高速公路等基础设施，仍然无法获得高质量的医疗卫生服务。在这些欠发达地区，无人机可以帮助快速、及时、准确、有效地运送医疗用品，如血液、中小型设备、药品以及患者检测样本等。

（7）天气预报

目前，大量的天气预报数据是通过固定基站或地理空间成像卫星采集的。科学家们一直在努力改进全球天气预报的数据采集方法，寻求软硬件方面的解决方案。在这方面，无人机有着广阔的应用前景。作为气候数据的采集工具，无人机可以飞到偏远的地区或气象中心区，采集各种气象数据。在飞行或数据采集过程中，无人机还可以根据不同的气象模式更改设置。应用无人机还可采集海洋和大气层的相关数据。

（8）能源监管

虽然可替代能源越来越受欢迎，但是化石类的燃料仍然是世界的主要能源。因此，要确保能源开采行业符合法律和管理标准，最为关键的一步是实现油气开采、加工和运输的日常监管和相关基础设施的定期巡查。应用无人机可轻松实现远程监管与巡查。通过与各种传感器联通，无人机可帮助快速检测管道是否存在跑冒滴漏现象，甚至通过高分辨率摄像头拍摄，实现故障的远程快速诊断。

（9）矿产资源勘查

采矿行业需要对现场的物料进行持续监测与评估。矿石、岩石和矿物等多种物质混杂在一起，必须对辐射及其量级进行检测。无人机应用其独特的高清摄像头获取堆放物质的存量数据，无人机还能够从空中协助采矿作业。无人机的应用，大大降低了地面人员的监测风险。此外，应用无人机还可帮助提高矿区的安全性。

（10）保险理赔

保险理赔少不了对责任事故现场进行调查取证。无人机在这方面的用途也不少见。保险公司应用无人机查看理赔车辆的损毁程度，在无须奔赴现场的情况下，通过无人机配置的高清摄像头，对事故进行准确评估，并判定是否给予保险赔付。应用无人机还可以对基础设施的损毁情况进行例行检查。对于涉险车辆，保险公司通过无人机进行定期巡查，认定损毁和事故风险程度，决定是否为用户承保。

(11) 医疗救治

我们生活在一个技术进步的数字时代，无人机作为这项技术的组成部分，尚未应用于医疗救治领域。通过无人机技术帮助将药物、疫苗和其他医疗用品快速运送到需要的地方，可有效防止疾病传播，便于医疗卫生部门改善医疗服务和安全状况。从辅助医务人员到初级保健中心，再到大型医院的其他保健人员，每一天他们都会遇到各种各样的问题，其中包括向急需救治的患者快速提供医疗援助。对于患者和医务人员来说，这是生死攸关的大事。应用无人机，可帮助患者获得及时的救治。在不具备医疗条件的情况下，无人机可能是向城镇和农村地区运送血液、疫苗、药物、蛇伤血清和其他医疗用品的唯一方式。相比有人驾驶飞机，无人机有能力飞越建筑、桥梁等障碍物体，将货物运送到不具备交通运输条件的偏远地区。无人机还可以帮助将药物运送到病床旁边，并快速穿梭于各大医院之间，运送和供应血液。无人机在医疗救治领域的应用有可能拯救生命，具有广泛的经济效益。医疗救治需要很多物品，其中包括药物、通信设备、临时住所、移动技术和其他一些必需品，这些物品均可通过无人机快速运送到急需地区，而这些地区是传统陆空运输方式无法抵达的，例如流行病、自然灾害或其他灾难发生的地方。无人机具有显著的优势，可以远程快速运输实验样本、血液、药物和其他医疗救治用品。

正是因为无人机系统在医疗救治方面具有显著优势，一些运营商和运营机构正在尝试开发和应用一些无人机技术，用以提高医疗救治效率和患者急救成效。开发人员以无人机监管家畜为例，详细介绍了无人机的监管应用情况。在世界各地，由于基础设施落后、交通不便或道路不通，养殖业主很难有机会访问实验室，将标本送到实验室抽检显然非常困难。在农村和城市周边区域，也存在这方面的难题，尤其是在尼日利亚，那里所谓的城镇道路非常糟糕，而且经常拥堵，交通状况令人堪忧。在类似的国家和地区，尤其是在偏远的农村地区，特别需要无人机提供医疗救治服务。实验室医学抽检是医疗救治的关键环节。在一些医疗抽检采集点，对一个区域进行大量的标本采集，然后将这些标本运送到另一个区域进行分析和诊断。这些医疗抽检通常在指定地点进行，抽检标本需要运送到距离相当远的医疗分析与诊断中心。因此，运输速度非常关键，一旦超时抽检样本就会发生降解，将无法用于诊断分析。另外，还需要将样本抽检结果及时发送给诊治医生和医护人员。无人机飞越饲养场，向主控室发送实时采集数据，诊治中心立即根据这些核心体温监测数据来评估动物的健康状况。

16.3.2 通信协议与技术平台

在当今的物联网时代，为了提供智能服务，无数终端设备均采用各种通信技术进行连接。而无人机辅助的网络平台，虽然频繁地利用有噪声和有损耗的通信信道，但是通信节点的运行功耗却非常小。例如，在物联网环境下，无人机辅助的网络平台允许使用 Wi-Fi、LET-A（长期演进-增强）、WiMAX、ZigBee、远程广域网（LoRa-WAN）和 5G 通信协议[6]。

Wi-Fi 是最受欢迎的通信技术之一，它允许智能终端设备在 100 m 范围内连接访问网络。这种通信技术（IEEE 802.11a/b/g/n/ac）有两种工作模式，一种是基础设施模式，另一种是自组织网络（Ad Hoc）模式，均可用于无人机通信平台与地面基站之间的通信。

据文献［7］的对比研究，相比 IEEE 802.11n，基于 IEEE 802.11ac 无人机辅助的物联网平台的通信容量更好。但是，要掌握这种通信技术还有待进一步研究。另外，大多数商用无人机的通信平台，必须通过 Wi-Fi 访问指令验证，用户才能通过移动终端设备控制无人机或其他航空飞行器。

只有通过海量的数据训练，人工智能才能具有长期的可用性。因此，其快速发展不可避免地需要采集和分析大量的数据。Wi-Fi 是最流行的互联网接入方式之一，例如基于位置背景信息，为移动用户提供无线服务。将 Wi-Fi 接收的数据发送到云端，然后通过人工智能进行分析。可见，将人工智能与 Wi-Fi 技术相结合，可共同创建可信赖、可预测和可量化的无线网络通信。

通用移动电信系统（UMTS）和全球移动通信系统（GSM）是一种名为 LTE（UMTS）通用技术的基础。LTE-A 是一种先进的技术，具备时延更低、速度更快和覆盖范围更宽广的能力。在一些布满大大小小蜂窝通信器件的地方及其周围，应用 5G、4G LTE 和 LTE-A 等蜂窝通信基础设施，可以对各种车辆甚至控制中心开展实时视频跟踪监控。这种通信架构也可应用于早期救灾和预防犯罪。另外，蜂窝网络可以把人工智能作为工具，设法满足 5G 通信的标准要求。例如，应用人工智能统计回归方法和机器学习方法，用于评估 LTE 小蜂窝的性能[12]。结果表明，采用人工智能驱动机器学习方法，其性能获得显著改进。

WiMAX 是另一种潜在的基于无人机的通信技术。该技术基于 IEEE 802.16e，可用来扩展无人机通信设备服务商提供的服务区域和通信信道开放数量。只要用户接收信号的设备比较精巧，就可以利用 WiMAX 通过 IP 语音（VoIP）服务进行数据通信。车辆可以配备各种通信小工具，充当通信网络节点，建立路由通信。尤为重要的是，可以对 WiMAX 网络流量进行预测，监控通信性能，从而有利于改进通信网络管理。因此，WiMAX 网络的性能可通过人工智能方法进行网络性能预测，例如基于最大在线用户数量的人工神经网络（ANN）。

ZigBee 是基于 IEEE 802.15.4 的一种无线通信技术，可提供低功耗和低数据速率的通信连接。IEEE 802.15.4 允许移动车辆和静止地面站之间进行短距离通信，50 m 范围内允许智能物联网设备接入。ZigBee 与人工智能技术相结合，将具有广阔的应用场景。

预计未来十年，低功耗、低比特率、远距离的 LoRaWAN 无线物联网技术，将在全球范围内得到广泛应用。因其功耗低、覆盖广，可作为无人机通信平台与地面基站之间的通信协议。当不需要进行大量跨节点并行处理时，采用特定的人工智能技术，LoRaWAN 将具有很高的成本效益。LoRaWAN 也可作为人工智能驱动机器学习的基础。LoRaWAN 与人工智能相结合，对运营商的需求将会发生一些影响和变化，其中包括通信网络架构变化和大数据分析[13]。

此外，LoRaWAN 技术还可以与人工神经网络（ANNs）等基于人工智能的方法相结合，用于预测其通信覆盖能力。相比确定性和非确定性算法，人工神经网络的计算强度更低，精度更高。未来，无线网络（或称为 5G）将为物联网（IoT）智能设备提供时延极低、数据速率极高和覆盖范围更广泛的通信服务。随着 5G 网络成本降低和能效提升，无人机作为未来无线网络的移动通信平台，将成为发展重点。例如，在未来 5G 网络中，可以将汽车联通并作为无人机的通信基站（BSs），从而扩展网络通信的容量和覆盖范围。

因此，在物联网时代，5G 是无人机通信平台最关键的通信技术之一。为解决 5G 网络的安全与隐私问题，可能会实施基于人工智能的无人机通信解决方案。此外，通过集成无人机通信平台、5G 通信技术和人工智能技术，未来可能实现人、自行车和汽车位置信息之间的通信交互，从而降低事故发生几率。

16.3.3 通信体系架构

本节简要描述无人机的通信架构，阐述无人机与基站之间或无人机与无人机之间如何交换数据。无人机通信架构分为集中式通信和分布式通信两种。

如图 16-1 所示，在集中式架构中，所有无人机都与地面基站联通。在这种架构中，各无人机之间并不直接联通，而是分别接收来自地面基站的指挥、控制、通信指令。另外，两个平台之间的通信是通过中心节点来完成的。因为数据通信需要经过地面基站路由，所以无人机之间的通信时延相当大。而且，由于无人机与地面基站之间的通信距离通常较远，在集中式架构中，无人机通信需要较高的传输功率，平台之间需要较高的兼容性。然而，由于尺寸和有效载荷的限制，中小型平台并不理想。一旦地面基站发生故障，整个无人机通信平台就会离线。

图 16-1　无人机集中式通信架构

可见，集中式架构不稳定、不耐用。相比集中式架构，在分布式架构中，各无人机之间可直接或间接联通，无需中央节点或地面基站路由。分布式通信体系架构分为自组织网络架构、多组网络架构和多层自组织网络架构三种模式。如图 16-2 所示，在无人机自组织网络通信时，每架无人机都参与通信数据的分发。在分布式架构中，地面基站只需要联通其中的一架网关无人机即可，该网关无人机负责其他无人机与地面基站之间的通信连接。因此，网络覆盖区域可能会显著增大。网关无人机必须通过一种无线电通信传输设备与地面基站通信，并使用另一种通信传输设备与连接到网络的其他无人机通信。因为无人机之间的距离近，无线传输设备重量轻，价格相对便宜，所以这种架构非常适合中小型无人机网络通信平台。但是，为了确保网络的联通性，所有无人机必须采用统一的飞行模式，如相同的速度和航向等。这种通信架构设计适合持续监视各种无人机活动。

图 16 - 2　无人机自组织网络架构

多组无人机网络架构融合了集中式和自组织网络架构。如图 16 - 3 所示，通过多组无人机及相应的网关无人机，构成了一个与地面基站相联通的多组无人机网络。

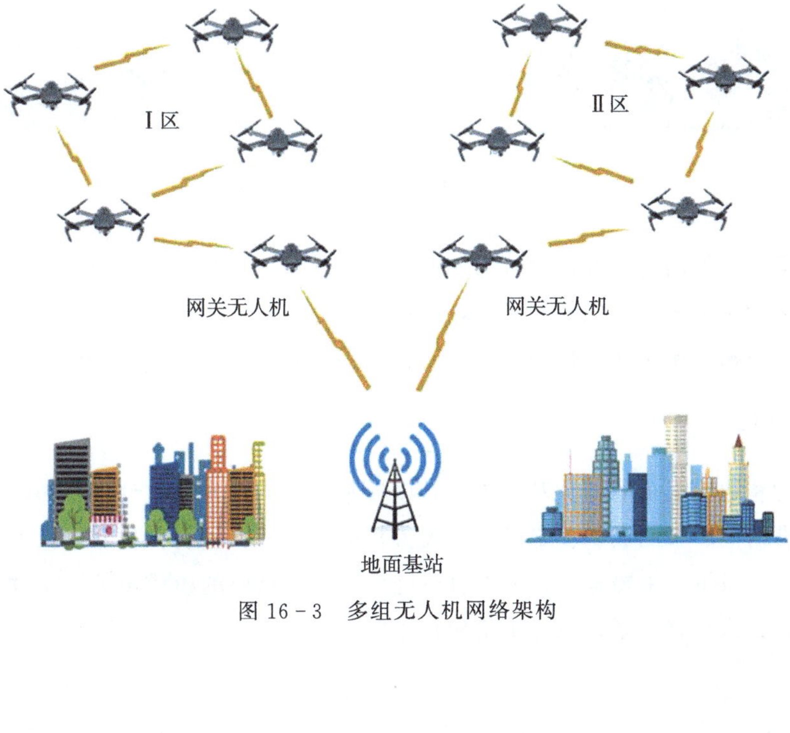

图 16 - 3　多组无人机网络架构

同一组无人机之间的通信，采用的是本节前面所描述的无人机自组织通信网络，而网关无人机和地面基站用于两组之间的通信。需要强调的是，当涉及大量无人机参与通信时，这种通信架构运行得最好，每架无人机都具有不同的通信能力或飞行能力。然而，由于并非全部是集中式通信，所以这种框架不够灵活。如图 16 - 4 所示，多层无人机自组织网络包括多组不同的无人机。在这种类型的通信架构中，各个自组织网络的网关无人机之间相互联通。

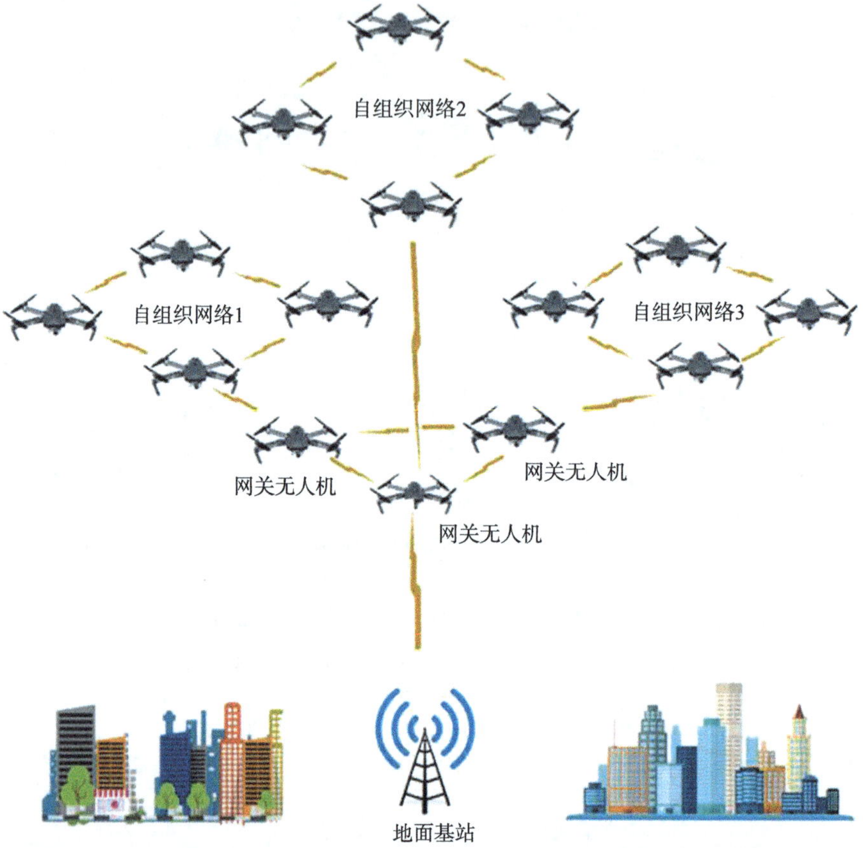

图 16 - 4　多层无人机自组织网络架构

此外，只有一架网关无人机直接与地面基站联通，负责与基站之间进行数据通信。网关无人机处理两个无人机群之间的通信，因此它不必直接经由基站。这就大大减少了基站的通信和处理负荷。多层无人机通信网络不存在单点故障，架构稳定可靠。

16.3.4　基础构件

本节介绍构成无人机的各种基础构件，以便帮助理解无人机设计与工作原理，为缩短日常商业运营时间、节约成本奠定基础。无人机的构件分为主要构件和副件两大类，详细构成如图 16 - 5 所示。主要构件是无人机系统设计中最重要的组成部分，副件虽然不是最关键的，但在无人机整体系统设计中仍然很重要。

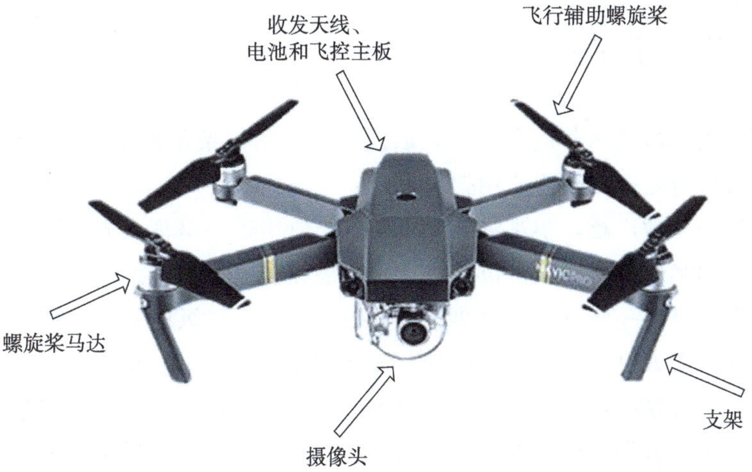

图 16-5　无人机的基本构成部件

（1）主件

GPS 模块：GPS 模块是一个关键构件，为飞行器提供相关的空间信息，如经度、纬度和海拔高度等。无人机通信平台也因此能够飞得更远，并覆盖周边的区域。即使无人机与主控制单元失去通信，GPS 模块也能帮助无人机安全返航。

电池：电池是无人机的核心构件，如果没有电池供电，无人机将无法飞行，所有功能部件都不能有效运行。由于无人机的型号不同，电池的容量大小也各不相同。小型无人机功耗要求低，电池的容量也比较小。而大型无人机则需要大容量的电池。无人机的操控人员，可以根据控制器上遥控监视器显示的电量读数来监管电池的性能。另外，也可以通过制造商提供的用户应用程序界面来监控无人机的状态。

摄像头：摄像头也是无人机的核心构件之一。有些无人机配置内置摄像头，有些无人机可能配置多种类型的摄像头。无人机的主要用途之一就是利用这些摄像头进行拍摄。

控制器：从本质上说，控制器是无人机的大脑或主板，负责控制无人机的飞行方向，解码 GPS 模块，收发天线指令，以及接收传感器信号等。此外，它还负责控制无人机，并通过电子调速器来控制电机的速度，以及控制无人机的自动驾驶模式和其他自主任务。

（2）副件

螺旋桨：螺旋桨通常安装在无人机顶部的各个方向上，大小不同。螺旋桨的结构材料也不相同，有些螺旋桨由塑料制成，不仅轻便而且成本低。有些螺旋桨价格非常昂贵，由碳纤维材料制成，经久耐用。螺旋桨负责无人机的运动与飞行方向。

收发器：收发器是无人机往返收发无线电信号的关键部件。无人机飞行时，通过接收器接收无线电传输信号实现通信。每架无人机的无线电信号都有一个独特的代码，以区别于空中其他信号。

太阳能电池板：由于电池容量有限，无人机可能会增配便携式可再生太阳能电池板。太阳能电池板可以显著提升无人机的效能，延长续航时间。它还可以减少无人机电池充电的需求。因此，太阳能电池板可能是无人机长航时飞行的理想选择。

16.4 提出的应用架构

本节将探讨无人机的一些应用程序，以及一些应用框架示例。在探讨各种应用之前，首先探讨智慧城市智能医疗卫生应用架构。

无人机的用途非常广泛，很难将无人机的智能应用逐一呈现出来。因此，本节将重点推荐一些前瞻应用案例，并详细探讨这些应用的潜在价值。这里给出了一个架构示例，包含三级系统，第一级由一些可穿戴健康监测设备组成，第二级由网络应用程序和云存储设备组成，第三级是无人机网络。该架构的各级详细流程如图 16-6 所示。

可穿戴设备由可穿戴传感器组成，其中包括温度传感器、脉冲传感器和汇聚节点。这些传感器定期采集患者的身体参数指标信息，然后通过汇聚节点传送到云端。汇聚节点配置了内置无线通信芯片，可与服务器进行远程通信。首先，采用可穿戴物联网设备测量并获取患者的生命体征。只要启动这些可穿戴的物联网设备，就可以测量并获取患者的体温和脉搏等数据。传感器采集的这些数据将会定期传送到云服务器。云数据库将各种异构数据进行结构化处理，以便进一步读取与传输。云端将运行各种预测算法，通过这些算法，为医生提出一些建设性分析意见。

在随后的诊断决策过程中，相关医生将会收到关于这些分析意见的短信提示。在这个阶段，患者身体将会佩戴一个温度传感器和一个精心设计的即插即用心率传感器，称为脉搏传感器，以便定期采集患者的一些生理参数。通常，DS18B20 传感器搭配 SN0203 脉冲传感器，用作温度传感器。

此外，汇聚节点将传感器数据传输到云服务器。这时，微控制器（Nodemcu）将被用作汇聚节点或网关。它包含一个集成式 Wi-Fi 模块（ESP8266），将数据通过无线网络传输到服务器。这些传感器能够定时采集患者的关键体征参数，并通过中间的微控制器和汇聚节点传输到云数据库中。微控制器通过内部程序来控制传感器数据传输。该程序具有一定的间隔时间，可以控制传感器数据的传输速度。微控制器采集到的数据，将通过汇聚节点发送到云服务器上。

可通过移动网络直接访问云服务器上的数据。为便于下一步研究与分析，将采集到的数据打包并封装到云数据库中。云服务器可以运行各种预测算法，以便为医生提供建设性分析建议。通过适当的机器学习模型预测和分析，随后将分析结果或示警体征指标通知到相关医生，以便采取必要的预防和救治措施。示例模型如图 16-7 所示。

可穿戴智能设备模块启动后，将会采集各个体征参数，如温度、脉搏、血压和氧饱和度等。每隔一段时间，传感器采集的数据将会定期通过汇聚节点上传到服务器。在该示例模型中，智能手机可当作接收器。通过 IFTTT 平台，将传感器采集的数据以数字形式发送到 Google 电子表格。IFTTT 是指“如果触发了一个程序，则执行设定好的另一程序”（IF This Then That），它是一个接口平台，可以采集传感器数据，并通过 API 接口发送到 Google 电子表格。

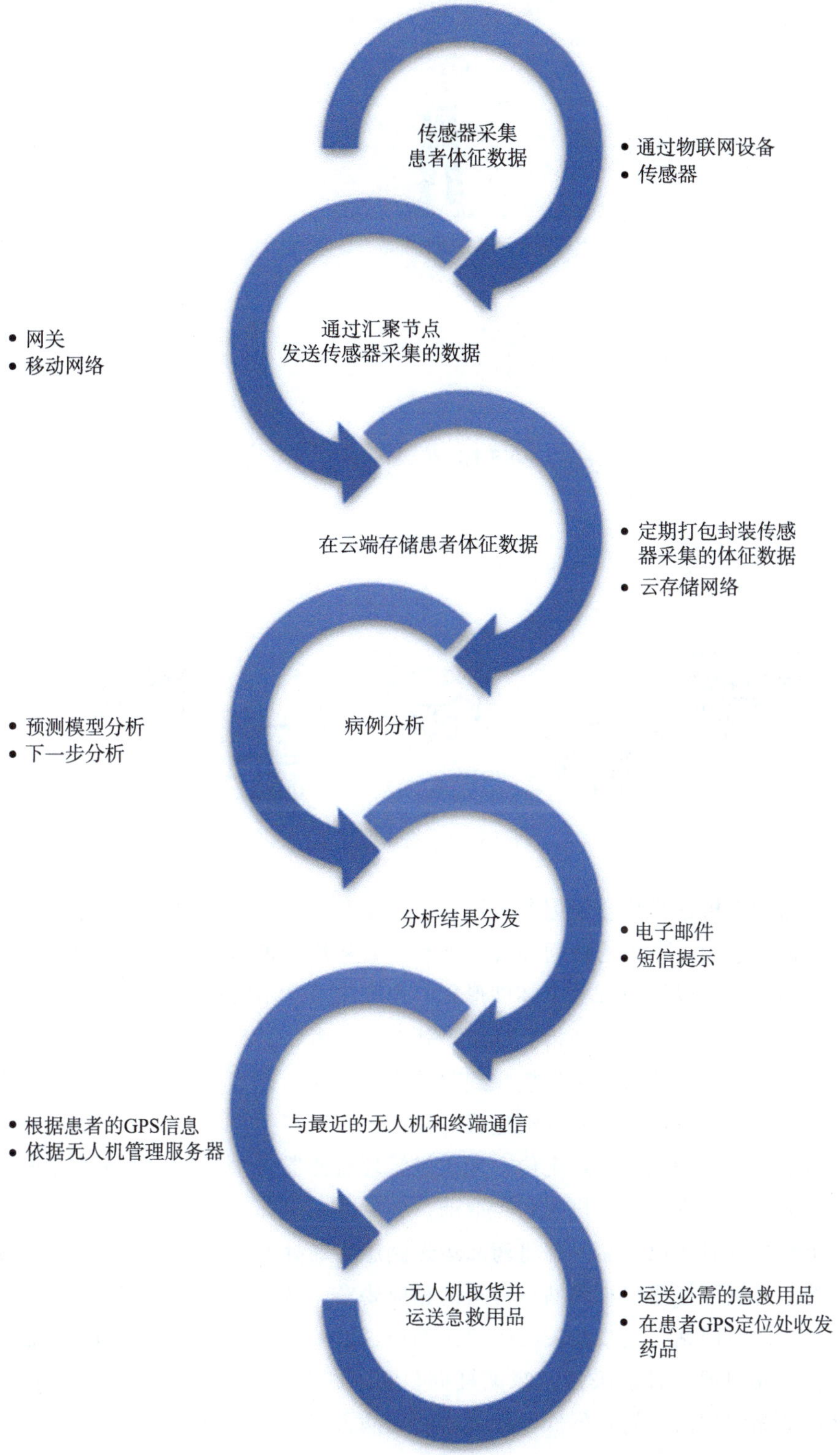

图 16－6　研究提出的无人机医疗架构详细流程图

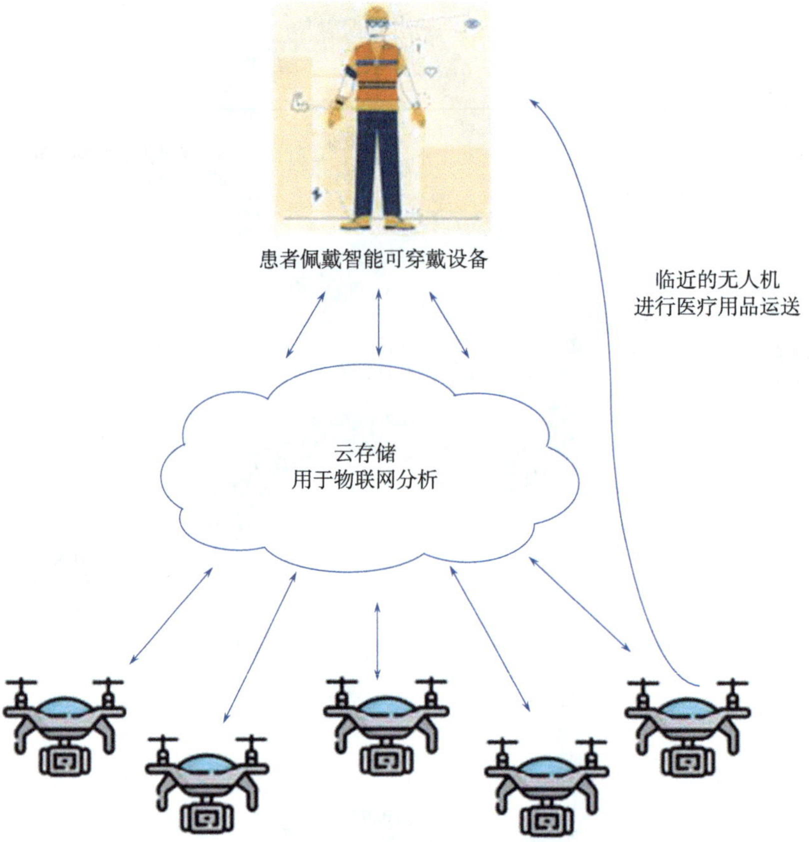

图 16－7 提出的模型

数据存储和分析过程将会应用各种机器学习模型。部署在云端的机器学习模型是经过现有数据集训练过的。采集的数据经规范处理后，将用于最适合的预测模型，以便预测得更准确。预测结果将以短信或电子邮件形式，通知相关救治或医护人员。

一旦服务器检测到任何体征指标异常，就会向患者、护理人员和医生发出报警，以便及时对患者进行必要的救治。医生接收到邮件后，登录云托管账号，查看云端存储的患者数据，及时给出救治建议。这些救治建议一经上传和发布到门户网站上，无人机管理网络将会自动激活，并自动进行患者定位。无人机管理服务器将根据患者的定位信息，自动激活并派遣距离最近的本地无人机到药店取药。

无人机经授权后领取药品，并将药品运送到患者的处所。如果需要患者进行实验室抽检，最近的无人机可根据门户网站管理员的相应要求，从患者处所获取抽检样本。患者可以登录指定的门户网站，接收相关医生给出的详细诊治意见。这样，应用无人机技术就可以在智慧城市实现远程智能医疗。毫无疑问，无人机技术远程智能医疗应用值得大力推广，能够显著缩短救治时间，降低医疗成本，让病人得到快速救治。

16.5 问题与挑战

目前，无人机在智能医疗救治方面的应用还处于不断发展之中。实时网络监控可能面临最严峻的挑战。相关安全威胁问题，前面已有阐述，这里只针对一些重点问题强调如下。

1）动态调整任务载荷，降低成本。相比采集和传输的数据量，无人机在内存、存储能力、电池容量和传输时延等方面，仍然存在一些问题，设备容易损毁，性价比低。因此，如何在执行任务过程中降本增效仍然是一项难题。比较可行的办法是动态调整无人机的任务载荷。为满足物联网各种终端小型设备敏感数据采集和传输的容量，提高无人机的竞争力，应进一步统筹考虑公共区域的无人机工作频段、物联网终端小型设备和预期的存储数据量。

2）电池寿命和续航能力。无人机采用电池供电，在电能耗尽前必须能够返回基地。过多的网络参与和不利的气候条件都会消耗电量，影响无人机的续航能力。因此，在不增大无人机重量和尺寸的前提下，必须减少无人机网络通信的参与程度。但是，在无人机实施监控时，如何确定同时起降的多架无人机准确的 ID，这也是一项难题。无人机在气象条件恶劣、热指数波动以及靠近外形规则或不规则建筑物等情况下进行起飞和降落时，非常有必要评估和计算任务无人机之间、任务无人机与地面基站之间以及任务无人机与无人机控制节点之间的联通状态，这对于无人机执行商业活动及应急任务至关重要。

3）降低运营成本，提高吞吐量。成本可能是认同并运营无人机技术的最重要的因素。无人机价格高昂，通常高出接受价。因此，应该努力寻求一种增强无人机调度的成本核算程序，实现降本增效。

4）执行力和不折不扣的任务质量。无人机的绩效取决于其完成任务的效率和利用率。要在日益拥挤的运行环境中更好地运营无人机，研究人员必须寻求更高效、更可靠的无人机应用方案。信息处理和远距离通信能力是无人机的关键瓶颈之一。要解决这一问题，必须纠正对无人机的片面认知，要立足于整个无人机行业的稳定增长。

5）满意度差。尽管无人机智能医疗系统执行任务具有特殊性，但是失望率仍然很高。例如，无人机信号连接中断、电池电量不足、摄像头和设备传输不给力等，因此，无人机智能医疗系统的整体表现受到了很大影响。应进一步采取措施，强化架构，避免出现类似情况。

6）需要更安全的方案。无人机技术发展的重点是信息传输速率和安全性。必须采用新的方案，以便应对针对无人机及其组织架构发起的各种攻击。获取数据的安全性是最重要最紧迫的问题之一。由于基本部件的可用性较差，只能通过程序员访问无人机信息并执行操作功能。为确保无人机获取数据的安全性，应采用信息融合、航拍图像拼接等多种图像简化流程，还应探索类似区块链技术的各种应用。

此外，这种架构的自动升级也存在问题，将给无人机在其他行业的应用带来影响。根据不同研究人员的观点，这些问题可能影响电池寿命、有效载荷等方面的一些规定和建议。在全球范围内，无人机安全送货服务测试可能会因此受到影响，当前许多国家正在开展类似的研究工作。尽管美国联邦航空管理局（FAA）对指南内容的第107章进行了修订，发布了新版指南，取消了一些限制因素，但仍然存在一些漏洞。随着这些障碍的逐渐消除，未来无人机运营公司将对无人机技术创新产生更浓厚的兴趣，从而推动运输方式和管理模式的创新和进步，并从这种应用优势中获得巨大的收益。航空电子管理仍然是这一创新的最大障碍，但已有所改进。有人担心安全漏洞问题，因为无人机创新可能会被不明身份的团体利用，从事远程间谍活动。

也有人担心无人机会堵塞空域，并可能导致人工操控无人机和自动驾驶无人机碰撞，并造成坠机事故。其他的担忧，还包括无人机与建筑物碰撞，以及无人机坠落砸伤行人等。前美国远征军司令部负责人就无人机创新提出了建议。根据他们的系统，他认为，第一应该实施地-空管控，防止非法分子控制无人机飞行，并防止网络犯罪；第二，如果无人机飞出管控视线，将导致混乱并增加操控成本；第三，将机器人纳入空中管制框架，将需要某种形式的远程架构。第四，相比美国当前典型无人机的初步应用，用于医疗救治的无人机应该能够更有效地执行救治任务。

16.6 结论

在不久的将来，物联网和无人机技术将改变智能医疗架构。本章探讨了无人机智能医疗模型的创新应用。该模型融合了云服务、人工智能预测分析、智能传感器以及控制器等。它们既能执行非常规任务，又能准确地采集传感器数据。在这种应用方案中，重点强调了与无人机应用相关的通信技术，特别是医疗卫生监控技术。当然，该框架仍然存在一些缺陷和问题，今后还需开展大量的创新研究工作。首要问题是解决成本、质量可靠性和续航问题。

随着无人机技术服务的不断开放，无人机提供的便利将会越来越多。运送临床和实验室样本以及血液等医疗用品，包括危重患者救治活体、组织检查等，目前这些应用已处于起步阶段。应用无人机运输临床医疗用品已成为偏远地区的最佳选择，传统的陆空运输方式很难将急需物资运送到遭遇自然灾害或战争破坏以及发生其他灾难的地区，而且这些地区天气条件可能十分恶劣，流行病蔓延，或者政府采取了严格的封控措施。在世界各地，健康专家、临床研究人员、医生、医护人员和其他临床工作人员，均已开始利用无人机提供帮助。无人机的创新应用，具有不确定性和广泛性。在无人机的帮助下，促进了临床研究，推动了医疗卫生行业的发展。在临床业务中，应用无人机可靠地运送实验室抽检样品、药物、抗体、应急临床设备，并参与救援管理。总体而言，在当前的形势下，政府机构应将无人机的应用纳入全球计划。在一些基础设施受限或者疫情期间无法获得医疗服务的地方，应用无人机可就地提供医疗服务保障，实践证明这是可行的，且非常有效。应尽快在健康和航空领域开展研究工作，以保证将交通服务纳入管理层框架。应大力推动和实施严格的无人机注册和授权标准，一旦发生违规和干扰事件，就能够对其进行密切的监控、跟踪和识别。同样，应该扩大公共宣传，制造商应研究和生产出有效载荷更大、内存和电池续航时间更长的无人机。

医疗技术与无人机技术相结合，可能是最令人鼓舞的一种智能医疗方案，该方案可以升级创新，有序管理海量复杂的医疗数据，并提供快速、准确的救治措施。为此，本章通过对无人机技术应用的探索性研究，强调了无人机辅助智慧医疗在智慧城市中的各种应用及相关约定，并给出了不同的规划变量和前提条件，保证了构建的框架方案可靠有效和有更高的服务质量。此外，还详细讨论了无人机通信平台基于分组和基于图像的框架结构。最后，就无人机技术在医疗卫生领域的应用，提出了一些问题和挑战，这些问题和挑战需要某种以解决方案为中心的解决办法，其中着重阐述了基于无人机的智能医疗系统。

16.7　未来展望

人们期待无人机技术在医疗卫生领域的应用更加精准。远程患者监护是众多的应用之一，应用无人机可以轻松地进行安全无风险的远程监护。有了无人机的帮助，医疗人员会诊后，可远程采集患者样本并进行实验室分析。诊断后，处方药品也可通过无人机送到患者手中。

为解决一些问题，例如无人机航向及返回地面基站的强制模式、电池寿命、探测以及其他应用问题（如精准农业、无人机跟踪、不利气候条件下的通信、碰撞规避等），目前正在重点探索 AI（人工智能）、ML（机器学习）和所有基于预测支持的前沿技术方法。为了实现更高质量的信息通信，也在探索基于超小波的通信技术创新方法。

无人机从药店取出急救用品并直接运送到病床，这种技术创新与实施充满着种种遐想和希望。未来，将会出现更多的短期护理，或许在诊所就能获得实时的医疗救治。应用无人机，可以安全、轻松地为各种疾病患者提供本地医疗服务。医生询问和查看患者的实时数据后，基于患者以往健康数据的分析建议，通过无人机将诊断结果实时传送到中央服务器上。最终用户（患者）通过无人机收发系统，居家就可以接收医生的抽检要求、处方和其他治疗要求。此外，通过这项技术，还可减少办公人员与他人接触，还可在办公室隔离而无须送到隔离中心。无人机可以为患者和不便外出就餐的人员运送食物，还可以对隔离病人进行日常监测。随着无人机在智能医疗应用领域的技术创新发展，大量潜在用户已经通过了个人审查和验证阶段，各行各业努力提高无人机操控的熟练程度，分析无人机技术应用所带来的优势，他们将应用这一技术创新，更可靠、更经济地执行安保及相关任务。无论如何，这将有助于推动无人机智能医疗行业的快速发展，并为相关行业的发展提供支持。此外，由于 COVID－19 疫情大流行期间对患者居家隔离的限制以及健康检测手段的发展，无人机在货运以及提供就地医疗服务方面发挥了强大作用，这可能是疫情期间留下的一笔巨大技术财富。

参考文献

[1] Al-Turjman, F., A novel approach for drone positioning in mission-critical applications. Trans. Emerging Telecommun. Technol., 33, 3, e3603, 2022.

[2] Al-Turjman, F., Zahmatkesh, H., Shahroze, R., An overview of security and privacy in smart cities' IoT communications. Trans. Emerging Telecommun. Technol., 33, 3, e3677, 2022.

[3] Ullah, S., Kim, K. I., Kim, K. H., Imran, M., Khan, P., Tovar, E., Ali, F., UAV enabled healthcare architecture: Issues and challenges. Future Gener. Comput. Syst., 97, 425-432, 2019.

[4] Krey, M. and Seiler, R., Usage and acceptance of drone technology in healthcare: Exploring patients and physicians perspective, in: 52nd Hawaii International Conference on System Sciences, Grand Wailea HI, USA, 8-11 January 2019, HICSS, pp. 4135-4144, 2019.

[5] Bravo, R. Z. B., Leiras, A., Cyrino Oliveira, F. L., The use of UAVs in humanitarian relief: An application of POMDP-based methodology for finding victims. Prod. Oper. Manage., 28, 2, 421-440, 2019.

[6] Wazid, M., Bera, B., Mitra, A., Das, A. K., Ali, R., Private blockchainenvisioned security framework for AI-enabled IoT-based drone-aided healthcare services, in: Proceedings of the 2nd ACM MobiCom Workshop on Drone Assisted Wireless Communications for 5G and Beyond, 2020, September, pp. 37-42.

[7] Zhang, S., Zhang, H., Di, B., Song, L., Cellular UAV-to-X communications: Design and optimization for multi-UAV networks. IEEE Trans. Wireless Commun., 18, 2, 1346-1359, 2019.

[8] Al-Turjman, F., Ever, E., Fahrioglu, M., UAVs in intelligent IoT-cloud spaces, in: Drones in IoT-Enabled Spaces, pp. 1-6, CRC Press, Boca Raton, 2019.

[9] Sharma, V., You, I., Kumar, R., Chauhan, V., OFFRP: Optimised fruit fly based routing protocol with congestion control for UAVs guided ad hoc networks. Int. J. Ad Hoc Ubiquitous Comput., 27, 4, 233-255, 2018.

[10] Hussain, S., Mahmood, K., Khan, M. K., Chen, C. M., Alzahrani, B. A., Chaudhry, S. A., Designing secure and lightweight user access to drone for smart city surveillance. Comput. Stand. Interfaces, 80, 103566, 2022.

[11] Jaiswal, R., Agarwal, A., Negi, R., Smart solution for reducing the COVID-19 risk using smart city technology. IET Smart Cities, 2, 2, 82-88, 2020.

[12] Gupta, R., Kumari, A., Tanwar, S., Fusion of blockchain and artificial intelligence for secure drone networking underlying 5G communications. Trans. Emerging Telecommun. Technol., 32, 1, e4176, 2021.

[13] Mbunge, E., Chitungo, I., Dzinamarira, T., Unbundling the significance of cognitive robots and drones deployed to tackle COVID-19 pandemic: A rapid review to unpack emerging

opportunities to improve healthcare in sub - Saharan Africa. Cognit. Rob. , 1, 205 - 213, 2021.

[14] Hoque, M. A. , Hossain, M. , Noor, S. , Islam, S. R. , Hasan, R. , IoTaaS: Drone based Intrenet of Things as a service framework for smart cities. IEEE Internet Things J. , 9, 14, 12425 - 12439, 2021.

[15] Sharma, K. , Singh, H. , Sharma, D. K. , Kumar, A. , Nayyar, A. , Krishnamurthi, R. , Dynamic models and control techniques for drone delivery of medications and other healthcare items in COVID - 19 hotspots, in: Emerging Technologies for Battling COVID - 19, pp. 1 - 34, Springer, Cham, 2021.

[16] Chowdhry, B. S. , Shaikh, F. K. , Mahoto, N. A. (Eds.), IoT architectures, models, and platforms for smart city applications, IGI Global, United States, 2019.

[17] Alsamhi, S. H. , Ma, O. , Ansari, M. S. , Almalki, F. A. , Survey on collaborative smart drones and internet of things for improving smartness of smart cities. IEEE Access, 7, 128125 - 128152, 2019.

[18] Sharma, M. , Drone technology for assisting COVID - 19 victims in remote areas: Opportunity and challenges. J. Med. Syst. , 45, 9, 1 - 2, 2021.

[19] Jin, Y. , Qian, Z. , Gong, S. , Yang, W. , Learning transferable driven and drone assisted sustainable and robust regional disease surveillance for smart healthcare. IEEE/ACM Trans. Comput. Biol. Bioinform. , 18, 1, 114 - 125, 2020.

[20] Magaia, N. , Ribeiro, I. D. L. , de Aguiar, A. W. , Fonseca, R. , Muhammad, K. , de Albuquerque, V. H. C. , An artificial intelligence application for drone - assisted 5G remote e - health. IEEE Internet Things Mag. , 4, 4, 30 - 35, 2021.

[21] Kumar, A. , Sharma, K. , Singh, H. , Naugriya, S. G. , Gill, S. S. , Buyya, R. , A drone - based networked system and methods for combating coronavirus disease (COVID - 19) pandemic. Future Gener. Comput. Syst. , 115, 1 - 19, 2021.

[22] Abid, A. , Cheikhrouhou, S. , Kallel, S. , Jmaiel, M. , Temporal constraints in smart contract - based process execution: A case study of organ transfer by healthcare delivery drone, 2021.

[23] Das, S. , Mohanta, B. K. , Jena, D. , IoT commercial drone and it's privacy and security issues, in: 2020 International Conference on Computer Science, Engineering and Applications (ICCSEA), IEEE, pp. 1 - 4, 2020, March.

[24] Kumar, A. , Sharma, K. , Singh, H. , Srikanth, P. , Krishnamurthi, R. , Nayyar, A. , Drone - based social distancing, sanitization, inspection, monitoring, and control room for COVID - 19, in: Artificial Intelligence and Machine Learning for COVID - 19, pp. 153 - 173, Springer, Cham, 2021.

[25] Munawar, H. S. , Inam, H. , Ullah, F. , Qayyum, S. , Kouzani, A. Z. , Mahmud, M. A. , Towards smart healthcare: UAV - based optimized path planning for delivering COVID - 19 self - testing kits using cutting edge technologies. Sustainability, 13, 18, 10426, 2021.

[26] Gera, U. K. , Saini, D. K. , Singh, P. , Siddharth, D. , IoT - based UAV platform revolutionized in smart healthcare, in: Unmanned Aerial Vehicles for Internet of Things (IoT) Concepts, Techniques, and Applications, pp. 277 - 293, 2021.

[27] Sangeetha, D. , Rathnam, M. V. , Vignesh, R. , Chaitanya, J. S. , Vaidehi, V. , MEDIDRONE—A

predictive analytics - based smart healthcare system, in: Proceedings of 6th International Conference on Big Data and Cloud Computing Challenges, pp. 19 - 33, Springer, Singapore, 2020.

[28] Maheswari, R., Ganesan, R., Venusamy, K., MeDrone - A smart drone to distribute drugs to avoid human intervention and social distancing to defeat COVID - 19 pandemic for Indian hospital. J. Phys.: Conf. Ser., 1964, 6, 062112, 2021, July, IOP Publishing.

[29] Ren, X., Vashisht, S., Aujla, G. S., Zhang, P., Drone - edge coalesce for energy - aware and sustainable service delivery for smart city applications. Sustainable Cities Soc., 77, 103505, 2022.

[30] Mohammed, M., Hazairin, N. A., Al - Zubaidi, S., AK, S., Mustapha, S., Yusuf, E., Toward a novel design for coronavirus detection and diagnosis system using IoT based drone technology. Int. J. Psychos. Rehabil., 24, 7, 2287 - 2295, 2020.

[31] Zagrai, A. and Hassanalian, M., Drones as a driving force for smart towns: Technology and accessibility, in: AIAA Propulsion and Energy 2020 Forum, p. 3967, 2020.

[32] Kumar, K., Kumar, S., Kaiwartya, O., Kashyap, P. K., Lloret, J., Song, H., Drone assisted flying ad - hoc networks: Mobility and service - oriented modeling using neuro - fuzzy. Ad Hoc Netw., 106, 102242, 2020.

[33] Li, J., Goh, W. W., Jhanjhi, N. Z., A design of IoT - based medicine case for the multi - user medication management using a drone in elderly centre. J. Eng. Sci. Technol., 16, 2, 1145 - 1166, 2021.

[34] Anand, P., Arjun, P., Kumar, N. B., Gowtham, K., Drone ambulance support system. Int. J. Eng. Tech., 4, 2, 369 - 373, 2018.

[35] Çlhan, A. and Cicioğlu, M., Drone - assisted smart data gathering for pandemic situations. Comput. Electr. Eng., 98, 107769, 2022.

[36] Khan, N. A., Ahmad, M., Alam, S., Siddiqi, A. M. U., Ahamad, D., Khalid, M. N., Development of medidrone: A drone based emergency service system for Saudi Arabian healthcare, in: 2021 International Conference on Computational Intelligence and Knowledge Economy (ICCIKE), IEEE, pp. 407 - 412, 2021, March.

[37] Ahmad, K. A. B., Khujamatov, H., Akhmedov, N., Bajuri, M. Y., Ahmad, M. N., Ahmadian, A., Emerging trends and evolutions for smart city healthcare systems. Sustainable Cities Soc., 80, 103695, 2022.

[38] M. Johnston and C. Hoffmann, Hybrid MAC protocol, based on contention and reservation, for mobile ad hoc networks with multiple transceivers. U. S. Patent 10, 251, 196, 2 Apr 2019.

[39] W. Sham, Facilitating communication with a vehicle via a UAV. U. S. Patent 10, 454, 564, 22 Oct 2019.

[40] T. D. Erickson, C. A. Pickover, M. Vukovic, K. Weldemariam, Unmanned aerial vehicle - based system for creating foam splint. U. S. Patent Application 15/222, 574, 1 Feb 2018.

第 17 章　无人机货运

V. Sakthivel[1,2*]，Sourav Patel[2]，Jae Woo Lee1，P. Prakash[2]

1. Konkuk Aerospace Design - Airworthiness Institute，Konkuk University，Seoul，South Korea

2. School of Computer Science and Engineering，Vellore Institute of Technology，Chennai，Tamil Nadu，India

[*] 通讯作者：mvsakthi@gmail. com

摘　要：货运无人机是一种用于运送货物和包裹的无人飞行器。通过自主软件对货运无人机进行远程操控。应用货运无人机将产品或物品运送到指定地点，无人机具备的机械辅助功能可搬运人工无法完成的大件物体，因此，世界各地的零售商和运输行业已开始应用无人机运送货物。货运无人机还可运输血液、疫苗、药物和医学样本，有利于在偏远地区开展医疗救治和其他物品投送。

就市场而言，这类无人机技术新颖，因而造价不菲。运送货物时，这些无人机将不断消耗电池能量，运输公司可能因为这些货运无人机电力不足而面临货运中断的问题。货运无人机通常配置摄像头，用于持续记录客户的位置和财产信息，而这些信息可能会被不法无人机用户窃取和利用。货运无人机也可能会面临被盗的风险，无人机的电源可能会在空中被切断，致使无人机坠落并被劫走。此外，由于这类无人机由多种不同的软件操控，容易访问或遭到入侵，这可能导致无人机被滥用。

无人机还可以作为一种防御手段，用于提升国家安全。应用无人机运送货物时，运营机构必须保证客户的信息安全。此外，这类无人机产品必须能够适应各种气候条件，在空气动力学性能方面更加优秀。为了进一步保障安全，无人机制造商应生产可靠的或具备安全功能的无人机，以降低风险。制造商正在努力研发具备可视化细节监控能力的货运无人机。

关键词：无人机模块，无人机客户信息盗用，户外测试

17.1　概述

无人机取自“drone”一词。该词本意是指“雄蜂”和“持续不断的嗡嗡叫声”（图 17 - 1），也指（遥控）无人驾驶飞机（或导弹）。可自主飞行的飞机或飞船[3]，都被称为无人机。无人机还有以下几种称谓：

- 无人驾驶飞行器（UAVs）
- 无人驾驶飞行系统（UAS）
- 遥控飞机系统（RPAS）

图 17-1 无人机

近年来，无人机已经成为最受欢迎的高技术消耗品之一，但这些飞行器到底是什么，它们能做什么？

无人机是指飞机上不需要驾驶员的飞行平台。它们可以由操控员或计算机操控。无人机最初用于军事目的，执行人类无法完成的复杂或危险任务，如无人机监控和无人机打击，这是最常见的两种军事应用。

民用无人机也日益普及，一些运输企业目前正在推广无人机货运服务。世界各地的零售商和运输机构开始应用货运无人机运送医疗物品，如血液、疫苗、药物、医学样本等。在一些无法快速到达的偏远地区，应用无人机进行医疗物品配送。另外，无人机还可用于两大娱乐休闲项目，如无人机航拍和比赛。

最初，无人机是为战争用途而设计的，主要用作攻击武器。由于无人机的应用，极大地扩展了在空中快速移动的能力。由于先进的摄像头和复杂地形快速到达能力[4]，无人机的用途已经大大扩展，越来越多地应用于物流服务、无人机航拍、监控和新闻报道等。例如，2013 年 12 月，亚马逊公司推出了“亚马逊 Prime Air”无人机服务，应用八旋翼无人机（Octocopters）可在 30 min 内完成各种货物运送，特别适合运送体积小、重量轻（约 55 磅）的物品。

跨国物流公司 DHL 开发出了第三代无人机，进一步验证了它们作为货运平台的适用性，如具有更好的空气动力性能、精准配送和自主性等。还有一些运营机构开始尝试无人机货运服务，因为对他们来说速度才是关键。在本章中，作者简要回顾了无人机的发展历史，探讨了无人机货运的利弊。

17.2　无人机的发展历史

众所周知，无人机的开发和应用已延续多年。那么问题来了，是谁发明了这些无人驾驶飞机呢？这要归功于尼古拉·特斯拉（Nikola Tesla）和威廉·克罗泽（William Crozier），他们在 20 世纪初发明了无人机。自那以后，这项技术极大地提升了监视能力，私人用途的无人机也随之声名鹊起[1]。

1900 年秋，莱特兄弟开创性地进行了“小鹰号”（Kitty Hawk）飞行。几年后，基于尼古拉·特斯拉的创意，英国制造了第一架无人驾驶飞机，命名为“拉斯顿·普罗克特空中目标”（The Ruston Proctor Aerial Target）。该无人机通过雷达操控，就像今天的无人机一样。尼古拉·特斯拉发明了这种可以用雷达波束短距离遥控操纵的无人机。因此，有人认为特斯拉的非凡发明是第一架自动驾驶的无人机。

法国布雷盖（Brequet）兄弟制造了第一架四轴无人机，命名为“1 号旋翼机”。虽然它在空中飞得不够远，只飞了几英尺的距离，但它是第一架自行升空的旋翼无人机（图 17-2）。据说，这架旋翼机进行过多次飞行。”[5]

图 17-2　早期的旋翼无人机

最初，无人机是为军事用途而设计的，但是随着时间的推移，消费级无人机的需求显著增加，它们被广泛应用于商业运营（图 17-3）。除了军事用途以外，它们还广泛用于日常生产和生活。商用无人机可追溯到奥托·李林塔尔（Otto Lilienthal），人们认为他发明了第一架可操控的载人滑翔机（1891 年）。

如图 17-4 所示，无人机可以追溯到 1849 年，当时奥地利对威尼斯发动战争，他们使用无人气球装载炸药。从本质上看，这些无人机的发展经历了不断的探索和尝试，每隔十年就会取得一些进展。直到 20 世纪初，军用无人机和娱乐无人机获得了重大进展：

图 17－3　用于商业运营的无人机（来源：维基媒体共享资源，Bill Larkins 提供）

1907 年，珀西·斯佩里（Percy Sperry）采用无线电操控了一架风筝式无人机；1917 年，阿奇博尔德·洛（Archibald Low）试图建造了一架自主无人机；1918 年，美国邮政局向德国目标发射了无人机，出现了第一次无人机攻击。

荷兰皇家陆军开发了第一架军事用途的现代无人机，作为武器的替代品。以前，大多数无人机均由地面人员进行远程操控。荷兰皇家陆军开发的创新性“精灵旋翼”（Fairy Rotors）无人机能够自主飞行，采用陀螺仪进行飞行控制。德哈维兰（De Havilland）设计了 DH. 82B“蜂后”（Queen Bee）无人机。尽管还出现了其他类型的无人机，但大多数人们认为“蜂后”才是第一架现代无人机。1940 年，美国海军开始应用 QF－2 无人机，整个二战期间，美国陆军航空兵也一直在应用这种无人机。这种无人机被命名为“火蜂”（Fire Bee）。

20 世纪 80 年代，无人机技术开始倾向于民用，并且越来越普遍地推广到民用各个领域。这时的无人机配置了摄像头，于是将无人机用于监视目的，并不断扩展应用到各个领域，包括间谍活动和航拍摄影[1]。

随着航空和航天技术的进步，在刚刚过去的十年时间里，又一次激发起人们对无人机的浓厚兴趣。随着传感器、电机和其他控制仪器变得更精准、更小巧和更轻型，无人机的用途也将不断扩展。无人机技术研究因此受到工业界和学术界的广泛关注，无人机的用途也从军事侦察扩展到了模拟生物灵感的飞行策略与编队。无人机提供了一种低风险、易操作和可重复使用的飞行载具，无人机作为新技术初始平台，最终将广泛用于各种商业用途。

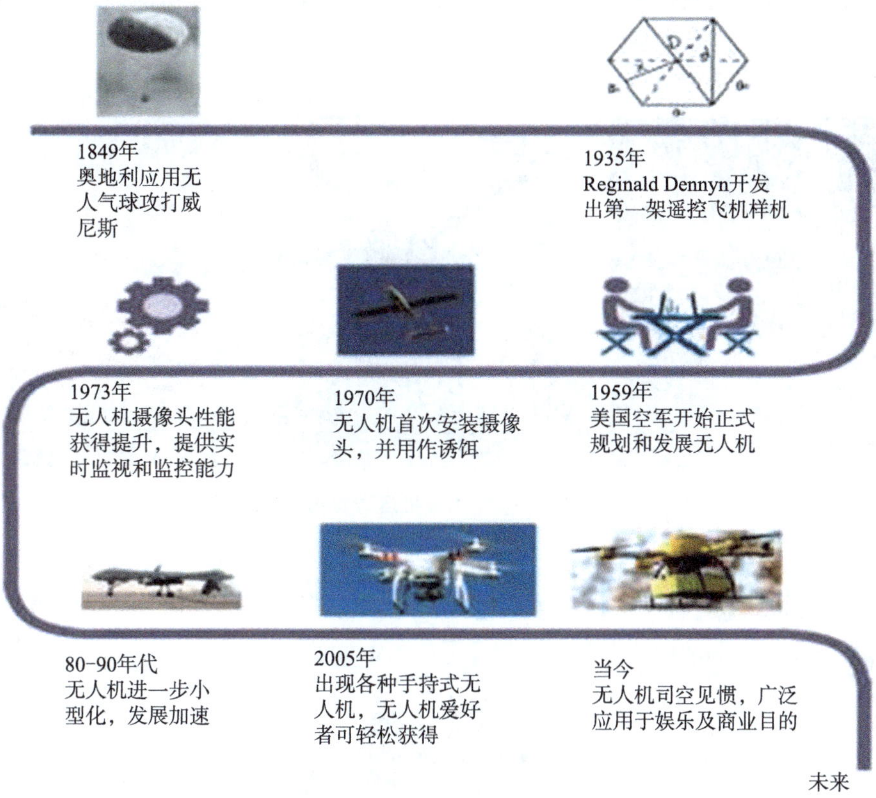

图 17－4　无人机的发展历史

（来源：http：//www. bestrccopters. com/images/historyofdroneinfographic. jpg）

现在我们探讨无人机货运这个主题[19,20]。当前，已经成立了一些初创公司，并应用无人机开展货运服务，这在运输行业可谓是人气爆棚。

在深入探讨这个有趣的话题之前，必须首先弄清两个问题：什么是无人机货运？无人机货运是如何工作的？[7]无人机货运，简单地说，就是应用无人机为客户运送货物。无人机可通过两种方式进行操控，一种方式是利用人工智能（AI），另一种方式是通过驻守在货运中心附近基站的无人机飞手来操控完成。

目前，虽然无人机还不够成熟，无法以经济高效的速度远距离运送货物，但它们可以帮助加速货物的投递过程。

一些大型公司现在已开始应用无人机配送货物[8]。虽然，当前可能难以精确计算无人机的货运成本，但是像亚马逊这样的一些大型公司，它们预计经济高效的无人机货运时代将很快来临。无人机运送货物的成本将会降低到每件 1 美元或更低（图 17－5）。因此，相比传统的货运方式，无人机运送包裹将会更加经济。

在无人机商业货运的早期阶段，我们可能对其运作方式还不够了解，但是在快速性、准确性和高效率这些方面，无人机货运将远远优于传统货运方式。无论任何客户从任何公司下单订购任何货物，只要供货公司将订单包裹装载到无人机上，无人机读取操控员给定的位置信息，或者通过软件操控，经过空中飞行，无人机就会将货物准确地运送到客户的住所（图 17－6）。

图 17－5　无人机运送货物

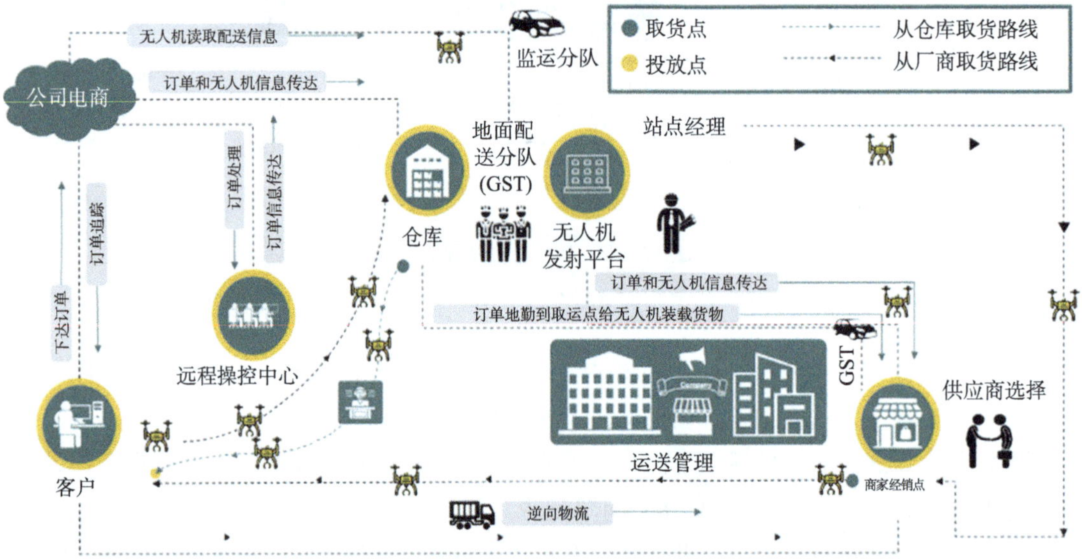

图 17－6　亚马逊无人机的货运方式

随着技术的进步，包裹快递[9] 方式也得到了改进。例如，联邦快递和亚马逊开始测试包裹快递机器人，在运送系统中引入了无人机[16]，为货运公司提供最后 1 km 的运送服务。

以亚马逊城市配送为例，通常，亚马逊通过货运网络运送货物，客户在亚马逊、沃尔玛或其他零售商网站下单选购他们想要的商品，无人机负责取货并运送到客户的住处或商业网点。亚马逊已经开始在英国剑桥测试亚马逊 Prime Air 无人机送货服务。从下达订单到交付客户，亚马逊力图实现 30 min 快速运送服务。这种服务能力的实现，也许并不令人惊叹，因为自无人机货运技术诞生以来，亚马逊一直是该行业的领跑者。

电子商务公司正在尝试采用新方法来提高运营效率，其中办法之一就是应用无人驾驶飞行系统（通常称为 UAS）快速运送货物。无人机商业应用可以创造经济价值。在医疗卫生、食品、邮政快递和货运等多个行业领域，无人机货运都有巨大的应用潜力。

17.3　医疗卫生领域的无人机货运

无人机可用于运送救生医疗用品，其中包括：

1）疫苗；

2）药品；

3）样品；

4）血浆和血液；

5）空中消毒。

应用无人机可以将医疗用品运送到人类或飞机无法到达的偏远地区。相比飞机或直升机，无人机货运是一种更具成本效益的解决方案[2]。在一篇报道中对此做出了很好的诠释。报道称，一架自主无人机为一名院外心脏骤停（OHCA）突发患者提供了及时的救治运送服务，当时一位 71 岁的老人在车道上铲雪时突发心脏骤停。

无人机还可应用于远程医疗。辛辛那提大学的研究人员开发了一种带有摄像头和显示屏的远程医疗无人机，在无人机的帮助下实现双向通信。作为全球偏远地区货运服务的理想解决方案之一[25]，无人机还可以运送样本或药物。辛辛那提大学护理学院的远程医疗主任撰文称，在新冠肺炎疫情大爆发时期，一些家庭和社区很难获得救治，确实需要更多的远程医疗无人机提供医疗卫生服务。还有许多案例表明，这些无人机提供的远程医疗帮助救治了许多生命。

17.4　无人机送餐

应用无人机可提供快速送餐服务。现代生活的一个显著优势就是可以提供个人送餐服务。相信大多数人都有寒冷雨夜点披萨的经历[21]。当结束一天漫长的工作下班回到家时，您是否点了一份爱心晚餐？在当今社会，送餐[10] 已成为日常需求。美国联邦航空管理局最近放宽了规定，未来的送餐服务将会更加普遍。设想一下，在您最喜欢的店铺订购一份披萨，披萨一经出炉就会由无人机快速送达您的住所。客户一旦下达订单[14]，餐饮店就把备好的美味放在无人机上，无人机经过短暂的空中飞行，便快速地将美味送达指定点（图 17－7）。

图 17-7　无人机快速送餐服务

17.5　无人机邮政服务

一些国家的运营商开始探索和测试无人机邮政服务，他们希望借此考察大规模无人机邮政投递服务的可行性。美国邮政测试无人机投递服务已经有很长一段时间了。亚马逊的首席执行官杰夫·贝索斯（Jeff Bezos）一直以来有一个伟大的梦想，只要包裹重量不超过 5 磅，就可以选择无人机投递，希望他的电子商务公司在 30 min 之内完成订单投递业务。说到邮政投递服务，亚马逊并不是唯一一家进行尝试和探索的公司，例如 GeoPost 公司、亚马逊亚洲电子商务公司以及阿里巴巴等大型公司，先后成功地测试了无人机邮政投递服务。

17.6　大型无人机货运

货物运送时间已成为影响网络用户购买意愿的关键因素。铁路、卡车、轮船和飞机的运送速度，已经难以满足快速配送需求。因此，催生了大型无人机货运新技术的应用。一些货运公司开始从空中入手，力求缩短交付时间，扩大运送半径，以获得竞争优势。据 2019 年估算，2018—2030 年美国无人机货运市场规模[22] 预计年复合增长率为 44.2%，到 2030 年将达到 95.1 亿美元（图 17-8）。无人机可以将包裹运送到指定地点。运送包裹的无人机可自主飞行，或者通过基站操控。许多无人机控制器可借助同步监控，实现对所有运送包裹的动态跟踪。

航运业应用大型无人机运货[12] 可能获利更多。无人机不仅有利于亚马逊等货运公司，还有利于全球的物流公司。大型无人机可为货船加油，还可替代和完成一些原先由小型无人机从事的工作。

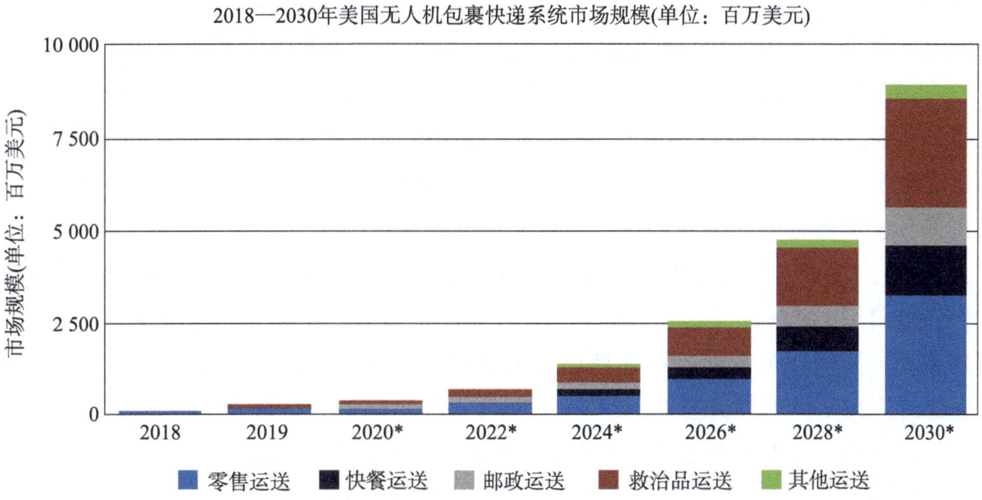

图 17-8　无人机货运系统和市场规模

现在，是什么因素让无人机货运战胜了其他货运方式呢？

因为货运无人机的出现，引发了一些关于如何利用该技术减少行程时间、安全性和可持续性的讨论（图 17-9）。无人机货运具有以下潜在优势[15,17,18]。

1）减少道路拥堵。据亚马逊公司估计，它们负责运送的包裹，87%的包裹重量不超过 5 磅[21]，因此，该重量成为美国联邦航空管理局批准无人机货运的最佳标准。试想，每一辆亚马逊货运卡车需要占用更大的空间，而运送的这些货物的重量却很轻，足以由无人机从仓库运出，在无人机技术远距离应用许可的前提下，这样做可以释放货运卡车占用的巨大空间。因此，运营商可以利用广阔的天空来减小公路运输的车队规模[6]，而大件包裹需要公路运输，只需少量的有人驾驶车辆即可完成。

图 17-9　城市上空忙碌的货运无人机

2）精准性。无人机向客户交付产品更高效，更精准。无人机由自动化软件操控，交付失败的几率更小，在为客户准确投递方面，它们会比人工服务更准确。

3）高效的时间管理。无人机使用自动化软件来交付产品，通过算法可以准确定位交付地点，从而加快交付速度，以更小的边际误差精确地完成货物交付。无人机货运可减少人工运送的工作量，有利于节约能源[23]。与传统的货运方式相比，工人不会感到过于疲惫，可进行连续作业，以此实现快速交付。

4）安全。传统的货运方式需要大型货运卡车，容易造成交通事故、温室气体排放以及其他许多问题。相比之下，应用无人机空中货运的方式，上述问题都将变得简单并且得到有效解决。另外，无人机还可选择更加灵活的运输路线。减少大型货运卡车的使用数量，意味着占用更少的道路空间。

当然，任何事情都有两面性，无人机货运也不例外，也存在以下一些劣势。

1）设备昂贵。因为技术新颖，市场上的无人机比较昂贵。据无人机博客网站称，无人机的成本从小型无人机造价 50 美元到大型无人机造价 1 000 美元不等，而配置摄像头的无人机起价为 300～500 美元。因此，鉴于成本昂贵，当前只有少数一些零售商应用无人机运送货物。

2）电池缺陷。无人机将货物运送到指定地点时可能快速消耗电池，电量可能在短短几分钟内消耗殆尽。因此，如果交付失败，可能遭到客户投诉。因此，如果应用无人机运货，必须保证电力充足。亚马逊在其 Prime Air 无人机网站上表示，我们致力于无人机在 30 min 或更短的时间内投递包裹的目标已成为现实。之所以将周转时间确定为 30 min 或更短，其原因之一就是出于现有电池技术的限制。普通货运无人机的电池只能供电 20 min。这个时间不能保证将货物运送到指定地点，也不能保证无人机返回公司总部。如果货运无人机不能履行对客户的承诺，一旦遭到客户投诉，那么产品费用和保险费用都将提高。因此，无人机电池必须保证长时间持续供电。

3）操控难度大[24]。对于市场来说，无人机技术新颖，需要熟悉其工作原理，普通人很难操控货运无人机（图 17－10）。操控人员必须熟悉操作手册和程序，在实际操作前，操控人员必须接受技术培训。因此，在开展无人机货运服务之前，需要大量的时间和精力进行操作培训。

4）无人机故障。购买数月后，无人机设备可能出现故障，如果没有及时维修，就会造成无人机带故障飞行送货，可能导致货运服务中断。在飞行货运过程中，无人机一旦发生故障，物流公司将面临许多问题，并且产生额外费用，甚至可能引发其他严重问题。

5）数据不安全。货运无人机的摄像头通常会记录无人机的飞行路线和所到之处，同时也会记录客户的隐私信息，如财产信息和客户的定位信息，这些可能被一些犯罪分子非法利用。

6）由于无人机利用空中作为运输走廊，因此容易被他人窃取。一旦切断无人机的电源，就可能把无人机劫走。此外，由于无人机是通过不同的软件操控的，那么任何访问或破坏该软件的人员，都有可能滥用无人机。

图 17－10　充斥空中的各种无人机

7）员工失业。在传统的运输方式中，公司需要大量工人将产品交付客户，如果应用自动无人机送货[11]，那么，公司将不再需要大量的工人，由此导致员工就业问题恶化。

17.7　结论

1980 年，美国政治学家兰登·温纳（Langdon Winner）指出，如果现代技术进步有一条特殊的发展路径，那就是技术不断走向它从未涉足的领域。毫无疑问，无人机的发展遵循了这一模式。在一篇关于新技术影响的文章中，温纳提出了最关键的问题："我们如何共存，如何公平而优雅地共存"。如果在一部无人机著作的篇尾提出这样的问题，可能看起来没有什么特别之处。但是，这部著作要传达的是，无人机实际应用的种种印证将在某种程度上帮助回答这个问题。

只要创造经济价值，无人机货运就有活力；送货员应储备电池，并经常检查和维护无人机。每次轮班之后，需要记录无人机所做的每一件事（图 17－11）。在运送货物之前，需要仔细检查客户、产品和位置等信息是否正确。一旦发现无人机存在任何问题，应立即通知主管。运送货物时，需要加强无人机监管，对货运无人机进行严格管控。运营公司必须确保客户信息安全。无人机制造商应该提供或配置安全功能，开发昼夜工作的可视功能，以便观察更小的物体，从而降低损失风险[26]。生产出来的无人机要能够适应各种气象条件，并且在空气动力性能方面更加卓越。

随着大数据、物联网（IoT）、Web 3.0 和人工智能（AI）等现代技术及未来技术的发展，货运无人机将被推向一个新的发展高度。自主无人机设计将成为可能，反映出自主无人机技术在该领域的主导地位，更先进的自主无人机将具有巨大的发展潜力，有可能改写整个无人机货运行业的历史。

图 17-11　无人机运送包裹

致谢

本项研究获得了韩国教育部资助的韩国国家研究基金会（NRF）基础科学研究计划的支持（编号：2020R1A6A 1A03046811）。

参考文献

[1] Gross, R. J. , Complete evolution & history of drones: From 1800s to 2022, December 31, 2021, Retrieved April 10, 2022, from https: //www. propelrc. com/history - of - drones/.

[2] Balasubramaniam, S. , Drones may become 'The next big thing' in healthcare delivery. January 9, 2022. Retrieved April 16, 2022, from https: //www. forbes. com/sites/saibala/2022/01/09/drones - may - become - the - next - big - thing - inhealthcare - delivery/? cv=1&sh=7a5d3a681e9b.

[3] Andreas, Introduction to drones - drone guide for dummies!, AirBuzz. One Drone Blog, September 2, 2018, Retrieved April 10, 2022, from https: //airbuzz. one/introduction - to - drones/.

[4] Park, J. , Kim, S. , Suh, K. , A comparative analysis of the environmental benefits of drone - based delivery services in urban and rural areas. Sustainability, 10, 3, 888, 2018, https: //doi. org/10. 3390/SU10030888.

[5] Mario, The history of drones (timeline from 1907 to 2021), Drone Tech Planet, 2018, Retrieved April 10, 2022, from https: //www. dronetechplanet. com/the - history - of - drones - timeline - from - 1907 - to - 2019/.

[6] What are the benefits of drone delivery?, DRONEDEK | The Mailbox Of The Future, 28 February 2021. Retrieved April 10, 2022, from https: //www. dronedek. com/news/benefits - of - drone - delivery/.

[7] Dunham, J. , What is drone delivery and how does it work?, Reveel, May 22, 2019, Retrieved April 10, 2022, from https: //reveelgroup. com/ drones - an - in - depth - guide - to - success/.

[8] Future of drone delivery: Can drones take over package delivery ecosystem?, 29, November 2019, iotdesignpro. com.

[9] Pinguet, B. , The role of drone technology in sustainable agriculture, May 25, 2021, (Introduction to drones - Drone guide for dummies! - AirBuzz. One drone blog, n. d.), PrecisionAg.

[10] Mario, What are the disadvantages of drones?, Drone Tech Planet.

[11] https: //www. Dronedek. com/news/benefits - of - Drone - delivery/.

[12] https: //grindDrone. com/info/pros - cons - delivery - Drones.

[13] https: //www. whatnextglobal. com/post/food - delivery - Drones.

[14] https: //www. smartsoftusa. com/news/the - future - of - mail - is - with - Drones. html.

[15] https: //dispatchninja. com/the - future - of - Drone - delivery/.

[16] https: //www. Dronedek. com/news/benefits - of - Drone - delivery/.

[17] https: //www. wipro. com/business - process/the - future - of - delivery - with - Dronescontactless - accurate - and - high - speed/.

[18] https: //ratings. freightwaves. com/what - is - Drone - delivery/.

[19] https: //www. reveelgroup. com/Drones - an - in - depth - guide - to - success/.

[20] https: //www. Dronezon. com/Drones - for - good/Drone - parcel - pizzadelivery - service/.

[21] https：//timesofindia. indiatimes. com/blogs/voices/last - mile - deliveryby - Drones - an - assessment - of - market - viability - citizen - accessibility/.

[22] https：//grindDrone. com/info/pros - cons - delivery - Drones.

[23] https：//en. wikipedia. org/wiki/Delivery _ Drone.

[24] https：//www. coursehero. com/file/128567799/Since - its - first - acknowledgementat - the - World - Economic - Forumdocx/.

[25] https：//www. safetyfabrications. co. uk/news/droning.